软破倾斜薄矿体开采围岩控制理论与实践

郭延辉 著

北京
冶金工业出版社
2022

内容提要

本书针对松软破碎倾斜薄矿体开采难度大、巷道和采场地压难以控制等问题，以勐兴铅锌矿地下开采为背景，主要介绍了岩体结构调查、室内试验与岩体力学参数取值，松软破碎巷道围岩失稳机理及支护技术，软破倾斜薄矿体采矿方法、采场结构参数与回采顺序优化，采动围岩变形规律与顶板控制，矿体开采对上部隔水层稳定性的影响等内容。

本书为软破倾斜薄矿体地下开采现场工程实践提供理论依据与技术支撑，可供采矿、安全专业工程技术人员参考。

图书在版编目(CIP)数据

软破倾斜薄矿体开采围岩控制理论与实践/郭延辉著.—北京：冶金工业出版社，2022.3

ISBN 978-7-5024-9034-8

Ⅰ.①软… Ⅱ.①郭… Ⅲ.①金属矿开采—围岩控制—研究 Ⅳ.①TD85

中国版本图书馆 CIP 数据核字(2022)第 019096 号

软破倾斜薄矿体开采围岩控制理论与实践

出版发行	冶金工业出版社	**电　　话**	(010)64027926
地　　址	北京市东城区嵩祝院北巷 39 号	**邮　　编**	100009
网　　址	www.mip1953.com	**电子信箱**	service@mip1953.com

责任编辑　杨盈园　美术编辑　燕展疆　版式设计　郑小利

责任校对　李　娜　责任印制　李玉山

北京建宏印刷有限公司印刷

2022 年 3 月第 1 版，2022 年 3 月第 1 次印刷

710mm×1000mm　1/16；21.5 印张；420 千字；233 页

定价 109.00 元

投稿电话　(010)64027932　投稿信箱　tougao@cnmip.com.cn

营销中心电话　(010)64044283

冶金工业出版社天猫旗舰店　yjgycbs.tmall.com

(本书如有印装质量问题，本社营销中心负责退换)

前言

矿产资源在我国一次能源生产与消费结构中始终占主导地位，矿产资源开采在将来相当长的时期内仍是我国众多地区的主要支柱产业和经济支柱。铅、锌金属矿产资源是人类社会赖以生存和发展的重要物质基础，是衡量一个国家制造业实力、可持续发展和综合国力的重要因素，也是当今国际政治、经济、外交和军事格局的制约因素。作为不可再生资源，由于人类长期持续不断的开采和开采规模的不断扩大，铅、锌等金属矿产资源量正在逐渐减少，很多矿山已陆续转入到深部开采。为了实现长期的可持续发展战略目标，人们不得不将开采对象转向那些应力环境、地质条件和矿体赋存条件等越来越复杂的矿山，随之而来的是地下开采引起的地压灾害、巷道和采场围岩控制等问题也变得越来越复杂。

勐兴铅锌矿软破倾斜薄铅锌矿体，由于其复杂的地质构造和水文地质条件、较长的倾向和走向延伸方向、松软破碎的围岩，在矿体实际开采过程中，巷道围岩变形严重、易失稳破坏、难以支护控制，采场地压较大、顶底柱及点柱易破坏，顶板易发生垮塌冒落，矿石损失贫化严重，一直是一类复杂难采矿体，严重威胁从业人员的生命健康安全，制约着矿山的安全、经济高效生产。因此，对软破倾斜薄矿体开采巷道围岩变形破坏机理、支护防控措施、采矿理论与工艺、地压与围岩控制理论与技术进行深入研究，显得尤为迫切和突出。

本书共分为10章，由作者独立完成。第1章为绪论，主要介绍了现代地下矿山开采现状，深部巷道围岩控制理论与技术研究现状，采场围岩稳定性分析及控制理论与技术研究现状等；第2章介绍了永昌铅锌股份有限公司勐兴铅锌矿矿区工程地质及开采技术条件；第3章介绍了岩体结构调查方法，矿区岩体结构面分布规律以及结构面对巷道稳定性的影响分析；第4章介绍了室内岩石物理力学试验研究；第5章研究了松软破碎巷道围岩失稳机理及围岩松动圈控制技术；第6章进行了松软破碎巷道围岩支护方案及控制技术数值模拟研究；第7章研究了软破倾斜薄矿体的采矿方法；第 8 章对软破倾斜薄矿体采场结构参数进行了优化，并对回采顺序进行了研究；第 9 章分析了软破倾斜薄矿体采动围岩移动变形规律，并进行了顶板控制方法研究；第 10 章研究了倾斜薄矿体开采对勐兴铅锌矿隔水层稳定性的影响。

作者特别感谢昆明理工大学侯克鹏教授的指导，感谢云南永昌铅锌股份有限公司的各位领导和技术人员对研究工作的大力支持和帮助。本书所涉及的研究工作获得了云南省应用基础研究计划项目（项目编号：2018FB075）、中国博士后科学基金项目（项目编号：2017M620433），以及云南永昌铅锌股份有限公司横向科研项目的支持，在此深表感谢。同时得到了昆明理工大学公共安全与应急管理学院、国土资源工程学院的各位领导和老师的关心和支持，在此一并表示感谢。

由于作者水平有限，书中难免存在疏漏及不当之处，恳切希望读者予以批评指正。

作　者

2020 年 10 月

目　录

1 绪 论

1.1 研究背景及意义

云南永昌铅锌股份有限公司勐兴铅锌矿（又名勐糯铅锌矿）位于龙陵县城130°方向，平距约50km，行政区划隶属云南省保山市龙陵县勐兴镇。矿区面积约30km²。

矿区往西经平达、龙新乡有105km三级柏油公路抵黄草坝与320国道相连，黄草坝至龙陵县城约17km；往北沿怒江有70km新改建三级柏油公路在红旗桥接老320国道，距保山市公路里程155km，至昆明690km，交通较为方便（见图1-1）。

图1-1 勐兴铅锌矿交通位置示意图

矿区位于近南北向的勐兴次级向斜构造之东翼，区内出露地层主要有泥盆系中下统、志留系、奥陶系、寒武系公养河群变质岩等。矿化具有一层为主、多层含矿及尖灭再现、分枝复合现象。矿床受层位、岩性和后期构造控制，为层控沉积-改造型矿床。在长约 9000m 的矿带上，先后圈定矿体 45 个，矿体在平面或剖面上呈平行排列，主要矿体沿走向延长 50~600 多米，厚度变化较大，由几厘米到数米不等，平均 2.28m，倾角 30°~76°。矿体围岩为结晶灰岩、生物碎屑灰岩，夹不规则的细砂岩团块及千枚层。矿体顶底板围岩主要为层纹灰岩，其次为含钙千枚岩、千枚岩及含碳千枚岩。底板主要为生物碎屑灰岩、含钙石英千枚岩，其次为层纹灰岩及千枚岩，节理裂隙产状较陡、“X”形节理发育，围岩稳定性较差。矿山现主要选用的采矿方法为浅孔留矿法采矿工艺，采切比高，矿石损失率高，贫化大。

由于矿区地质构造复杂，矿体富水性强，倾向走向延伸方向较长、围岩松软破碎，开采难度极大。在矿体实际开采过程中，巷道围岩变形严重，易失稳破坏，难以支护控制；采场地压较大、顶底柱及点柱易破坏，顶板易发生垮塌冒落，矿石损失、贫化严重。这些客观条件严重威胁矿山从业人员的生命安全，制约着矿山的安全、经济高效生产。因此，对矿区软破倾斜薄矿体开采巷道围岩支护、采矿理论与工艺、地压与围岩控制理论与技术等进行深入研究，具有重大意义。

1.2 国内外研究现状

1.2.1 现代地下矿山开采现状及发展趋势

近年来，国内外地下矿山开采研究发展很快，许多新技术、新工艺、新材料和新设备在地下矿山开采中得到了应用，主要表现为各种采矿方法的使用比重、采矿工艺及技术装备，均朝着机械化、自动化、大型化的方向发展，井下开采的生产能力、劳动效率以及作业安全性均得到了提高。

现代地下矿山的开采研究主要呈现出以下几个特点：(1) 规模化集约化开采。随着固体矿物资源需求量和地下矿山数量的增加，以及露天矿山转入地下和深部采矿，对矿石的需求量日益增加，生产能力逐渐增大，目前最大的地下矿山年生产能力已达到 3000 万吨，国内地下矿山的最大生产能力也达到 450 万吨，这就要求在开采时需要增加开采结构参数，运用大规模结构化进行开采。(2) 机械化自动化开采。要扩大井下开采的生产能力，改善采矿作业环境，矿山需要大大提高装备水平，从而更进一步提高矿山的生产能力。(3) 采矿过程的监控与控制技术。井下开采，特别是水体下、铁路下、建筑物下的开采，必须通过理论分析开采引起的岩体移动特征和地表沉降变形特征，保障地下开采的安全性，降低地下开采对地表建、构筑物的损害。

我国地下矿山开采研究的发展趋势主要有：(1) 研究无废害开采技术，实现废石及尾砂等矿山固体废物的综合利用，解决井下空场采矿法开采所留下的地压问题、减轻矿山尾砂及废石排放造成的地表环境污染，并可节省尾矿库及废石场的建造和维护管理费用。（2）进一步开展矿山大型、高效无轨设备的研制与应用，实现矿山井下开采机械化、规模化及自动化。（3）开展难采矿床的开采技术研究，加强复杂地质条件和难采矿床开采技术研究，并研究深部开采技术，矿岩松软的矿床开采技术、自燃矿山及大水矿山的开采技术等。

1.2.2 深部巷道围岩松动圈稳定性控制理论与技术

巷道是矿产资源开采的必要通道，巷道围岩控制理论与技术是岩层控制的关键内容。随着矿山开采深度与开采强度不断增加，巷道工程与水文地质条件越来越复杂，巷道支护难度越来越大，且难支护巷道越来越多，这对巷道支护技术提出更高的要求。巷道支护经历了木支护、砌碹支护、型钢支护、锚杆支护、锚索支护到注浆加固的漫长过程，开发出多种巷道围岩控制技术。该技术具体可概括为5种巷道支护与加固技术：（1）被动支护，支护力作用在巷道围岩表面，如型钢支架、喷射混凝土、砌碹、格栅拱架等；（2）主动支护，施加预应力的杆体深入到围岩内部，提高破裂或破碎围岩体的完整性和强度，增大围岩自承力，如锚杆、锚索支护等；（3）改性加固，通过注浆泵将能固结的注浆材料注入围岩裂隙或孔隙中，改善围岩的物理与力学性质，如注浆等；（4）应力转移技术，减小或转移巷道周围因开挖所形成的集中应力（高应力），如松动爆破、施工泄压巷或泄压槽、将巷道布置在应力降低区等；（5）联合支护，两种或多种巷道支护技术的联合使用，如锚网喷、锚网喷-注浆、锚网喷-型钢支架（格栅拱架）、锚网喷-型钢支架（格栅拱架）-注浆等。通过多年的科研攻关与工程实践，目前我国已形成以锚杆（索）为主体支护的多种支护方式并存的巷道支护体系，解决了大量巷道支护难题，保障了矿产资源安全高效生产。

锚杆支护技术从1956年引入我国，经过60多年的应用与研究，锚固技术得到长足发展，目前已成为巷道支护最广泛的支护方法，深部高应力巷道围岩破裂演化过程中的锚杆支护机理及支护结构强度特征问题越来越多地受到国内外学者的高度关注。深部巷道锚杆支护的对象是破裂岩体，研究破裂围岩与锚杆支护相互作用是全面认识巷道锚杆支护机理的重要途径。如果没有围岩的变形破坏，锚杆支护仅维持在最初的安装应力状态，则无法形成锚固支护组合结构。现有的锚杆支护理论（悬吊理论、组合拱理论、最大水平主应力理论、围岩强化理论等）揭示了通过施加锚杆改善锚固区内围岩的力学性能，形成某种承载（拱、梁、壳）结构以保持围岩稳定或悬吊破坏，包括潜在破坏的岩体以防止冒顶的发生等，但存在着一定局限性，现有锚固机理与模型不能很好地揭示其锚固体支护结构的强度特性，即使国内外曾广泛流行的锚杆组合拱理论也仅是通过光弹试验证实了锚杆的加固作用，而建立在弹塑性理论力学基础上的研究成果也缺乏对锚杆与围岩破裂演化过程中相互作用的研究，尤其是锚杆在岩体破裂演化过程中形成的组合拱支护能力（厚度与强度）的研究。

1.2.2.1 锚网索喷支护技术

采用预应力锚杆（索）、金属网、钢筋托梁和喷射混凝土可组成锚网喷支护体系。锚杆通过预应力对围岩施加压应力，将分散的岩块联系到一起，有效地改善锚固区围岩的力学参数；喷射混凝土能及时封闭围岩表面，隔绝空气、水与围岩的接触，有效地防止风化、潮解引起的围岩破坏与剥落，减少围岩强度的损失；钢筋网能维护锚杆间破碎岩石，防止岩块掉落，提高锚杆支护的整体效果，抵抗锚杆间破碎岩块的碎胀压力，提高支护结构对围岩的支撑力；托梁可将若干个锚杆连在一起形成组合作用，可使锚杆之间的松散岩块保持完整。锚索可使锚固区围岩处于挤压状态，改善围岩开掘后的受力状态，阻止岩体松动的发展；通过锚索群"岩壳效应"（群锚作用可使围岩在一定深度内形成连续压应力场），对于围岩变形具有主动约束的功能（环向约束），提高了围岩整体强度和稳定性。锚索可允许围岩及锚杆形成的锚固结构产生一定变形，实现围岩中高应力逐步卸压、围岩与锚固结构间耦合变形，适应深部巷道围岩大松动圈的演化过程。

目前，锚杆支护材料经历了从低强度（Q235 普通圆钢，杆体直径 14~20mm，屈服强度 235MPa，抗拉强度 380MPa，伸长率 25%）到高强度（BHRB700 专用钢材，杆体直径 16~25mm，屈服强度 700MPa，抗拉强度 870MPa，伸长率 21%）的发展过程，但受力后锚杆拉伸变形必须与巷道围岩变形相协调，当围岩体变形量超过了锚杆允许最大变形量（伸长率与锚杆长度的乘积）时，锚杆体就会被拉断而失效；另外，由于锚杆体强度过低、围岩压力过大、杆体螺纹段加工精度差等因素，也会造成锚杆外露段杆体在拉、剪应力作用下发生横向剪切破断。通过在锚杆托盘与螺母之间安装让压管（让压锚杆），利用让压管产生一定量的变形以适应深部巷道围岩大变形的需求，增强锚杆适应围岩变形能力。与此同时，锚索由小直径、低强度（1×7 结构、直径 15.2mm、破断力 260kN，伸长率 3.5%）向大直径、高强度（1×19 结构、直径 28.6mm、破断力 900kN，伸长率 7.0%）发展，大幅度提高了锚索的支护性能。

1.2.2.2 型钢支架、高强度格栅拱架支护技术

U 型钢、工字钢等金属支架具有初撑力较高、增阻速度快、支护强度大、有一定可缩性和较好适应围岩大变形、高地压等特点，是一种有效的支护方法。巷道开挖后形成的断面不规则，造成支架与围岩间存在空隙，支架壁后出现空顶和空帮，支架承受不均匀的集中荷载，造成支架承载力降低、稳定性差；支架壁后空间的存在使巷道围岩松动范围扩大，围岩稳定性降低、变形量增大，支架易失稳破坏。工程实践表明，对支架实施壁后注浆充填，充填层可使围岩与支架接触

紧密，改善支架受力状况，实现围岩—充填体—支护结构共同承载的力学体系，提高支架工作阻力及发挥围岩自承力，提高巷道支护效果。

尽管采用支架壁后充填或壁后注浆，改善了支架受力状态和提高了其承载力，但是深部高应力软岩和动压巷道支护难度大，传统的型钢支架承载力有限，难以满足支护需要。需要根据型钢支架结构力学特性，在合理位置进行一定的结构补偿，可大幅降低支护结构危险截面和结构整体承受的应力，使支护体承载性能得以充分发挥，提高支护结构的整体承载力与稳定性。因此，基于支护结构补偿原理，U 形约束混凝土拱架、高强度钢管混凝土支架等新型支架结构应运而生。另外，也可采用高强度的格栅拱架混凝土结构代替传统的型钢支架，格栅拱架以钢筋拱架为骨架，采用混凝土浇筑后形成一个钢筋混凝土整体结构，并与巷道围岩形成整体完全接触，受力较为均匀，承载力大、支护阻力高，能有效限制深部巷道围岩大变形。

1.2.2.3 深浅孔耦合注浆加固技术

深部巷道围岩多为破碎或松散岩体，围岩可锚性较差，造成锚杆、锚索支护效果差，可采用注浆加固将破裂围岩胶结成整体，提高围岩的自承力和锚固力；将端锚转化为全长锚固，扩大锚固结构控制范围，提高锚固结构可靠性，可形成复合锚注支护结构，保证深部巷道围岩和支护结构长期稳定。

对于破碎围岩巷道注浆加固主要有两种方式。第一种是围岩浅部注浆，可采用注浆锚杆（锚杆兼作注浆管）的方式注浆，实现钻锚注一体化施工，适应于围岩破碎范围较小的情况（小松动圈，一般为 2.0~3.0m），又可采用注浆管进行巷道壁后充填注浆；第二种是围岩深浅孔耦合注浆，对于深部巷道而言，围岩松动破碎范围较大，围岩浅部注浆难以保证巷道长期稳定要求，需要进一步对深部围岩进行注浆加固。通过对浅部围岩进行注浆，使得围岩浅部卸压区的破碎围岩能胶结成整体，形成一定厚度的注浆加固圈，提高破碎岩体的力学性能与稳定性，控制巷道浅部围岩变形与破坏。在此基础上再采用高压注浆加固，既可扩大注浆加固范围，又可提高浆液渗透性，对浅孔注浆加固体起到复注补强和悬吊承载的作用，提高注浆加固体承载力。通常做法是，浅部破碎围岩采用注浆锚杆，深部围岩采用注浆锚索；另外，浅孔注浆采用注浆管，深孔注浆时可在浅孔注浆使用的注浆管内用钻机进行扫孔。

常用的注浆材料为无机系液浆（单液水泥类、单液或双液水泥—水玻璃类等）、有机系浆液（聚氨酯类、尿醛树脂类等）。以单液水泥浆液为代表的无机系注浆材料结石体强度高、价格低、材料来源丰富、浆液配方简单。水泥基类浆液为颗粒性浆液，一般只能注浆到直径或宽度大于 0.2mm 的孔隙或裂隙，在微孔隙或微裂隙中的注浆效果差。化学浆液可注性好、浆液黏度低，能注入微裂隙或微孔隙中；但化学浆液有毒、价格高、结石体稳定性差。巷道工程与地质条件复杂多变，应根据具体情况选择较为合适的注浆材料。另外，注浆压力是决定巷道注浆成败的关键参数，注浆压力过小，浆液很难注入围岩的孔隙或裂隙中，浆液扩散半径也相对较小；注浆压力过大，浆液扩散半径随之增大，但也会造成围岩体破裂，引起巷道围岩破坏而浆液外流、地表劈裂而冒浆。因此，在巷道围岩浅部注浆时，注浆压力控制在 2.0MPa 以内，保证喷层不发生开裂。在巷道围岩深浅孔耦合注浆时，可采用浅部低压注浆和深部高压注浆相结合的方式，逐步提高注浆压力（3.0~5.0MPa），从而扩大注浆加固范围和提高注浆加固效果。

1.2.2.4 巷道底板底鼓控制技术

由于巷道底板所处的部位特殊，工作面装岩出矸和材料运输、在底板施工锚杆（索）钻孔时排渣困难等原因，造成底板支护滞后于两帮和顶板，甚至处于不支护的敞开状态。巷道底板暴露时间长，支护强度低，造成底板围岩产生强烈的剪切滑移，出现剧烈的底鼓变形，底鼓是造成巷道失稳破坏的重要因素。目前对巷道底板处理的做法有：（1）采用卧底处理，将底板鼓出来的松散围岩清除掉；（2）采用锚杆（索）或型钢支架支护和注浆加固手段，提高底板围岩体抗剪切强度，控制底板剪切滑移变形；（3）在底板开泄压槽（沟）或进行松动爆破，将底板中的高应力释放，降低水平应力对巷道底板的挤压作用；（4）底板仰拱混凝土或钢筋混凝土结构，将底板做出反底拱形状，浇筑混凝土填实；（5）其他底鼓治理技术，如微型碎石管注桩等；（6）以上(1)~(4)方式组合使用。

1.2.3 缓倾斜薄矿体开采工艺

缓倾斜薄矿体开采，制约生产率的因素较多，包括采矿方法、工艺技术等，而且往往相互关联，目前针对国内外缓倾斜薄矿体的采矿方法，主要包括长壁采矿法、房柱法和全面法。长壁采矿法在南非和欧洲的一些矿山运用比较成功，矿石回收率达采准工程量之上，在矿体有较规则的边界时更有利。而房柱法和全面法的应用中，房柱法适用于 15°以下的缓倾斜薄矿体时，可以采用无轨设备或轮胎式设备来提高作业的生产能力；这两种采矿方法存在的主要问题是矿柱损失较大，矿石回采率较低，资源利用程度低，有时需要锚杆支护，工序复杂，安全性较差。王来军等人通过对水平分层采矿法与垂直分条采矿法在缓倾斜薄矿体中的应用进行系统分析和总结，得出采用垂直分条采矿法用于围岩稳固的缓倾斜薄矿体具有明显优势。郭金峰等人介绍了南非 Samancor 铬业公司 Tweefontein 铬矿采用传统房柱式采矿法和无轨设备机械化采矿法相结合，开采缓倾斜薄矿体的开拓、运输、采矿和机械化配置等开采实践情况。

1.2.4 急倾斜薄矿体开采工艺

目前针对急倾斜薄矿体一般采用的方法有：留矿法，无底柱分段崩落法，上向分层充填采矿法以及空场嗣后充填法等。

1.2.4.1 留矿法

留矿法具有以下优点：采矿工艺和采场结构较为简单、易于生产管理，通过重力放矿可降低相关人员劳动强度以及采准工作量小等，被广泛应用于金属矿山的开采工作。

针对留矿法的改进以及推广有大量的研究成果，如刘辉、宋卫东等人利用相似材料模拟实验得出采场应力分布及变化规律，提出利用充填法回采矿柱的方法减少矿石损失问题；李群、李占金等人针对某矿频繁发生片帮现象的问题，利用FLAC3D模拟静态留矿法与传统留矿法下采场垂直应力以及塑性区的分布状况，提出以静态留矿法代替传统留矿法解决该矿生产问题的方案；范利军、杨秀元针对传统留矿法贫化率的问题，综合分析留矿法与削壁充填法的优点，通过分爆分采留矿法的方式对某铀矿进行开采，取得了较好的效果。

1.2.4.2 无底柱分段崩落采矿法

无底柱分段崩落采矿法具有采场的结构相对简单、矿山生产效率较高、生产成本相对较低、矿山易于实现标准化管理、井下采矿安全性较好、矿山地质条件合适时可剔除夹石和进行分别出矿等优点，当前无底柱分段崩落法在我国采矿行业运用较为广泛，总产量中有80%的矿石出自铁矿山，35%的产量出自有色金属矿山。目前，国内外的科研人员针对无底柱分段崩落法进行了大量研究，取得了大量研究成果，如胡杏保、潘健等人针对大红山铁矿矿石在回采过程中发生较大的损失与贫化的问题，采用实验室物理放矿模拟的方式对该问题进行研究，发现矿石的贫化率会随放矿落差的增大而增大的规律；杨清林、孙德宁等人通过研究不同分段高度条件下下盘三角矿量混采比例的变化，发现分段矿量的混采比例随分段高度的降低而减小的规律；温彦良、张国建等人利用颗粒流软件通过数值模拟的手段模拟了崩落体和放出体形态的演变过程，分析找出了放矿损失和贫化的主要原因；李斌、许梦国等人针对无底柱分段崩落法容易出现的开采矿石大块率偏高的问题，结合程潮铁矿的实际生产资料，运用数值模拟的方法，以AUTDDYN软件模拟该铁矿中深孔爆破的情况，得出了矿山生产时由于爆炸所产生的应力波向周边传播的规律，并由此得到最优的降低开采矿石大块率方案；张永达、梁新民等人结合实验室物理模拟与PFC2D数值模拟的方法，以端壁倾角为变化因素，设计了三组不同端壁倾角的实验方案，分别进行模拟研究，综合对比各方案得出85°为该矿山的最佳端壁倾角的结论；肖益盖、王星等人针对长龙山铁矿由于地质条件的恶劣、开采难度大的问题，利用数值模拟的方法分析各回采方案对地压的影响，最终确定了“单翼推进”为该矿山最佳的开采方法；周东良、何少博为分析夏甸金矿实际生产中采用的无底柱分段崩落采矿法对下阶段回采的进路的地应力造成的影响，使用FLAC3D对单双翼阶梯式开采方式进行了分析，最终得出采用双翼阶梯式开采时地应力出现集中的现象要弱于采用单翼阶梯式开采，双翼阶梯式开采更适用于夏甸金矿的生产；明世祥、梅智学对武钢矿业公司的无底柱分段崩落采矿法开采的实际情况做了调查与研究，针对该矿存在的实际问题，提出了若干的改进措施，提高了该矿的生产效率。

1.2.4.3 上向分层充填采矿法

随着科学技术的提高与社会的发展，人们对矿山生产作业安全的重视程度也逐渐提高，国内外学者对上向分层充填采矿法研究逐渐深入。任贺旭、李占金等人针对点柱式上向分层充填法在开采过程中垂直走向的点柱间顶板经常发生垮塌现象，利用FLAC3D软件对点柱间距不同的3个方案进行研究，分析了不同间距布置条件下点柱间顶板的应力、应变分布及变化规律，以安全系数法为判据分析了顶板的稳定性，以此取得了合理的点柱间距；雷银、李云安等学者运用FLAC3D模拟了司家营铁矿的回采过程，从采场结构、原岩应力等方面出发，分析了该矿山采场的位移场与应力场随采空区的跨度与顶板厚度的变化而受到的影响，得出了采空区的跨度对薄矿体的矿岩稳定性的影响最大，稳定性随采空区跨度的变大而变差的规律；杨家冕、汪绍元等人针对"三下"资源难采的问题，以苍山铁矿作为实际生产背景，分方案分步骤地对上向分层充填采矿法进行数值模拟，分析每个步骤下地表沉降程度的变化，最终选择了最佳的开采方案；胡丽珍、李云安等人以司家营铁矿南区为工程背景，利用ANSYS与FLAC3D软件进行矿区在水岩耦合条件下的上向水平分层充填法进行数值模拟，分析地表沉降云图、矿柱的应力云图以及渗流场的矢量分布图，对上覆岩层、地表变形及矿柱承受的应力状况进行预测，为矿山的安全生产提供了依据。

1.2.4.4 空场嗣后充填采矿法

由于空场嗣后充填法的回采率高、安全性好、生产效率高以及适用范围广泛等优点被矿山普遍应用，学者们对于该方法有众多研究成果。如黄明清、吴爱祥等人以某铜矿为工程背景，以采场宽度、矿房宽度、间柱宽度作为变量，设计几组方案并利用FLAC2D对各方案进行了模拟，对得到的模拟结果进行综合比较，从而确定优化方案；宋嘉栋等人结合香炉山钨矿井下矿柱与空区的赋存现状，针对矿柱、空区均高大的特征，提出了采用"围空区采矿柱"的超前袋装充填，空场嗣后再充填的采矿方法，结合地压监测技术，实现了高大采空区内点柱、顶柱的回收，大大降低了矿柱回收的损失、贫化率；张振华针对赞比亚谦比希铜矿主矿体深部开采由于矿岩压力大、矿体厚度小、矿体倾角大等原因导致矿石的回采难度大的问题，对分层充填采矿法做了优化与创新，完成了赞比亚谦比希铜矿高应力下高分段空场嗣后充填法，该方法在施工作业的复杂方面做到了很大程度的简化，有效地降低了巷道掘进的工程量，并且大幅度降低了采矿的成本；于常先、徐子刚等人为提高三山岛金矿深部矿体的开采效率，对其采矿方法进行了优化，提出了联合阶段空场以及上向水平分层充填的方法，该方法可以降低生产所需的采准工作量，并能在更大程度上发挥已有设备的性能以及进一步提升矿山的生产能力；杨振通过对毛家寨铁矿的实际地质以及矿体赋存条件进行分析，提出了适合该矿山的上向分层充填采矿法，完善了充填采矿法的工艺流程，有效地降低了矿石生产的贫化率，提高了采场结构的安全性以及回采的工作效率；明建、胡乃联等人为解决充填法成本过高的问题，利用实验室物理模拟以及数值模拟相结合的方法，分析了在不同的施加载荷作用下围岩及矿体的应力变化与充填体的力学性质，证明了利用压缩固结充填法可以有效降低胶凝材料的使用量，并降低了充填成本。

1.2.5 采场回采顺序与结构参数优化

为研究采场在连续回采作业下的稳定性，确定合理的回采顺序和采场结构参数，需通过工程类比或数值计算确定。目前在地下采矿工程盘区回采顺序和采场结构参数优化研究中，主要方法有工程类比法、理论计算法、数值模拟和可靠度分析等。工程类比法根据采矿地质环境的相似情况确定回采参数及回采顺序，因矿山的采矿地质不同而存在不确定性，具有一定主观性。通过理论计算时，在计算复杂的力学环境条件和不规则模型时有可能出现无解的状况。采用数值模拟分析方法，可定量分析和计算在回采工程中，回采区域应力集中产生的部位及其最大压应力、最大拉应力的大小和方向，以及塑性区的位置、形状及分布情况，确定在回采过程中的动态变化过程，探求盘区最优的回采顺序和采场结构参数，从而对回采过程中的采场围岩稳定性判断提供依据和参考。

数值模拟研究作为最有效的研究方法之一，常用的主要有有限单元法、边界元法、离散元法和有限差分法等。随着计算机的高速发展和广泛应用，有限单元法得到了迅速的发展和完善，并在各种数值模拟分析中得到普遍的应用，该法具有完全可靠的理论，表述的物理意义明确直观；但在模拟非连续结构的岩体时，只能考虑少量大的结构面，在模拟的结构面数量很大时，有限元计算模型的建立将十分困难。边界元法可用于解决岩体的开挖问题，再加上边界元法具有降维的作用，大大减少了计算工作量，因此在解决无限域或半无限域问题时更为理想。离散单元法与传统的连续介质分析方法相比，其优点是更能真实地表达求解区域中的几何状态以及大量的不连续面，容易处理大变形、大位移和动态问题，目前二维离散元程序和三维离散元程序已成功地应用于巷道的稳定性、边坡工程等研究。近年来，基于有限差分法和显示算法的快速拉格朗日分析程序（FLAC），将微分方法变换为用差分方程近似的一种数值方法。它有隐式差分和显式差分两种，常用的是显式差分法，可用于硬岩开采、地基支护、边坡稳定、土体滑动、散体放矿、地下水（油）流动等的力学状态和特性分析，FLAC 程序使用的“显式”差分求解法和“混合离散化”技术，在一定程度上克服了离散元和有限元不能统一的矛盾，能较好地模拟回采过程中的采矿、充填过程，可以模拟多种岩体介质，有很强的实用性，因而在采矿和岩土工程中得到了较广泛的应用。

1.2.6 采空区围岩稳定性分析与控制

采空区按矿产被开采的时间，可分为老采区、现采区和未来采区。我国矿产资源丰富，在国民经济发展中占据非常重要的地位，但随着社会发展的需求，我国矿产资源遭受到了前所未有的高强度开采，并形成了大量的采空区，据有关资料显示，我国历史采空区体积超过250亿立方米。金属矿山的采空区，不仅容易产生井下生产安全隐患，也往往导致地表裂缝、塌陷和沉降等问题，给周边的居民带来了巨大的隐患，时刻威胁着人民群众的生命和财产安全。因此，对采空区的监测、稳定性预测分析及控制等日益成为研究的热点问题，国内外专家学者也进行了大量的研究，并都取得了一定成绩。但相比于煤矿采空区研究来说，由于金属矿山地质条件复杂以及矿体形态各异等原因，现有的研究还没有形成比较完善的理论与方法，相关资料文献也相对较少。

1.2.6.1 采空区探测技术及方法

目前，国内外对采空区的探测，主要有现场调查、物探和钻探等三类方法。饶运章等人采用调查的方法，对某钨矿山采空区进行了分析，为正确评价采空区稳定性和地压控制奠定了基础。但由于采空区隐覆在地质条件比较复杂的区域，单纯的通过资料的收集以及现场调查，不能够获得较为准确的采空区信息。因此，为了能够更加精确地探测采空区的位置、大小以及数量等信息，需要辅以物探方法进行探测，再以钻探方法进行验证。

对采空区的探测，美国、日本以及俄罗斯等发达国家起步较早，都积累了较为丰富的经验，发展了较多的探测方法，尤其在地球物理探测技术方面发展较为全面。在美国，电法、电磁法、微重力法、地震勘探等技术都有较高水平，其中以浅层地震勘探最为突出，并发展了高分辨率地震反射法；在日本，地震波法应用最广泛，电法、电磁法及地球物理测井等方法的应用也比较多。此外，日本VIC公司研制的GR-810型佐藤式全自动地下勘探系统，在采空区勘测方面具有良好的效果；在俄罗斯，直流电法、瞬变电磁法、井间电磁波透视、声波透视及射气测量技术等发展较为迅速。

近年来，由于采空区安全事故频发，国内专家学者开始对采空区探测技术及方法的研究进行广泛关注，做了大量的研究工作，并取得了卓有成效的贡献。李夕兵等人采用高密度电阻率法、地震映像法、探地雷达法以及激光3D法等对三道庄钼矿进行金属矿地下采空区探测和监控；鲁辉等人研究用电法、电磁法以及可控源法等进行采空区探测，提出了采空区在探测过程中存在的问题及今后的研究方向；张淑坤等人采用高分辨率地震探测及高分辨电阻率探测方法，并辅以钻孔声波探测、钻孔电视成像技术及深部钻孔数据进行采空区探测研究；罗周全等人利用三维激光对采空区进行探测，搜集信息，实现对采空区的三维可视化；陈祥祥等人采用微震监测系统对采空区坍塌地压灾害进行监测。

1.2.6.2 采空区稳定性预测分析

国内外学者通过理论分析法、预测模型评价法、物理模型试验法以及数值模拟法对采空区稳定性预测进行了分析，并取得了诸多成果。

（1）理论分析法。理论分析法是对采空区进行稳定性分析的一种定性研究方法，主要是利用力学模型将采空区进行简化求解。早期的于学馥提出“轴变理论”，认为巷道垮塌可以用弹性理论的方法进行分析研究。贺广零等人为了对采空区的稳定性进行分析，将采空区顶板近似为弹性板，并利用温克尔假设和板壳力学理论对其进行研究分析，较好地揭示了采空区顶板破坏的机理；V. M. Seryakov 针对采空区上覆岩体情况，建立了可靠的数学模型，并对地下岩体状态能较好地识别。

（2）预测模型评价法。预测评价法是根据以往工程经验及研究，对影响采空区稳定性因素进行分类，并确定各影响因素的权重，建立预测评价模型，以达到对采空区变形规律进行提前预警的方法，该方法具有较强的客观性、灵活性以及检验性等特点。目前，国内外学者在考虑各因素对采空区稳定性影响的基础上，建立了各类预测评价模型，主要有基于模糊理论、未确知理论、神经网络、灰色理论以及支持向量机等非线性评价模型。但该方法需要在获取大量的现场数据的基础上，才能达到真实准确预警的目的。宫凤强等人考虑到在进行采空区危险性评价时，由于许多影响因素存在不确定性，建立了基于未确知测度理论的危险性评价模型，较好地对各影响因素进行了定性和定量，预测结果达到预期。

（3）物理模型试验法。物理模型试验法是依照矿山工程实际，在实验室构建与其相似的物理模型，并可以通过相应的方法进行反复观测，直观地反映出原监测区的变形规律，是众多工程领域研究最主要的实验方法。该方法具有投入成本小、获取数据准确以及很强的针对性等特点。但由于物理模型脱离了矿山原型本身所处的各种复杂环境，所获得的数据不能完全准确反映实体变形规律。宋卫东等人通过物理模型试验研究方法，借助全站仪等仪器设备对采空区开采过程中围岩的冒落及破坏进行监测，较好地解释了围岩的变形、破坏机理。

（4）数值模拟法。数值模拟法是依据岩体自身的本构模型，考虑岩体赋存的复杂地质条件及其他因素，通过模拟分析的方法对岩体的应力应变规律进行模拟分析。史秀志等人采用 FLAC3D 对铜绿山Ⅰ号矿体在不同跨度和不同立柱厚度情况下的采空区围岩的变形和破坏特征进行了分析。随着计算机技术的不断发展和各类数值仿真软件的不断成熟，数值模拟法在地下工程稳定性方面的应用将会不断增加。为了更真实地反映岩体复杂的变形规律，关键问题在于选择合理的物理力学参数。另外，数值分析计算与其他计算方法，如智能算法、工程可靠性等的结合，在大数据基础上可能会有更重要的突破。

1.2.6.3 采空区稳定性控制及处理技术

目前，全国各矿山赋存着大量的采空区，随着时间的推移，采空区所处状态以及矿山开采的进一步推进等原因，采空区的安全问题日益凸显。对存在安全隐患的采空区进行控制和处理，是金属矿山开采过程中防止灾害发生的一项重要环节。目前，国内治理采空区的主要措施有崩落法、充填法、保留永久矿柱支护、隔离和封堵以及联合法等。

(1) 崩落法治理采空区。由于金属矿山岩体整体稳定性较好，不易随矿山的开采自行冒落，为避免采空区顶板及围岩大量不稳定岩石突然冒落造成事故，必须及时对其进行处理。崩落法治理采空区是通过一定的方式将顶板或者围岩崩落的岩块或废石充填采空区，达到对采空区进行治理的目的。但由于在进行顶板崩落的过程中可能出现地表塌陷，因此地表允许塌陷是使用崩落法治理采空区的前提条件。该方法具有成本低、见效快、工艺简单的特点，在国内外采空区治理中被广泛采用。

(2) 充填法治理采空区。该法是将充填料通过一定的方式送入到采空区内部，并充填密实，以达到控制地压活动、减小上覆岩层崩落及地表下沉的目的，是采空区稳定性控制的最主要方法之一，并且对保护地表建筑物及矿区生态环境起着重要的作用。目前，主要有干式充填和湿式充填两种。针对不同采空区，应根据岩体性质、充填要求及成本进行合理选择，达到安全、经济、适用的效果。

(3) 保留永久矿柱支护治理采空区。此法是通过留设永久矿柱加强对采空区顶板的支护，减小其暴露面积，控制上覆岩层下沉的一种方法。该方法主要应用于岩性比较稳定的采空区，但由于采空区所处的环境比较复杂以及各种因素的影响，采空区稳定性一直处于变化的状态，因此设计矿柱尺寸和数量时，应根据采空区实际赋存的环境综合考虑，以减少灾害的发生。实践表明，随着时间的推移，仅采用留柱支护法，并不能避免顶板冒落或矿压冲击的影响。

(4) 隔离和封堵治理采空区。利用封堵墙将与采空区连接的主要通道进行封堵，使工作区与采空区隔离，避免因顶板突然大面积冒落时，产生的冲击地压对周围构筑物造成损害，特别是保证井下工作人员的生命安全。该方法对小体积采空区控制效果较好，而对大面积采空区防护作用则较差，并且对地表起不到任何保护作用，移动带仍需监测、隔离。因此，隔离和封堵治理采空区法主要适用于体积不大且离工作区较远、地表及岩层允许崩落或下沉等情况的采空区。

(5) 联合治理采空区。由于采空区所赋存的环境复杂，很多情况下进行采空区治理时，由于使用某一种方法无法达到有效治理的目的，则可以根据实际情况，利用不同方法的优势，选择两种或者两种以上方法相结合，对采空区进行处理。因此，在实际治理采空区过程中，应充分考虑安全、经济、可行的原则，有针对性地选择治理方法，充分发挥其各自优点，克服存在的不足，确保采空区稳定。

1.3 本书研究的主要内容

本书主要研究内容为：

（1）进行矿区工程地质条件和开采技术条件研究。这部分内容主要包括对岩性、岩体结构特征、构造、地下水、开采现状、软弱破碎夹层及矿体的赋存条件等的调查研究。

（2）矿区岩体结构调查及分析。对矿区 795 坑和 860 坑岩体进行详细结构面调查，分析结构面空间分布规律，研究结构面对巷道稳定性的影响。

（3）基于室内岩石力学试验的岩体力学参数研究。在室内岩石力学试验的基础上，运用 Hoek-Brown 强度准则，研究矿区宏观岩体的力学参数，并对千枚岩的水理特性进行分析。

（4）研究松软破碎巷道围岩失稳机理及围岩松动圈控制技术。分析软破岩体巷道的主要特征及影响因素，探究矿区软破岩体巷道失稳的机理。开展软破岩体巷道松动圈支护理论研究，基于松动圈测试结果，分析锚注支护机理及相关支护参数。

（5）进行松软破碎巷道围岩支护方案及控制技术数值模拟研究。研究不同围岩地段的五种支护控制方案，并基于大型非线性数值模拟软件 FLAC3D，分别分析了五种支护方案的支护控制效果。

（6）研究软破倾斜薄矿体的采矿方法。对矿区矿体进行了详细分类，分析各类矿体所占比重。针对不同矿体类型，提出合适的采矿方法。

（7）针对软破倾斜薄矿体采场结构参数进行优化，并对回采顺序进行研究。

（8）研究软破倾斜薄矿体采动围岩移动变形规律，并进行顶板围岩控制分析。

（9）研究倾斜薄矿体开采对矿区上部隔水层稳定性的影响。

2 矿区工程地质及开采技术条件

2.1 矿区地质

勐兴铅锌矿区地处保山—镇康弧后盆地中部姚关—酒房复式向斜南缘，位于近南北向的勐兴次级向斜构造的东翼。

2.1.1 地层

矿区出露地层有第四系、侏罗系中统、三叠系中统、泥盆系中下统、志留系、奥陶系、寒武系公养河群变质岩等（见图 2-1）。

第四系（Q）：褐黄色黏土，砂土，冲洪积含砾土，夹黑色泥炭层，厚0~44m。

侏罗系中统勐戛组（J_2）：黄绿色、紫红色泥灰岩、泥岩夹砂岩，底部为砾岩。产腕足类及瓣鳃类化石，厚 518~961m。

三叠系中统（T_2）：浅灰红色、青灰色角砾状灰岩、白云质灰岩，夹灰色钙质泥页岩。产瓣鳃类化石，厚 73~259m。

泥盆系中统何元寨组（D_2）：浅灰色厚层状泥灰岩，底部为微晶灰岩。产海百合、角石、珊瑚等化石，厚 68~291m。

泥盆系下统向阳寺组（D_1）：灰、青灰、紫红色中厚层条带状灰岩、泥灰岩及夹钙质、泥质粉砂岩。产角石、珊瑚、腕足、海百合等化石，厚 628~664m。

志留系上统栗柴坝组（S_3）：灰色、灰黑色、紫色薄层状千枚岩，夹石英千枚岩及灰岩透镜体。产腕足、苔藓虫、棘皮、笔石等化石，厚 48~120m。

志留系中统上仁和桥组上段（S_2^2）：灰色中厚层状细粒长石石英砂岩，夹黑灰色薄层状千枚岩。顶部为灰色中层石英千枚岩、细砂岩与黑色灰色薄层千枚岩互层。产腕足、笔石等化石，厚 42~400m。

志留系中统上仁和桥组下段（S_2^1）：灰色、深灰色、绿灰色、紫色层纹状灰岩、泥灰岩，夹灰黑色含碳千枚岩及浅绿灰色沉晶屑凝灰岩。底部夹灰色、深灰色中厚层—块状生物碎屑结晶灰岩透镜体，为区内主要含矿层位及找矿标志层。产腕足、苔藓虫、棘皮动物、海绵、珊瑚、介形虫等化石，厚 11~99m。

志留系下统下仁和桥组（S_1）：黑灰色薄层千枚岩与细砂岩、石英千枚岩互层，顶部夹钙质石英千枚岩及透镜体，为区内次要含矿层位。产较多的笔石化石，厚 235m。

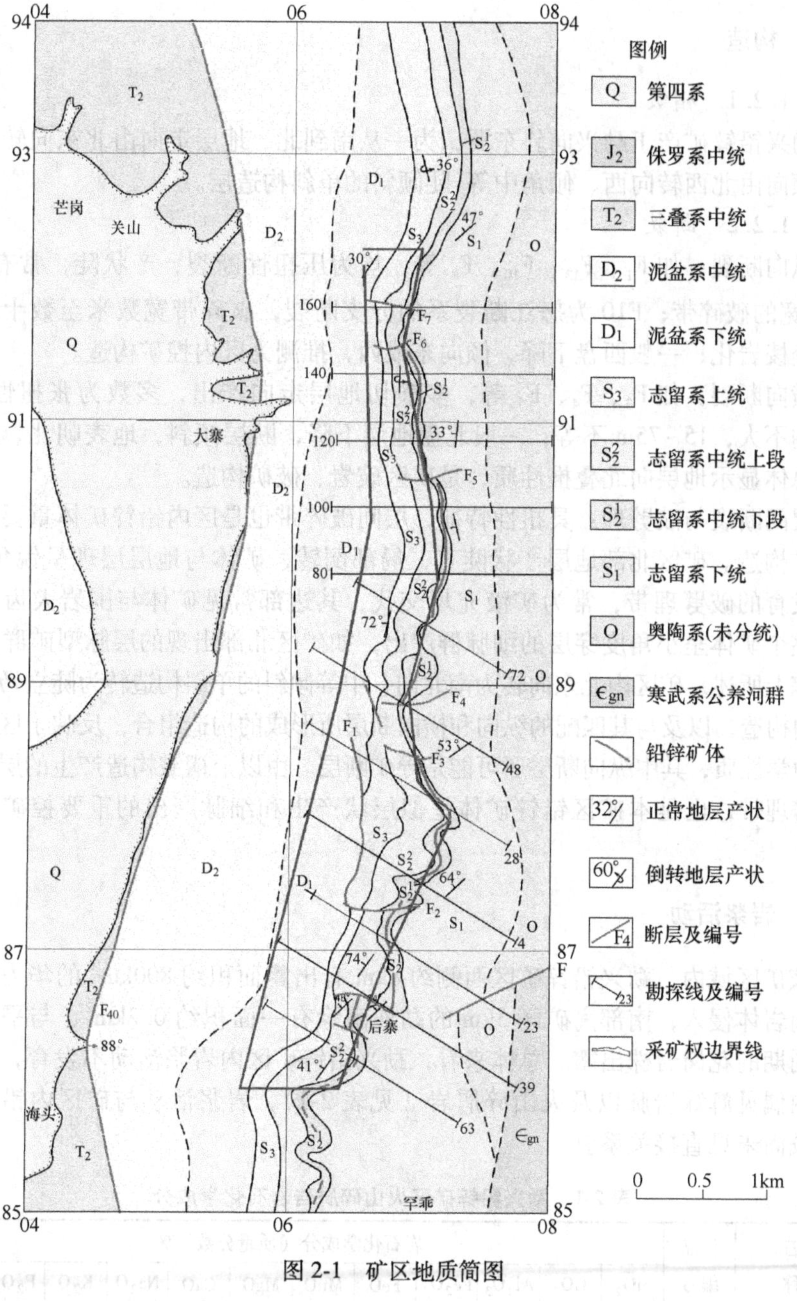

图 2-1 矿区地质简图

奥陶系（O）：灰色中厚层状细粒长石石英砂岩，夹千枚岩、紫色泥岩及黑色炭质千枚岩，厚 200~500m。

寒武系公养河群（ϵ_{gn}）：灰黑色页岩、灰白色长石石英砂岩夹少量硅质岩、泥质条带灰岩、板岩等，厚度大于 500m。

2.1.2 构造

2.1.2.1 褶皱

勐兴铅锌矿产于勐兴向斜东翼，为一从南到北、地层走向由北东向转向南北向、倾向由北西转向西、倾角中等-陡倾斜的单斜构造层。

2.1.2.2 断裂

纵向断裂：如 F_1、F_{13}、F_{10}、F_8 等，均为压扭性断裂，产状陡，常有 0.5~3.5m 宽的破碎带；F10 为怒江断裂系的分支断裂，破碎带宽数米至数十米，部分具糜棱岩化；一般西盘下降，倾向东或西，推测为区内控矿构造。

横向断裂：如 F_3、F_4、F_6 等，多横切地层走向产出，多数为张扭性断层，断距均不大，15~75m 不等；一般北盘地层下降，断层倾斜，地表朝北、深部朝南，总体显示地层向北叠推性质，是矿区破岩、破矿构造。

层间断裂与破劈理：具扭性特征，层间破碎带也是区内铅锌矿体重要的导矿和贮矿构造。矿区北部地层产状陡直，局部倒转，矿体与地层层理呈锐角相交。密集发育的破劈理带，常为矿液充填交代，其边部常见矿体与围岩犬齿交替穿插，整个矿体呈小角度穿层的细脉群产出，如矿区北部出现的层脉型矿群。

综上所述，矿区内北东向转为南北向、中等倾斜的单斜构造转为陡立乃至倒转的褶曲构造，以及与其匹配的纵向和横向断层所形成的构造组合，反映了区域应力场的力学性质，其中纵向断层还可能是导矿断层。由以上褶皱构造产生的层间滑动和破劈理带，也是本矿区铅锌矿体呈似层状产出和细脉产出的重要控矿和贮矿构造。

2.1.3 岩浆活动

该矿区域内，勐兴铅锌矿区西侧约 8km 有出露面积约 800km² 的华力西期平河花岗岩体侵入，南部离矿区 5km 的勐连南缘有一面积约 0.2km²、与平河花岗岩体同期的花岗岩株出露。总体来看，勐兴铅锌矿区内岩浆活动不发育，坑道及钻孔内偶见辉绿岩脉以及火山碎屑岩（见表 2-1），岩浆活动与矿区内铅锌矿床的形成尚未见直接关系。

表 2-1 勐兴铅锌矿区火山碎屑岩岩石化学成分

岩石名称	样品编号	岩石化学成分（质量分数）/%										
		SiO_2	TiO_2	Al_2O_3	Fe_2O_3	FeO	MnO	MgO	CaO	Na_2O	K_2O	P_2O_5	CO_2
变晶屑熔结凝灰岩 (S_2^1)	D60	42.36	1.944	14.98	1.5	8.61	0.122	3.49	7.2	1.48	3.14	0.405	12.05
	D61	44.22	2.086	14.55	1.42	8.82	0.112	3.63	6.21	1.94	3.04	0.412	11.31
	D59	44.3	2.032	13.69	1.23	8.2	0.13	3.47	7.03	1.43	2.95	0.51	13.21

注：据 1985 年《云南省龙陵县勐兴铅锌矿地质勘探报告》。

2.1.4 围岩蚀变

矿区内的围岩蚀变一般有碳酸盐化、重晶石化、绢云母化、硅化、高岭土化、褐铁矿化，局部见褪色化及去膏化现象。

2.2 矿床特征

矿区为以勐兴坝子为核部的向斜构造，铅锌矿体产于向斜构造的东翼，呈近南北向产出，矿带长约10km。区内铅锌矿体主要赋存于志留系中统上仁和桥组下段（S_2^1）层纹灰岩中，根据矿体在含矿层中产出部位可划分为Ⅱ、Ⅲ号两个主要矿体群，其中以Ⅲ号矿群最为重要。Ⅱ号矿群产于志留系中统上仁和桥组下段（S_2^1）中上部的含生物碎屑层纹灰岩中，Ⅲ号矿群产于志留系中统上仁和桥组（S_2^1）中下部的含生物碎屑结晶灰岩中。

区内铅锌矿化具有一层为主、多层含矿及尖灭再现现象；矿体厚度薄，但铅锌品位高，呈似层状、透镜状顺层产出为主，产状与围岩基本一致。受层间滑动—破劈理带控制，产于志留系中统上仁和桥组下段（S_2^1）中-上部层纹灰岩中的矿体规模一般较小，矿体呈透镜状、大体平行层理的雁行状及层脉状矿体群产出，如$Ⅱ_{17}$、$Ⅱ_{18}$、$Ⅱ_{19}$等。

2.3 矿体特征

研究期间，勐兴铅锌矿区共圈定大小矿体45个。其中，1985年《云南省龙陵县勐兴铅锌矿床勘探地质报告》中圈定矿体29个，2000年《云南省龙陵县勐兴铅锌矿床后寨矿段首期地质勘查报告》中圈定矿体7个，2008年《云南省龙陵县勐兴铅锌矿区资源储量核实报告》中新圈定矿体9个。

核实的矿体有$Ⅱ_2$、$Ⅱ_3$、$Ⅱ_6$、$Ⅱ_{12}$、$Ⅱ_{13}$、$Ⅱ_{14}$、$Ⅱ_{15}$、$Ⅱ_{16}$、$Ⅱ_{17}$、$Ⅱ_{18}$、$Ⅱ_{19}$、$Ⅱ_{20}$、$Ⅱ_{21}$、$Ⅱ_{25}$、$Ⅱ_{26}$、$Ⅱ_{27}$、$Ⅱ_{28}$、$Ⅱ_{29}$、$Ⅱ_{32}$、$Ⅲ_1$、$Ⅲ_4$、$Ⅲ_5$、$Ⅲ_7$、$Ⅲ_{16}$、$Ⅲ_{18}$、$Ⅲ_{20}$、①、②、③、④、⑤、⑦共32个。已圈定的45个矿体中，除本次核实的32个矿体外，其余矿体已采空并在以往资源储量核实中注销。

需要说明的是：（1）2008年资源储量核实中于24—32号线标高615~360m圈定的$Ⅲ_{18}$号矿体、56—72号线标高640~314m圈定的$Ⅲ_{16}$号矿体及1985年勘探报告中于32—52号线标高860~570m圈定的$Ⅲ_4$号矿体，经2008~2009年危机矿山找矿项目施工钻孔及2008~2009年矿山施工的深部勘查钻孔揭露，按矿体在含矿层中产出位置对比确定均属$Ⅲ_1$号矿体，表明$Ⅲ_1$、$Ⅲ_4$、$Ⅲ_{16}$、$Ⅲ_{18}$号矿体在深部已连为一体；（2）2008年资源储量核实中于24—34号线标高625~420m圈定的Ⅱ$_{26}$号矿体，经危机矿山项目施工工程揭露确认与1985年勘探报告中于19—3号线标高860~610m圈定的Ⅱ$_3$号矿体属同一矿体，表明Ⅱ$_3$、Ⅱ$_{26}$号矿体在深部已连为一体；（3）由于2008年资源储量核实报告提交的资源储量已评审备案，同时为便于核实对比，在此沿用2008年储量核实报告采用的矿体编号，但在本次新增资源储量矿体圈定和连接时视Ⅲ$_4$、Ⅲ$_{16}$、Ⅲ$_{18}$号矿体均为同一矿体（Ⅲ$_1$）；2010年5月提交的接替资源勘查报告在矿体圈定和连接时，已对涉及的Ⅲ$_1$与Ⅲ$_{18}$矿体及Ⅱ$_3$与Ⅱ$_{26}$号矿体进行处理，处理方法是图中加括号予以注明，如：图中的"Ⅲ$_1$(Ⅲ$_{18}$)"表示以往圈定的Ⅲ$_{18}$号矿体与Ⅲ$_1$为同一矿体，"Ⅱ$_3$(Ⅱ$_{26}$)"表示以往圈定的Ⅱ$_{26}$号矿体与Ⅱ$_3$为同一矿体。

2.3.1 一般特征

（1）勐兴铅锌矿区内，铅锌矿体主要赋存于志留系中统上仁和桥组下段（S_2^1）层纹状灰岩及生物碎屑灰岩中，尤其在灰岩与碎屑岩、千枚岩、含炭千枚岩的接触界面附近矿体规模较大，如Ⅲ$_1$号矿体；（2）矿体呈似层状、透镜状、豆荚状顺层产出，产出状态与围岩一致；（3）具有一层为主、多层含矿及尖灭再现现象（见图2-2和图2-3）；（4）矿体厚度薄，但走向和倾向延伸大；（5）矿石品位较高。全矿区累计查明铅锌矿石量763.06万吨，（铅+锌）金属量900340t，铅+锌平均品位11.80%。

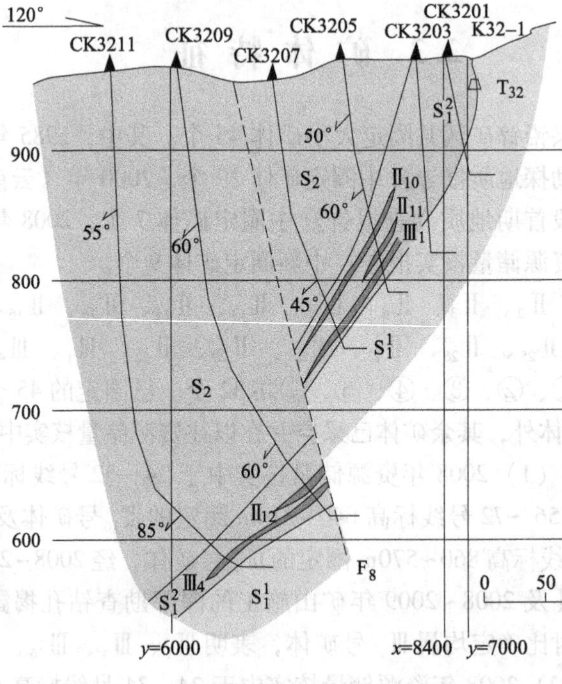

图2-2 龙陵县勐兴铅锌矿32号剖面线示意图

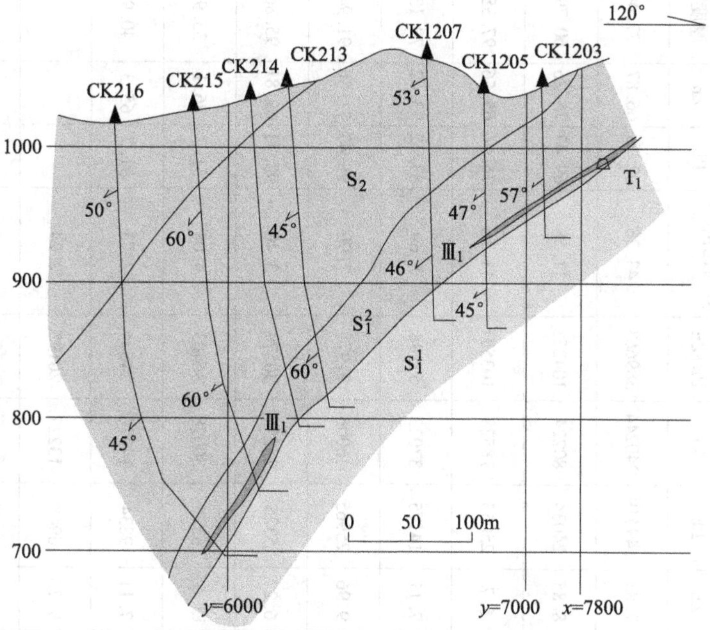

图 2-3 龙陵县勐兴铅锌矿 12 号剖面线示意图

2.3.2 主要矿体地质特征

勐兴铅锌矿区内，圈定的 45 个矿体中，主要矿体有Ⅲ$_1$、Ⅲ$_4$、Ⅲ$_{16}$、Ⅲ$_{18}$、Ⅱ$_2$、Ⅱ$_3$、Ⅱ$_{15}$、Ⅱ$_{17}$、Ⅱ$_{18}$、Ⅱ$_{21}$、①、④矿体共 12 个。其中，Ⅲ$_4$、Ⅲ$_{16}$、Ⅲ$_{18}$矿体经近年来工程加密后证实均属Ⅲ$_1$ 矿体，将其归并后为Ⅲ$_1$、Ⅱ$_3$、④、Ⅱ$_{21}$、Ⅱ$_{15}$、①、Ⅱ$_2$、Ⅱ$_{18}$、Ⅱ$_{17}$共 9 个，上述 9 个矿体累计查明矿石量占全区累计查明矿石量的 92.96%，占全区累计查明金属量的 92.46%（见表 2-2 和表 2-3）。

主要矿体地质特征介绍如下。

2.3.2.1 Ⅲ$_1$号矿体

矿体赋存于志留系中统上仁和桥组下段（S$_2^1$）中下部，含矿岩性为灰、灰白、浅灰绿色薄层状生物碎屑灰岩，矿层顶板为灰-浅灰绿色层纹状灰岩，底板为紫红色板岩、中细粒石英砂岩，局部为肉红色含生物碎屑泥灰岩、灰岩。矿体呈似层状产出，与岩层产状一致，产状 274°~310°∠35°~80°，平均倾角 49°。

矿体分布于 11—72 号线，地表出露最高标高 1092m，钻孔揭露最低点为 ZK40-1，标高 235m，相对高差 857m。地表于 7—2 号线连续出露，14—32 号线则断续出露，南北两端地表均未出露。目前工程控制矿体长约 2500m，宽 100~700m，平均 318m。工程揭露表明，矿体在走向和倾向上具有尖灭再现特点，部

表 2-2 龙陵县勐兴铅锌矿区主要矿体特征统计

矿体号	见矿位置		见矿工程数	规模/m			矿石量/万吨	占全区累计查明比例/%	品位/%		金属量/t			占全区累计查明比例/%	变化系数/%		
	勘探线	标高/m		长	宽	厚			Pb	Zn	Pb	Zn	Pb+Zn		Pb	Zn	厚度
$Ⅲ_1$	11—72	1092~235	99	2500	318	1.95	306.68	40.19	4.87	7.83	149419	240244	389663	43.28	92.59	66.87	77.4
$Ⅱ_3$	19—32	1024~315	43	1310	320	2.01	90.61	11.87	2.65	8.85	24034	80224	104258	11.58	69.47	75.26	60.79
④	63—23	1100~480	19	1160	413	1.15	117.15	15.35	2.14	6.7	25053	78528	103581	11.50	76.56	65.56	97.38
$Ⅱ_{21}$	70—90	800~500	11	470	310	1.37	52.06	6.82	2.72	7.11	14175	37023	51198	5.69	83.42	93.02	70.13
$Ⅱ_{15}$	40—56	772~240	10	400	263	2.26	46.18	6.05	5.62	9.96	25965	46006	71971	7.99	95.47	71.86	91.94
①	51—21	1035~645	18	720	410	1.62	40.28	5.28	1.32	6.27	5325	25254	30579	3.40	93.11	69.81	95.86
$Ⅱ_2$	3—21	920~630	5	450	152	1.32	22.03	2.89	2.87	13.65	6325	30078	36403	4.04	51.7	76.1	35.9
$Ⅱ_{18}$	124—140	852~621	4	470	122	2.4	20.76	2.72	4.74	7.11	9834	14770	24604	2.73	31.7	65.3	40.9
$Ⅱ_{17}$	124—140	770~640	2	513	98	3.38	13.6	1.78	5.12	9.73	6968	13227	20195	2.24			
合 计							751.72	92.96			267098	565354	832452	92.46			
全区累计查明							763.07				291769	608571	900340				

表 2-3 龙陵县勐兴铅锌矿区次要矿体特征统计

矿体号	见矿位置		见矿工程数	规模/m			矿石量/万吨	占全区累计查明比例/%	平均品位/%		金属量/t			占全区累计查明比例/%
	勘探线	标高/m		长	宽	厚			Pb	Zn	Pb	Zn	Pb+Zn	
$Ⅱ_6$	16	700	1	100	72	1.30	0.50	0.07	5.02	6.12	251	306	557	0.06
$Ⅱ_{12}$	32	635	1	50	62	4.42	1.10	0.14	6.21	5.91	685	652	1337	0.15
$Ⅱ_{13}$	36	693	1	100	100	2.87	1.64	0.21	1.77	7.38	291	1211	1502	0.17
$Ⅱ_{14}$	36	682	1	100	100	0.54	0.26	0.03	7.39	23.38	191	604	795	0.09
$Ⅱ_{16}$	88	835	1	200	80	1.30	1.13	0.15	1.05		119		119	0.01
$Ⅱ_{19}$	130	621	1	355	100	2.91	4.76	0.62	1.41	3.08	671	1466	2137	0.24
$Ⅱ_{20}$	156	795	1	200	88	1.04	1.00	0.13	1.36	5.34	136	534	670	0.07
$Ⅲ_5$	56	896	1	200	100	1.72	9.08	1.19	1.93		1753		1753	0.19
$Ⅲ_6$	74	825	1	200	100	6.42	6.97	0.91	4.64	4.96	3237	3460	6697	0.74
$Ⅲ_7$	124—140	642	2	479	99	0.95	4.13	0.54	2.09	2.61	864	1078	1942	0.22
$Ⅱ_{27}$	60	701	1	50	50	2.65	1.10	0.14	3.2	10.33	351	1135	1486	0.17
$Ⅱ_{28}$	60	675	1	50	50	1.13	0.47	0.06	7.13	9.84	334	461	795	0.09
$Ⅱ_{29}$	54	530	1	40	50	2.46	0.70	0.09	3.96	3.89	276	271	547	0.06
$Ⅱ_{32}$	52	704	1	40	50	4.84	1.68	0.22	1.64	6.7	276	1127	1403	0.16
$Ⅱ_{25}$	60—64	815~780	2	100	98	3.12	3.91	0.51	2.85	9.23	1116	3607	4723	0.52
②	47	951	1	100	46	1.69	0.64	0.08	0.56		36		36	0.00
③	43—47	905~1055	4	200	160	1.03	1.32	0.17	0.6		79		79	0.01
⑤	39—51	888~1055	2	400	87.5	1.20	0.59	0.08	12.88	2.34	764	139	903	0.10
⑦	51	763	1	100	50	1.11	0.65	0.09	1.29	1.29	84	84	168	0.02
合计							41.63	5.46			11514	16135	27649	3.07
全区累计查明							763.07				291769	608571	900340	

分地段仅见矿化而未达工业矿体厚度。矿体厚度 0.29~7.10m，平均 1.95m，厚度变化系数 77.40%；铅品位 0.023% ~ 14.83%，平均 4.60%，变化系数 92.59%；锌品位 0.33%~24.45%，平均 7.95%，变化系数 66.87%。

2010 年 5 月提交的《云南省龙陵县勐兴（糯）铅锌矿接替资源勘查报告》中圈定的 $Ⅲ_1$ 号矿体位于 19—32 号线标高 630~280m 范围内，估算 122b+333 矿石量 70.52 万吨，（铅+锌）金属量 79301t，（铅+锌）平均品位 11.25%（铅金属量 20937t，平均品位 2.97%；锌金属量 58364t，平均品位 8.28%）。

本次新增工程圈定矿体范围为 32—72 号线标高 660~240m，估算 122b+333 矿石量 73.34 万吨，（铅+锌）金属量 81602t，（铅+锌）平均品位 11.13%（铅金属量 26114t，平均品位 3.56%；锌金属量 55488t，平均品位 7.57%）。矿石类型均为硫化矿，估算的资源储量为现有采空区下的保有资源储量。

$Ⅲ_1$ 矿体经 99 个见矿工程揭露，共探获各类别总矿石量 349.05 万吨，占全区累计查明矿石总量的 40.19%，（铅+锌）金属量 389663t（铅 149419t，锌 240244t），占全区累计查明铅锌金属总量的 43.28%，（铅+锌）平均品位 12.70%（铅品位 4.87%，锌品位 7.83%）。

目前，19—32 号线 630m 标高中段以上矿体基本采空。

2.3.2.2 $Ⅱ_3$号矿体

矿体赋存于志留系中统上仁和桥组下段（S_2^1）上部，含矿岩性为薄层状层纹灰岩夹生物碎屑灰岩。矿体直接顶板为含钙质纹层黑色炭质千枚岩，底板为浅灰绿色泥灰岩。矿体呈似层状产出，与岩层产状一致，产状 300°~314°∠40°~75°，平均倾角 52°。

矿体分布于 19—32 号线标高 1024~315m 范围内，最高点为 CK2601 孔，最低点为 ZK3-3 孔。工程控制矿体长 1310m，宽 320m，相对高差 709m。矿体在走向和倾向上具有尖灭再现特点，部分地段仅见矿化而未达工业矿体厚度。工程揭露矿体厚 0.25~4.48m，平均 2.01m，厚度变化系数 60.79%；铅品位 0.62%~8.42%，平均 2.65%，变化系数 69.47%；锌品位 2.02%~29.71%，平均 8.85%，变化系数 75.26%。

2010 年 5 月提交的《云南省龙陵县勐兴（糯）铅锌矿接替资源勘查报告》中圈定的 $Ⅱ_3$ 号矿体位于 11—28 号线标高 630~315m 范围内，矿石类型为硫化矿，估算 122b+333 矿石量 65.73 万吨，（铅+锌）金属量 69972t，（铅+锌）平均品位 10.65%，其中铅金属量 17469t，铅品位 2.66%，锌金属量 52503t，锌品位 7.99%，估算的资源储量为现有采空区下的保有资源储量。

经 43 个见矿工程控制，共探获各类别总矿石量 90.61 万吨，占全区累计查明矿石总量的 11.87%，（铅+锌）金属量 104258t（铅 24034t，锌 80224t），占全区累计查明各类别铅锌金属总量的 11.58%；（铅+锌）平均品位 11.50%（铅品位 2.65%，锌品位 8.85%）。

目前，该矿体630m标高中段以上基本采空。

2.3.2.3 ④号矿体

矿体赋存于志留系中统上仁和桥组下段（S_2^1）下部，含矿岩性为灰、灰白、浅灰绿色薄层状生物碎屑灰岩，矿层顶板为浅灰绿色层纹状灰岩，底板为紫红色板岩、中细粒石英砂岩。矿体呈似层状产出，与岩层产状一致，产状300°~325°∠42°~60°，平均倾角49°。

矿体分布于63—23号线标高1100~480m范围内，工程控制矿体长1160m，宽413m，相对高差620m。最低点为2009年危机矿山项目施工的ZK27-2孔，最高为地表工程K49-1。工程揭露矿体厚0.25~3.44m，平均1.15m，厚度变化系数97.38%；铅品位0.023%~4.13%，平均2.14%，变化系数76.56%；锌品位3.05%~10.98%，平均6.70%，变化系数65.56%。

2010年5月提交的《云南省龙陵县勐兴（糯）铅锌矿接替资源勘查报告》中圈定的④号矿体位于39—21号线标高800~460m范围内，矿石类型为硫化矿，估算333类矿石量21.89万吨，（铅+锌）金属量19132t，（铅+锌）平均品位8.74%，其中铅金属量4819t，铅品位2.2%，锌金属量14313t，锌品位6.54%，估算的资源储量为现有采空区下的保有资源储量。

经19个见矿工程控制，共探获矿石量117.15万吨，占全区累计查明矿石总量的15.35%，（铅+锌）金属量103581t（铅25053t，锌78528t），占全区累计查明铅锌金属总量的11.50%；（铅+锌）平均品位8.84%（铅品位2.14%，锌品位6.70%）。

目前，该矿体51—31号线870m标高中段以上全部采空。

2.3.2.4 Ⅱ$_{21}$号矿体

矿体赋存于志留系中统上仁和桥组下段（S_2^1）上部，含矿岩性为灰白-浅灰绿色层纹状灰岩夹灰白色薄层生物碎屑灰岩。矿体顶板为黑色含钙质纹层炭质千枚岩，底板为浅灰绿色泥灰岩，局部肉红色薄层状结晶灰岩或紫红色泥质板岩。矿体呈似层状、透镜状产出，与围岩产状一致，产状254°~283°∠45°~77°，平均倾角56°。

矿体分布于70—90号线标高800~500m范围内，为盲矿体。工程控制矿体长470m，宽310m，工程揭露最低点为ZK7211孔，最高为ZK8005，相对高差300m。工程揭露矿体厚度0.13~3.86m，平均1.37m，厚度变化系数70.13%；铅品位0.15%~8.00%，平均2.72%，变化系数83.42%；锌品位1.37%~24.74%，平均7.11%，变化系数93.02%。

本次新增资源量分布于72—90号线标高800~500m范围内。共估算333类矿石量49.19t，（铅+锌）金属量49531t（铅13718t，锌35813t），（铅+锌）平均品位10.07%（铅品位2.79%，锌品位7.28%）。

$Ⅱ_{21}$号经 11 个钻孔控制，探获各类别铅锌矿石量 52.06 万吨，占全区累计探明矿石量的 6.82%；（铅+锌）金属量 51198t（铅 14175t，锌 37023t），占全区累计查明铅锌金属总量的 5.69%，（铅+锌）平均品位 9.83%（铅品位 2.72%，锌品位 7.11%）。

目前该矿体尚未开采，全部保留。

2.3.2.5 $Ⅱ_{15}$号矿体

矿体赋存于志留系中统上仁和桥组下段（S_2^1）上部，含矿岩性为层纹灰岩夹生物碎屑灰岩。矿体顶板为含钙质纹层黑色炭质千枚岩，底板为浅灰绿色泥灰岩。矿体呈似层状、透镜状产出，与围岩产状一致，产状 250°~271°∠35°~56°，平均倾角 48°。

矿体分布于 40—56 号线标高 772~240m 范围内，为盲矿体。工程控制矿体长 450m，宽 270m，最低点为危机矿山项目施工的 ZK44-1 孔，标高 240m。工程揭露矿体厚 0.33~3.58m，平均 2.26m，厚度变化系数 91.94%；铅品位 0.11%~21.89%，平均 5.62%，变化系数 95.47%；锌品位 5.44%~18.60%，平均 9.96%，变化系数 71.86%。

本次新增资源量分布于 40—56 号线标高 540~240m 范围内。共估算 333 类矿石量 25.25 万吨，（铅+锌）金属量 37199t（铅 11387t，锌 25812t），（铅+锌）平均品位 14.73%（铅品位 4.51%，锌品位 10.22%）。

$Ⅱ_{15}$号矿体经 10 个钻孔控制，共探获矿石量 46.18 万吨，占全区累计查明矿石量的 6.05%；（铅+锌）金属量 71971t（铅 25965t，锌 46006t），占全区累计查明铅锌金属总量的 7.99%，（铅+锌）平均品位 15.58%（铅品位 5.62%，锌品位 9.96%）。

目前该矿体尚未开采，全部保留。

2.3.2.6 ①号矿体

矿体赋存于志留系中统上仁和桥组下段（S_2^1）上部，含矿岩性为薄层状层纹灰岩夹含生物碎屑的灰岩透镜体。矿体直接顶板为含钙质纹层黑色炭质千枚岩，底板为浅灰绿色泥灰岩。矿体呈似层状产出，与岩层产状一致，产状 310°~320°∠43°~70°，平均倾角 51°。

矿体分布于 63—27 号线标高 1035~645m 范围内，工程控制矿体长 980m，范围相对高差 385m。最低点为 2009 年危机矿山项目施工的 ZK39-1 孔，最高为 CK4701 孔揭露。工程揭露矿体厚 0.25~3.44m，平均 1.62m，厚度变化系数 95.86%；铅品位 0.023%~4.13%，平均 1.32%，变化系数 93.11%；锌品位 3.05%~10.98%，平均 6.27%，变化系数 69.81%。

2010 年 5 月提交的《云南省龙陵县勐兴（糯）铅锌矿接替资源勘查报告》中圈定矿体均位于 51—27 号线标高 800~645m 范围内，矿石类型为硫化矿，估算333类矿石量24.78万吨，（铅+锌）金属量16831t（铅2031t，锌14800t），（铅+锌）平均品位6.79%（铅品位0.82%，锌品位5.97%），估算的资源储量为现有采空区下的保有资源储量。①号矿体经18个见矿钻孔控制，累计探获矿石量40.28万吨，占全区累计查明矿石量的5.28%；（铅+锌）金属量30579t（铅5325t，锌25254t），占全区累计探明铅锌金属量的3.40%；（铅+锌）平均品位7.59%（铅品位1.32%，锌品位6.27%）。

目前，该矿体51—31号线870m标高中段以上全部采空。

2.3.2.7 Ⅱ$_2$号矿体

矿体赋存于志留系中统上仁和桥组下段（S_2^1）上部，含矿岩性为灰、灰白、浅灰绿色层纹状含生物碎屑灰岩，矿体顶板为含钙质纹层黑色炭质千枚岩，底板为浅灰绿色泥灰岩。矿体呈似层状、透镜状产出，与围岩产状一致，矿体产状300°∠73°。

矿体分布于21—3号线间标高920~630m范围内。工程控制矿体长450m，宽95~258m，平均152m，最宽为15线，最窄为7线；工程揭露矿体厚0.82~1.98m，平均1.32m，厚度变化系数35.90%；铅品位1.69%~5.49%，平均2.87%，变化系数51.70%；锌品位3.42%~25.39%，平均13.65%，变化系数76.10%。

Ⅱ$_2$号矿体经5个钻孔控制，探获铅锌矿石量22.03万吨，占全区累计探明矿石量的2.89%；（铅+锌）金属量36403t（铅6325t，锌30078t），占全区累计探明金属量的4.04%，（铅+锌）平均品位16.52%（铅品位2.87%，锌品位13.65%）。

目前，该矿体已全部采空。

2.3.2.8 Ⅱ$_{18}$号矿体

矿体赋存于志留系中统上仁和桥组下段（S_2^1）上部，含矿岩性为层纹灰岩夹生物碎屑灰岩。矿体顶板为黑色含钙质纹层炭质千枚岩，底板为浅灰绿色泥灰岩。矿体呈似层状、透镜状产出，产状与围岩产状基本一致，为260°∠78°。

矿体分布于124—140号线标高852~621m范围内。工程揭露最高标高为852m（K136号槽），最低为CK12805孔（621m），高差231m。工程控制矿体长470m，宽90~155m，平均122m；揭露矿体厚1.59~3.74m，平均2.4m，变化系数40.9%；铅品位2.52%~5.84%，平均4.74%，变化系数31.7%；锌品位2.34%~12.76%，平均7.12%，变化系数65.3%。

矿体北段为铅锌共生氧化矿，南段为单铅混合矿。经2条剖面4个钻孔控制，探获矿石量20.76万吨，占全区累计查明矿石量的2.72%；（铅+锌）金属量24604t（铅9834t，锌14770t），（铅+锌）平均品位11.86%（铅品位4.74%，锌品位7.12%）。

目前，该矿体全部保留。

2.3.2.9 $Ⅱ_{17}$号矿体

矿体赋存于志留系中统上仁和桥组下段（S_2^1）上部，含矿岩性为层纹灰岩夹生物碎屑灰岩。矿体顶板为含钙质纹层黑色炭质千枚岩，底板为浅灰绿色砂质泥灰岩。矿体呈似层状、透镜状产出，与围岩产状一致，产状260°∠78°。

工程揭露矿体位于$Ⅱ_{18}$矿体之上，分布于124—140号线标高770~640m范围内，为盲矿体。控制矿体长513m，宽98m，揭露矿体厚3.04~3.71m，平均3.38m，厚度变化系数14.0%。铅品位2.67%~6.80%，平均5.12%，变化系数61.7%；锌为单工程揭露，品位16.36%。

矿体北段为共生铅锌混合矿，南段为单铅氧化矿。经2条剖面2个钻孔揭露，探获矿石量13.6万吨，占全区累计查明矿石量的1.78%；（铅+锌）金属量20195t（铅6968t，锌13227t），占全区累计查明铅锌金属量的2.24%，（铅+锌）平均品位14.86%（铅平均品位5.13%，锌平均品位9.73%）。

目前，该矿体全部保留。

2.3.3 次要矿体特征

矿区内次要铅锌矿体多赋存于志留系中统（S）上仁和桥组下段上部的层纹状生物碎屑灰岩中，一般分布在主要矿体上部附近，呈透镜状、豆荚状顺层产出，产状与围岩基本一致，多为单工程控制，矿体规模较小，矿体铅锌资源储量数十吨至数千吨不等。

2.4 矿床开采技术条件

2.4.1 矿区水文地质条件

区域所属的水文地质单元为一完整的岩溶地下水均衡区，地下水主要以暗河形式由南而北排入怒江，次级水文地质单元又可分为岩溶水区和裂隙水区。以泥盆系灰岩与志留系千枚岩为界，西为岩溶水区，东为裂隙水区，铅锌矿床则处于怒江与勐兴坝子之间的分水岭以西斜坡地带的裂隙水区内（见图2-4）。

矿区位于怒江与勐兴坝子夹持的近南北向分水岭西侧的斜坡地带，北、东、南三面为怒江环绕，怒江标高560~600m。盆地与怒江之间分水岭标高950~1204m，相对高差350~604m，地貌单元属构造剥蚀、侵蚀中山—低山中切割区地形地貌。西侧勐兴坝子标高740m，为一南北向怒江断裂通过并相对下降的断陷盆地（也为不对称的向斜盆地）。受地层产状及构造制约，构成单斜自流斜地，为独立的水文地质单元（见图2-5）。

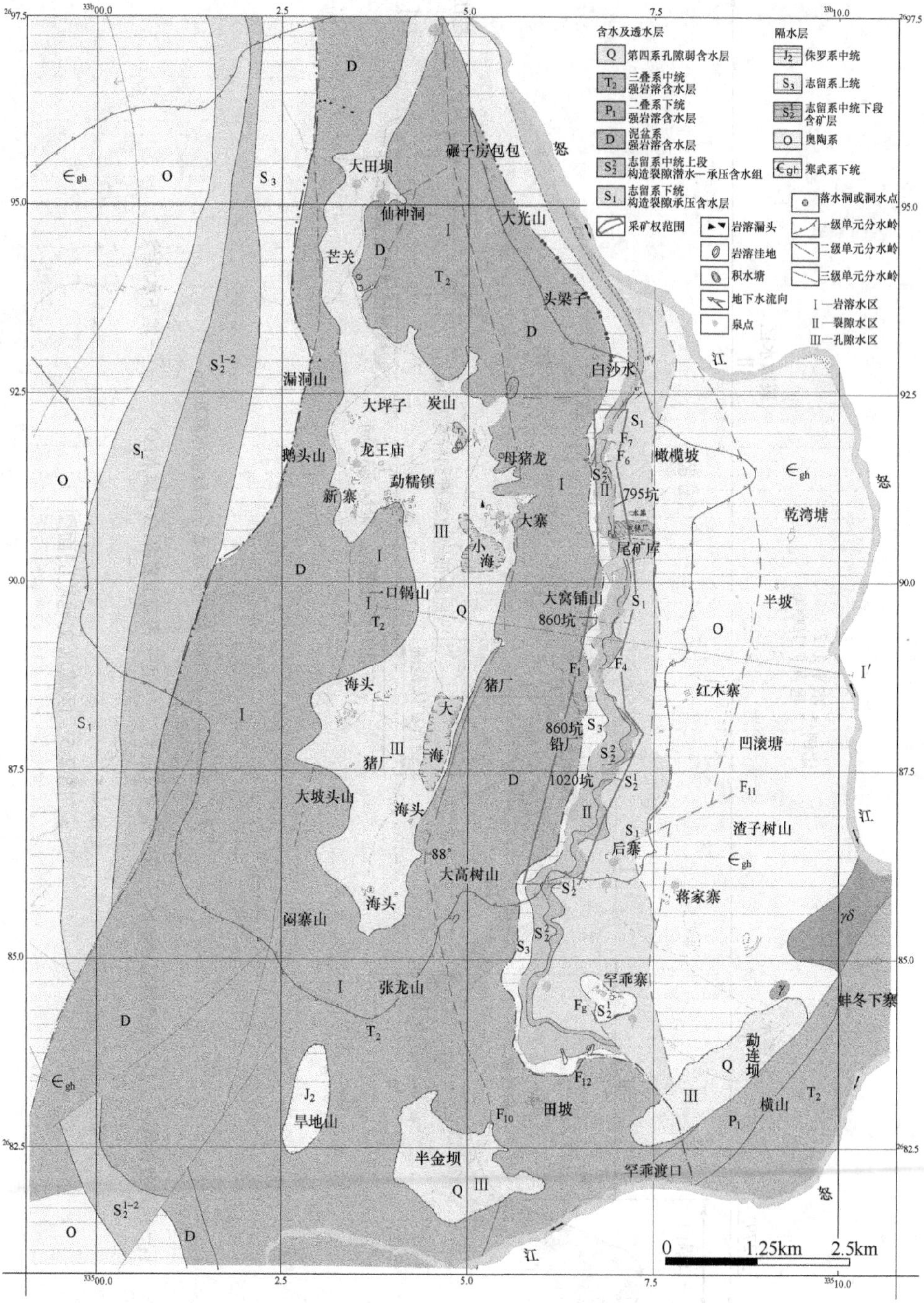

图 2-4 区域水文地质简图

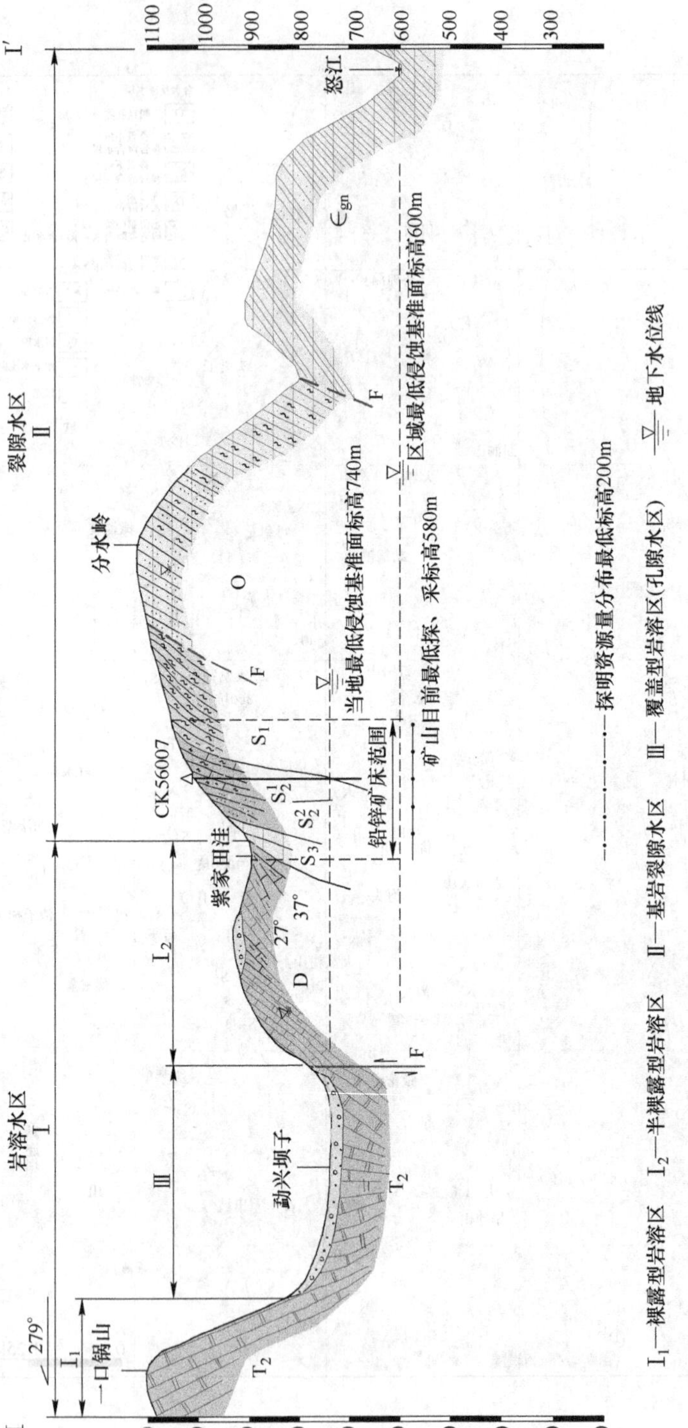

图 2-5 区域水文地质剖面图

矿区处于怒江与其支流龙洞河地表分水岭地段，地表水系大多为树枝状季节性冲沟。生产坑道排水经季节性冲沟排入勐兴坝子，部分为农田灌溉所用，其余汇入龙洞河由南向北直接排入怒江。

2.4.1.1 矿区水文地质单元特征

勐兴坝子区域水文地质单元为一向斜盆地，向斜轴近南北向。矿区位于向斜东翼裂隙水区水文地质单元，即处于地表分水岭以西斜坡地带的裂隙水区内，为一向西倾斜，含、隔水层相间产出的单斜自流斜地。矿区出露两个稳定隔水层或弱透水层（S_3、S_2^1），S_2^2、S_1 含水层呈条带状夹于其中，矿体主要赋存于志留系中统（S_2^1 弱透水层）层纹灰岩中的生物碎屑灰岩及生物点礁灰岩内。矿区上部无大的地表水流和水体，大气降水是矿区地下水主要的补给来源。水文地质单元内地下水动储量与静储量均有限。

2.4.1.2 矿区主要含、隔水层特征

志留系（S）为矿区含矿岩系，也是与矿床充水有关的地层，根据岩层水文地质特征可划分为两个含水层和两个隔水层。含水层包括志留系中统上段（S_2^2 上含水层）和志留系下统（S_1 下含水层）两个层位；隔水层包括志留系上统（S_3）和中统下段（S_2^1）两个层位。

上含水层（S_2^2）：灰、灰白色中厚层状至块状细粒长石石英砂岩夹深灰色石英千枚岩、黑灰色千枚岩，为层间构造裂隙潜水-承压含水层。向下产状变陡，并逐渐具承压性，厚度 42~400m，平均 153.26m。

下含水层（S_1）：浅灰白色石英砂岩、石英千枚岩夹薄层黑色千枚岩，顶部为 0~25.5m 具层间构造裂隙承压含水性质的不连续含矿灰岩透镜体，脆性岩石占 72%，构造裂隙较为发育，多以层间破碎和微细裂隙为主，含水相对丰富，为矿床底板直接充水的含水层。具有水头高但流量小的特点。根据钻孔资料，富水层厚度 47.8m。

上隔水层（S_3）：灰色、灰黑色、紫色薄层状千枚岩，局部夹石英千枚岩及灰岩透镜体，为矿区两个含水层的隔水顶板。节理裂隙不发育，隔水性良好，对矿床地下水向勐兴坝子排泄起隔水作用。厚度 48~120m。

下隔水层（S_2^1）：区内铅锌矿体主要含矿层位，为矿区内两个含水层的隔水顶底板，地表无泉水出露。岩性为层纹状灰岩、泥灰岩，夹灰黑色含碳千枚岩及浅绿灰色沉晶屑凝灰岩。岩层节理裂隙不发育，无地下水活动迹象，局部地段受断层影响，岩石较破碎但隔水性仍很好。本层厚度变化较大，为 11~77m。

2.4.1.3 未采矿体分布与最低侵蚀基准面、排泄面标高

目前矿区内探、采矿工程主要分布于 86 线以北 795 坑的 650m、600m 标高中段，36 线以南 860 坑的 630m、580m 标高中段，1020 坑的 870m、815m 标高中段（见图 2-6）。

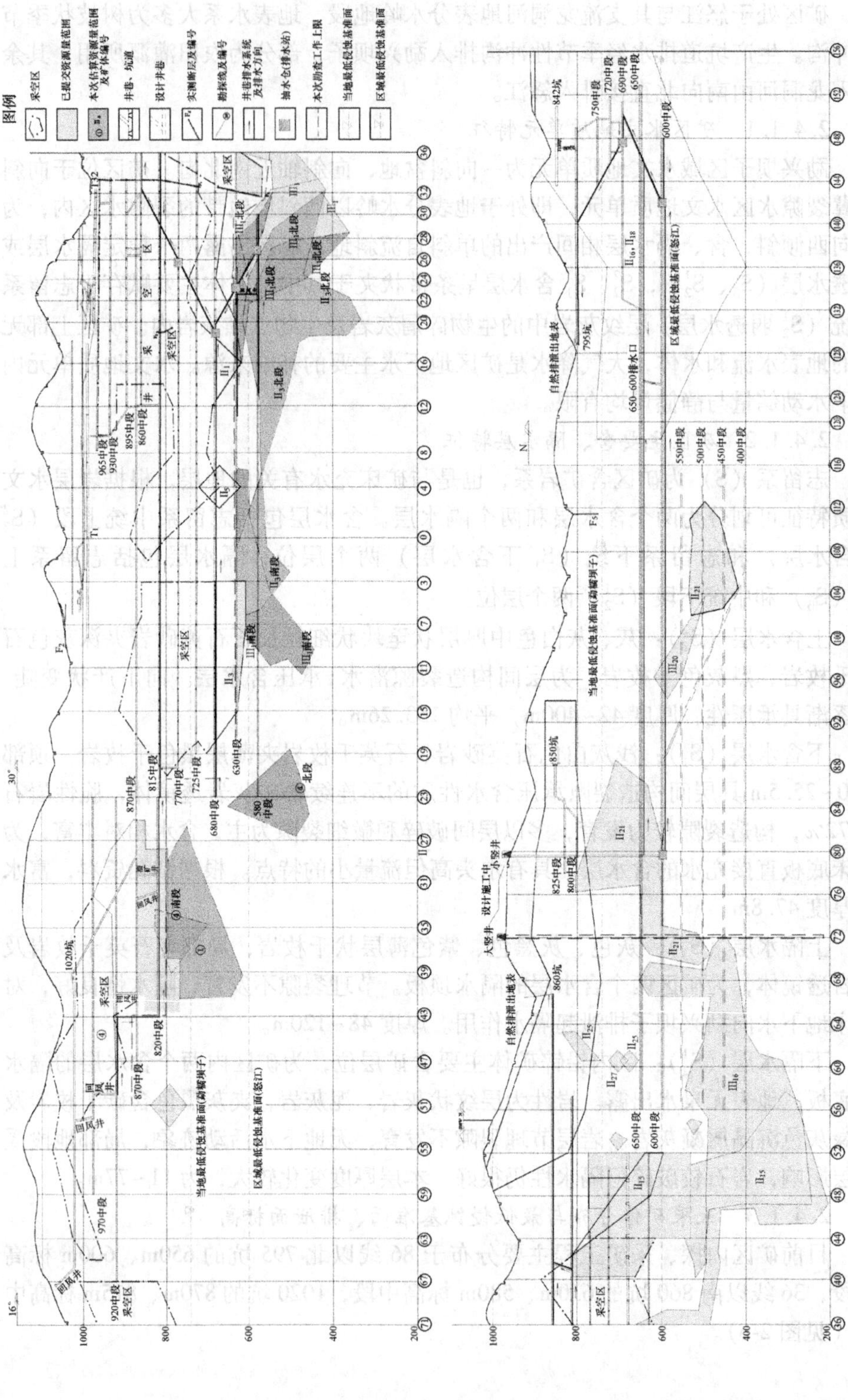

图2-6 矿体分布与侵蚀基准面及矿坑排水系统关系

截至2010年3月31日，19—32号线间630m标高中段以上矿体（860坑）、59—31号线间870m标高中段以上矿体已基本采空。高于矿区当地最低侵蚀基准面（标高740m）的未采资源储量有27—43号线870m标高以下矿体、19—32号线630m标高中段以下的矿体及32—90号线间的矿体。

本次新增资源储量位于32—90号线标高800~240m，均低于矿区当地最低侵蚀基准面，矿体分布最低为ZK5621孔揭露，标高200m。目前80%以上保有资源储量分布于矿区最低侵蚀基准面（标高740m）以下。

现生产矿坑涌水分别从矿区北部的795坑、矿区中部860坑的排出，矿区南部的1020坑与矿区中部的860坑于井下815m标高中段已连通，现1020坑的矿坑涌水统一从860坑口排出。除795坑、860坑相应标高以上中段矿坑涌水可自然排泄出地表外，以下水平中段的矿坑涌水均需机械提升排水。目前矿坑涌水主要集中于795坑最下面的600m及860坑的630m、580m标高探、采中段，其排泄均依靠机械分级（2~4级）提升排出地表。

2.4.2　矿区工程地质条件

由于矿体主要赋存于志留系中统（S_2^1）生物碎屑灰岩中，呈似层状、透镜状、豆荚状顺层产出，产出状态与围岩一致。矿体走向近南北向，西倾，倾角45°~70°，局部直立。

开采方式：地下开采。

开拓方式：矿体上部采用平硐溜井开拓，下部采用平硐、盲斜井开拓。原矿采用3t架线式电机车牵引矿车组，从主平硐经地表电机车道运送至选矿厂原料仓。

采矿方法：矿体倾角在60°以上地段，采用留矿法；倾角在35°~60°采用全面留矿法；矿体倾角29°~35°的地段，采用沿倾斜耙矿的全面留矿法。在生产过程中，缓倾角的矿体采矿方法，由全面留矿法修改为低分段全面法，把原留矿法从下往上回采改为从上往下回采。

目前矿山生产坑道有后寨矿段1020坑的870m、815m标高中段；铅厂—白沙水矿段860坑的680m、630m标高中段和795坑的650m标高中段，坑下为南北向延伸的多中段平巷开拓系统。

现矿山在860坑与795坑之间的80线附近完成的小竖井和在72线附近正在施工的大竖井，两个矿坑未来将形成一个统一的中段水平的开拓系统。

2.4.3　矿区环境地质条件

2.4.3.1　区域稳定性及地震

矿区处于思茅—临沧—腾冲地震带。1976年5月29日，龙陵发生7.5级地震，震中位于距矿区北部约15km的朝阳苏帕河一带，震源深度35km，造成当地房屋倒塌，多处花岗岩坡地滑塌，农田水利工程受破坏，人民生命财产遭受损失；虽矿山震感强烈，但基本无损失。

据《中国地震动参数区划图》（GB 18306—2021），矿区处于地震动反应谱周期0.45s区，地震动峰值加速度0.20g，属区域地壳次不稳定区。

2.4.3.2 地质灾害现象

矿区位于怒江与勐兴坝子夹持的近南北向分水岭西侧的斜坡地带，地形相对平缓，山顶宽缓浑圆；地表植被发育，植被覆盖率大于80%。矿山对矿区内的采矿废石堆积区均有拦砂坝，并修筑了坚固的尾矿坝，矿区无地面塌陷、滑坡、崩塌、泥石流等地质灾害现象，地表人类经济、工程活动强度中等，矿区内地质灾害不发育。

目前矿山环境地质条件中等，矿山可能遭受地质灾害危害的可能性为中等。

2.4.3.3 矿区岩矿石有害元素及放射性

矿区内矿物种类复杂，有方铅矿、铅矾、白铅矿、砷铅矿、铅铁矾、脆硫锑铅矿、闪锌矿、菱锌矿、水锌矿、异极矿、黄铜矿、铜蓝、孔雀石、硫镉矿及毒砂，主要有害元素为砷。1985年勘探期间，经光谱及岩、矿石化学全分析，砷含量为0.003%~0.3%，属正常范围；汞含量极低，在正常值之下；在几个岩性段分别采样送检，检测结果表明放射性元素含量不超标。

总体来看，矿区岩矿石有害元素对矿区环境影响甚微，矿层中无有害气体和放射性元素等。

2.4.3.4 地表水、地下水污染现状

矿区是生产建设50余年的老矿山，自2004年以来，矿山生产规模逐年扩大，目前选厂已达日处理铅锌矿石量达480t，年开采矿石量近15万吨的生产规模。

尾矿库于1993年建成，2002年扩建后总库容量达149万立方米；至2009年底，历年累计排放量为103万立方米，现还可容纳排放量50万立方米。按照目前矿山年排放量12万立方米估算，尾矿库还可服务使用4年。

选厂按“先硫后氧优先浮铅”工艺流程对原矿进行选别。由于选矿流程为浮选，选矿废水部分由回水系统进入选场重复利用，其余大部分排入尾矿库中，极少量选矿废水、生活废水以及矿坑涌水混合季节性地表水进入西侧勐兴坝子的南北向常年河中，对勐兴坝子地表水有轻微污染。

通过矿山取样水化学分析，矿区地下水质总体较好，但部分地段由于尾矿库渗漏使地下水产生一定的污染（尾矿库废水与795坑两个中段矿坑涌水存在一定的水力联系）。

2.5 本章小结

本章主要介绍矿区地质（包括地层、构造、岩浆活动、围岩蚀变），矿床特征，矿体特征，矿床水文、工程地质、环境等地质条件。矿区属于难采松软破碎薄矿体，富水性较强，巷道及地压活动剧烈，围岩支护控制难度极大。

3 岩体结构调查及分析

3.1 概　　述

在采矿工程中，由于岩体结构及其软弱面等的存在，造成岩体材料在性质上高度的不均匀性、非连续性、各向异性，特别是当岩体内部存在形态、方向、大小各不相同的随机不连续面时，在三维空间中呈复杂的网络结构特征；在力学行为上，表现在使岩体工程地质特性弱化，危及岩体稳定。同时岩体结构调查和分析，也是采矿工程中进行地压控制、采场结构参数优化、岩体宏观参数确定、岩体稳定性分级与分区的理论基础，对岩体结构进行系统的研究具有非常重要的意义。

岩体结构自身的不确定性主要是由于岩体中广泛分布的随机不连续面导致的，国内外学者自20世纪80年代以来就已采用各种方法对岩体中随机分布的不连续面进行了较多的研究，这一时期的研究主要是对不连续面的各个方面进行的，如对不连续面产状分组的研究采用了研究人员熟知的赤平投影、施密特投影；对不连续面迹长的研究采用了英国学者 Priest（1981年）提出的测线法和半迹长法；在对不连续面的间距研究方面，自美国学者 Deere（1964年）提出了现今研究人员熟知的 RQD 指标以来，研究人员对此进行的更为深入的研究，如美国的 A. Karzulovic 和 R. E. Goodman（1985年）提出了确定节理主频率的简便方法，沙特阿拉伯的 A. Kazi 和 Z. Sen（1985年）提出了确定体积 RQD 的概念和方法；美国 Stanley M. Miller（1983年）研究了岩体结构统计均质区划分，对不连续面产状的空间概率分布特征进行了研究，如著名的 Bingham 分布、Fisher 分布等；在不连续面产状优势分组方面，Mahtab（1979年，1983年）提出了目标函数最佳分组法；在不连续面产状测量偏差的校正方面，自1965年美国的 R. D. Terzaghi 提出最初研究以来，美国的 Kulatilake（1989年）提出了铅直窗口产状偏差校正法及矢量校正法；对不连续面形态的研究方法方面，R. bertson（1970年）、Beachert（1977年）等人进行了研究。此外，对不连续面的迹长、不连续面密度的研究方面也都有了新的成果。

在现场调查中，采用的方法是详细线观测法。现场调查内容包括：（1）岩石种类、层位关系；（2）结构面产状、组数、间距、粗糙度、闭合度、贯通性及结构面类型等；（3）结构面充填物、胶结物的性质和成分、充填物的厚度；（4）调查地点的地下水赋存情况、水量等。

3.2 岩体结构调查方法

当调查区域岩体构造复杂、结构面类型、产状和间距等的分布多变的情况下，必须沿岩体暴露面连续不断地调查；当岩体构造类型简单、产状相对稳定、分布规律比较明显的情况下，选择有代表性的区段进行调查。调查的关键是抽样区段的代表性，应该先由有经验的地质人员和岩石力学工作者联合进行踏勘，初步将调查区域分成若干构造区（3类以上），使每一区段的主要特征（如岩石类型、岩体切割程度、节理产状以及水文条件和风化蚀变等）或多或少的相同。在大多数情况下，构造区的边界应与主要的地质特征如断层、岩脉和剪切带是一致的。构造区确定之后，在每个区内选择代表性最强的区段进行观测。

3.2.1 详细线观测法

测线布置：在巷道坡面布置测线如图3-1所示，沿巷道壁面距底板1m高处安置测尺作为测线（考虑工作方便），用以确定各结构因素的位置。测尺必须水平拉紧，基点设在开始调查点。从基点开始沿测线方向对各构造因素进行测定和统计。

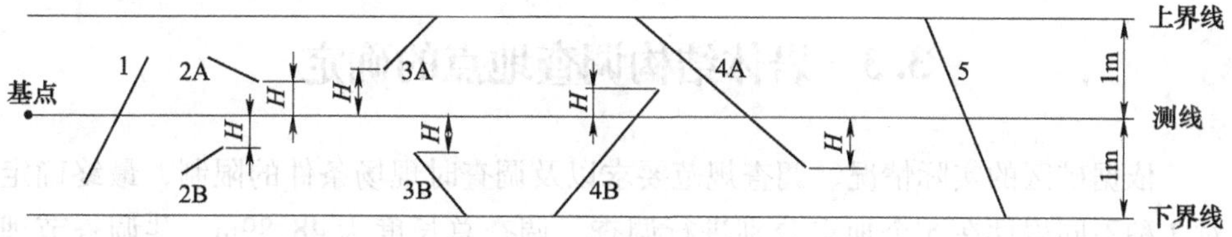

图3-1 测线布置示意图

测带：将测线上下1m的范围作为测带，调查工作在测带以内进行。对于地表岩石露头，测带与此相同。但其测线的方向应根据节理的产状确定，并且应在同一露头处设置不同方向的测线，其调查的方法与巷道坡面完全相同。

3.2.2 节理裂隙调查内容

节理裂隙调查内容如下：

（1）结构面编号：从基点起算的结构面的条号。

（2）结构面类型：结构面分为正断层（T_f）、逆断层（C_f）、层面（L）、节理（J）、片理面（S）、软弱夹层（P）等6种类型。

（3）结构面基距：在测线上从基点量取的距离（cm）。

（4）结构面间距：测线上相邻结构面之间的距离（cm）。

（5）结构面倾向和倾角：倾向为全方位角，倾角为测量水平面至结构面之间最陡斜线间夹角，精确到度。

（6）结构面持续性：结构面在量测范围内有 5 种出露方式，如图 3-1 所示。1——结构面与测线相交，但不跨测带上下界；2A 或 2B——结构面不与测线和测带上下界相交；3A 或 3B——结构面只与测带上界或下界相交，不与测线相交；4A 或 4B——结构面跨过测线和测带上下界之一；5——结构面跨过测带。

（7）结构面粗糙度：分为台阶型、波浪型、平面型，每类又可分为粗糙的、平坦的、光滑的。

（8）结构面充填情况：测量结构面两侧岩面之间的垂直距离（cm），记录充填物的成分和固结程度（松散或胶结）。

（9）结构面渗水性：分为干燥、潮湿、渗水、流水 4 种情况。

（10）结构面张开度：分为张开的、闭合的、愈合的。张开的——结构面两侧岩壁没有接触或只有很少接触；闭合的——结构面两侧岩壁大部分接触或完全接触，但没有胶结或只有部分胶结；愈合的——结构面两侧岩壁为矿物或细脉重新胶结的情况。

3.3 岩体结构调查地点的确定

依据矿区的实际情况、调查规范要求以及调查时现场条件的限制，最终确定对 2 种不同岩性在 5 个地点分别进行调查，调查总长度为 48.89m，共调查节理数 513 条，详见表 3-1。

表 3-1 节理裂隙调查

序号	水平	工程号	岩性	调查长度/m	节理条数/条
1	795 坑 650 中段	南巷	层纹灰岩	12.06	104
2			结晶灰岩	8.67	91
3	795 坑 600 中段	南巷	结晶灰岩	7.35	75
4	795 坑 600 中段	北巷	层纹灰岩	5.16	63
5	860 坑 550 中段	南巷	结晶灰岩	7.85	108
6	860 坑 550 中段	南巷	结晶灰岩	4.80	72
合计				48.89	513

3.4 岩体结构调查结果

按上述要求的调查内容进行调查工作。本次共调查巷道 48.89m，节理 513 条，具体情况见表 3-2。由表 3-2 可以看出，层纹灰岩和结晶灰岩属于节理裂隙非常密集且比较发育的岩体；从整体上看，矿区矿体和围岩节理裂隙比较发育。

表 3-2 节理裂隙调查数量统计

序号	调查地点	岩性	调查长度/m	测带宽度/m	调查面积/m^2	节理裂隙数量/条	节理裂隙平均间距/cm	节理裂隙密度/条·m^{-1}
1	795 坑 650 中段	层纹灰岩	12.06	2	24.12	104	11.7	8.62
2		结晶灰岩	8.67	2	17.34	91	9.6	10.50
3	795 坑 600 南巷	结晶灰岩	7.35	2	14.70	75	9.93	10.2
4	795 坑 600 中段	层纹灰岩	5.16	2	10.32	63	8.32	12.21
5	860 坑 550 南巷	结晶灰岩	7.85	2	15.70	108	7.34	13.76
6	860 坑 550 中段	结晶灰岩	4.80	2	9.60	72	6.76	15.00

3.5 岩体结构调查总结分析

在构造应力作用下岩体中产生的各种构造遗迹包括断层、节理、层理、破碎带等，在地质上称为结构面。岩体被这些结构面切割成既连续又不连续的裂隙体，对外力呈现出各向异性，并在岩体中存在着原岩应力，这些结构面可能形成力的传递的不连续面，在其附近发生应力集中。由于结构面间内聚力减弱，抗摩擦强度也低，尤其在水的作用下降低更大。因此，岩体中节理裂隙分布规律及其特征是影响岩体完整性、岩体强度、岩体稳定性及爆破块度的主要因素之一。

3.5.1 结构面间距

结构面间距是影响岩体完整性的重要指标之一，间距越小，岩体被结构面切割得越厉害，岩体的完整性就越差。经统计分析计算，得出层纹灰岩和结晶灰岩节理裂隙平均间距分别为 0.100m 和 0.168m，节理裂隙间距分布如图 3-2 所示。由图 3-2 可见，各岩性节理裂隙间距主要分布在 0~20cm，间距大于 20cm 的分布较少。通过计算得出，层纹灰岩和结晶灰岩节理裂隙分布在 0~20cm 所占比例分别为 85.5%和 90.9%。从整体情况看，层纹灰岩和结晶灰岩属于节理裂隙非常密集和比较发育的岩体。

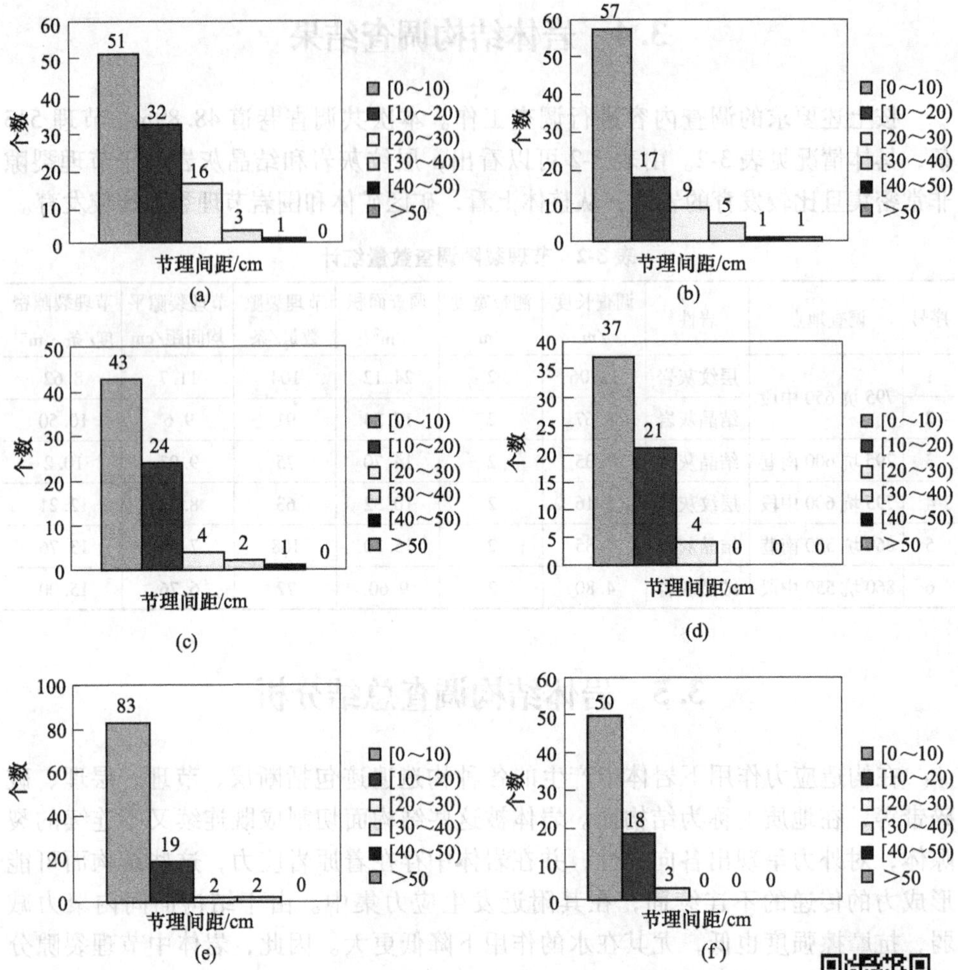

图 3-2 节理间距分布图

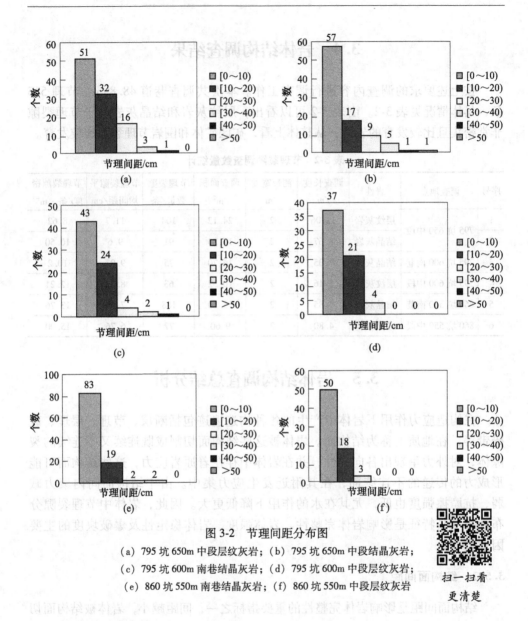

（a）795 坑 650m 中段层纹灰岩；（b）795 坑 650m 中段结晶灰岩；

（c）795 坑 600m 南巷结晶灰岩；（d）795 坑 600m 中段层纹灰岩；

（e）860 坑 550m 南巷结晶灰岩；（f）860 坑 550m 中段层纹灰岩

扫一扫看

更清楚

3.5.2 结构面粗糙度

结构面平整起伏程度、光滑粗糙度直接影响着结构面的抗剪特性。结构面越粗糙，结构面的抗剪强度就越高，无论其方位如何，岩体的质量都相对要好。节理裂隙结构面粗糙度分为台阶型、波浪型、平直型进行统计。经统计，结构面大部分属于平直型，而波浪型和台阶型的结构面很少，不利于岩体结构的稳定性。

3.5.3 结构面倾角

结构面倾角是影响结构面空间分布规律的一个重要参数。结构面倾角统计如图 3-3 所示。

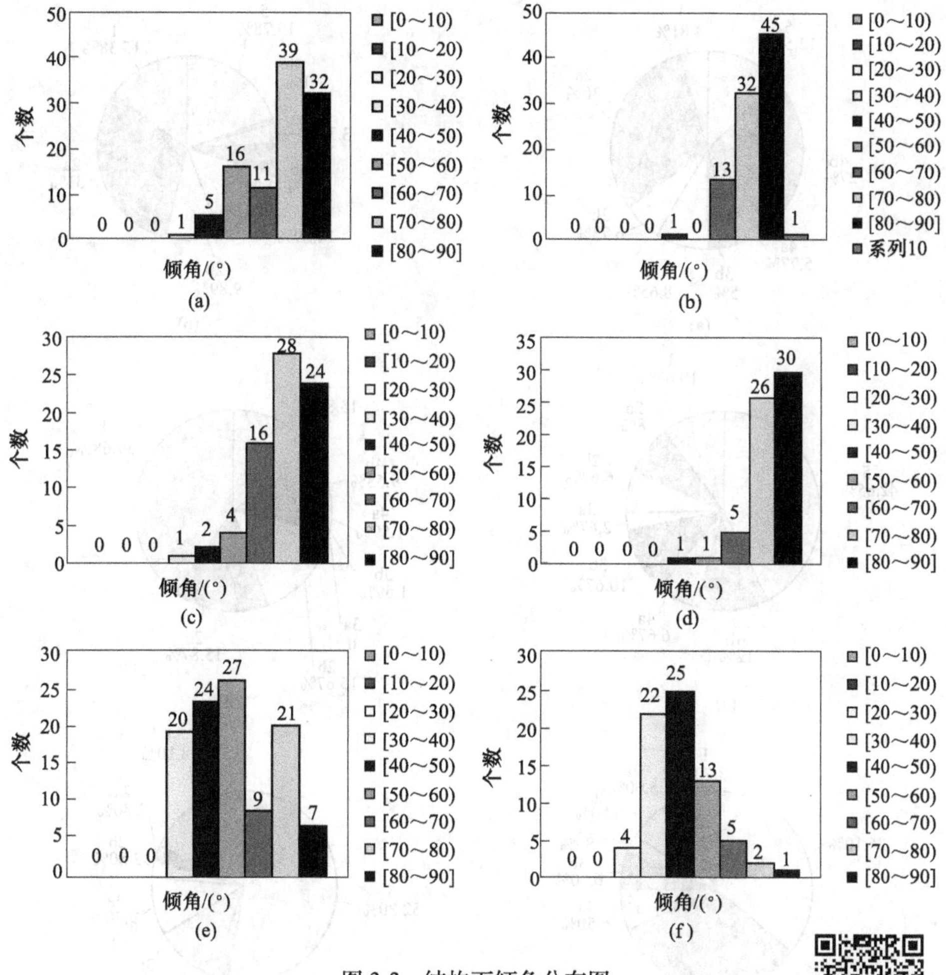

图 3-3 结构面倾角分布图

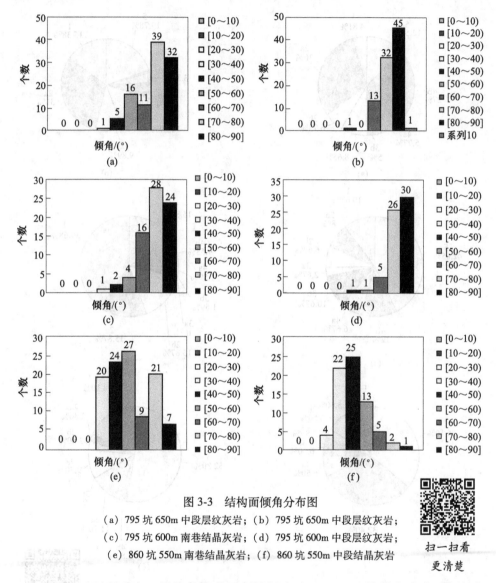

(a) 795 坑 650m 中段层纹灰岩；(b) 795 坑 650m 中段层纹灰岩；
(c) 795 坑 600m 南巷结晶灰岩；(d) 795 坑 600m 中段层纹灰岩；
(e) 860 坑 550m 南巷结晶灰岩；(f) 860 坑 550m 中段结晶灰岩

扫一扫看
更清楚

从图 3-3 可以看出，层纹灰岩节理平均倾角为 74.46°，结晶灰岩节理平均倾角为 62.80°，结构面倾角比较陡的岩体，开挖时帮壁上的岩体被切割成孤立块体后，很容易脱落，造成安全事故。因此，在施工和生产中对帮壁上的不稳定块体的处理应给予重视。

3.5.4 结构面类型

结构面类型数量统计分布如图 3-4 所示，从图中可以看出，层纹灰岩结构面类型整体上看主要是以 1、2a、4b 和 5 为主，说明结构面贯通巷道顶、底板的情

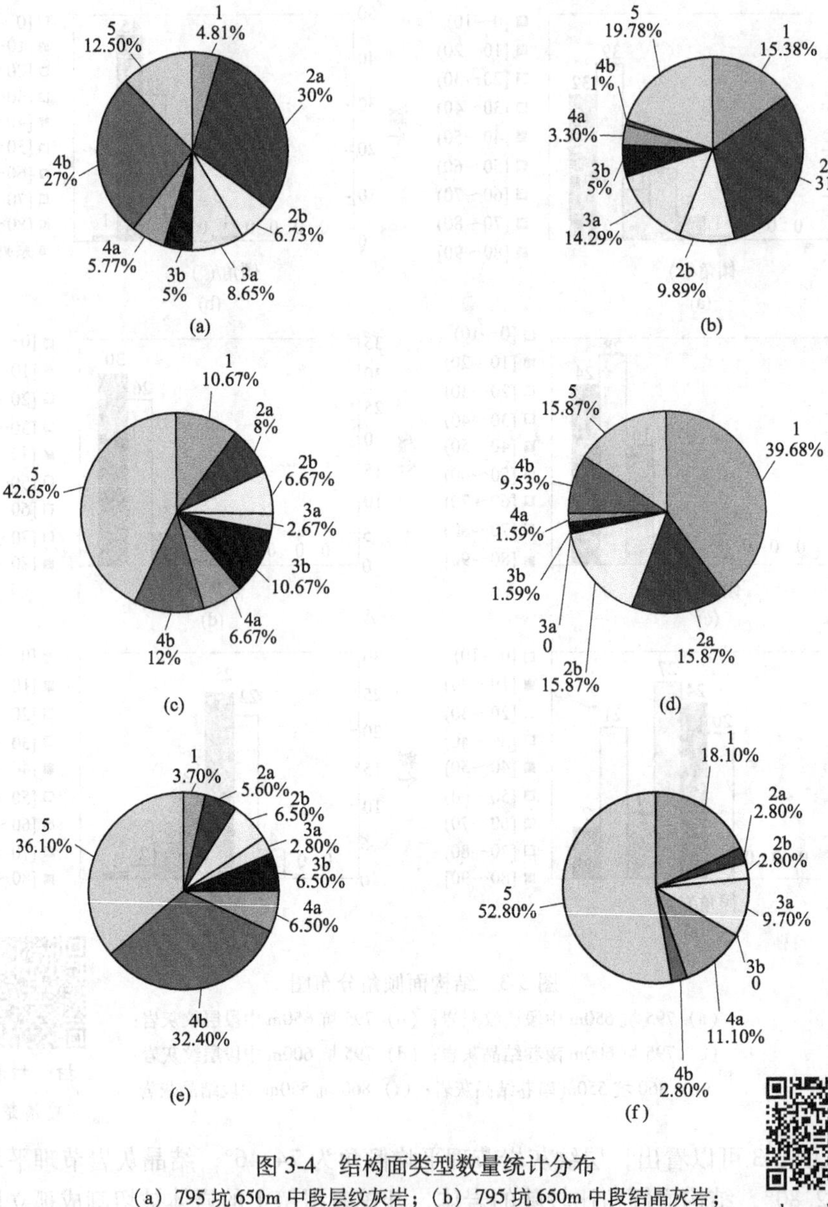

图 3-4 结构面类型数量统计分布

（a）795 坑 650m 中段层纹灰岩；（b）795 坑 650m 中段结晶灰岩；
（c）795 坑 600m 南巷结晶灰岩；（d）795 坑 600m 中段层纹灰岩；
（e）860 坑 550m 南巷结晶灰岩；（f）860 坑 550m 中段结晶灰岩

扫一扫看
更清楚

况比较严重，这对围岩的稳定性影响较大。结晶灰岩结构面类型整体上看主要以1、2a和5为主，说明结构面贯通巷道顶、底板的情况比较严重，这对围岩的稳定性影响较大。

3.5.5 结构面张开度

结构面的张开闭合情况同样直接影响着结构面的抗剪特性，闭合的节理面能增加结构面的抗剪阻力。经统计，在节理面张开度类型中，基本上都属于闭合节理面，由于大多数节理面壁接触紧密，且张开节理中大多数无充填物，故节理面的性质主要取决于节理面凸点性质，而充填物对节理面强度影响极小，将有利于岩体的稳定。

3.5.6 地下水条件

3.5.6.1 *矿区水文地质单元类型*

地下水渗透会使节理面岩壁或节理充填物弱化，在遇到软弱夹层时，会使软弱夹层中或结构面上的泥质物质发生软化和泥化，导致岩体强度降低。经统计，干燥、潮湿结构面占大多数，局部结构面有渗水、滴水现象。区域所属的水文地质单元为一完整的岩溶地下水均衡区，地下水主要以暗河形式由南而北排入怒江，次级水文地质单元又可分为岩溶水区和裂隙水区。以泥盆系灰岩与志留系千枚岩为界，西为岩溶水区，东为裂隙水区，铅锌矿床则处于怒江与勐兴坝子之间的分水岭以西斜坡地带的裂隙水区内。

矿区位于怒江与勐兴坝子夹持的近南北向分水岭西侧的斜坡地带，北、东、南三面为怒江环绕，怒江标高560~600m。盆地与怒江之间分水岭标高950~1204m，相对高差350~604m，地貌单元属构造剥蚀、侵蚀中山-低山中切割区地形地貌。西侧勐兴坝子标高740m，为一南北向怒江断裂通过并相对下降的断陷盆地（也为不对称的向斜盆地）。受地层产状及构造制约，构成单斜自流斜地，为独立的水文地质单元。

矿区处于怒江与其支流龙洞河地表分水岭地段，地表水系大多为树枝状季节性冲沟。生产坑道排水经季节性冲沟排入勐兴坝子，部分为农田灌溉所用，其余汇入龙洞河，由南向北直接排入怒江。

3.5.6.2 *矿区水文地质单元特征*

勐兴坝子区域水文地质单元为一向斜盆地，向斜轴近南北向。矿区位于向斜东翼裂隙水区水文地质单元，即处于地表分水岭以西斜坡地带的裂隙水区内，为一向西倾斜，含、隔水层相间产出的单斜自流斜地。矿区出露两个稳定隔水层或弱透水层（S_3、S_2^1），S_2^2、S_1 含水层呈条带状夹于其中，矿体主要赋存于志留系中统（S_2^1 弱透水层）层纹灰岩中的生物碎屑灰岩及生物点礁灰岩内。矿区上部无大的地表水流和水体，大气降水是矿区地下水主要的补给来源。水文地质单元内地下水动储量与静储量均有限。

从总体上看，矿区矿体和围岩受地下水影响较大。

3.5.7 结构面空间分布规律

根据岩体节理调查结果，经统计分析绘出795坑、860坑各中段岩性的节理走向玫瑰花图如图3-5所示，图中玫瑰花瓣长度代表走向处于该方位间隔内的节理条数，花瓣越宽说明节理方向的变化范围越广。从总的统计结果看：（1）795坑：

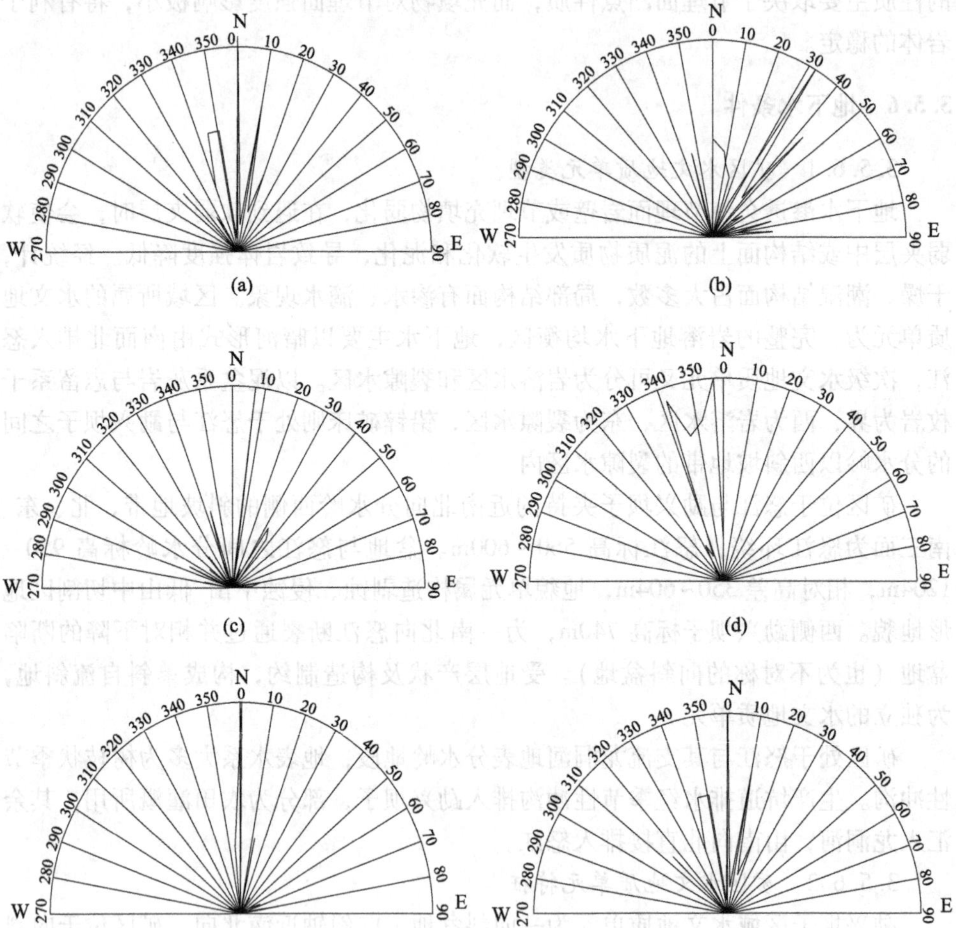

图3-5 各岩性玫瑰花图

（a）795坑650m中段层纹灰岩；（b）795坑650m中段结晶灰岩；
（c）795坑600m南巷结晶灰岩；（d）795坑600m中段层纹灰岩；
（e）860坑550m南巷结晶灰岩；（f）860坑550m中段结晶灰岩

650m 中段层纹灰岩发育有 3 组主要的节理，其走向分别为 NW340°～351°、NE0°～3°、NE10°～12°；650m 中段结晶灰岩发育有 2 组主要的节理，其走向分别为 NE29°～34°、NE42°～43°；795 坑南巷结晶灰岩有 1 组主要的节理，其走向为 NE8°；795 坑 600m 中段层纹灰岩有 1 组主要的节理，其走向为 NW341°～358°。

（2）860 坑：550m 南巷结晶灰岩发育有 1 组主要的节理，其走向为 NW355°～360°；550m 中段结晶灰岩有 3 组主要的节理，其走向分别为 NW340°～351°、NE0°～1°、NE10°～11°。

3.6　井下结构面对巷道稳定性的影响

3.6.1　优势结构面的确定

结构面的差异性是区别岩体不同结构面的重要标志，是岩体工程地质特性千变万化的根源。结构面越多，被它们所切割而成的岩块就越多；结构面的组数越多，岩块的几何形态就越复杂，岩体则越破碎。在岩体中，结构面往往按照它们的生成关系，构成一定的组合，呈有规律的分布，它们既有成组发育的特点，又有一定的分散性，而且各组结构面的规模和发育程度，如数量、密度等也常常很不平衡。在经受多次构造运动后，岩体中的结构面更呈现出既有规律又极其复杂的分布状态。为了确定岩体中结构面发育的组数和各组结构面的发育程度，掌握结构面的分布规律，采用极点等密度图法进行结构面的统计分析。等密度图利用等面积投影网（施米特网）绘制极点密度等值线图进行结构面的统计分析，各岩性结构面极点密度等值线图如图 3-6 所示，矿岩优势结构面分布范围见表 3-3。

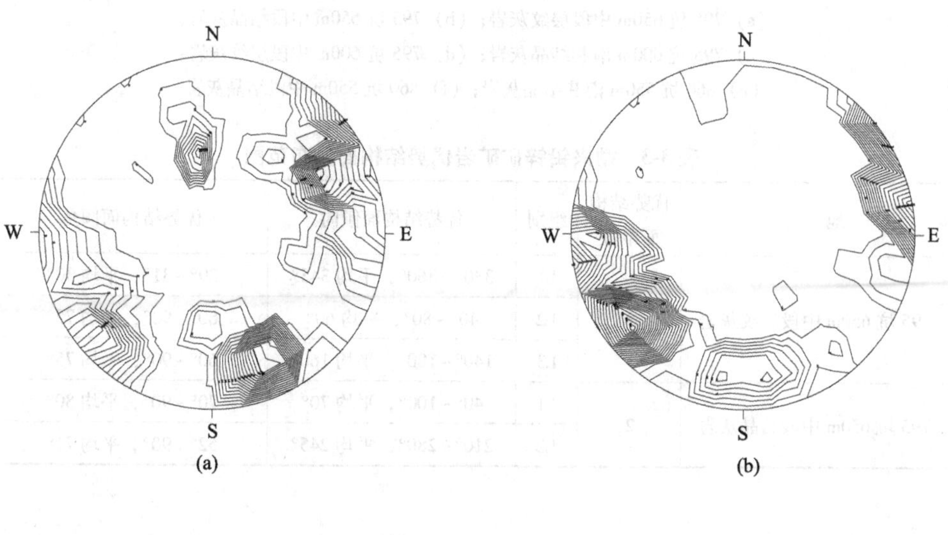

(a)　(b)

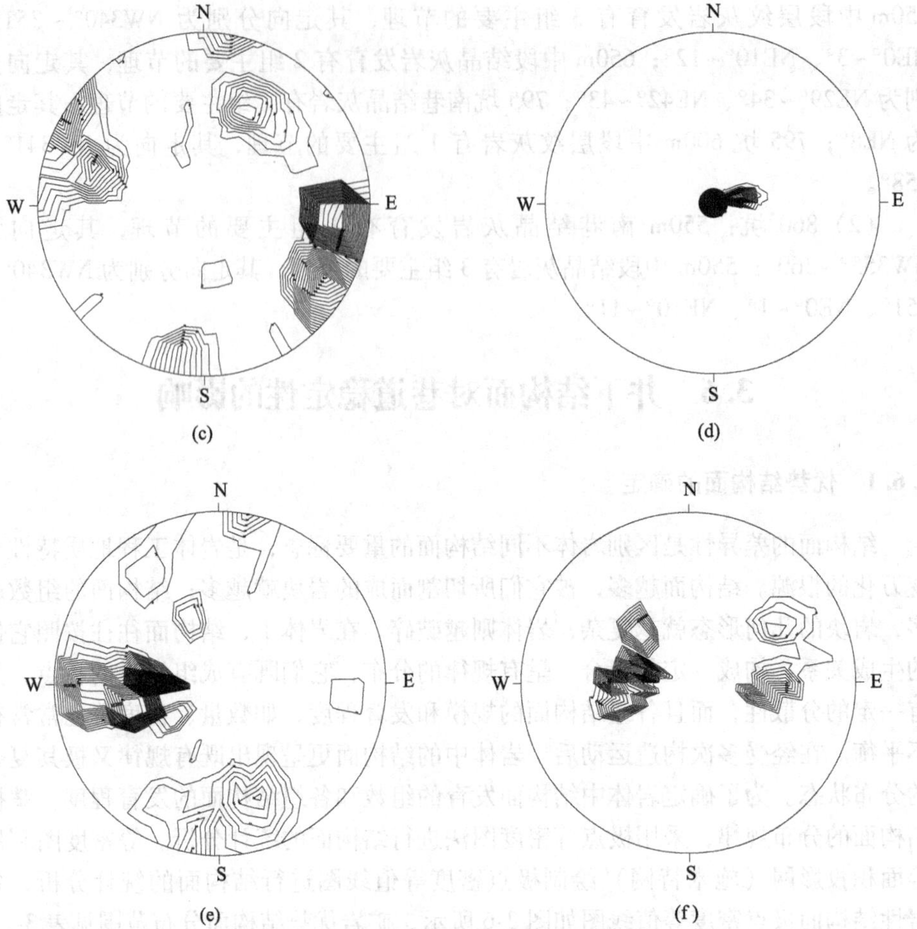

图 3-6 结构面极点密度等值线图

（a）795 坑 650m 中段层纹灰岩；（b）795 坑 650m 中段结晶灰岩；
（c）795 坑 600m 南巷结晶灰岩；（d）795 坑 600m 中段层纹灰岩；
（e）860 坑 550m 南巷结晶灰岩；（f）860 坑 550m 中段结晶灰岩

表 3-3 勐兴铅锌矿矿岩优势结构面分布范围

地　点	优势结构面组数	组别	优势结构面倾向	优势结构面倾角
795 坑 650m 中段层纹灰岩	3	L1	330°～360°，平均 345°	29°～31°，平均 30°
		L2	40°～80°，平均 60°	60°～90°，平均 75°
		L3	140°～180°，平均 160°	60°～90°，平均 75°
795 坑 650m 中段结晶灰岩	2	L1	40°～100°，平均 70°	70°～90°，平均 80°
		L2	210°～280°，平均 245°	52°～90°，平均 71°

续表 3-3

地　点	优势结构面组数	组别	优势结构面倾向	优势结构面倾角
795 坑 600m 南巷结晶灰岩	2	L1	80°~140°，平均 110°	60°~90°，平均 75°
		L2	8°~70°，平均 39°	48°~78°，平均 63°
795 坑 600m 中段层纹灰岩	1	L1	58°~100°，平均 79°	10°~36°，平均 23°
860 坑 550m 南巷结晶灰岩	2	L1	142°~216°，平均 179°	50°~90°，平均 70°
		L2	240°~290°，平均 265°	20°~90°，平均 55°
860 坑 550m 中段结晶灰岩	3	L1	44°~70°，平均 57°	52°~82°，平均 67°
		L2	78°~110°，平均 94°	30°~70°，平均 50°
		L2	240°~330°，平均 285°	12°~62°，平均 37°

3.6.2　结构面对巷道稳定性的影响

在进行岩体结构分析中，可根据所调查优势结构面的方向，绘制赤平极射投影图，根据其和巷道所构成的立体交叉关系，进行巷道稳定性判断。赤平极射投影图如图 3-7 所示。

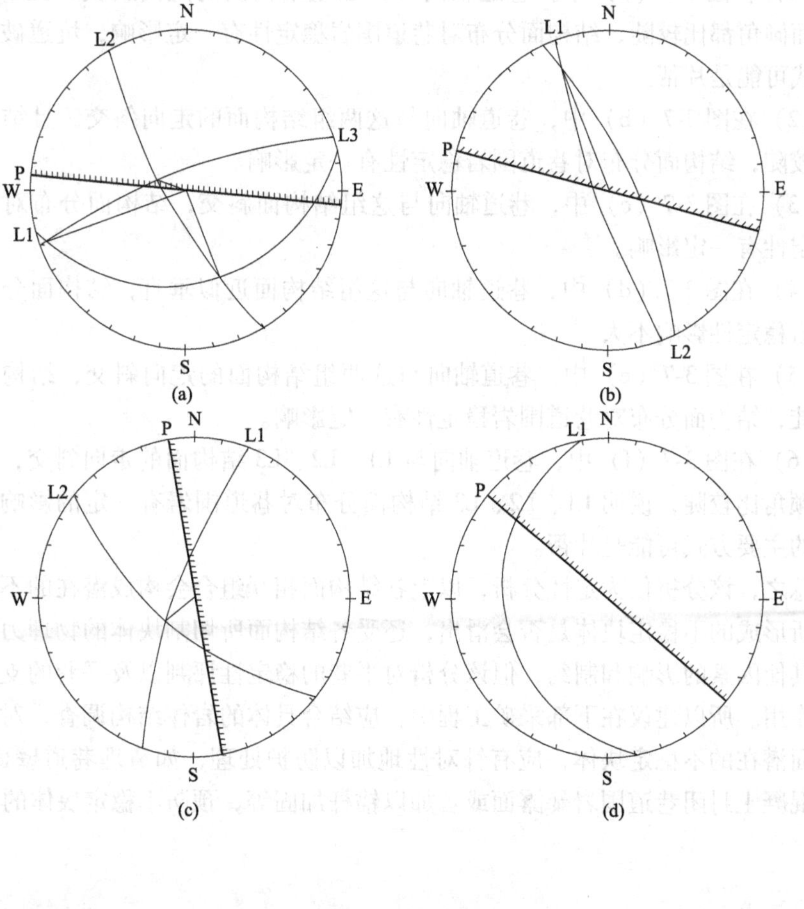

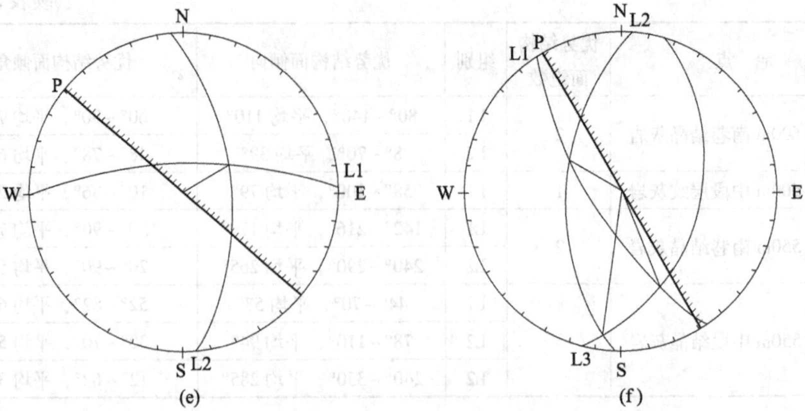

图 3-7 赤平极射投影

(a) 795 坑 650m 中段层纹灰岩；(b) 795 坑 650m 中段结晶灰岩；
(c) 795 坑 600m 南巷结晶灰岩；(d) 795 坑 600m 中段层纹灰岩；
(e) 860 坑 550m 南巷结晶灰岩；(f) 860 坑 550m 中段结晶灰岩

(1) 在图 3-7 (a) 中，巷道轴向与这三组结构面的走向斜交，且 L2 与 L3 结构面倾角都比较陡，结构面分布对巷道围岩稳定性有一定影响，坑道破坏的主要方式可能是片帮。

(2) 在图 3-7 (b) 中，巷道轴向与这两组结构面的走向斜交，且结构面倾角比较陡，结构面分布对巷道围岩稳定性有一定影响。

(3) 在图 3-7 (c) 中，巷道轴向与这组结构面斜交，结构面分布对巷道围岩稳定性有一定影响。

(4) 在图 3-7 (d) 中，巷道轴向与这组结构面近似垂直，结构面分布对巷道围岩稳定性影响不大。

(5) 在图 3-7 (e) 中，巷道轴向与这两组结构面的走向斜交，结构面倾角比较陡，结构面分布对巷道围岩稳定性有一定影响。

(6) 在图 3-7 (f) 中，巷道轴向与 L1、L2、L3 结构面的走向斜交，且结构面的倾角比较陡，说明 L1、L2、L3 结构面分布对巷道围岩有一定的影响，坑道破坏的主要方式可能是片帮。

总之，该分析仅为定性分析，以上各结构面相互组合会构成潜在的不稳定块体，所形成的不稳定块体是否会滑出，还受各结构面所切割块体的物理力学性质以及其他因素的影响和制约，但该分析对平巷的稳定性评判以及平巷的支护具有指导作用。所以建议在下部采矿工程中，应结合具体的岩体结构调查，对岩体巷道壁面潜在的不稳定块体，应有针对性地加以防护处理，如清理巷道壁面浮石、喷射混凝土封闭巷道围岩暴露面或者加以锚杆加固等，预防不稳定块体的冒落。

3.7 本章小结

对矿区5种岩性进行了调查，详细调查长度为48.89m。然后，分别从结构面间距、结构面粗糙程度、结构面倾角、结构面类型、结构面张开度、地下水条件和结构面空间分布规律进行了分析，得出以下结论：

(1) 矿体和围岩属于节理较密集和较发育岩体。

(2) 矿体和围岩结构面大部分属于平直性，而粗糙性和台阶型的结构面很少。

(3) 矿体和围岩结构面大部分属于急倾斜的结构面。

(4) 从总体上来看，矿体和围岩结构面主要以1、2a、4b和5类为主。

(5) 矿体和围岩结构面属于闭合节理。

(6) 地下水对矿体和围岩有一定影响。

(7) 受现场条件因素的影响，未调查到一般千枚岩、炭质千枚岩、矿体、砂岩。在所调查的两种岩性中，层纹灰岩和结晶灰岩的节理裂隙密集，成层现象明显，主要系统工程均布置在该岩层中，间接顶板炭质千枚岩岩性较差，矿体开采后，炭质千枚岩层易随着顶板一起冒落至采场，产生贫化。

(8) 从现场调查情况来看，阶段运输大巷几乎沿着岩层走向，阶段运输巷道的破坏方式基本是：靠近巷道上盘一侧右上角以岩层剥落为主。采区炭质千枚岩岩性较差，非常容易破碎，一般为矿体顶板。矿体采出后，直接顶层纹灰岩会发生冒落，冒落高度一般为1~2m，层纹灰岩上部的间接顶板为炭质千枚岩，一般也会接着冒落，冒落高度最多可达10多米。860坑巷道中有泥质千枚岩揭露的地方，遇水膨胀底臌偏帮较为明显，每个月都要进行返修。

(9) 结构面的空间分布对巷道和采场稳定性有一定影响，建议在巷道掘进中，受岩体结构控制影响大的地段，采取必要的锚杆网支护措施和锚注支护措施。

4 基于室内岩石力学试验的岩体力学参数

4.1 室内物理力学试验

矿岩各项物理力学性质指标测定的结果将用于岩石分类、爆破装药量、支护形式选择、开挖过程控制、数学模型建立及模拟分析和边坡稳定性分析等方面具有重要的作用，已成为采矿研究中的重要环节。但在采矿工程中，所接触的工程岩体，从力学上看，与其他各种材料的主要区别在于它的不连续性和不均匀性，在成岩期间受到热力作用，在漫长的地质年代又受多次剧烈、复杂的构造运动作用，岩体中存在着许多不连续面——大大小小的断层、节理、片理、裂隙、微裂隙等。这些不连续面，其产状（走向、倾向）、规模（长度、宽度）和性质（接触情况、充填物和含水率）各不相同，且变化幅度较大。而且围岩往往有多种不同的岩性，同一种岩性的组成成分在不同的位置也各不相同，特别是由于那些不连续面的分布极不规律，造成岩体力学的性质高度不均匀性。目前，在室内所进行的小规模试验，很难代表大规模范围内的岩体力学特性，即室内岩块试验的参数与现场岩体的试验差别很大。所以为了对工程岩体的稳定性或安全性计算分析更加符合工程实际，研究人员往往希望得到代表大范围的岩体力学参数，即岩体宏观力学参数。岩体宏观力学参数的研究就是一定范围和尺度的岩体在一定的荷载作用下的力学特性（弹性、塑性、黏性、流变等各项力学参数、本构关系等）。工程岩体在荷载作用下的应力、应变（位移）分析，变形、破坏和稳定性研究，以及岩体性状监测的反分析等，这些岩体的力学研究工作遵循何种理论、采用什么方法、选用什么参数，都取决于岩体的基本力学特性。因此，岩体宏观力学参数的研究是岩石力学最基本、也是最困难的研究内容之一。

在本研究中，针对理论分析、计算及模拟需要，对围岩及矿石进行了取样，分别进行了室内岩石的相关物理力学指标试验。

4.1.1 试样的采取、制备

根据矿区的实际情况，选取有代表性的主要岩石和矿石进行物理力学参数的试验测定。经过现场调查后，在合适的地段，现场采取条件试验要求的岩（矿）块样。

昆明理工大学岩石加工实验室根据不同的试验要求进行岩样的加工。加工试样规格有两种，分别为：直径×高=50mm×50mm 和直径×高=50mm×100mm 圆柱体试样。待试样加工好以后分别对其进行抗压强度（自然风干、饱和）、抗拉强度、弹性模量及泊松比、容重等的试验。

4.1.2 试验内容及方法

4.1.2.1 抗压强度试验及变形试验

无侧限的试样在轴向压力作用下出现压缩破坏时，单位面积上所承受的荷载称为岩石的抗压强度，即试样破坏时的最大荷载与垂直于加荷方向试样面积之比。

加载试验的压力试验机为100t 万能材料试验机，满足下列要求：（1）压力机应能连续加载且没有冲击，具有足够的加载能力，能在总荷载的10%~75%之间进行试验；（2）压力机的承压板具有足够的刚度，其中之一具有球形座，板面须平整光滑；（3）承压板直径大于试样直径；（4）压力机的校正与检验，符合国家计量标准规定。

为了消除受载时的端部效应，试样两端安放了钢质垫块。垫块直径等于或略大于试样直径，其高度约等于试样直径。垫块的刚度和平整度符合压力试验机承压板的要求。

试样形状为圆柱，直径50mm 左右，高为100mm 左右。试样分为自然风干和饱水状态两种，但仅对自然风干试样进行变形试验。

在试样的中部对称位置纵向、横向各贴两片电阻应变片，试验时同另一温度补偿片组成半桥形式联入记录设备，记录仪器为中国地震局地质研究所研制的16 道数字动态应变仪。应力测量为不同量程的压力传感器。

试验时，试样（包括上下垫块）置于压力试验机承压板中心，用球形座使之均匀受荷，以每秒0.5~0.8MPa 的速率均匀加荷，直到试样破坏。

用下式计算岩石抗压强度：

$$R = P/A \tag{4-1}$$

式中 R——岩石抗压强度，MPa；

P——最大破坏荷载，N；

A——垂直于加荷方向的试样面积，mm^2。

变形试验是测量无侧限的试样在轴向压力作用下试样的轴向和横向变形（应变），据此计算岩石弹性模量和泊松比。

弹性模量是轴向应力与轴向应变之比，通常以平均割线模量为计算标准。

泊松比是径向应变与轴向应变之比，本次测定泊松比为岩样平均泊松比，即应力应变曲线上直线段的横向应变与纵向应变之比。

计算方法如下：

$$E = \sigma_{c(50)} / \varepsilon_{y(50)} \tag{4-2}$$

$$\mu = \varepsilon_{x(50)} / \varepsilon_{y(50)} \tag{4-3}$$

式中 E——弹性模量；

$\sigma_{c(50)}$——试样单轴抗压强度的50%，MPa；

μ——泊松比；

$\varepsilon_{x(50)}$——$\sigma_{c(50)}$对应的横向应变；

$\varepsilon_{y(50)}$——$\sigma_{c(50)}$对应的纵向应变。

4.1.2.2 *劈裂试验*

劈裂试验是在圆柱体试样的直径方向嵌入上、下两根垫条，施加相对的线性荷载，使之沿试样径向破坏。试样规格为直径50mm，高度50mm。

除压力试验机外，对圆柱试样，试样与承压板之间的垫条为电工用的胶木板，宽度5mm。立方体试样与承压板之间为直径3mm的高强度钢丝。

试验时将试样置于压力试验机承压板中心，在试样与承压板之间放上垫条，与试样两端标有两条标准线的径向平面对齐，并使之均匀受载，以每秒0.3～0.5MPa的速率加载，直至试样破坏。

用下式计算劈裂强度：

$$\sigma_{st} = K\frac{P}{DL} \tag{4-4}$$

式中 σ_{st}——岩石的劈裂强度，MPa；

P——试样破坏时的最大荷载，N；

D——受载试样的直径，mm；

L——受载试样的高度，mm；

K——取决于试样形态和垫条宽度系数，据有关规范，试验中$K=2/\pi$。

4.1.3 岩石力学试验结果

岩石物理力学性质试验按中华人民共和国国家标准《工程岩体试验方法标准》（GB/T 50266—2013）进行，实验仪器精度经检定符合国家计量标准。物理力学试验实际完成情况见表4-1。

表 4-1 物理力学试验实际完成情况

类别	实验项目	状态	组数	件数	实验方法
岩石物理力学性质实验	单轴抗压强度	烘干	5	15	单轴压缩
		饱水	5	15	
	抗拉强度	自然	4	12	劈裂法
	弹模及泊松比	自然	4	12	单轴压缩变形
	容重	自然	4	12	
合计	—	—	22	66	

4.1.3.1 单轴抗压强度

用岩块制成高度 100mm，直径为 50mm 的试样。抗压强度值用压坏标准试样的峰值载荷求得，分干燥和饱水两种含水量状态进行试验。具体测试结果见表 4-2。

表 4-2 单轴抗压强度测试结果

岩 性	干燥抗压强度/MPa	饱水抗压强度/MPa
矿体	50.03	49.32
砂岩	180.78	112.69
结晶灰岩	96.10	68.51
层纹灰岩	90.96	53.93
千枚岩	30.03	21.32

4.1.3.2 抗拉强度

采用间接拉伸法之一的劈裂法，试样尺寸为：直径×高 = 50mm×50mm，沿径向施加相对线性荷载使试样沿径向引起拉应力而破坏，岩样劈开后一般呈规则的两个半圆柱块。经计算，烘干状态下岩石的抗拉强度一般为抗压强度的 1/20~1/10 之间，劈裂法抗拉强度试验结果见表 4-3。

表 4-3 劈裂法抗拉强度试验结果

岩 性	抗拉强度/MPa	与抗压强度之比
矿体	4.95	0.099
砂岩	1.15	0.006
层纹灰岩	7.25	0.080
结晶灰岩	3.79	0.039

4.1.3.3 变形参数

用岩块制成直径×高为 50mm×50mm 的试样，试验加压用普通材料试验机，配置光线示波器记录某压力值下的纵向变形与横向应变值，每组试样都做烘干和饱水状态下的试验。

4.1.3.4 变形特征

岩石变形试验是采用万能材料试验机进行的。

(1) 应力应变曲线总体来看为近直线形，大部分曲线从开始加载至岩石破坏没有发生弯曲，表明岩石近似弹性介质，呈突然脆性破坏状态。

(2) 部分岩样应力-应变曲线在低荷载下出现弯曲，反映这部分岩石微裂隙较多，出现受力后内部裂隙闭合阶段。

经过相关力学试验后所得到的各岩性的力学参数见表 4-4。

表 4-4 矿岩块力学参数

岩 性	平均容重 /g·cm^{-3}	平均干燥抗压强度 /MPa	平均饱水抗压强度 /MPa	软化系数	平均抗拉强度 /MPa	弹性模量 /MPa	泊松比
矿体	4.15	50.03	49.32	0.99	4.95	5.51×10^4	0.319
砂岩	2.71	180.78	112.69	0.82	1.15	1.84×10^4	0.084
层纹灰岩	2.75	90.96	53.93	0.58	7.25	2.11×10^4	0.103
结晶灰岩	2.82	96.10	68.51	1.75	3.79	6.75×10^4	0.309

4.2 岩石点荷载试验

岩石的标准单轴抗压强度作为其最基本的力学参数之一，对于分类和评价岩体质量具有重要的作用。获得单轴抗压强度值最常用的方法是标准单轴抗压强度试验，但标准单轴抗压强度试验试件制作工序复杂工作量大，且试验周期较长，成本较高；另一种方法是通过点荷载试验来获得岩石单轴抗压强度，该方法对试件要求较低，便于操作，试验速度较快且成本低，可对难以加工成标准试件的岩石进行试验。因此对复杂的、难以制成标准试件的岩石，通过岩石点荷载试验，计算其单轴抗压强度，对于矿山岩体质量分级与工程设计具有非常重要的意义。

众多学者从 20 世纪 70 年代开始对岩石的点荷载强度与单轴抗压强度的关系开展了大量卓有成效的研究。谭国焕等人根据大量香港岩石（包括大理岩、凝灰岩、花岗岩和石灰岩）的试验数据，提出一套适用于香港地区岩石单轴抗压强度与点荷载强度的经验关系。郭曼丽分析了岩石点荷载试验的影响因素，并讨论了点荷载试验的适用性。赵奎等人研究了某矿山安山岩点荷载指标和单轴抗压强度之间的定量关系。苏承东等人分析了煤样抗压、抗拉强度与点荷载强度指标之间的相关性。王亮、付志亮等人在大量试验的基础上，发现点荷载强度越大的岩石，其点荷载强度与单轴抗压和抗拉强度之间的相关性越好。张建明等人探讨了岩浆岩点荷载强度指数和单轴压缩强度之间的相关性。曾伟雄等人通过对岩石点荷载和室内抗压强度试验的对比分析，总结出了点荷载强度指数 $I_{s(50)}$ 的统计方法。

以上研究表明，岩石点荷载强度与标准单轴抗压强度之间的转换关系，不仅与岩石的岩性和强度有关，还与其赋存条件等密切相关。本书以矿区 860 坑，795 坑的层纹灰岩、结晶灰岩、千枚岩、砂岩为研究对象，通过对矿区不同工程地点的岩石取样，进行大量的点荷载试验，根据点荷载强度指标估算了各岩石的抗压强度，结合室内标准单轴抗压强度、单轴饱和抗压强度，对比分析了现有点荷载转换系数的可靠性。

4.2.1 点荷载试验及试验结果

4.2.1.1 点荷载试验仪器与现场取样

点荷载试验仪器主要有点荷载仪、三角板或钢卷尺和地质锤等。本试验采用 STD-3 型数显点荷载仪，如图 4-1 所示。

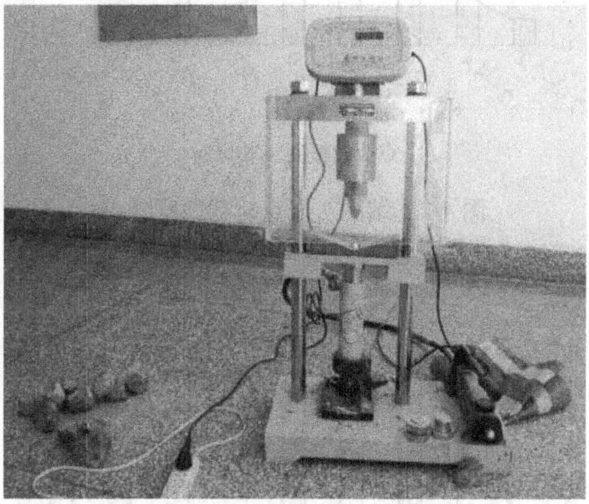

图 4-1 点荷载试验仪

点荷载试验根据研究的需要，试验要求和矿山现场实际情况进行取样。在矿区 860 坑和 795 坑不同高度的 33 个取样地点进行了取样，经过对所取岩块试样进行筛选，最终开展岩块点荷载试验的试件数量分别为：结晶灰岩 38 块，层纹灰岩 60 块，千枚岩 67 块，砂岩 78 块。

4.2.1.2 点荷载试验结果分析

岩石点荷载强度指标 I_s 可得：

$$I_{s(50)} = FI_s, \ I_s = P/D_e^2 \tag{4-5}$$

式中 P——破坏荷载，kN；

D_e——等价岩芯直径，mm；

F——修正系数。

式（4-5）中 F 和 D_e^2 可由式（4-6）求得：

$$F = (D_e/50)^m,\quad D_e^2 = 4WD/\pi \tag{4-6}$$

式中 m——修正指数，可取 0.40~0.45；

W——通过加载点最小截面的平均宽度，mm；

D——加载点间距，mm。

点荷载试验得到的结晶灰岩，层纹灰岩，千枚岩和砂岩的点荷载强度指标统计结果分别如图 4-2~图 4-5 所示。

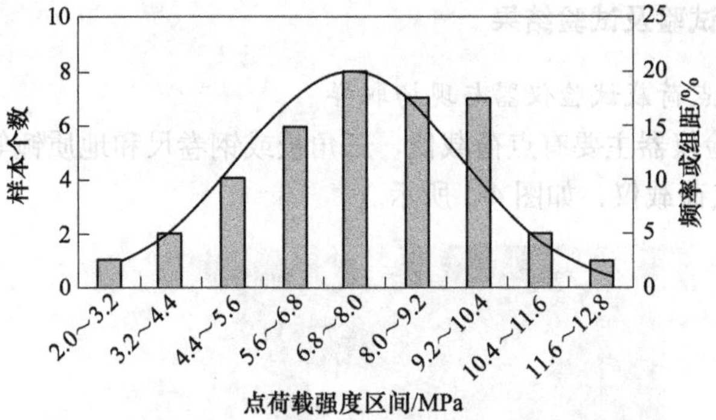

图 4-2　结晶灰岩点荷载强度分布

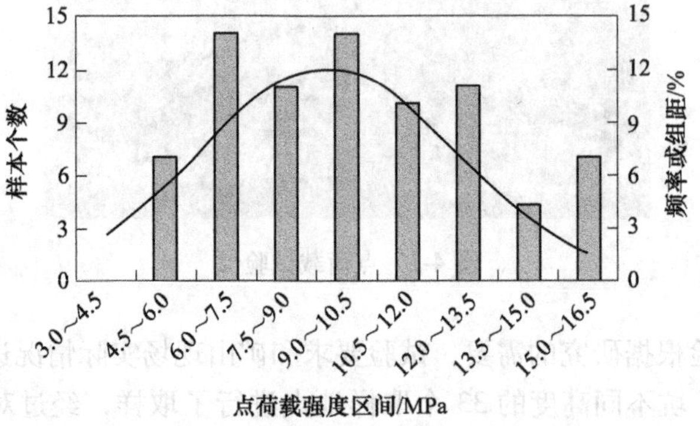

图 4-3　层纹灰岩点荷载强度分布

根据点荷载强度指标直方图统计结果，结晶灰岩、层纹灰岩、千枚岩和砂岩四种岩石的点荷载强度指标均呈正态分布，表明所取岩样具有合理性，点荷载试验数据准确性较高。试验结果表明：结晶灰岩的点荷载强度均值为 6.40MPa，置信度为 95%；层纹灰岩的点荷载强度均值为 6.71MPa，置信度为 95%；千枚岩的

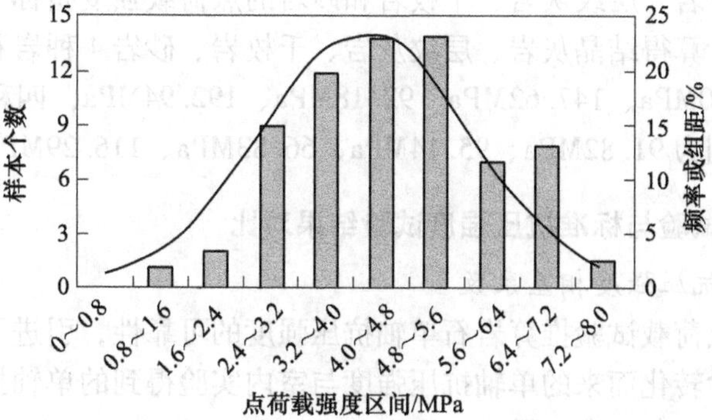

图 4-4 千枚岩点荷载强度分布

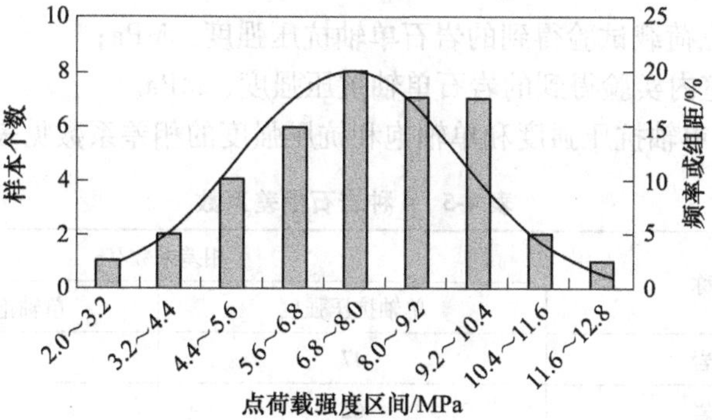

图 4-5 砂岩点荷载强度分布

点荷载强度均值 4.19MPa，置信度为 95%；砂岩的点荷载强度均值为 8.77MPa，置信度为 95%。

4.2.1.3 *根据岩石点荷载试验估算其单轴抗压强度*

目前工程中常用岩石点荷载强度指标估算其室内单轴抗压强度和岩石饱和抗压强度，计算方法如下：

1985 年国际岩石力学学会测试方法委员会修订点荷载试验方法工作组推荐的经验公式：

$$R = 22I_{s(50)} \tag{4-7}$$

中华人民共和国国家标准《工程岩体分级标准》（GB/T 50218—2014）指出：

$$R_c = 22.82I_{s(50)}^{0.75} \tag{4-8}$$

式中 R——岩石单轴抗压强度；

R_c——岩石单轴饱和抗压强度；

$I_{s(50)}$——点荷载强度值（统一修正到等效岩心直径 $D_e = 50$mm 的点荷载强度指数值）。

根据结晶灰岩、层纹灰岩、千枚岩和砂岩的点荷载强度指标，利用式（4-7）和式（4-8），计算得结晶灰岩、层纹灰岩、千枚岩、砂岩 4 种岩石的抗压强度均值分别为 140. 80MPa、147. 62MPa、92. 18MPa、192. 94MPa；四种岩石的饱和抗压强度均值分别为 91. 82MPa、95. 14MPa、66. 83MPa、116. 29MPa。

4. 2. 2　点荷载试验与标准抗压强度试验结果对比

4. 2. 2. 1　抗压强度相差系数

为了分析点荷载试验推算岩石单轴抗压强度的可靠性，引进了相差系数，即通过点荷载试验转化而来的单轴抗压强度与室内实验得到的单轴抗压强度进行对比。相差系数 r 的表达式如下：

$$r = \frac{|\sigma_{fd} - \sigma_{fk}|}{\sigma_{fk}} \times 100\% \tag{4-9}$$

式中　σ_{fd}——点荷载试验得到的岩石单轴抗压强度，MPa；

σ_{fk}——室内实验得到的岩石单轴抗压强度，MPa。

4 种岩石的单轴抗压强度和单轴饱和抗压强度的相差系数见表 4-5。

表 4-5　4 种岩石相差系数

岩石名称	相差系数/%	
	单轴抗压强度	单轴饱和抗压强度
结晶灰岩	47	34
层纹灰岩	62	76
千枚岩	207	213
砂岩	7	3

计算结果表明，4 种岩石的单轴抗压强度和单轴饱和抗压强度的相差系数由小到大的顺序为砂岩、结晶灰岩、层纹灰岩和千枚岩。砂岩的单轴抗压强度和单轴饱和抗压强度的相差系数分别为 7%和 3%，点荷载得到的单轴抗压强度最准确，主要原因可能是砂岩完整性较好，岩块基本无节理分布。而千枚岩的单轴抗压强度和单轴饱和抗压强度的相差系数最大，分别为 207%和 213%，说明千枚岩点荷载试验得到的抗压强度准确性最差，主要原因是千枚岩层理面非常发育，在点荷载试验时，垂直于层理面加载和沿层理面加载的点荷载强度指标相差较大；在实际试验过程中，垂直于层理面方向加载数量远多于沿层理面方向加载数量，所以通过点荷载试验得到单轴抗压强度准确性较差。结晶灰岩单轴抗压强度和单轴饱抗压强度的相差系数分别为 47%和 34%。层纹灰岩单轴抗压强度和单轴饱和抗压强度的相差系数分别为 62%和 76%。本试验中，岩石单轴抗压强度相差系数的不同主要与 4 种岩石的结构面发育程度，以及点荷载试验加载方向有很大关系。相对来说，岩石完整性越好，节理分布越少，则点荷载试验得到的单轴抗压

强度越准确，其相差系数越小。而岩石层理面分布较多时，加载方向对岩石点荷载强度指标影响较大。

4.2.2.2 点荷载强度转化系数

由式（4-7）和式（4-8）可知，由点荷载试验转化而来的单轴抗压强度不仅与点荷载强度指数 $I_{s(50)}$ 有关，而且还与强度转化系数 K 值有关。转化系数 K 可由下式求得：

$$K_1 = \frac{\sigma_f}{I_{s(50)}}$$

$$K_2 = \frac{\sigma_c}{I_{s(50)}^{0.75}}$$

式中 K_1，K_2——转化系数；

σ_f——室内实验得到的岩石单轴抗压强度标准值；

σ_c——室内实验得到的岩石单轴饱和抗压强度标准值；

$I_{s(50)}$——岩石点荷载强度统计后的标准值。

表 4-6 为结晶灰岩、层纹灰岩、千枚岩、砂岩 4 种岩石计算得到的点荷载试验指标与单轴抗压强度的转化系数。

表 4-6 岩石点荷载强度转化系数

岩石名称	点荷载强度转化系数	
	单轴抗压强度	单轴饱和抗压强度
结晶灰岩	15.02	17.03
层纹灰岩	13.56	12.94
千枚岩	7.17	7.28
砂岩	20.61	22.11

岩石的点荷载强度转化系数计算结果表明：（1）不同岩石的点荷载强度转化系数不同，砂岩的点荷载单轴抗压强度和单轴饱和抗压强度的转化系数分别为 20.61 和 22.11；而千枚岩的点荷载转化系数分别为 7.17 和 7.28。由此可知，对层纹灰岩、结晶灰岩和千枚岩，通过经验公式得到的单轴抗压强度值偏高。（2）由于岩石单轴饱和抗压强度值低于其单轴抗压强度值，因此同一种岩石的点荷载抗压强度与室内单轴抗压强度和单轴饱和抗压强度之间的转化系数不同。（3）从整体来看，除了砂岩点荷载转化系数接近规范中的 22 以外，其他三类岩石的点荷载强度转化系数均小于规范值，主要原因是千枚岩、层纹灰岩、结晶灰岩节理裂隙发育，特别对于层理面非常发育的千枚岩，点荷载试验加载方向对试验结果影响较大。

4.2.3 结论

（1）同一种岩石的点荷载强度试验结果基本呈正态分布规律。4 种岩石的点荷载试验确定单轴抗压强度与室内标准单轴抗压强度之间的相差系数从小到大依次为砂岩，结晶灰岩，层纹灰岩和千枚岩。

（2）4 种岩石的点荷载试验强度与单轴抗压强度之间的转换系数不同，并且差异较大。除了砂岩点荷载强度转化系数接近经验值 22，其他三类岩石的点荷载强度转化系数均小于经验值，这与岩块结构面分布情况和点荷载加载方向有关。

（3）对于砂岩，采用现有的点荷载强度与单轴抗压强度的经验公式计算单轴抗压强度有较好的适用性。对于结构面较发育的层纹灰岩和结晶灰岩，特别是层理面较发育的千枚岩，采用现有的经验公式计算单轴抗压强度误差较大。

4.3 岩体质量评价 RMR 值

4.3.1 RQD 值的计算

4.3.1.1 结构面密度估算法

根据实践建立的结构面密度与 RQD 之间的近似关系见表 4-7，只要已知某地段的结构面密度，就很容易估算出 RQD 指标。表 4-7 同时也给出了岩体龟裂因数与 RQD 之间关系。

表 4-7 结构面密度与 RQD 之间的关系

质量分级	RQD	结构面密度/m	岩体龟裂因数	岩体指数 j
极差	5~25	>15	0~0.2	0.2
差	25~50	15~8	0.2~0.4	0.2
中等	50~75	8~5	0.4~0.6	0.2~0.5
好	75~90	5~1	0.6~0.8	0.5~0.8
极好	90~100	1	0.8~1.0	0.8~1.0

4.3.1.2 体积节理数统计估算法

体积节理数的估算方法：设图 4-6 所示岩体发育有三组节理，其间距分别为 d_1，d_2和 d_3，则其线密度分别为 λ_1，λ_2，λ_3。定义 J_V 为体积节理数，其表达式为：

$$J_V = \lambda_1 + \lambda_2 + \lambda_3 \tag{4-9}$$

式（4-9）以简单的方式考虑了岩体体积内发育的所有结构面。一般地，体积节理数是很容易计算的。当在统计区内沿精测线统计结构面间距时，需要由一维变成三维，则 J_V 每米结构面数乘以系数 K，$K=1.65 \sim 3.0$，取 $K=2.5$。这样就把一维或二维的结构面测量通过系数 K 转化成三维测量，从而获得体积节理数 J_V。

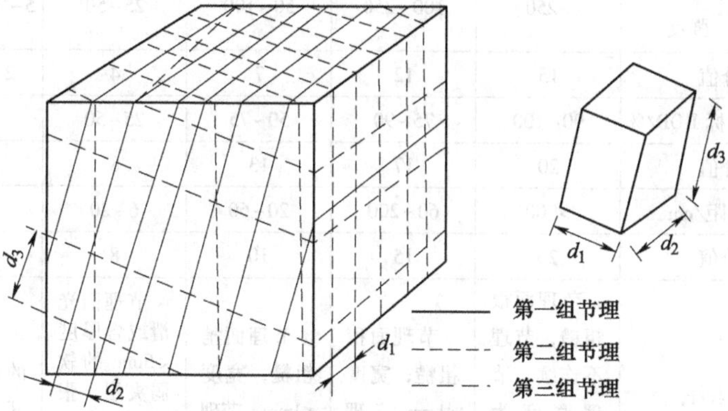

图 4-6 具有三组节理的方块图

体积节理数 J_V 与 RQD 之间在理论上的关系为：

$$RQD = 115 - 3.3J_V \tag{4-10}$$

而且，当 $J_V<4.5$ 时，RQD =100；当 $J_V>35$ 时，RQD =0。

4.3.2 RMR 分级法

根据岩体结构调查结果，并结合室内岩石力学试验成果，采用南非科学和研究委员会（CSIR）的 Z. J. Bieniawski 提出的 RMR 分类方法（见表 4-8~表 4-13），对待研究区域的岩体质量进行分级。

RMR 岩体分类法是根据岩体中 5 个实测参数和结构面的空间方位与开挖方向之间的相对关系所得评分值的代数和作为划分岩体等级的依据为：

$$\text{RMR 值} = A + B + C + D + E + F \tag{4-11}$$

式中 A——完整岩石单向抗压强度的分级评分值；

B——岩石质量指标的分级评分值；

C——结构面间距的分级评分值；

D——结构面状态，包括结构面的粗糙度、宽度、开口度、充填物、连续性及结构面两壁岩石条件等的分级评分值；

E——地下水条件的分级。

表 4-8 岩体地质力学（RMR）分类参数及评分标准

分类参数			数值范围						
A	完整岩石强度/MPa	点荷载强度指标	>10	4~10	2~4	1~2	对强度较低的岩石宜用单轴抗压强度		
		单轴抗压强度	>250	100~250	50~100	25~50	5~25	1~5	<1
	评分值		15	12	7	4	2	1	0
B	岩芯质量指标 RQD/%		90~100	75~90	50~75	25~50	<25		
	评分值		20	17	13	8	3		
C	节理间距/cm		>200	60~200	20~60	6~20	<6		
	评分值		20	15	10	8	5		
D	节理条件		节理面很粗糙，节理不连续，节理宽度为零，节理面岩石坚硬	节理面稍粗糙，宽度<1mm，节理面岩石坚硬	节理面稍粗糙，宽度<1mm，节理面岩石较弱	节理面光滑或含厚度<5mm 的软弱夹层，张开度 1~5mm，节理连续	含厚度>5mm 的软弱夹层，张开度>5mm，节理连续		
	评分值		30	25	20	10	0		
E	地下水条件	每 10m 长的隧道涌水量/L·min^{-1}	0	<10	10~25	25~125	>125		
		节理水压力与最大主应力的比值	0	0.1	0.1~0.2	0.2~0.5	>0.5		
		一般条件	完全干燥	潮湿	只有湿气（有裂隙水）	中等水压	水的问题严重		
	评分值		15	10	7	4	0		

表 4-9 D 节理条件分类的指标评定

节理长度/m	<1	1~3	3~10	10~20	>20
评分	6	4	2	1	0
张开度/mm	无	<0.1	0.1~1.0	1~5	>5
评分	6	5	4	1	0
粗糙度	很粗糙	粗糙	微粗糙	平滑	光滑
评分	6	5	3	1	0

续表 4-9

充填物（断层泥）	硬质充填			软质充填	
	无	<5mm	>5mm	<5mm	>5mm
评分	6	4	2	2	0
风化	未风化	微风化	中等风化	强风化	崩解
评分	6	5	3	1	0

表 4-10 节理走向和倾角对坑道开挖的影响

走向垂直于坑道轴线				走向平行于坑道轴线		不考虑走向
沿倾向掘进		反倾向掘进				
倾角 45°~90°	倾角 20°~45°	倾角 45°~90°	倾角 20°~45°	倾角 45°~90°	倾角 20°~45°	倾角 0°~20°
非常有利	有利	一般	不利	非常不利	一般	一般

表 4-11 结构面修正评分标准

破坏方式	计算值	分类				
		很合适	合适	一般	不合适	很不合适
P	$\lvert \alpha_j-\alpha_s \rvert/(°)$	>30	30~20	20~10	10~5	<5
T	$\lvert \alpha_j-\alpha_s-180° \rvert$					
P/T	F_1	0.15	0.40	0.70	0.85	1.00
P	$\lvert \beta_j \rvert/(°)$	<20	20~30	30~35	35~45	>45
P	F_2	0.15	0.40	0.70	0.85	1.00
T	F_2	1	1	1	1	1
P	$\beta_j-\beta_s/(°)$	>10	10~0	0	0~-10	<-10
T	$\beta_j+\beta_s/(°)$	<110	110~120	>120		
P/T	$F_3/1$	0	-6	-25	-50	-60
	$F_3/2$			-20	-45	-55
	$F_3/3$			-15	-35	-45
	$F_3/4$			-10	-20	-40

注：P 表示平面滑动；T 表示倾倒滑动。α_j为结构面倾角；α_s为边坡倾角；β_j为结构面倾角；β_s为边坡倾角。“1”指贯通性平直软弱结构面，如断层，泥化夹层；“2”指岩层层面；“3”指贯通硬性裂隙；“4”指不连续节理面。

表 4-12 开挖方法评分标准

开挖方法	自然边坡	预裂爆破	光面爆破	常规爆破	欠缺爆破
F_4	+15	+10	+8	0	-8

表 4-13 按总评分值确定的岩体级别及岩体质量评价

评分值	100~81	80~61	60~41	40~21	<20
分级	Ⅰ	Ⅱ	Ⅲ	Ⅳ	Ⅴ
质量描述	非常好的岩体	好岩体	一般岩体	差岩体	非常差的岩体
平均稳定时间	(15m 跨度) 20a	(10m 跨度) 1a	(5m 跨度) 7d	(2.5m 跨度) 10h	(1m 跨度)30min
岩体内聚力/kPa	>400	300~400	200~300	100~200	<100
岩体内摩擦角/(°)	>45	35~45	25~35	15~25	<15

采用打分法对岩体进行评价，根据所得评分值代数和的不同将岩体划分为五类。RMR 法条款简单明确，以实测参数为基础，考虑了影响岩体质量的诸多因素，在国内外获得了广泛的应用。

根据调查结果，经相关试验及计算，并对各相同岩性综合考虑后可得各岩性的 RMR 值及相应的评价等级（表 4-14）。经调查和统计可得出，矿体和砂岩整体上属于一般偏好岩体；结晶灰岩和层纹灰岩属于一般岩体，炭质千枚岩属于不好的岩体。

表 4-14 矿岩质量分级

岩性	分类参数分值						RMR 评分值	围岩分级
	A	*B*	*C*	*D*	*E*	*F*		
矿体	10	18	12	18	10	-5	63	Ⅱ
砂岩	8	18	11	18	10	-5	60	Ⅱ
层纹灰岩	10	11	13	11	10	-5	50	Ⅲ
结晶灰岩	8	13	8	13	10	-5	47	Ⅲ
炭质千枚岩	5	11	8	9	10	-5	38	Ⅳ

4.4 岩体参数的确定

4.4.1 Hoek-Brown 强度准则

Hoek 和 Brown 在分析 Griffith 理论和修正的 Griffith 理论的基础上，凭借自己在岩石力学方面深厚的理论功底和丰富的实践经验，通过对大量岩石三轴试验资料和岩体现场试验成果的统计分析，于 1980 年在《岩体的地下开挖》一书中提出了最初的 Hoek-Brown 经验破坏准则如下：

$$\sigma_1 = \sigma_3 + \sqrt{m\sigma_c\sigma_3 + s\sigma_c^2} \tag{4-12}$$

式中 σ_1——岩体破坏时的最大主应力；

σ_3——破坏时的最小主应力；

σ_c——完整岩石试件的单轴抗压强度；

m，s——岩体材料常数，取决于岩体性质。

此后，在工程应用中，Hoek-Brown 准则不断得到改进并逐渐完善。2002 年，E. Hoek 对历年来的 Hoek-Brown 准则进行了详细而全面的审视，并对 m，s，a 和地质强度指标 GSI（geological strength index）的关系进行了重新定义，并提出了一个新的参数 D 来处理爆破损伤和应力松弛。改进后的广义 Hoek-Brown 强度准则可表示为：

$$\sigma_1 = \sigma_3 + \sigma_c \left(m \frac{\sigma_3}{\sigma_c} + s \right)^a \tag{4-13}$$

其中

$$\left.\begin{aligned} m &= m_i \exp\left(\frac{GSI - 100}{28 - 14D}\right) \\ s &= \exp\left(\frac{GSI - 100}{9 - 3D}\right) \\ a &= \frac{1}{2} + \frac{1}{6}\left(e^{-GSI/15} - e^{-20/3}\right) \end{aligned}\right\} \tag{4-14}$$

对于 GSI 大于 25 的岩体：

$$s = \exp[(GSI - 100)/9], \quad a = 0.5 \tag{4-15}$$

对于 GSI 不大于 25 的岩体：

$$s = 0, \quad a = 0.65 - GIS/200 \tag{4-16}$$

式中 D——岩体扰动参数，主要考虑爆破破坏和应力松弛对节理岩体的扰动程度，取值为 0~1，未受扰动岩体取 $D=0$，严重扰动岩体取 $D=1$；

m_i——组成岩体的完整岩块的 Hoek-Brown 常数，反映岩石的软硬程度；

s——反映岩体破碎程度。

当用 Hoek-Brown 准则估计节理化岩体强度与力学参数时，需用以下 3 个基本参数：

（1）组成岩体的完整岩块的单轴抗压强度 σ_c。

（2）组成岩体的完整岩块的 Hoek-Brown 常数 m_i。

（3）岩体的地质强度指标 GSI。

4.4.2 Hoek-Brown 准则参数的确定

4.4.2.1 常数 m_i 的确定

把 $\sigma_3 = -\sigma_t$ 和 $\sigma_1 = 0$ 代入 Hoek-Brown 经验准则 $\sigma_1 = \sigma_3 + \sqrt{m_i \sigma_c \sigma_3 + s\sigma_c^2}$，这里因为是完整岩块，因此 $s=1$。由此公式，可以得到：

$$m_i = \frac{\sigma_c^2 - \sigma_t^2}{\sigma_c \sigma_t} \tag{4-17}$$

4.4.2.2 爆破效应对岩体扰动程度 D 值的确定

爆破震动在岩体中产生的惯性力，使潜滑体的下滑力增大，抗滑力减小。在长期爆破震动荷载作用下，岩体中具有弹、塑性性状的结构面将产生不可逆累计变形，裂隙扩展，并产生新的爆破裂隙。据统计，爆破前后结构面的黏聚力 c 值可降低 40%~60%，摩擦角 φ 降低 10%~15%。爆破震动分析表明，因爆破造成岩体稳定系数降低 30%是可能的，不适当的爆破对岩体强度降低的影响则更大。

根据现场围岩节理状况、岩体开挖扰动程度及孙金山等人的研究，确定矿体和围岩爆破开挖扰动系数 $D=0.6$。

4.4.2.3 GSI 的确定

GSI 为地质强度指标，是由 Hoek、Kaiser 和 Brown 于 1995 年建立，用来估计不同地质条件下的岩体强度。GSI 根据岩体所处的地质环境、岩体结构特性和表面特性来确定。但以往在岩体结构的描述或岩体结构的形态描述中缺乏定量化，难以准确确定岩体的 GSI 值。为使其描述定量化，引入岩体质量 RMR 分级法定量确定岩体质量等级。根据 Z. T. Bieniawski 研究认为，修正后的 RMR 值与 GSI 值具有等效关系，确定修正后的 RMR 值，即得出 GSI 值。

RMR 分级方法是采用多因素得分，然后求其代数和（RMR 值）来评价岩体质量。参与评分的 6 项因素是：岩石单轴抗压强度、岩石质量指标 RQD、节理间距、节理性状、地下水状态和结构面产状对地下工程的影响。在 1989 年的修正版中，不但对评分标准进行了修正，而且对第 4 项因素进行了详细分解，即节理性状包括：节理长度、间隙、粗糙度、充填物性质和厚度以及风化程度。

4.4.3 岩体力学参数的确定

4.4.3.1 岩体变形模量

变形模量是描述岩体变形特性的重要参数，可通过现场荷载试验精确确定。但由于荷载试验周期长、费用高，一般只在重要的或大型工程中采用。因此，在岩体质量评价和大量试验资料的基础上，建立岩体分类指标与变形模量之间的关系，是快速、经济地估算岩体变形模量的重要手段和途径。

（1）E. Hoek 等建议岩体变形模量 E_m 可用下式进行估算：

$$\left.\begin{aligned} E_m &= \left(1 - \frac{D}{2}\right)\sqrt{\frac{\sigma_c}{100}}10^{\frac{RMR-10}{40}}(\sigma_c \leqslant 100\text{MPa}) \\ E_m &= \left(1 - \frac{D}{2}\right)10^{\frac{RMR-10}{40}}(\sigma_c > 100\text{MPa}) \end{aligned}\right\} \tag{4-18}$$

式中 E_m——岩体变形模量，GPa。

（2）利用量化 *RMR* 系统和 E. Hock 与 M. S. Diederichs 的最新计算公式来进行岩体变形模量的取值：

$$E_m = E_i\left[0.02 + \frac{1 - D/2}{1 + e^{(60+15D-RMR)/11}}\right] \tag{4-19}$$

式中 E_i——室内力学试验岩块的变形模量；

D——岩体的扰动程度。

岩体变形模量 E_m 取其上述两种公式的平均值。

在 *RMR* 与 E_m 之间的诸多关系中，式（4-18）和式（4-19）已被工程界广泛采用，普遍认为其估算结果比较接近工程实际。

4.4.3.2 岩体抗剪参数

莫尔强度曲线可用下式确定，破裂面上的正应力 σ 和剪应力 τ 为：

$$\left.\begin{aligned} \sigma &= \sigma_3 + \frac{\tau_m^2}{\tau_m + \dfrac{m\sigma_c}{8}} \\ \tau &= (\sigma - \sigma_3)\sqrt{1 + \frac{m\sigma_c}{4\tau_m}} \\ \tau_m &= \frac{\sigma_1 - \sigma_3}{2} \end{aligned}\right\} \tag{4-20}$$

将相应的 σ_1 和 σ_3 代入式（4-20）就能在 τ—σ 平面上得到莫尔包络线上 σ 与 τ 的关系点坐标，即可得出 n 个数据点（σ_i，τ_i），然后对这些点（σ_i，τ_i）的数据进行回归处理确定出岩体抗剪强度参数。在运用 Hoek-Brown 法原理计算岩体抗剪强度参数时，关键是选择 σ_3 的范围，其最优范围：$0<\sigma_3<0.25\sigma_c$；本研究中取 $0<\sigma_3<0.125\sigma_c$。

由于岩体的抗剪强度，尤其是扰动岩体的抗剪强度多为非线性关系，故 Hoek 提出了非线性关系式：

$$\tau = A\sigma_c(\sigma/\sigma_c - T)^B \tag{4-21}$$

式中 A，B——待定常数。

改写上述方程，则变换为：

$$y = ax + b \tag{4-22}$$

式中，$y = \ln\tau/\sigma_c$，$x = \ln(\sigma/\sigma_c - T)$，$a = B$，$b = \ln A$，$T = \frac{1}{2}(m - \sqrt{m^2 + 4s})$。

常数 A 与 B 可由最小二乘法线性回归确定：

$$\ln A = \sum y/n - B\left(\sum x/n\right) \tag{4-23}$$

$$B = \frac{\sum xy - \frac{\sum x \sum y}{n}}{\sum x^2 - \frac{(\sum x)^2}{n}} \tag{4-24}$$

拟合相关系数：

$$r^2 = \frac{[\sum xy - (\sum x \sum y)/n]^2}{[\sum x^2 - (\sum x)^2/n][\sum y^2 - (\sum y)^2/n]} \tag{4-25}$$

由上式可知，当 $\sigma=0$ 时，$\tau=c_m$，则岩体的凝聚力为：

$$c_m = A\sigma_c(-T)^B \tag{4-26}$$

而在任一 σ_i 时非线性莫尔包络线的切线角即内摩擦角可由式（4-26）求导得：

$$\varphi_i = \arctan\left[AB\left(\frac{\sigma_i}{\sigma_c} - T\right)^{B-1}\right] \tag{4-27}$$

为了表征岩体非线性破坏的总体或平均内摩擦角 φ_m，采用下式：

$$\varphi_m = \frac{\sum_{i=1}^{n} \varphi_i}{n} \tag{4-28}$$

4.4.3.3 岩体单轴抗拉强度

$$\sigma_{mt} = \frac{2c_L \sin\varphi_L \cot\varphi_L}{1 + \sin\varphi_L} \tag{4-29}$$

其中，φ_L取 φ 的 0.85 倍，φ_L取 φ 的 0.8 倍。

综上，矿岩宏观岩体力学参数见表 4-15。

表 4-15 矿岩宏观岩体力学参数计算结果

岩石名称	*RMR*	密度 ρ/g·cm^{-3}	弹性模量 *E*/GPa	泊松比	抗拉强度 σ_t/MPa	黏聚力 *C*/MPa	内摩擦角 φ/(°)
砂岩	60	2.71	18.4	0.084	0.69	0.67	49.19
层纹灰岩	50	2.75	3.21	0.103	0.26	0.67	22.54
结晶灰岩	47	2.82	4.70	0.309	0.37	0.85	27.51
炭质千枚岩	38	2.63	1.62	0.290	0.080	0.110	20.05

4.5 千枚岩的矿物组成及微观结构

4.5.1 千枚岩矿物组成及微观结构

4.5.1.1 *岩石矿物的 X 射线检测及实验结果*

岩石的微观结构是一种地质历史产物，残留着各种地质作用的痕迹，因而它具有非常复杂的结构特征。在长期的工程实践中科研人员发现岩体的宏观工程特性很大程度上受到微细结构的系统状态或整体行为的控制，复杂的物理力学特性是其微细结构特性的集中体现，任何一种基于适度均匀化处理的连续介质模式都很难准确地表述其结构的复杂性，难以逾越岩体微细结构的多样性和不确定性这一巨大的障碍。岩石损伤力学特性研究是当前岩石力学领域中广泛关注的前沿课题之一，许多学者开始重视岩石力学的细观结构，一致认为岩石的微观结构对其性质具有重要的影响。因此，在研究千枚岩中黏土矿物的同时必须对其微细结构进行分析研究，通过对千枚岩的微细结构研究不但可以知道当前千枚岩的微观结构，有条件的情况下还可以分析地质历史对它的影响。

通过偏光镜和 X 射线衍射，可以直观地看出千枚岩的微观组织结构见表 4-16、图 4-7 及图 4-8。

表 4-16 千枚岩成分化验结果

<table>
<tr><th>矿物成分</th><th>粒度
/mm</th><th>含量
/%</th><th>嵌布特征描述</th></tr>
<tr><td>水-绢云母</td><td>≤0.08</td><td>40</td><td>重结晶呈隐微晶鳞片状，定向分布</td></tr>
<tr><td>铁泥质</td><td>—</td><td>20</td><td>呈线理富集产出</td></tr>
<tr><td>石英</td><td>0.02~0.05</td><td>25~30</td><td>重结晶呈他形粒状，残留粉砂碎屑形态</td></tr>
<tr><td>泥质岩屑</td><td>≤0.05</td><td>1~2</td><td>重结晶呈他形粒状</td></tr>
<tr><td>碳酸盐岩屑</td><td>≤0.05</td><td>5</td><td>重结晶呈他形粒状，由白云石组成</td></tr>
<tr><td>云母碎片</td><td>—</td><td>少</td><td>碎片状</td></tr>
<tr><td>金属矿物</td><td>—</td><td>2~3</td><td>半自形-他形粒状</td></tr>
<tr><td>脉石英</td><td>—</td><td rowspan="3">5</td><td>他形粒状</td></tr>
<tr><td>白云石</td><td>—</td><td>他形粒状</td></tr>
<tr><td>金属矿物</td><td>—</td><td>半自形-他形粒状</td></tr>
</table>

4.5.1.2 *岩石的微观结构试验分析*

岩石受脆性动力变质作用强烈，原岩（含砂质钙质水云母泥质板岩）被破碎成粒径大小不等的碎斑（占 45%左右）和碎基及填隙物（占 55%左右）两部分。碎斑成分主要由粒径≤0.01mm 的重结晶隐微晶鳞片状水云母、尘粒状铁泥

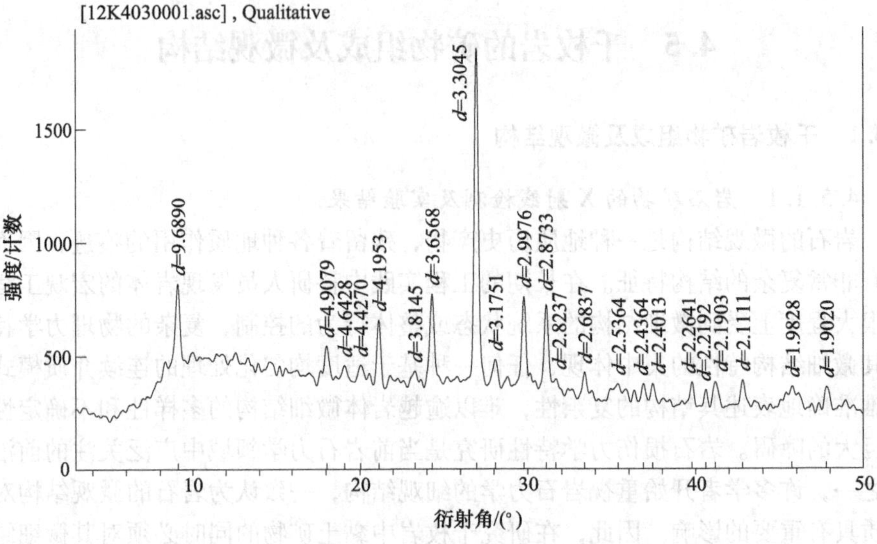

图 4-7　千枚岩样品的 X 射线衍射光谱

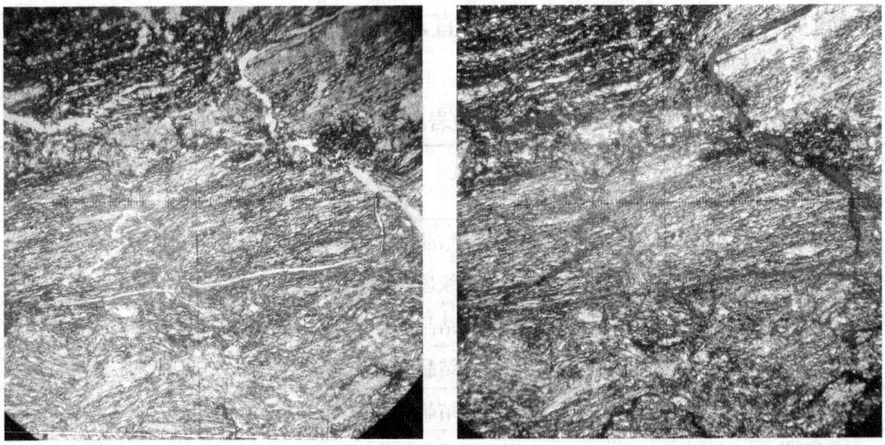

(a)　　　　(b)

图 4-8　千枚岩试样微观结构图

（a）透射单偏光；（b）透射正交偏光

质和粒径为 0.03～0.15mm 大小的变余砂状碎屑、粒径<0.004mm 的泥晶方解石、藻迹等分别呈纹层状富集产出。重结晶水云母呈定向排列连续分布构成岩石与层理一致的板状构造，铁泥质呈尘粒状与水云母混杂产出。粉砂碎屑由石英和少部分岩屑等星散分布于水云母等泥质中。藻迹富含于泥晶方解石中，或部分呈纹层状聚集产出。碎基除部分岩石（钙质水云母泥质板岩）碎粒碎粉外，主要为水

云母和铁泥质等充填。另外，岩石具有叠加构造作用，即岩石进一步受后期脆性动力变质作用，部分碎块进一步被磨碎成细小的碎块。

4.5.2 泥质千枚岩矿物组成及微观结构

岩石的矿物 X 射线检测及实验结果分析：通过偏光镜和 X 射线衍射，可以直观地看出泥质千枚岩微观组织结构见表 4-17、图 4-9 和图 4-10。

表 4-17 泥质千枚岩成分化验结果

矿物成分	粒度/mm	含量/%	嵌布特征描述
水云母	≤0.01	50	隐微晶鳞片状，定向分布
铁泥质	—	5	尘粒状
方解石	<0.004	20	泥晶状
藻迹	—	5	富含于泥晶方解石中
石英	0.03~0.15	15	他形粒状，残留砂状碎屑形态
泥质岩屑	≤0.1	3~5	细粒化呈压扁拉长状、小透镜状
铁质岩屑	≤0.05	少	他形粒状，由氧化铁质组成
金属矿物	—	少	他形粒状

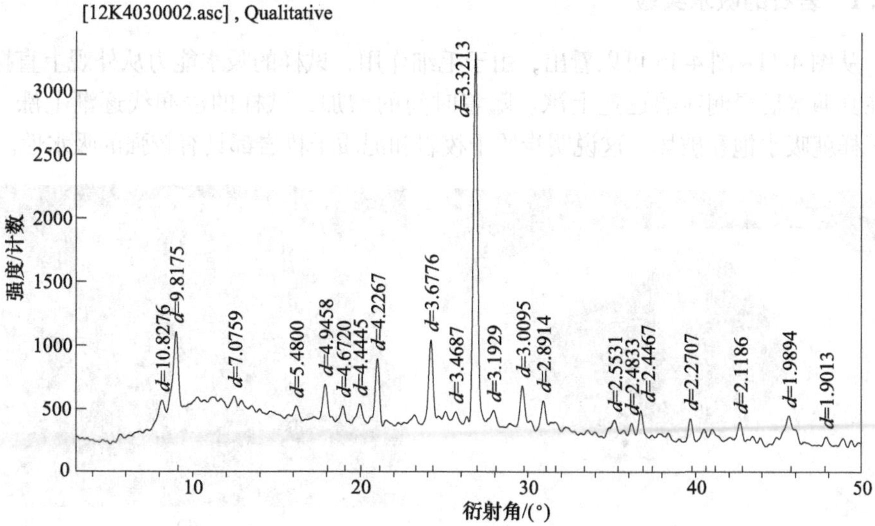

图 4-9 泥质千枚岩样品的 X 射线衍射光谱

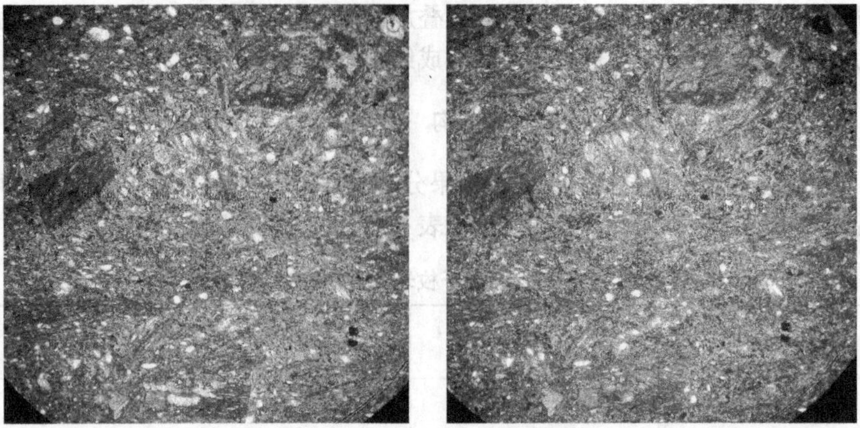

(a) (b)

图 4-10 泥质千枚岩试样微观结构图
（a）透射光偏光；（b）透射正交偏光

4.6 千枚岩的水理特性

试验主要对矿区炭质千枚岩和泥质千枚岩的水理特性进行了研究。吸水能力的强弱说明矿物所含的亲水物质的多少。将一块保存完整的试样放于托盘中央位置，用烧杯将 300mL 常温水匀速注入托盘中，并计时观察现象。

4.6.1 岩石的吸水实验

从图 4-11~图 4-15 可以看出，由于毛细作用，试样的吸水能力从外观上直接体现在其遇水后浸润线的迅速上涨。随着时间的增加，试样的浸润线逐渐上涨，1h 后试样就吸水饱和破坏，这说明炭质千枚岩和泥质千枚岩都具有较强的吸水性。

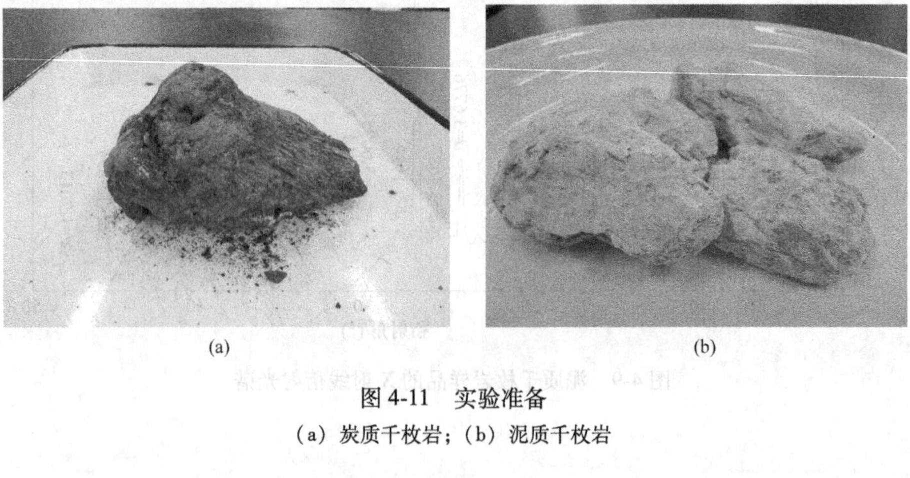

(a) (b)

图 4-11 实验准备
（a）炭质千枚岩；（b）泥质千枚岩

图 4-12 入水 2min 试样遇水后立即发生浸润
（a）炭质千枚岩；（b）泥质千枚岩

图 4-13 入水 10min 浸润线迅速上涨
（a）炭质千枚岩；（b）泥质千枚岩

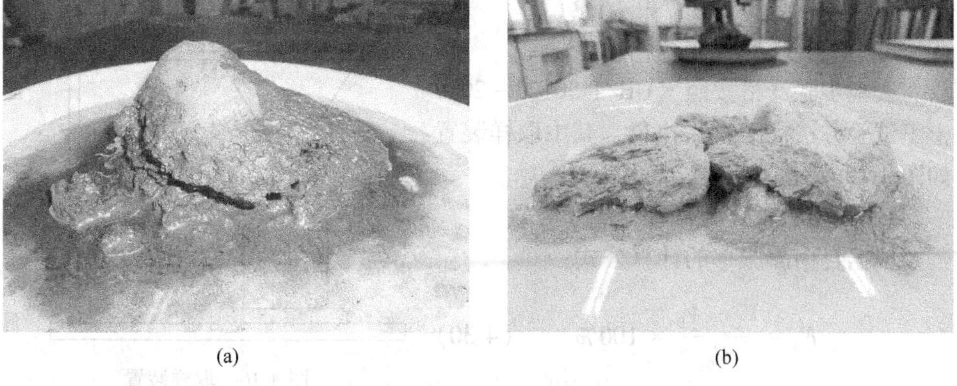

图 4-14 入水 30min 随着浸润线上涨试样逐渐被破坏
（a）炭质千枚岩；（b）泥质千枚岩

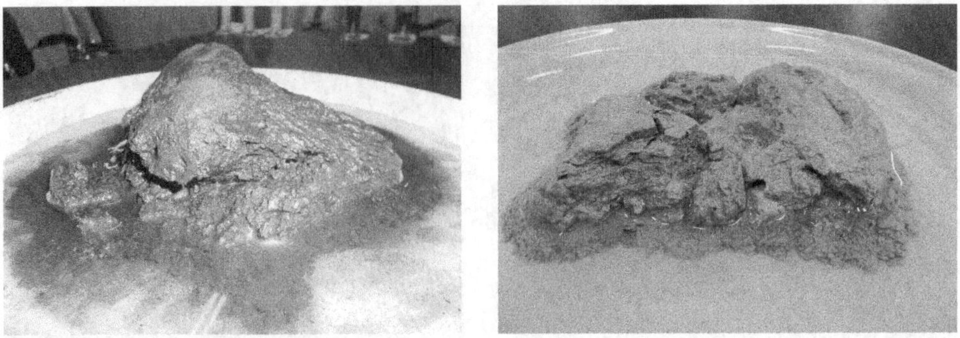

(a) (b)

图 4-15　入水 60min，吸水饱和，试样完全破坏

（a）炭质千枚岩；（b）泥质千枚岩

4.6.2　自由膨胀率实验

4.6.2.1　实验目的

岩石的自由膨胀率是指岩石经过磨碎烘干以后，其颗粒于水中增加的体积与原来体积之比的百分数，它表明了岩石在无约束条件下的吸水膨胀性能。本实验试样粒径小于 0.5mm。

4.6.2.2　实验过程

A　实验仪器

仪器：（1）量筒：容积为 50mL，最小刻度为 1mL；容积为 10mL，最小刻度为 1mL。（2）量土杯：体积为 10mL，内径为 20mm。由于实验条件限制，自己设计了量土设备，采用塑料管，内径为 14mm，高为 65mm 的圆柱体进行量取。（3）无颈漏斗：下口直径不小于 5mm。（4）天平：最小分度值 0.01g。（5）其他仪器：玻璃棒，烧杯等。

B　实验步骤

实验步骤严格按照《GB/T 50123—2019 土工试验方法标准》来执行，其中取样装置如图 4-16 所示。

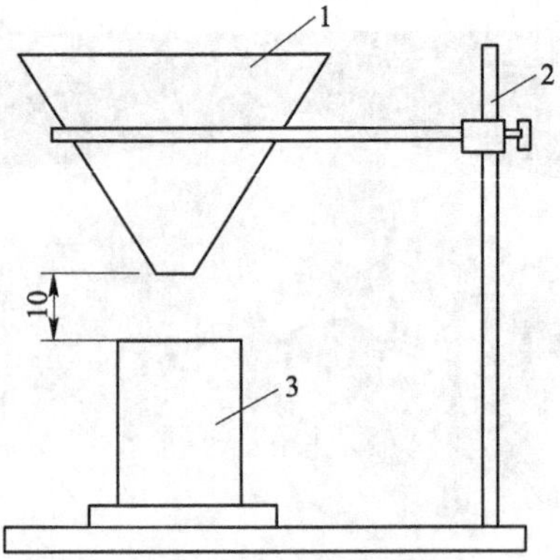

图 4-16　取样装置

1—漏斗；2—支架；3—量土杯

4.6.2.3　实验数据及结果分析

根据自由膨胀率的计算公式：

$$F_S = \frac{V_1 - V_0}{V_0} \times 100\% \qquad (4\text{-}30)$$

式中　F_S——自由膨胀率；

V_1——膨胀后的体积；

V_0——试样的原体积。

进行平行试验时，当 F_S<60%时允许误差为 5%；当 $F_S \geq 60\%$时允许误差为 8%，自由膨胀率试验图如图 4-17 所示，试验结果见表 4-18～表 4-20。

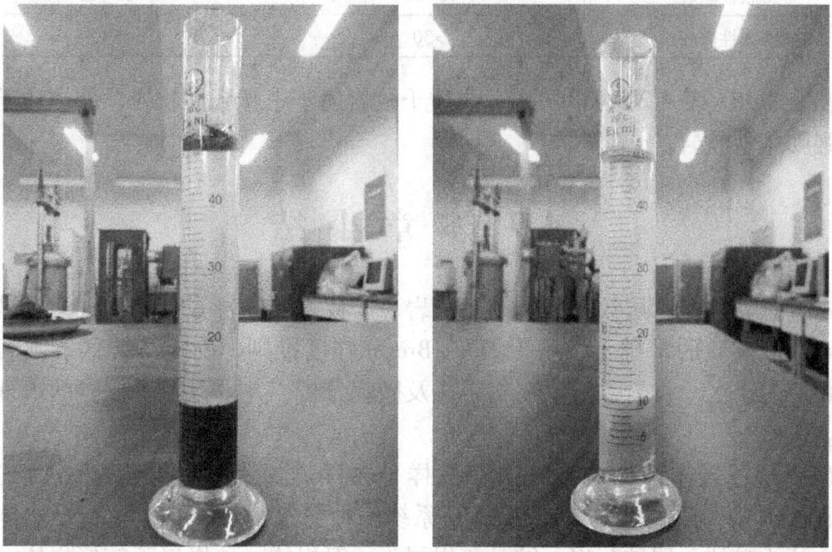

图 4-17 自由膨胀率测试
（a）炭质千枚岩；（b）泥质千枚岩

表 4-18 炭质千枚岩的自由膨胀率

试样粒径	试样编号	干土质量/g	干土体积/mL	不同时间的体积读数/mL				自由膨胀率/%	
				2h	4h	6h	8h	单值	平均值
<0.5mm	1号	10.90	10	11.10	11.20	11.30	11.30	13	13
	2号	10.90	10	11.10	11.30	11.50	11.40	14	
	3号	10.90	10	11.20	11.30	13.10	13.10	14	
	4号	10.90	10	10.80	11.00	11.10	11.10	11	

表 4-19 泥质千枚岩的自由膨胀率

试样粒径	试样编号	干土质量/g	干土体积/mL	不同时间的体积读数/mL				自由膨胀率/%	
				2h	4h	6h	8h	单值	平均值
<0.5mm	1号	11.70	10	11.20	11.40	11.60	11.60	16	17
	2号	11.70	10	11.30	11.40	11.70	11.70	17	
	3号	11.70	10	11.50	11.60	11.70	11.70	17	
	4号	11.70	10	11.40	11.60	11.80	11.80	18	

表 4-20 膨胀性软岩分级

膨胀性软岩	蒙脱石含量/%	自由膨胀率/%
弱膨胀性软岩	<10	<10
中膨胀性软岩	10~30	10~15
强膨胀性软岩	>30	>15

从表 4-18~表 4-20 可以看出，炭质千枚岩属于中膨胀性软岩，而泥质千枚岩属于强膨胀性软岩。

4.7 本章小结

本章首先在矿区层纹灰岩、结晶灰岩、千枚岩和砂岩等室内岩石力学试验和岩石点荷载试验的基础上，基于 Hoek-Brown 强度准则，确定了矿区宏观岩体力学参数。对矿区千枚岩进行了矿物组成及微观分析，并进行了千枚岩的水理特性实验。

（1）通过岩体结构调查，结合取样、岩样的加工、室内物理力学试验及 RQD 值的计算，采用普式、RMR 及 Q 系统三种分级法对矿岩体进行了岩体质量分级，认为矿体、层纹灰岩、结晶灰岩属于一般岩体，砂岩属于较好岩体，炭质千枚岩及泥质千枚岩属于稳定性较差岩体。

（2）采用 Hoek-Brown 强度准则对矿岩体物理力学参数进行了工程折减弱化处理，确定的宏观岩体力学参数可供工程设计及岩体稳定性模拟计算分析使用。

（3）通过对矿区松软破碎的炭质千枚岩、泥质千枚岩的矿物组成及微观结构分析，及吸水实验和自由膨胀率实验，实验结果表明炭质千枚岩属于节理化软岩，而泥质千枚岩属于膨胀性软岩。

5 松软破碎巷道围岩失稳机理及围岩松动圈稳定性控制

5.1 软破岩体巷道破坏的主要特征及影响因素

5.1.1 软岩巷道破坏的主要特征

5.1.1.1 巷道破坏现象

巷道发生变形破坏的现象较为普遍，而软岩巷道的破坏现象尤为突出。一般巷道变形破坏的特征有顶板下沉、扩容、变形、冒顶；两帮变形收敛、扩容；底板变形、破坏、底臌等。在复杂高应力区引起巷道位置发生时空变化，偏离走向、倾向、倾角，将给巷道布置、生产、安全等造成一系列影响。根据矿压显现特征，可将巷道发生破坏分为三类：（1）顶板下沉，冒顶。（2）两帮收敛位移，片帮（内移）。（3）底臌。

5.1.1.2 软岩巷道变形规律

软岩巷道变形规律如下：

（1）软岩巷道变形具有显著的时间效应，主要表现为变形速度快，持续时间久，变形趋于稳定后仍会产生较大流变反应。软岩巷道如果不采取及时有效的支护措施，围岩将产生剧烈变形破坏，最终导致巷道全面失稳。

（2）软岩巷道围岩变形破坏随埋深的增加而增大，而此过程存在一个临界深度；超过临界深度，软岩的变形将急剧增加。

（3）软岩巷道变形具有明显的方向性，在不同的应力作用下，变形破坏的方向也不同。巷道自稳时间短，自稳能力差。

（4）软岩巷道常表现为非对称的环向受压。巷道变形破坏的形式主要有顶板下沉冒落，两帮收敛变形，剧烈的底臌。

5.1.2 软破岩体巷道破坏的影响因素

软岩巷道发生变形破坏主要是由地应力、围岩岩性、节理裂隙、支护结构与参数、地下水等因素相互作用的结果。

5.1.2.1 地应力高低

高地应力来源主要有4个方面，即：（1）深埋巷道（垂直应力高）。（2）构造应力（构造影响大)。(3）巷道受采动影响（采动应力可达原岩应力的3~5倍)。(4）巷道群影响。在高应力作用下，巷道维护通常比较困难，变形破坏严重。

巷道在采动之前，高地应力和高构造应力使巷道围岩积聚了大量的弹性能，且围岩处于高围压和高垂直压力的三轴应力状态，此时的围岩处于较稳定的状态。一旦巷道开挖后，巷道围岩由三向应力状态转化为两向应力状态，围岩由于卸载大大降低了围岩的强度而产生了破坏；如果巷道两帮积聚的大量弹性能在瞬间释放，会造成巷道围岩的冲击破坏，可能会发生冲击地压。各种因素的综合作用，从而使得巷道两帮岩体表现出剧烈的爆裂和片帮现象，使巷道处于不稳定状态。此外，相邻巷道工作面的采动会引起围岩应力变迁和峰值积聚，通常会使掘进时稳定的巷道在采动时发生变形破坏。因此，在巷道支护设计时应考虑采动影响。

5.1.2.2 岩体强度大小

岩体强度大小是决定围岩稳定性的主要因素之一，岩体强度不能等同于岩石强度，因为巷道围岩通常包含大量的层理、裂隙以及断层等结构弱面，岩体强度可以认为是包含结构面的岩石（或岩块）强度。

岩体强度影响因素主要有以下几方面。

A 岩性差异与非连续性

岩石组成成分、结构、致密程度（差异大)；不同矿物颗粒（晶体强度、变形模量不同)、胶结物（泥、钙、硅、铁)、孔隙（水)、微节理（沉积造成层理，受力造成节理及造成岩石形成劈裂)。

小型非连续结构面（节理、裂隙等）对岩体力学性质有重要影响，是地下硐室稳定性的主要影响因素。岩石破坏往往是由结构面发展形成的脆性破坏。

岩体结构面是在岩体生成过程及生成后若干地质年代中受构造作用而形成的，而且往往是弱面，故它的力学性能决定了工程的稳定性，如边坡层面，大坝坝基中软弱夹层，井巷工程中断裂破碎带等。

B 岩体结构面成因

岩体结构面成因包括：(1）生结构面：变质、沉积；(2）造结构面：断层、节理、劈裂；(3）次生结构面：受卸载、风化、地下水等次生作用形成的结构面，如泥化、次生夹层。

大量结构弱面存在于围岩中，破坏了围岩的整体性，大大降低了岩体的承载能力。经过长期的外力作用，岩体的实际承载能力极低，逐步趋于残余强度阶段，呈现出显著的蠕变特性。

5.1.2.3 支护方式是否合理

A 支护方案方面

通过分析巷道所处应力环境和岩体强度，确定合理的支护形式是前提。比如，浅埋巷道，地应力小，砌碹或拱架等被动刚性支护可能有效；但是当埋深增大，或者构造应力较高，或者围岩本身松软破碎，就应该考虑采用主动柔性支护方式，如锚杆或锚喷支护。钢拱架支护一直被认为是一种较好的支护形式，但在高地应力矿井中，用于巷道的开挖支护或者是返修支护时，常常因钢拱架与围岩间不能密实，存在大量空隙，这样就不能完全发挥支架的作用；由于钢拱架属于被动支护，不能充分发挥围岩自身承载力进行主动支护，且加上与围岩间的孔隙，加剧了围岩的膨胀、泥化等作用，所以支护不合理也会造成巷道的严重破坏。

B 关键部位

巷道开挖后，首先从巷道某一个或者某几个部位开始发生位移破坏，从而导致整个巷道支护体失稳，这个部位称为巷道的"关键部位"。实践证明全断面均匀支护是不合理的，而应对不同部位的位移量，采取不同支护参数或治理措施。

在支护方案确定后，由于巷道的各个部位受力和变形有所区别，因此在整个断面采用一种支护参数的"一刀切"做法未必科学。一般来说，巷道的底角，尤其是巷道的破坏部位，是巷道最难支护也是最关键的部位。若巷道顶板、两帮承受较大的压力时，底板围岩将出现应力集中现象，同时底板受剪切破坏和塑性变形表现出明显的底臌。底臌后两侧的变形又会引起巷道肩部和顶部产生应力集中，进而产生变形破坏，造成支护巷道的全面失稳。

此外，顶板岩层的变形和离层通常会加剧巷道的变形和破坏，被动的支架支护往往不能有效限制顶板岩层的离层和变形，从而显著加大作用在两帮岩体中的集中应力，加剧了两帮的变形和破坏。所以，在一些新掘巷道和翻修巷道中，在普通锚杆（喷）支护的基础上，在巷道顶板加设锚索，其目的是通过控制顶板的变形和离层，来维护巷道的稳定性。

另外，施工中的爆破方式、风化、支护时间等也对巷道的稳定性产生一定的影响。

5.2 矿区软破岩体巷道失稳机理

5.2.1 795 坑巷道围岩失稳机理

从岩层分布状况和各岩层力学参数可知，795 坑巷道破坏的情况主要是：两端巷道岩层具有叠合板的结构特征，即层状结构，两帮岩性介于裂隙体与破碎体之间，巷道两帮岩性较顶、底板软弱，且两帮与顶、底间层理明显。裂隙体与破碎体组成的两帮易发生片帮、垮帮现象，且顶板岩层的弯曲变形将加剧对两帮顶角的挤压，使其进一步压碎，导致更严重的片帮、垮帮等现象的发生，从而削弱两帮对顶板的支撑作用，使巷道有效跨度增大、顶板岩层弯曲变形加剧，最终形成“顶板弯曲变形→两帮挤压破碎→片帮、垮帮→两帮对顶板支撑减弱→顶板弯曲变形加剧→两帮破坏加剧”的恶性循环过程。随着时间的推移，顶板中还可能形成拱形破碎区，使围岩中的载荷体范围扩大。

5.2.2 860坑巷道围岩失稳机理

860坑巷道破坏的主要原因是：巷道开挖主要在炭质千枚岩等整体强度较低、裂隙发育、较破碎的岩层。由于围岩是一个整体结构，确定支护参数时应将顶、底、帮视为有机整体协调考虑。

巷道开挖之后，两帮围岩原有的三向应力的平衡状态被打破，其承载能力因此而显著降低，巷道表面在复杂二次应力的作用下发生挤压、剪切以及弯曲变形，进而出现较大的破碎区，如支护不当，这种破坏将迅速向巷道深部发展。在两帮岩体强度明显低于顶底板岩体强度的情况下，这种巷道中两帮就成为支护的重点。根据裂隙体及破碎体的岩性特征，破碎岩体锚杆支护宜采用挤压加固和整体锚固相结合的方式，即通过锚杆、金属网以及钢带等支护构件的作用在两帮破碎岩体中形成一定厚度的锚固体。由于破碎岩体的内聚力基本丧失，故在其中形成的锚固体不能承受明显的拉应力，而只能承受一定的挤压和剪切作用，故巷道稳定性控制应依据松软锚固支护理论进行支护设计。

5.3 软破岩体巷道围岩松动圈支护技术

巷道围岩松动圈是中国矿业大学董方庭教授于20世纪70年代末首先提出的，并在以后的数十年间，经过大量的科研和现场实践工作，不断加以补充完善，建立起一套有关围岩工程分类、支护理论、支护设计和施工的巷道支护理论体系。

5.3.1 巷道围岩松动圈

5.3.1.1 围岩松动圈的定义

岩体内巷道开挖后，岩体原有的应力平衡状态遭到破坏，围岩由三向受力状态近似变为两向，表层围岩随位移的发生与发展、破坏逐渐向深处扩展，使其连续性和完整性遭到破坏，岩体强度大幅度下降。如果此时围岩集中应力仍小于岩体强度，围岩将仍处于弹塑性状态，巷道就不需要支护；如果部分围岩的应力超过了岩体强度，巷道周边围岩将出现塑性变形，并将向深部扩展破坏，直到新的应力平衡状态形成为止，这时围岩将出现一个破裂带，破裂带内的岩体强度很低，把这个由开挖引起应力重新分布形成的破裂带称为围岩松动圈，如图5-1所示。

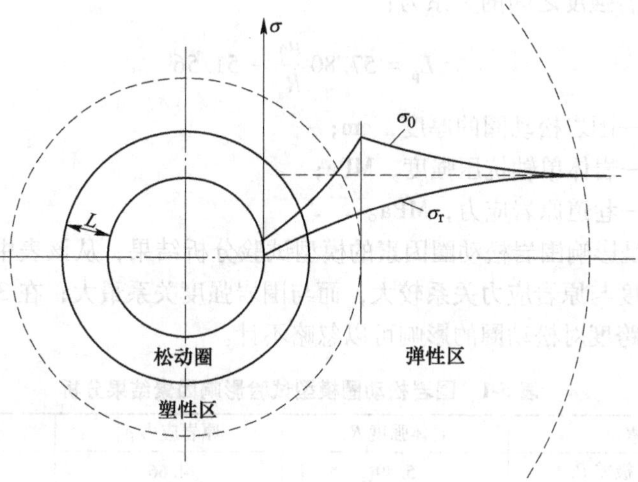

图 5-1 围岩松动圈示意图

5.3.1.2 围岩松动圈的性质

A 围岩松动圈的形状

当巷道围岩各向同性时，若水平应力与垂直应力不相等（侧压力系数 $\lambda\neq1$），则巷道围岩所形成的松动圈形状为椭圆形，且最大主应力方向与该椭圆形的长轴方向垂直。即水平应力大，顶底板的松动圈大；垂直应力大，两帮的松动圈大；反之，则为圆形。

B 围岩松动圈的时间性

围岩松动圈在巷道开挖后的形成是需要一定时间的，而且该过程伴随着围岩应力的重新分布和调整。通常所说的松动圈是应力调整完成后稳定的围岩松动圈数值。根据现场实测表明，围岩松动圈的形成时间最少需要 3~7 天，有的需要 1~3 个月。

松动圈的形成分为两个阶段，第一个阶段是开挖巷道后，围岩的瞬时强度小于围岩中的集中应力所形成的松动圈，通常称为即时松动圈。第二个阶段是在巷道支护完成后形成的，在此支护过程后，围岩的松动裂隙进一步扩张，围岩的强度进一步降低，最后直到形成数值稳定的松动圈为止。即时松动圈的数值大小是稳定松动圈的 60%~90%。在没有受到扰动应力和采动影响时，围岩松动圈是保持不变的。

5.3.1.3 围岩松动圈影响因素分析

影响围岩松动圈的大小主要有围岩强度和原岩应力。在巷道围岩强度相同的情况下，原岩应力小则松动圈小，反之松动圈大。在原岩应力相同的情况下，围岩强度低则松动圈大，反之松动圈小。根据相似模拟实验得到的松动圈大小与原岩应力、围岩强度之间的关系为：

$$L_{p} = 57.80\frac{p_{0}}{R_{a}} - 51.56 \tag{5-1}$$

式中 L_p——围岩松动圈的厚度，cm；

R_a——岩体单轴抗压强度，MPa；

p_0——巷道原岩应力，MPa。

表 5-1 是影响围岩松动圈因素的模型试验分析结果，从该表中可以看出围岩松动圈的厚度与原岩应力关系较大，而与围岩强度关系最大；在 3~7m 的模拟条件下，巷道跨度对松动圈的影响可以忽略不计。

表 5-1 围岩松动圈模型试验影响因素结果分析

因素	岩体强度 R_a	原岩应力 p_0	巷道跨度 D
正交分析极差 R_j	5.89	4.66	0.77
统计分析 F	80.56	35.06	0.00005
$F_{0.5(1,14)} = 4.60$，$FD<(1, 14)$			

5.3.1.4 围岩松动圈力学状态分析

围岩松动圈模型如图 5-2 所示，边界条件有以下力学特征，其中 A、B 分别为松动圈的内边界点和外边界点。

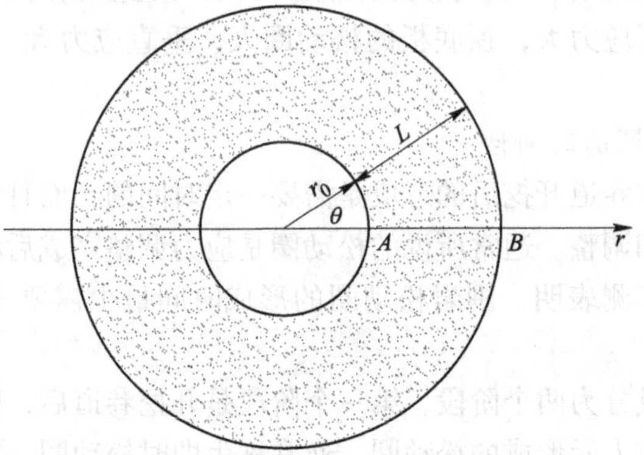

图 5-2 松动圈边界定义

$$\begin{cases} \sigma_{rA} = 0 \\ \sigma_{\theta A} = R_{残A} \\ \sigma_{rA/\mathrm{d}r} \neq 0 \end{cases}$$

式中 σ_{rA}——内边界点 A 的径向应力；

$\sigma_{\theta A}$——内边界点 A 的切向应力；

$R_{残A}$——内边界点 A 的岩石残余强度。

$$\begin{cases} \varepsilon_{\theta B} = 0 \\ \sigma_{\theta B} = R_B \\ \mathrm{d}\varepsilon_{\theta B}/\mathrm{d}r^- \neq 0(r < r_B, \varepsilon_{\theta B} \neq 0) \\ \mathrm{d}\varepsilon_{\theta B}/\mathrm{d}r^+ = 0(r > r_B, \varepsilon_{\theta B} = 0) \end{cases}$$

式中 $\sigma_{\theta B}$——外边界点 B 的切向应力；

$\varepsilon_{\theta B}$——外边界点 B 的岩石碎胀应变；

R_B——外边界点 B 在应力状态下的围岩强度；

r——巷道围岩的径向深度。

5.3.1.5 围岩松动圈分类及锚喷支护机理

松动圈支护理论表明，巷道开挖后，围岩松动圈内部形成碎胀变形压力，巷道支护的对象就是针对该压力产生的变形进行的。围岩碎胀压力与松动圈的大小密切相关，松动圈越小，围岩的碎胀变形也越小，支护越容易；松动圈越大，围岩的碎胀变形越大，支护越困难。当松动圈为零时，巷道围岩处于弹塑性平衡状态，此时不需要进行任何支护，因此可以根据松动圈的大小确定锚杆支护机理。

A 小松动圈围岩

围岩松动圈 L=0~40cm 时，为Ⅰ类稳定围岩。当 L=0，围岩处于弹塑性变形，围岩稳定性好，在不存在围岩风化或危石掉落的情况下，巷道可以不进行任何支护。

小松动圈围岩采用喷射混凝土支护，混凝土的喷层厚度按防止围岩风化和抵御危石坠落计算。其中，危石的稳定条件是喷射混凝土的黏结力和抗冲切力大于危石的重量。

B 中松动圈围岩

a 中松动圈围岩支护机理

围岩松动圈 L=40~100cm 时，为Ⅱ类较稳定围岩；L=100~150cm 时，为Ⅲ类一般稳定围岩。在这两类围岩中进行锚喷支护应注意，锚杆是围岩支护的主体构件。为了将松动圈以内的破裂岩体悬吊起来，在支护过程中必须将锚杆的锚头固定在松动圈外围的稳定岩体上，以达到稳定围岩的目的。

b 锚喷支护参数计算及试验验证

按悬吊理论设计，锚杆长度为：

$$L = L_p + 0.3 + 0.1 \tag{5-2}$$

锚杆间、排距计算式为：

$$D \leqslant \sqrt{\frac{Q}{\gamma L_p}} \tag{5-3}$$

式中 L_p——松动圈厚度，m；

D——锚杆间、排距，m；

Q——锚杆设计锚固力，kN；

γ——围岩的重力密度，kN/m^3。

在中松动圈围岩中，锚杆在锚喷支护中仍是主体，承受了围岩的碎胀力。喷射混凝土层使围岩形成一个整体，即防止围岩风化，阻止非锚固区的围岩变形和危石的坠落。混凝土喷射层一般选取70~100mm。

C 大松动圈围岩

组合拱的厚度、锚杆长度和锚杆的间排距有近似关系：

$$b = \frac{L\tan\alpha - a}{\tan\alpha} \tag{5-4}$$

式中 a——锚杆的间排距；

b——组合拱的厚度；

α——锚杆对破裂岩体压应力的作用角，经试验接近45°；

L——锚杆长度。

因此，组合拱的厚度 b 可按下式近似计算：

$$b = L - a \tag{5-5}$$

5.3.2 围岩松动圈测试及结果

目前围岩松动圈的测试方法主要有声波法、地质雷达法、多点位移计法、地震波法、渗透法、电阻率法等。就现场使用情况而言，最常用的是声波法、多点位移计法、地质雷达法，其他几种方法多因仪器昂贵、测试精度、测试操作复杂、测试环境要求等问题，在国内应用相对较少。

声波测试是一项比较新的测试技术，应用于岩体测试是近二三十年才发展起来的。在岩体中开挖硐室，改变了岩体中原有的天然应力场，破坏了围岩应力的相对平衡，围岩中形成新的重分布应力场。应用声波法可直接测定岩体松动圈范围，从而可对岩石压力的计算和衬砌类型及其设计方案提供可靠资料。硐室围岩松动圈的测试是声波工程地质测试中较有成效的测试方法之一。

声波测试基本原理：硐室围岩处于高应力作用区其波速相对较大，而在应力松弛的低应力区中的岩体其波速相对降低。根据这一原理，对硐室围岩进行声波波速测试。结合工程地质条件对测得的岩体纵波波速进行分析，确定围岩是否松动，松动范围如何。其主要仪器设备为：声波仪一台，增压式或圆管式换能器、接收器和发射器各1个，标有长度刻度的测量杆，注水设备，止水设备等。

岩体声波测试与其他测试方法相比，具有独特的优点：它轻便简易，快速经济，测试精度易于控制和提高，且可做多种项目的测试等。

5.3.2.1 现场围岩松动圈声波测试法

现场声波测试仪器主要采用中国科学院武汉岩土力学研究所生产的RSM-SY5智能型分机体声波仪，配岳阳奥成科技生产的向上干孔一发双收换能器20.5KHZ径向换能器、水管、水泵、笔记本电脑、电线及特殊材料制成的连接杆。现场试验测量的是上向孔，采用水作耦合介质，因此测试时必须用水泵将水抽入上向孔。由于一发双收探头的下方有一可充气的气囊，在测试的过程中，用压气装置给该气囊冲上气，即可将水堵在孔中。在现场测试时做好准备工作，检查仪器、换能器是否能正常工作，将单孔换能器放入孔底，记下孔深，将气冲入气囊，固定好探头，输入仪器相关参数，激发发射探头，同时用水泵泵水进入测孔中；当孔中的水淹没两个接收探头时，即可进行数据采集，然后依次测下一点，每隔0.2m测读一次。图5-3所示为现场测试示意图，图5-4所示为声波测试各部件连接示意图，图5-5所示为声波测试仪器各部件名称，图5-6所示为声波测试原理框图，图5-7所示为现场部分测试图片。

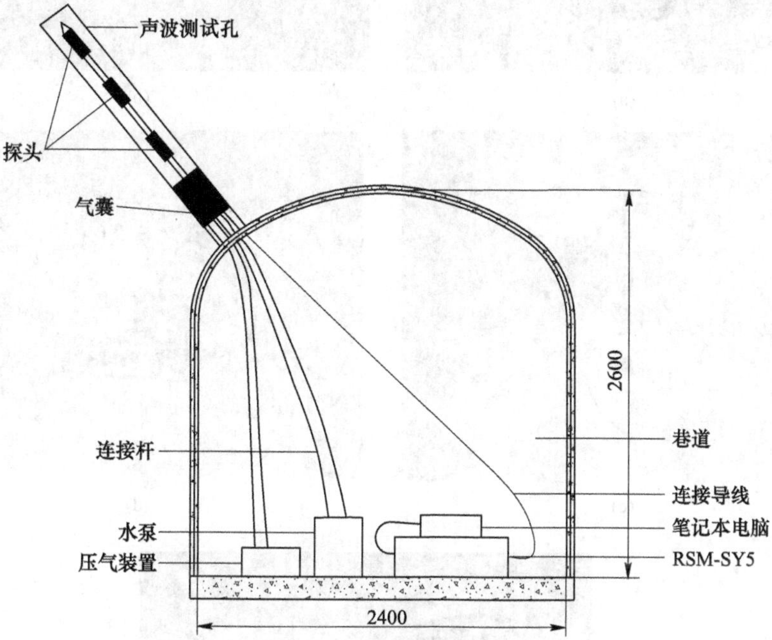

图5-3 现场测试示意图

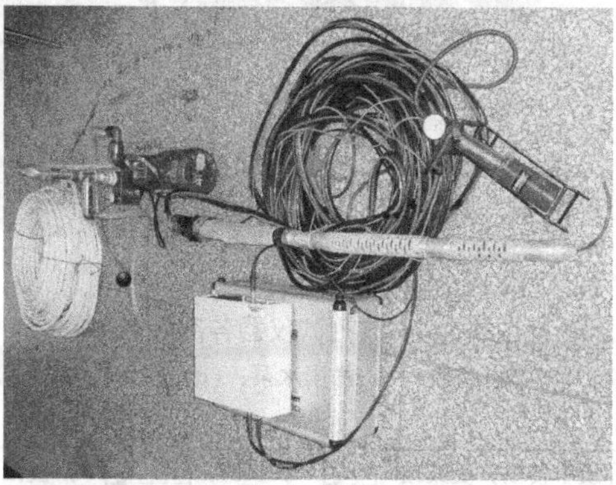

图5-4 声波测试仪器各部件连接示意图

(a)

(b)

(c)

(d)

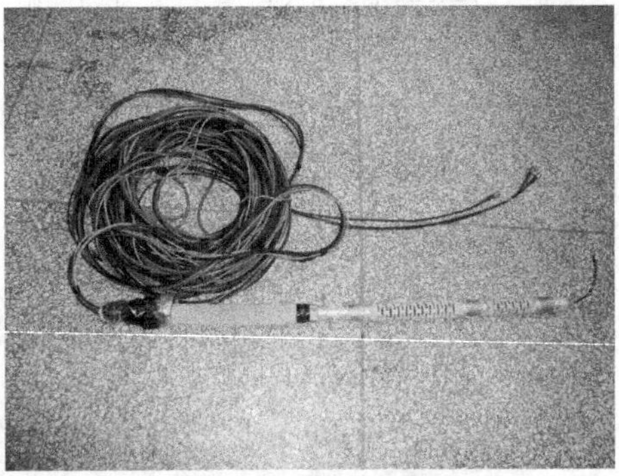

(e)

图 5-5　声波测试仪器各部件名称

（a）声波仪；（b）连接杆；（c）加压水泵；（d）压气装置；（e）测试探头

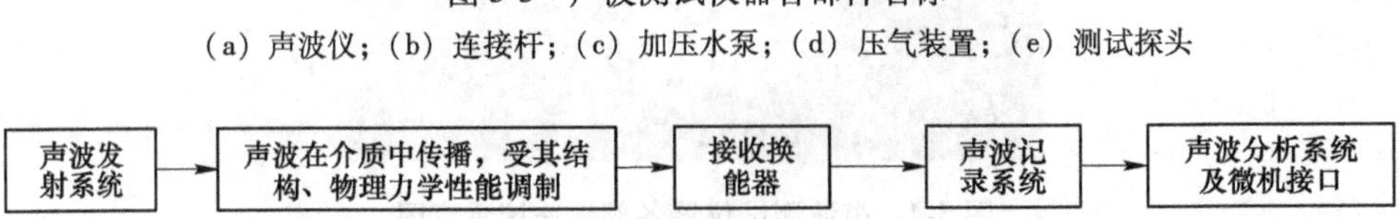

图 5-6　声波测试原理框图

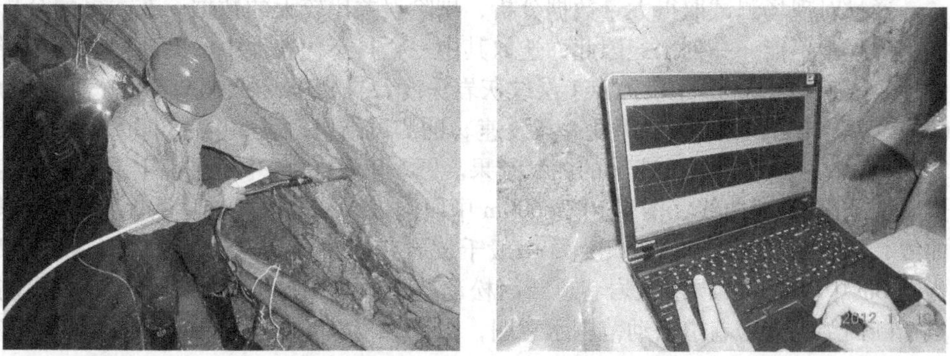

图 5-7　现场测试图片

5.3.2.2　现场测孔布置

由于现场断面条件的限制，声波孔孔深在 2.5m 以内，现场共钻 30 个孔，采用单孔法进行测试。为保证测试的密度和精度，检测时等深平等顺次推进，由孔口至孔底（或反之），每隔 0.2m 测读直达纵波的传递时间，用校核过的发射和接收点之间的距离算出波速，作出孔深—波速曲线；根据曲线的转折情况找出原岩体和松弛层的分界，划定松弛层的厚度。

为了检查原有支护是否合理和测试该巷道的松动圈范围，故从中选取两条受爆破影响小的软岩巷道。在该条巷道中，分别布置了测孔，每排测孔布置如图 5-8所示。

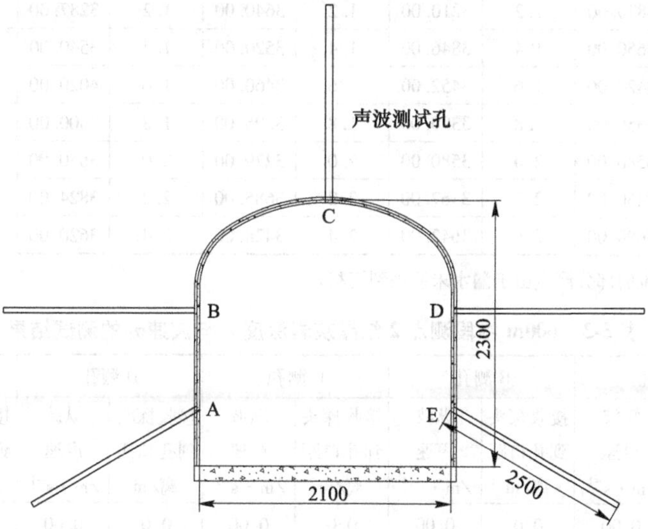

图 5-8　测孔布置

5.3.2.3 600m 中段松动圈测试结果分析

通过对现场测试取得大量数据分析，剔除误差比较大的数据。在本书的分析处理过程中不能一一列出。因此，选取其中一个具有代表性中段的断面数据分析处理，表 5-2 的 600m 中段测点 1 层纹灰岩深度 L 与波速 v_P 的测试结果，表 5-3 为 600m 中段测点 2 结晶灰岩深度 L 与波速 v_P 的测试结果，表 5-4 为 600m 中段测点 3 一般千枚岩深度 L 与波速 v_P 的测试结果。图 5-9 为 600m 中段测点 1 层纹灰岩巷道断面孔深-波速曲线，图 5-10 为 600m 中段测点 2 结晶灰岩巷道断面孔深-波速曲线，图 5-11 为 600m 中段测点 3 一般千枚岩巷道断面孔深-波速曲线。图 5-12 为 600m 中段测点 1 层纹灰岩巷道断面松动范围示意图，图 5-13 为 600m 中段测点 2 断面结晶灰岩巷道松动范围示意图，图 5-14 为 600m 中段测点 3 一般千枚岩巷道断面松动范围示意图。

表 5-2 600m 中段测点 1 层纹灰岩深度 L 与波速 v_P 的测试结果

序号	A 测孔		B 测孔		C 测孔		D 测孔		E 测孔	
	接收探头到孔口距离/m	纵波声速/m·s^{-1}	接收探头到孔口距离/m	纵波声速/m·s^{-1}	接收探头到孔口距离/m	纵波声速/m·s^{-1}	接收探头到孔口距离/m	纵波声速/m·s^{-1}	接收探头到孔口距离/m	纵波声速/m·s^{-1}
1	0.0	0.00	0.0	0.00	0.0	0.00	0.0	0.00	0.0	0.00
2	0.2	0.00	0.2	0.00	0.2	0.00	0.2	0.00	0.2	0.00
3	0.4	1201.00	0.4	985.00	0.4	1012.00	0.4	895.00	0.4	1200.00
4	0.6	1820.00	0.6	1350.00	0.6	1520.00	0.6	1408.00	0.6	1589.00
5	0.8	2500.00	0.8	1825.00	0.8	2675.00	0.8	2000.00	0.8	2035.00
6	1.0	3265.00	1.0	2749.00	1.0	3108.00	1.0	2850.00	1.0	2864.00
7	1.2	3870.00	1.2	3210.00	1.2	3640.00	1.2	3287.00	1.2	3890.00
8	1.4	3650.00	1.4	3846.00	1.4	3520.00	1.4	3540.00	1.4	3800.00
9	1.6	3420.00	1.6	3452.00	1.6	3460.00	1.6	4020.00	1.6	3582.00
10	1.8	3356.00	1.8	3390.00	1.8	3295.00	1.8	3800.00	1.8	3674.00
11	2.0	3580.00	2.0	3580.00	2.0	3279.00	2.0	3650.00	2.0	3369.00
12	2.2	3450.00	2.2	3367.00	2.2	3685.00	2.2	3824.00	2.2	3520.00
13	2.4	3600.00	2.4	3642.00	2.4	3428.00	2.4	3620.00	2.4	3690.00

注：孔口部位的部分测点由于漏水未能采到资料。

表 5-3 600m 中段测点 2 结晶灰岩深度 L 与波速 v_P 的测试结果

序号	A 测孔		B 测孔		C 测孔		D 测孔		E 测孔	
	接收探头到孔口距离/m	纵波声速/m·s^{-1}	接收探头到孔口距离/m	纵波声速/m·s^{-1}	接收探头到孔口距离/m	纵波声速/m·s^{-1}	接收探头到孔口距离/m	纵波声速/m·s^{-1}	接收探头到孔口距离/m	纵波声速/m·s^{-1}
1	0.0	0.00	0.0	0.00	0.0	0.00	0.0	0.00	0.0	0.00
2	0.2	0.00	0.2	0.00	0.2	0.00	0.2	0.00	0.2	0.00

续表 5-3

序号	A测孔		B测孔		C测孔		D测孔		E测孔	
	接收探头到孔口距离/m	纵波声速/m·s^{-1}	接收探头到孔口距离/m	纵波声速/m·s^{-1}	接收探头到孔口距离/m	纵波声速/m·s^{-1}	接收探头到孔口距离/m	纵波声速/m·s^{-1}	接收探头到孔口距离/m	纵波声速/m·s^{-1}
3	0.4	2865.00	0.4	2150.00	0.4	2890.00	0.4	1358.00	0.4	2350.00
4	0.6	3427.00	0.6	2905.00	0.6	3219.00	0.6	2000.00	0.6	2500.00
5	0.8	4054.00	0.8	3894.00	0.8	3905.00	0.8	2890.00	0.8	3868.00
6	1.0	4600.00	1.0	4578.00	1.0	4345.00	1.0	3678.00	1.0	4530.00
7	1.2	4326.00	1.2	4500.00	1.2	4785.00	1.2	4205.00	1.2	4420.00
8	1.4	4590.00	1.4	3980.00	1.4	4500.00	1.4	4600.00	1.4	4390.00
9	1.6	4480.00	1.6	4258.00	1.6	4620.00	1.6	4457.00	1.6	4321.00
10	1.8	4503.00	1.8	4472.00	1.8	4701.00	1.8	4328.00	1.8	4508.00
11	2.0	4310.00	2.0	4602.00	2.0	4420.00	2.0	4500.00	2.0	4000.00
12	2.2	4620.00	2.2	4310.00	2.2	4600.00	2.2	4653.00	2.2	3908.00
13	2.4	4317.00	2.4	4400.00	2.4	4528.00	2.4	4400.00	2.4	4210.00

注：孔口部位的部分测点由于漏水未能采到资料。

表 5-4 600m 中段测点 3 一般千枚岩深度 L 与波速 v_P 的测试结果

序号	A测孔		B测孔		C测孔		D测孔		E测孔	
	接收探头到孔口距离/m	纵波声速/m·s^{-1}	接收探头到孔口距离/m	纵波声速/m·s^{-1}	接收探头到孔口距离/m	纵波声速/m·s^{-1}	接收探头到孔口距离/m	纵波声速/m·s^{-1}	接收探头到孔口距离/m	纵波声速/m·s^{-1}
1	0.0	0.00	0.0	0.00	0.0	0.00	0.0	0.00	0.0	0.00
2	0.2	0.00	0.2	0.00	0.2	0.00	0.2	0.00	0.2	0.00
3	0.4	1358.00	0.4	1436.00	0.4	1328.00	0.4	1683.00	0.4	1560.00
4	0.6	1650.00	0.6	1765.00	0.6	1850.00	0.6	2100.00	0.6	1856.00
5	0.8	1784.00	0.8	2015.00	0.8	2190.00	0.8	2467.00	0.8	2019.00
6	1.0	1894.00	1.0	2474.00	1.0	2560.00	1.0	3001.00	1.0	2437.00
7	1.2	2010.00	1.2	2918.00	1.2	2784.00	1.2	3298.00	1.2	2830.00
8	1.4	2398.00	1.4	3223.00	1.4	3098.00	1.4	3896.00	1.4	3078.00
9	1.6	2850.00	1.6	3600.00	1.6	3215.00	1.6	3716.00	1.6	3125.00
10	1.8	2782.00	1.8	3476.00	1.8	3001.00	1.8	3298.00	1.8	3045.00
11	2.0	2650.00	2.0	3290.00	2.0	2890.00	2.0	3658.00	2.0	3100.00
12	2.2	2890.00	2.2	3561.00	2.2	2978.00	2.2	3874.00	2.2	3178.00
13	2.4	2920.00	2.4	3620.00	2.4	3100.00	2.4	3769.00	2.4	2986.00

注：孔口部位的部分测点由于漏水未能采到资料。

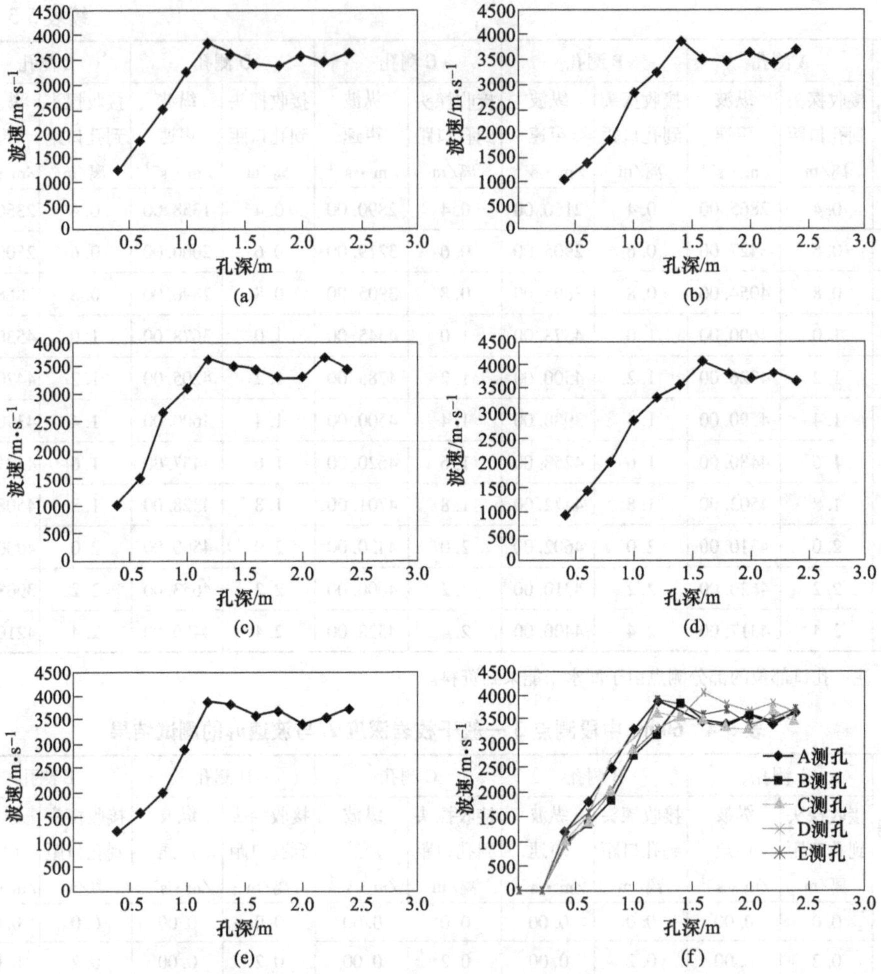

图 5-9 600m 中段测点 1 层纹灰岩断面孔深-波速曲线
(a) A测孔；(b) B测孔；(c) C测孔；(d) D测孔；(e) E测孔；(f) 综合

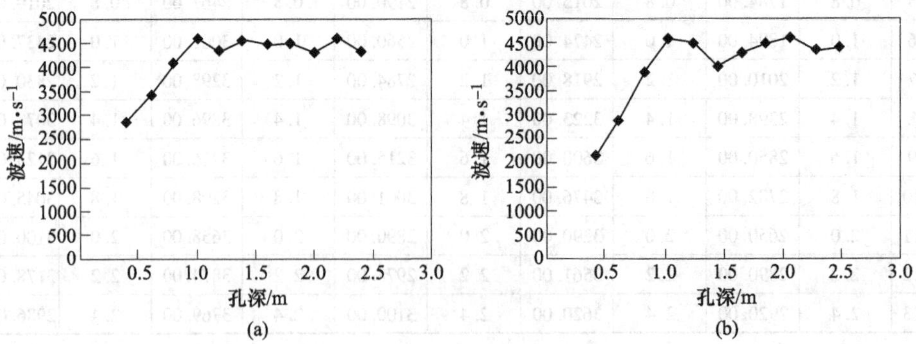

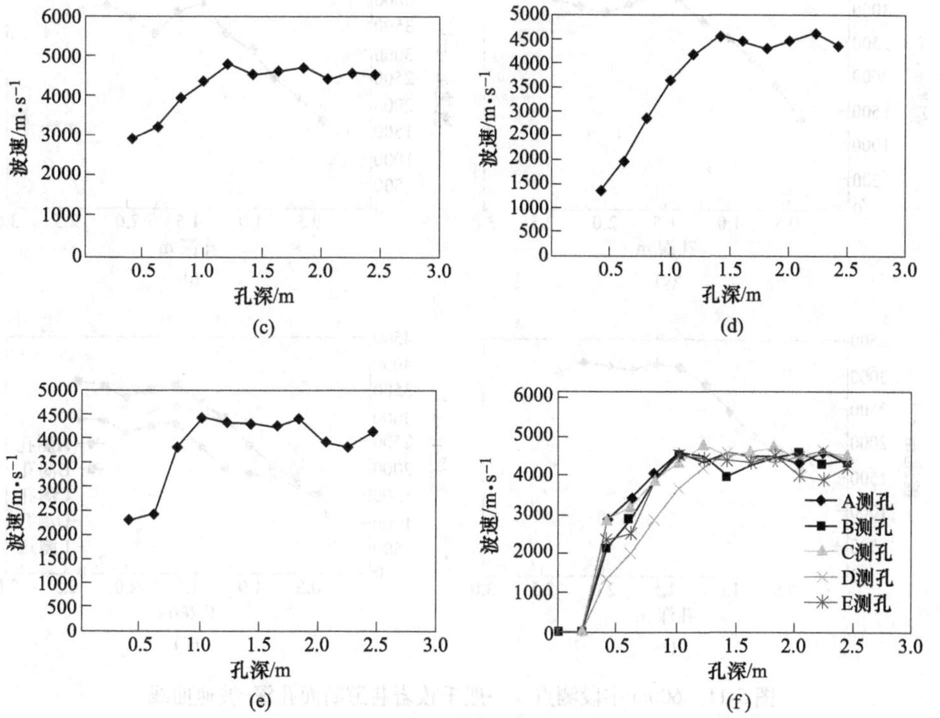

图 5-10 600m 中段测点 2 结晶灰岩断面孔深-波速曲线

(a) A 测孔；(b) B 测孔；(c) C 测孔；(d) D 测孔；(e) E 测孔；(f) 综合

通过各测孔的 v_P-L 曲线，确定每个测孔对应的松动带后，就可以绘制出巷道围岩松动圈的截面图，如图 5-11～图 5-14 所示。

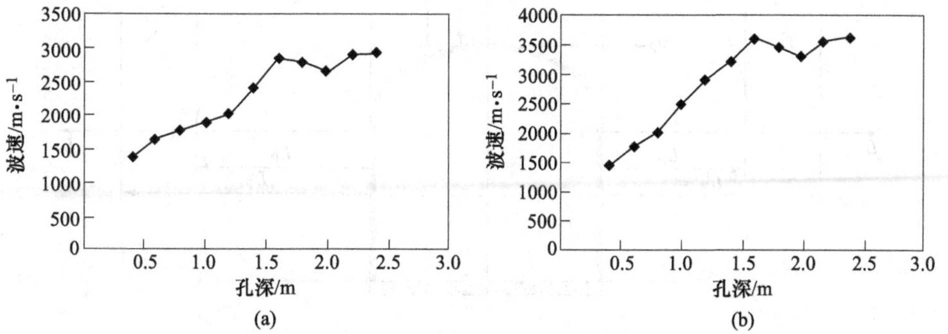

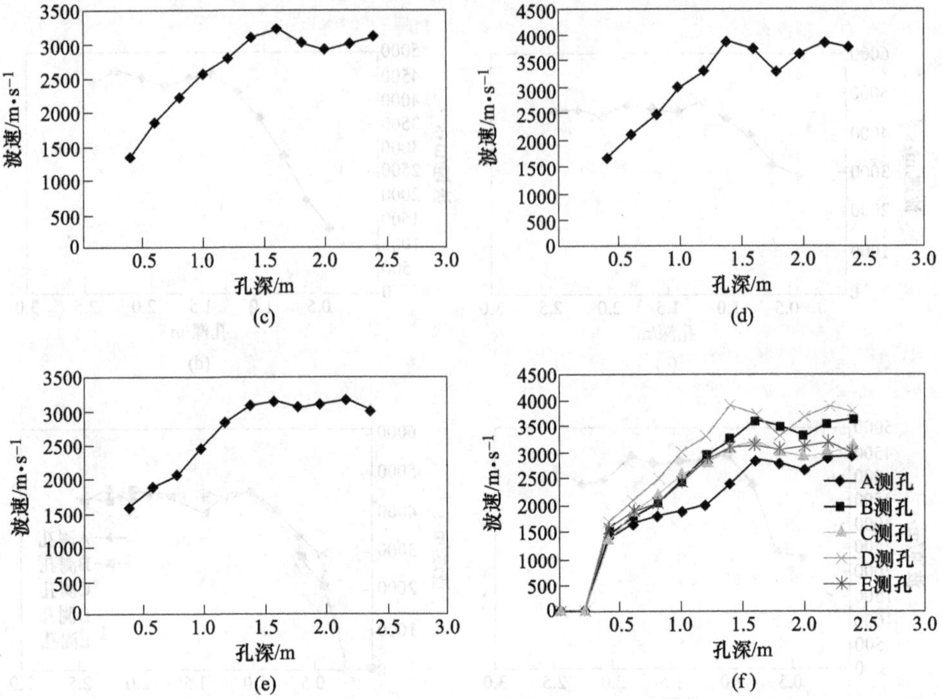

图 5-11　600m 中段测点 3 一般千枚岩巷道断面孔深-波速曲线

（a）A 测孔；（b）B 测孔；（c）C 测孔；（d）D 测孔；（e）E 测孔；（f）综合

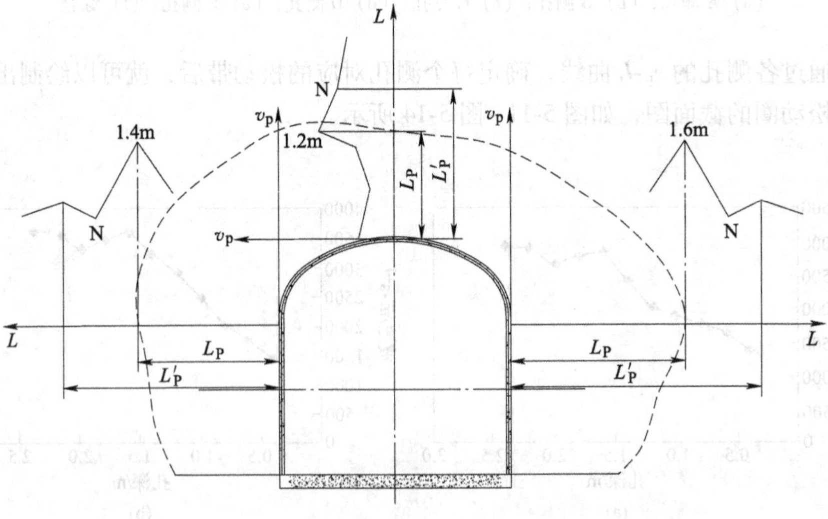

图 5-12　600m 中段测点 1 层纹灰岩断面巷道松动范围示意图

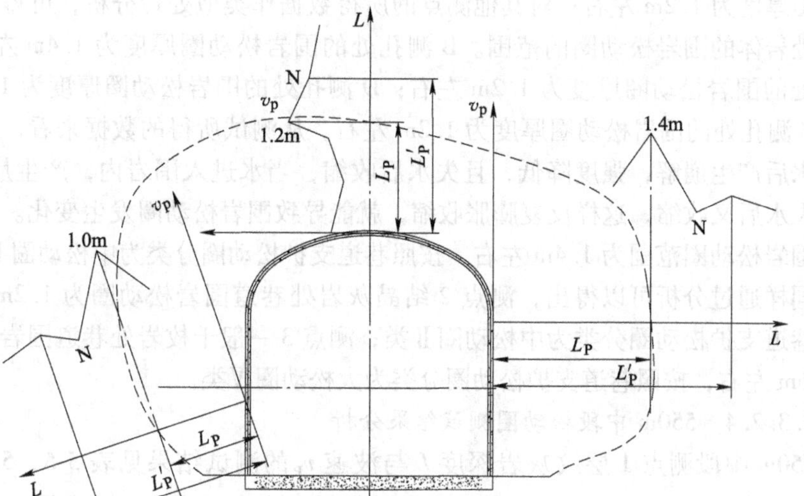

图 5-13 600m 中段测点 2 结晶灰岩断面巷道松动范围示意图

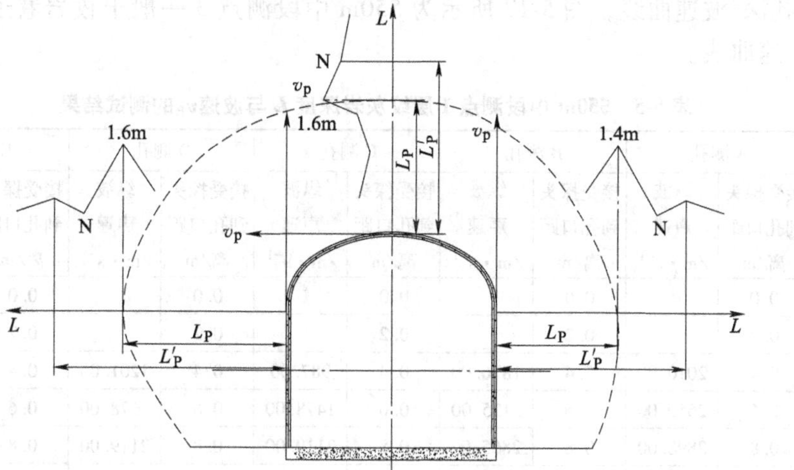

图 5-14 600m 中段测点 3 一般千枚岩断面巷道松动范围示意图

通过对松动圈声波测试结果深入分析，可以发现测试测得的岩体声波波束随孔深的变化基本呈现同一种趋势：孔口浅波速较低，随着测试孔深度的增加，波速呈现增加趋势，然后降低，在一定的深度，波速基本稳定。这表明围岩靠近孔口受到的开挖的影响较大，围岩破碎，而远离孔口的岩体受其影响较小，到了一定深度后，岩体几乎不受影响，声波变化渐趋稳定。

测点 1 层纹灰岩（图 5-9），波速是在 1.2m 后渐趋稳定，因此该点处的围岩松动圈厚度为1.2m左右；对其他测点的所得数据作类似处理分析，可得到这些测点处岩体的围岩松动圈的范围。B测孔处的围岩松动圈厚度为1.4m左右；C测孔处的围岩松动圈厚度为1.2m左右；D测孔处的围岩松动圈厚度为1.6m左右；E测孔处的围岩松动圈厚度为1.2m左右。从测试所得的数据来看，由于围岩吸水后产生崩解，强度降低，且失水后收缩，当水进入围岩内，产生崩解后，且当失水后又收缩，这样反复膨胀收缩，就能导致围岩松动圈发生变化。所以巷道的围岩松动圈范围为1.4m左右，按照巷道支护松动圈分类为中松动圈Ⅱ类。

同样通过分析可以得出，测点2结晶灰岩处巷道围岩松动圈为1.2m左右，按照巷道支护松动圈分类为中松动圈Ⅱ类；测点3一般千枚岩处巷道围岩松动圈为1.6m左右，按照巷道支护松动圈分类为大松动圈Ⅳ类。

5.3.2.4 550m中段松动圈测试结果分析

550m中段测点1层纹灰岩深度L与波速v_P的测试结果见表5-5，550m中段测点2结晶灰岩深度L与波速v_P的测试结果见表5-6，550m中段测点3一般千枚岩深度L与波速v_P的测试结果见表5-7。图5-15所示为550m中段测点1层纹灰岩断面孔深-波速曲线，图5-16所示为550m中段测点2结晶灰岩巷道断面孔深-波速曲线，图5-17所示为550m中段测点3一般千枚岩巷道断面孔深-波速曲线。

表5-5 550m中段测点1层纹灰岩深度L与波速v_P的测试结果

序号	A测孔		B测孔		C测孔		D测孔		E测孔	
	接受探头到孔口距离/m	纵波声速/$m \cdot s^{-1}$	接受探头到孔口距离/m	纵波声速/$m \cdot s^{-1}$	接受探头到孔口距离/m	纵波声速/$m \cdot s^{-1}$	接受探头到孔口距离/m	纵波声速/$m \cdot s^{-1}$	接受探头到孔口距离/m	纵波声速/$m \cdot s^{-1}$
1	0.0		0.0		0.0		0.0		0.0	
2	0.2		0.2		0.2		0.2		0.2	
3	0.4	2010.00	0.4	1876.00	0.4	987.00	0.4	1201.00	0.4	1655.00
4	0.6	2650.00	0.6	2135.00	0.6	1478.00	0.6	1678.00	0.6	1987.00
5	0.8	2898.00	0.8	2865.00	0.8	2119.00	0.8	2119.00	0.8	2437.00
6	1.0	3255.00	1.0	3654.00	1.0	2876.00	1.0	2876.00	1.0	3008.00
7	1.2	3976.00	1.2	4021.00	1.2	3987.00	1.2	3987.00	1.2	3456.00
8	1.4	4327.00	1.4	4671.00	1.4	3812.00	1.4	3812.00	1.4	3617.00
9	1.6	4015.00	1.6	4532.00	1.6	3765.00	1.6	3765.00	1.6	3608.00
10	1.8	4218.00	1.8	4530.00	1.8	3700.00	1.8	3700.00	1.8	3514.00
11	2.0	3900.00	2.0	4129.00	2.0	3876.00	2.0	3876.00	2.0	3389.00
12	2.2	4271.00	2.2	4218.00	2.2	3618.00	2.2	3618.00	2.2	3415.00
13	2.4	4235.00	2.4	4498.00	2.4	3815.00	2.4	3815.00	2.4	3576.00

注：孔口部位的部分测点由于漏水未能采到资料。

表 5-6 550m 中段测点 2 结晶灰岩深度 L 与波速v_P的测试结果

序号	A 测孔		B 测孔		C 测孔		D 测孔		E 测孔	
	接收探头到孔口距离/m	纵波声速/m·s^{-1}	接收探头到孔口距离/m	纵波声速/m·s^{-1}	接收探头到孔口距离/m	纵波声速/m·s^{-1}	接收探头到孔口距离/m	纵波声速/m·s^{-1}	接收探头到孔口距离/m	纵波声速/m·s^{-1}
1	0.0		0.0		0.0		0.0		0.0	
2	0.2		0.2		0.2		0.2		0.2	
3	0.4	2365.00	0.4	2867.00	0.4	1985.00	0.4	2001.00	0.4	1568.00
4	0.6	2517.00	0.6	3478.00	0.6	2654.00	0.6	2786.00	0.6	2154.00
5	0.8	3498.00	0.8	4573.00	0.8	3210.00	0.8	3123.00	0.8	2958.00
6	1.0	3908.00	1.0	5200.00	1.0	3891.00	1.0	3645.00	1.0	3542.00
7	1.2	4836.00	1.2	4987.00	1.2	4523.00	1.2	3978.00	1.2	4213.00
8	1.4	4809.00	1.4	5005.00	1.4	4501.00	1.4	4763.00	1.4	4120.00
9	1.6	4768.00	1.6	5123.00	1.6	4376.00	1.6	4690.00	1.6	4200.00
10	1.8	4653.00	1.8	4981.00	1.8	4418.00	1.8	4712.00	1.8	3978.00
11	2.0	4821.00	2.0	5121.00	2.0	4387.00	2.0	4585.00	2.0	4154.00
12	2.2	4709.00	2.2	4987.00	2.2	4500.00	2.2	4623.00	2.2	4325.00
13	2.4	4900.00	2.4	5107.00	2.4	4398.00	2.4	4712.00	2.4	4197.00

注：孔口部位的部分测点由于漏水未能采到资料。

表 5-7 550m 中段测点 3 一般千枚岩深度 L 与波速v_P的测试结果

序号	A 测孔		B 测孔		C 测孔		D 测孔		E 测孔	
	接收探头到孔口距离/m	纵波声速/m·s^{-1}	接收探头到孔口距离/m	纵波声速/m·s^{-1}	接收探头到孔口距离/m	纵波声速/m·s^{-1}	接收探头到孔口距离/m	纵波声速/m·s^{-1}	接收探头到孔口距离/m	纵波声速/m·s^{-1}
1	0.0		0.0		0.0		0.0		0.0	
2	0.2		0.2		0.2		0.2		0.2	
3	0.4	1649.00	0.4	1355.00	0.4	985.00	0.4	1158.00	0.4	1287.00
4	0.6	1985.00	0.6	1682.00	0.6	1435.00	0.6	1369.00	0.6	1658.00
5	0.8	2001.00	0.8	2109.00	0.8	1958.00	0.8	2018.00	0.8	1905.00
6	1.0	2217.00	1.0	2876.00	1.0	2465.00	1.0	2451.00	1.0	2435.00
7	1.2	2456.00	1.2	3456.00	1.2	2867.00	1.2	2897.00	1.2	2890.00
8	1.4	2897.00	1.4	3402.00	1.4	3125.00	1.4	3216.00	1.4	3005.00
9	1.6	3001.00	1.6	3789.00	1.6	3567.00	1.6	3678.00	1.6	3413.00
10	1.8	3356.00	1.8	3587.00	1.8	3628.00	1.8	3592.00	1.8	3687.00
11	2.0	3876.00	2.0	3612.00	2.0	3546.00	2.0	3602.00	2.0	3718.00
12	2.2	3680.00	2.2	3600.00	2.2	3601.00	2.2	3587.00	2.2	3547.00
13	2.4	3802.00	2.4	3715.00	2.4	3618.00	2.4	3602.00	2.4	3635.00

注：孔口部位的部分测点由于漏水未能采到资料。

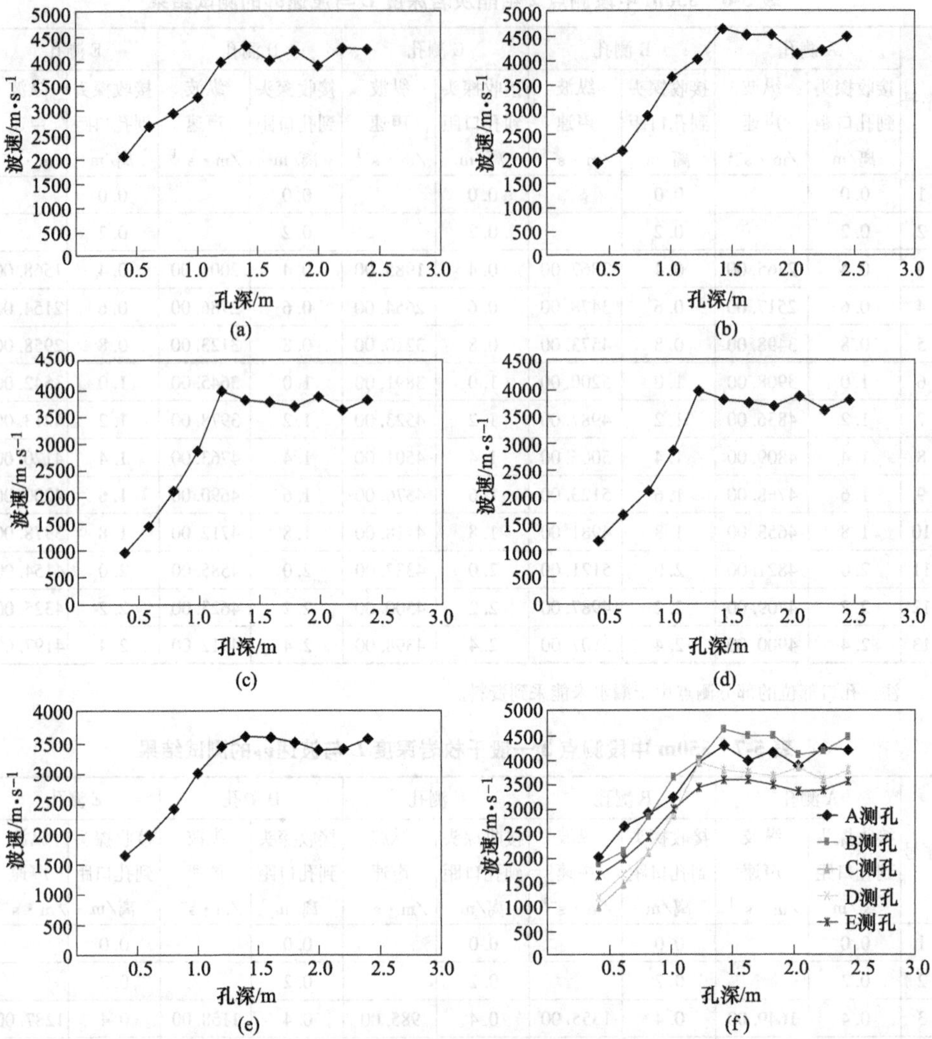

图 5-15 550m 中段测点 1 层纹灰岩断面孔深-波速曲线

(a) A 测孔；(b) B 测孔；(c) C 测孔；(d) D 测孔；(e) E 测孔；(f) 综合

通过对松动圈声波测试结果深入分析，同样可以发现测得的岩体声波波速随孔深的变化基本呈现同一种趋势：孔口浅波速较低，随着测试孔深度的增加，波速呈现增加趋势，然后降低，在一定的孔口深度波速基本稳定。这表明围岩靠近孔口受到的开挖影响较大，围岩破碎；而远离孔口的岩体受其影响较小，到了一定深度后，岩体几乎不受影响，声波变化渐趋稳定。

分析可知：550m 中段测点 1 层纹灰岩的松动圈厚度为 1.3m 左右，按照巷道支护松动圈分类为中松动圈Ⅱ类；测点 2 结晶灰岩的松动圈厚度为 1.3m 左右，

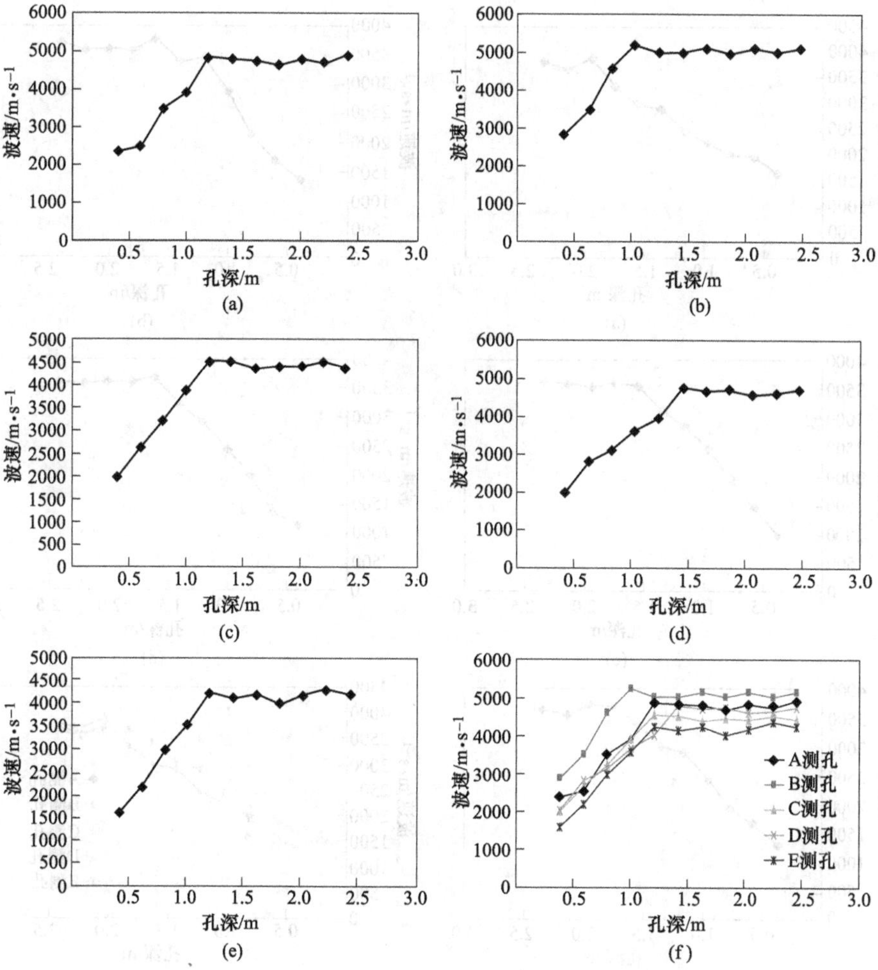

图 5-16 550m 中段测点 2 结晶灰岩断面孔深-波速曲线
(a) A 测孔；(b) B 测孔；(c) C 测孔；(d) D 测孔；(e) E 测孔；(f) 综合

按照巷道支护松动圈分类为中松动圈Ⅲ类；测点 3 一般千枚岩的松动圈厚度为 2.0m 左右，按照巷道支护松动圈分类为大松动圈Ⅳ类。

通过声波测试分析得知，该矿区层纹灰岩、结晶灰岩等灰岩岩组为中松动圈，支护方法采用悬吊理论进行局部支护即可；一般千枚岩岩组、炭质千枚岩、泥质千枚岩岩组为大松动圈，必须采用锚杆组合拱理论喷层、金属网支护，局部破坏严重地段必须用联合支护形式。

通过对围岩松动圈的研究和工业性试验，认为支护的主要荷载是围岩松动圈在形成过程中的碎胀力。当松动圈厚度为 0 时，可以不支护；当松动圈厚度大于 1.5m 时，则刚性石材砌碹支护已无可能。

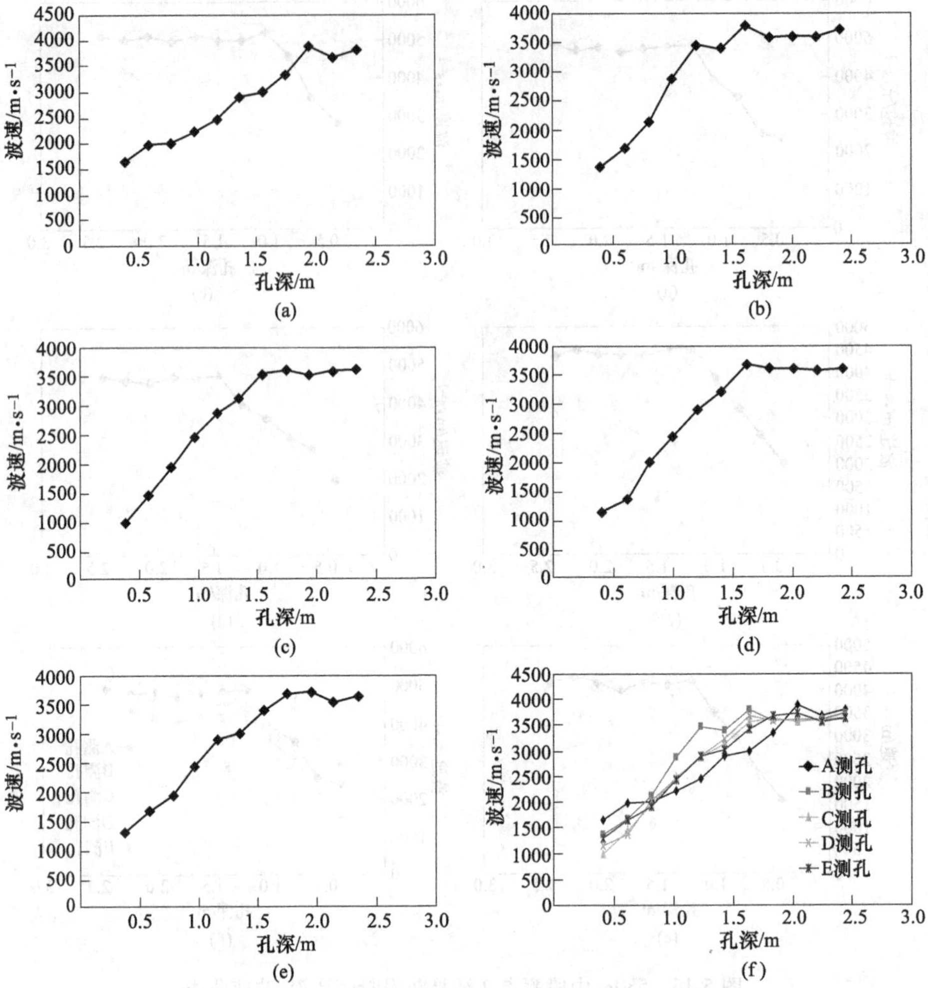

图 5-17 550m 中段测点 3 一般千枚岩断面孔深-波速曲线

(a) A 测孔；(b) B 测孔；(c) C 测孔；(d) D 测孔；(e) E 测孔；(f) 综合

巷道开挖后，巷道会发生收敛变形，其原因可用下式表示：

$$\sum u = u_e + u_p + u_w + u_q + u_b$$

式中 u_e，u_p——围岩的弹、塑性变形；

u_w——围岩遇水膨胀变形；

u_q——松动圈岩石的重力变形；

u_b——围岩松动圈在形成过程中的碎胀变形。

其中 u_e、u_p值很小，不足以使围岩的变形充填支护与围岩的架设空间；u_w不总是存在，而且可采取有效的措施对其抑制，因此可暂不考虑；u_q在围岩失稳前，一般可以自稳，其绝对值也不足以破坏常用的石材砌碹支护，因此它不是破坏支护的主要原因；u_b在目前虽研究不够，但是它的值远远超过以上各种变形力，初步研究表明围岩松动圈内岩石的体积碎胀可以达到15%以上，当松动圈厚度达到1.5m时，巷道径向变形将超过200mm，足以使一般刚性支护产生破坏性变形。

5.3.3 大松动圈支护设计理论

松动圈支护理论由三部分组成：（1）围岩破裂变形过程中所产生的碎胀力（变形）是巷道支护的主要对象；（2）巷道支护围岩松动圈分类；（3）锚喷支护机理及其参数设计方法。

该理论认为：巷道破坏的根本原因是围岩应力超过围岩强度时出现破裂区（围岩松动圈），松动圈越大支护越难。

5.3.3.1 大松动圈锚喷网架支护作用机理

根据围岩松动圈的分类可知，若L_p>150cm时为大松动圈。大松动圈巷道中，围岩往往表现出明显的软岩工程特征，具有收敛变形快、持续时间长、松动圈碎胀变形量大等特点。这时，若采用悬吊理论的设计参数，会造成因锚杆太长太粗，失去矿山的普遍利用价值。

锚杆的安装时间最好在巷道开挖后即松动圈形成之前，因为在松动圈形成过程中的碎胀变形发展到锚杆的端头时，锚杆的拉应力达到了最大值，同时松动圈内的围岩同样承受了最大的压应力，这样有利于巷道的稳定。

锚杆对围岩的挤压使其两端周围形成一个圆锥形的受压区，如果锚杆群在围岩中布置合理，每根锚杆形成的受压区就会结合到一块，形成一个一定厚度的压缩带，即组合拱作用。在矩形巷道中，围岩的破裂带在锚杆群的作用下形成矩形压缩带；在拱形巷道，则形成拱形压缩带结构。组合拱结构如图5-18所示。

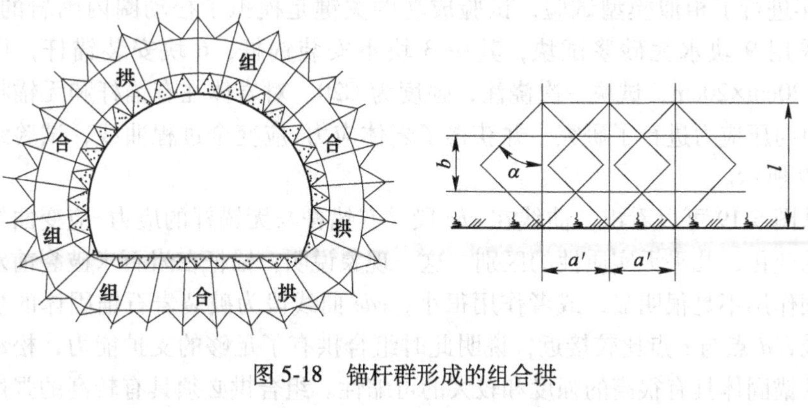

图5-18 锚杆群形成的组合拱

国外许多专家学者通过大量的模拟实验来确定组合拱是否存在，并对组合拱进行了概念性的描述和推理，都没能给出具体的参数。真三轴试验机研制成功后，通过进行相似模拟实验，第一次将组合拱的形成拍摄了照片。

通过图 5-18 的相似模拟实验，发现围岩的松动圈已经发展到了模型的边沿，巷道围岩在锚杆的作用下形成了组合拱，维护了巷道的稳定。

5.3.3.2 组合拱的厚度设计

组合拱厚度的计算公式如下：

$$b = \frac{L\tan\alpha - a}{\tan\alpha} \tag{5-6}$$

式中 a——锚杆的间排距；

b——组合拱的厚度；

α——锚杆对破裂岩体压应力的作用角，取经验值 45°；

L——锚杆长度。

因此，也可以用下式计算组合拱的厚度：

$$b = L - a \tag{5-7}$$

从组合拱的计算公式可以看出，减小锚杆的间排距和增加锚杆的长度都可以增大组合拱的厚度。组合拱的厚度与锚杆的支护参数有密切的关系，支护参数不合理，无论锚杆的长度如何，锚固力多大，组合拱的厚度和抵抗力都可能趋于零。这时，锚杆最多只能控制所在位置的危石，起到局部支护的作用。

从相似模拟实验得到的组合拱可以看出，组合拱在稳定条件下，其厚度为锚杆的长度。

5.3.3.3 组合拱的支护能力及破裂岩体的锚固力

组合拱的支护能力是保证巷道支护成功的关键，而围岩松动圈内破裂岩体锚固力的性质和强度与巷道的形状又决定了组合拱的支护能力。中国矿业大学于 1980 年进行了相似模型试验，试验成功的关键是模拟了松动圈内围岩的状态。试验采用 9 块水泥砂浆试块，其中 3 块不安装锚杆，6 块安装锚杆，尺寸为 20cm×20cm×20cm，试块一次浇注，强度为 C20。对岩体在有锚杆和无锚杆情况下受单向压应力进行了研究，并获得了岩体应力-应变全过程曲线，试验结果如图 5-19 所示。

从图 5-19 可以看出，曲线在 abc 段，有锚杆与无锚杆的应力-应变曲线有很细微的变化，几乎无实质性的区别，这一现象说明：锚杆在岩石未破裂前对岩石的加固作用不是很明显，或者作用很小；cde 曲线段为破裂岩石锚固体的强度变化曲线，d 点与 e 点比较接近，说明此时组合拱有了足够的支护能力，松动圈围岩内的锚固体具有很高的强度和较大的可缩性。组合拱必须具有较高的强度和可缩性，这样才能保证大松动圈软岩巷道支护取得成功。值得注意的是：传统料石

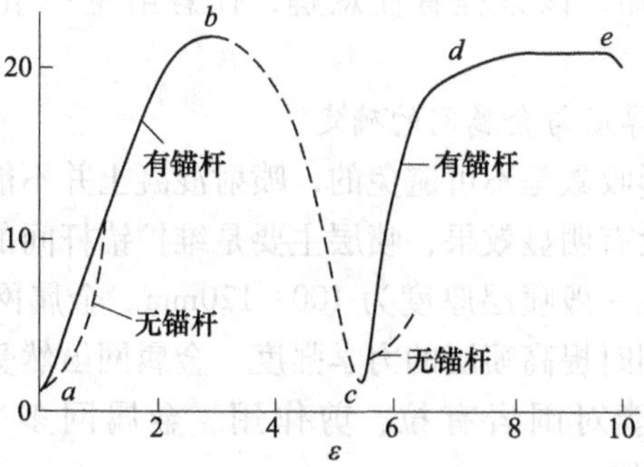

图 5-19 松动圈内围岩锚固体应力-应变曲线

砌碹支护与组合拱的区别在于：料石形成的拱由人工砌成，虽然强度很高，但是不具有可缩性，为刚性支护结构；而锚杆群形成的组合拱是在锚杆的作用力作用下自然形成的，属于柔性支护，不但强度高、密实，而且可缩性好，对大松动圈软岩特性有很好的适应性。

从组合拱的相似模拟实验并结合组合拱的基本参数可以看出：当锚杆的有效长度取 1.5m，间排距为 0.5m 时，组合拱的厚度为 1.0m，组合拱的单元强度可达 C10~C20；从实验结果可知：组合拱有足够的可缩性，对软岩巷道锚喷支护机理要用组合拱来解释，其中松动圈值 $L=150\sim200$cm 为Ⅳ类软岩；$L=200\sim300$cm 为Ⅴ类较软围岩；$L>300$cm 为Ⅵ类极软围岩。

锚杆在锚喷网支护体中起主体作用，锚杆插入围岩一定深度后，在锚固力的作用下与围岩相互挤压形成组合拱支护结构体；组合拱的抗弯刚度和强度大为提高，再加上其较好的可缩性，从而增强了围岩的承载能力，对巷道全方位实行支护。

喷射混凝土层有效地隔绝了围岩与水、空气的接触，防止了围岩的风化、破坏和剥落，同时混凝土充填了围岩的裂隙，使裂隙深处的充填物不致因风化降低围岩的强度。混凝土层与围岩形成一个共同工作的力学统一体，也对锚杆间围岩起到了一定的支护作用。

喷层加金属网增加了混凝土弹性，防止开裂，提高了喷层的抗弯、抗剪能力，使混凝土层与围岩更好地形成一个整体，混凝土与锚杆钢架等连接牢固可靠。

5.3.3.4 锚喷网支护参数的确定

大松动圈围岩，采用刚性支护很难对其进行有效支护，锚喷网支护能重新将破裂的围岩组成一个整体，支护参数可用组合拱理论计算。理论和实践证明，锚杆与围岩的角度控制在 45°左右，可以有效地维护破裂岩体，则有：

$$L = D + b_r \tag{5-8}$$

从式（5-8）可知，该方程有任意解，任意给定一组 L 和 D，即可得到一组 b_r。

5.3.3.5 喷层厚度与金属网的确定

软岩巷道的变形收敛是不可避免的，喷射混凝土并不能阻止这一变形，即使增加喷层的厚度也没有明显效果，喷层主要是维护锚杆间的稳定，因此为了封闭围岩和满足支护工艺一般喷层厚度为 100~120mm。金属网可以有效地防护围岩表层岩石的脱落，同时提高喷层的力学强度。金属网虽然受到巷道收敛变形的影响，但是在局部可能对围岩有拉、剪作用。金属网多采用 ϕ6~8mm、网孔 100mm×100mm 的规格。

5.3.3.6 锚杆支护“组合拱”适用条件

大量的科学研究和工程实践证明，锚杆支护形成的“组合拱”适用于围岩松动圈为 1.5~2.0m 的拱形巷道。在节理裂隙发育、围岩破裂面多的巷道，单靠锚杆支护形成的组合拱很难维护围岩的稳定性，从巷道稳定性和安全的角度考虑，应该采取锚索或者钢拱架等联合支护形式。

5.3.4 大松动圈锚注支护机理及参数确定

5.3.4.1 大松动圈锚注支护机理分析

巷道埋深较大时，在采动和高地应力作用下极有可能出现大松动圈，大松动圈巷道仅仅依靠锚杆控制围岩变形是不可能的，由于锚杆锚固力小无法有效地提高围岩的强度，巷道最终会破坏。在这种情况下，可以通过注浆，提高围岩强度。

注浆加固围岩松动圈机理主要有两点：一是通过锚杆（或注浆管）注浆，浆液通过锚杆（或注浆管）在围岩中扩散，使普通的锚杆（或注浆管）变成了全长锚固锚杆，提高了锚杆的锚固力，增加了组合拱的强度，改善了支护结构的力学性能，提高了围岩的承载力。二是通过注浆，大松动圈内的裂隙被浆液充填，将破裂岩体固结在一起形成一个整体，提高了松动圈内围岩的强度，使松动圈原来的单向或两向受力状态转化为三向受力状态，从而改善了岩体的力学性能，提高了破裂岩体的残余强度。大松动圈锚注机理要点总结如下：

A 注浆隔绝潮湿空气，封闭水源

由于软岩的特性，巷道含水量增加，围岩的膨胀软化变形会更加严重，加剧围岩的破坏。根据大量的理论研究和工程实践可知：通过围岩注浆，可以有效地封堵岩体间的渗水通道，减少围岩因水的作用而降低其强度。

B 注浆提高破碎岩石的强度和变形模量

通过注浆，浆液在岩石裂隙中扩散，改善了岩石的变形模量和不连续面强度等力学性能。水泥浆液固结体的强度有时比围岩的强度小，但是浆液通过其自身较大的黏结力把破碎的岩体固结为一整体，显著地提高了碎胀岩体的刚度和强度，大大增强了围岩的承载能力。倘若使用较大塑性变形的注浆材料，在强大外部压力的作用下注浆形成的固结体只产生变形，此时，围岩的破坏由原有的不连续面转为强度较高的围岩控制。

C 注浆充填，致密岩体裂隙

岩体注浆后，水泥浆液在注浆泵压力的作用下将围岩内原有的小裂隙充填压密，围岩裂隙端部的应力集中将大大地被削弱或消失，从而转变了巷道围岩的破坏机理。当围岩中的裂隙较大时，裂隙周围的岩体处于两向应力状态，注浆使裂隙充填压密后，岩体的两向应力状态转化为三向应力状态，进而增大了围岩的强度，降低了围岩的脆性，增强了围岩的塑性。

5.3.4.2 注浆加固作用原理分析

巷道围岩的各种支护形式往往和注浆加固结合起来，围岩注浆不仅能大大地减少破碎围岩的变形，而且还能改善围岩间的强度性质和应力分布，降低支护结构承受的压力。注浆加固作用可以用莫尔强度理论分析。

岩体强度在一般情况下可以采用莫尔强度的直线包络线表示：

$$\tau = C + \sigma\tan\varphi \tag{5-9}$$

式中 τ——岩体抗压强度，MPa；

σ——正应力，MPa；

C——岩体的内聚力，MPa；

φ——内摩擦角，(°)。

由上式可以看出，岩体抗压强度 τ 由内聚力 C 和内摩擦角 φ 决定。巷道开挖导致原岩应力重新分布，集中表现为围岩切向应力增加，径向应力消失。若巷道周边切向应力大于岩体极限强度时，围岩体即产生裂隙，发生破坏；岩体内原有的内聚力 C 和内摩擦角 φ 值下降，此时，巷道周围会形成破碎带。在此破碎带内存在残余的塑性岩体，注浆就是为了提高该区域内的岩体强度，有利于围岩的稳定，达到莫尔圆远离强度包络线的效果。图 5-20 所示为注浆前后岩体强度变化的岩体屈服包络线。

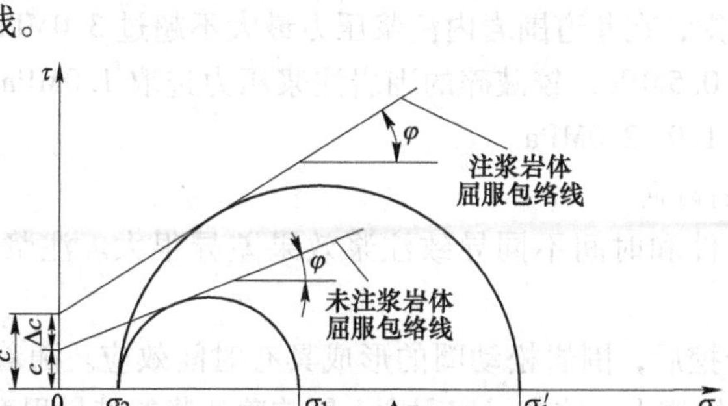

图 5-20 注浆前后岩体强度变化的莫尔强度准则

苏联 B. C. 沙新用式（5-10）近似表明，硐室岩体由围岩表层向内部深入时，岩体内聚力 $C(r)$ 将随着深度的增加而增大。

$$C(r) = C_{\infty} - C_r \left(\frac{1}{r}\right)^n \tag{5-10}$$

式中 C_r——岩体的裂隙性系数（$C_r>0$，$n=1, 2, \cdots, 6$）；

C_{∞}——原岩岩体内的内聚力；

r——无量纲极坐标，$r=\dfrac{R}{R_0}$；

R——与巷道周边某点处的距离；

R_0——巷道净半径。

注浆后，岩体内裂隙胶结在一起，内聚力可以近似地用式（5-10）表示，其他的裂隙参数也发生了变化。B. C. 沙新的研究表明，注浆前 $n=2$，注浆后 $n=6$，假设 $r=R/R_0=2$，则 $(1/r)^n$ 值在注浆前后分别为 0.25 和 0.15625。以上分析可知，通过注浆可以明显地提高围岩的强度。

苏联 M. 卡姆别霍尔及别廖也夫等人通过取样测定研究也表明，围岩注浆后，岩体内聚力 C 值比原来未注浆增加 40%~70%。

5.3.4.3 大松动圈注浆加固参数确定

矿井巷道围岩的应力分布及地质条件复杂多变，注浆加固又属于隐蔽性工程，通过理论计算注浆加固参数就有一定的困难。实际的注浆加固理论与工程实践有一定的差距，都是在一定的假设条件下建立的，参数也是参考理论计算，运用工程类比法结合现场实际情况加以调整确定的。下面对注浆加固参数进行分析。

A 注浆压力

注浆压力大小的确定与注浆渗透范围、浆液的流动性、渗透条件等因素密切相关。通常情况下，注浆压力越大，浆液的渗透范围越大，但是注浆压力太大会破坏围岩结构，特别是在岩体强度较低的围岩内，注浆压力较大会将岩体劈开缝隙。根据经验可知，在巷道围岩内注浆压力最大不超过 3.0MPa，破碎严重的围岩注浆压力选用 0.5MPa，较破碎的围岩注浆压力选取 1.0MPa 左右，岩体内裂隙不发育时选取 1.0~2.0MPa。

B 注浆加固时间

注浆加固条件和时间不同导致注浆效果差异很大。注浆滞后时间有以下特点：

（1）巷道开挖后，围岩松动圈的形成具有时间效应。随着时间的推移，围岩的裂隙及渗透性增大，这在一定程度上影响着注浆的难易程度。从松动圈的形成过程出发，适当的滞后注浆时间有利于浆液在岩体中的流动和扩散。

(2) 围岩的稳定性主要取决于地应力的大小、围岩强度和采取的支护措施等。注浆在一定意义上是辅助于支护体的，这就要求注浆必须选择适当的时间；若注浆时间过迟，则失去了注浆的作用，导致支护结构失效，围岩破坏加剧。

(3) 围岩强度受节理裂隙的影响较大，注浆时间太早，在不考虑围岩自身强度的情况下，浆液将对围岩的裂隙产生较大影响，进而对围岩产生较大变形破坏。所以，注浆时间太早必然要求浆液自身强度和变形能均较大。

C 注浆量

注浆量虽然可以根据围岩松动圈的范围确定，但是实际受注浆操作过程和围岩情况的影响较大，比如注浆压力、注浆时间、围岩破碎程度等。为了保证裂隙的充填密实，应从围岩裂隙被充填密实的角度考虑，原则上注到围岩不吃浆为止。

D 浆液扩散半径

浆液在岩体中的扩散是一个复杂的过程，其大小与岩体的破碎程度、注浆压力、围岩力学性质、裂隙密度、裂隙充填物、浆液的流动力学参数等密切相关。就目前理论计算而言，计算确定的浆液扩散半径往往与实际的结果出入很大。所以浆液扩散半径主要由工程经验确定，然后根据现场的实际施工情况，进行实时的监测再作相应的调整。

E 注浆孔间排距及深度设计

根据围岩松动圈原理，注浆范围一般为围岩松动圈的破碎带，其深度与松动圈的大小差不多。注浆孔太深，由于深部围岩完整，裂隙不发育，浆液难以渗透；注浆孔过浅，围岩浅部裂隙发育，浆液大量向外流失。一般可采用地质雷达或者声波测量围岩松动圈的厚度，然后确定注浆孔的深度。

注浆孔间排距的布置应该考虑浆液的扩散范围，使相邻两孔固结浆液的径向分布在一定程度上互相贯通，也就是浆液在岩体内渗透要有一定的交叉范围。根据工程实践，注浆孔间排距的选择应该大于浆液扩散半径的2倍。

5.3.4.4 支护参数的计算

A 锚杆类型选择

矿井沿用管缝式锚杆，该锚杆是全长锚固，初锚力和永久锚固力均较大，适用于松软破碎岩层。初锚力，岩石中为3.5t/根，永久锚固力均达到5~8t/根。

B 支护参数及组合拱厚度的确定

大量实践表明，V类围岩组合拱的厚度一般不小于1.2m，锚杆间排距为0.6m，这样锚杆的有效长度L为：

$$L = \frac{b\tan\alpha + a}{\tan\alpha} = \frac{1.2\tan 45^\circ + 0.6}{\tan 45^\circ} = 1.8\text{m} \tag{5-11}$$

式中 b——组合拱厚度，取1.2m；

α——锚杆作用在松散岩体中的控制角，取45°；

a——锚杆设计间排距，取0.6m。

C 混凝土喷层厚度与金属网尺寸确定

喷射混凝土与金属网在锚喷网支护中只起到局部支护的作用。喷射混凝土的主要作用是封闭新开挖的巷道围岩，避免围岩表层长期暴露在潮湿的空气中；其次，混凝土与围岩紧密黏结在一起，加固了围岩，使围岩充分发挥自承能力并保护锚杆形成的组合拱，使其更加稳定。巷道开巷或返修扩帮后应立即喷射30mm混凝土，然后在初喷层挂网、打锚杆，安设锚杆结束后，再喷约50mm厚的混凝土；待确定复喷时间后再复喷混凝土30mm，从而达到混凝土的永久支护厚度100mm。

软岩巷道围岩变形破坏大，喷射的素混凝土由于刚性大难以适应，通常会从围岩上脱落下来。故铺设金属网以提高混凝土的整体性，使混凝土内部应力均匀分布，从而增强喷层的抗拉、抗剪切强度防止喷层开裂。金属网网孔采用尺寸为100mm×100mm的网片，网片与网片之间要搭接100~150mm，喷射混凝土时避免金属网背后出现空洞。

D 支护能力估算

锚杆组合拱的形成可使岩体恢复到接近原岩的强度且具有可缩性，故可用拉麦公式计算它的支护强度，其单位面积的承载强度p为：

$$p = \frac{\sigma}{2}\left[1 - \frac{R^2}{(b + R)^2}\right] \tag{5-12}$$

式中 σ——破裂锚固体强度，按其最软围岩验算，σ=10MPa；

R——巷道半径，取1.2m；

b——组合拱厚度，取1.2m。

$$p = \frac{\sigma}{2}\left[1 - \frac{R^2}{(b + R)^2}\right]$$

$$= \frac{10}{2} \times \left[1 - \frac{1.2^2}{(0.6 + 1.2)^2}\right] = 2.8\text{MPa} \tag{5-13}$$

计算巷道轴向长T=0.8m（相邻钢拱架的距离），组合拱承载p为：

$$p = 2\pi RpT = 2 \times 3.14 \times 1.2 \times 0.8 \times 2.8 = 16.88 \times 10^6\text{N}$$

与16号槽钢支护相比，其相对安全系数n为：

$$n = p/p_0 = 16.88 \times 10^6/7.36 \times 10^6 = 2.29$$

式中 p_0——16号槽钢封闭式支护巷道轴线0.8m范围内承载能力。

经验算组合拱支护能力大大超过16号槽钢支架的支护能力，所以结合实际16号槽钢施工情况，能够满足要求。

5.4 本章小结

本章首先分析了软破岩体巷道的主要特征及影响因素，在此基础上揭示了矿区软破岩体巷道失稳的机理。其次，开展了软破岩体巷道松动圈支护理论研究，并在现场开展松动圈测试，基于在矿区600m中段和550m中段不同岩性大量松动圈测试结果，研究了锚注支护机理及相关支护参数。

6 松软破碎巷道围岩支护方案及控制技术数值模拟

扫一扫看更清楚

通过对现场巷道围岩质量调查，在室内试验和现有支护形式调研的基础上，结合目前国内外巷道支护理论和方法，提出符合矿山实际的支护方法和措施。在大量的试验和理论分析的基础上，针对矿区巷道围岩，提出如下主要控制对策措施。

(1) 通过对不同断面巷道的受力分析，认为采用三心拱断面巷道的受力效果较好，在巷道掘进过程中采用三心拱断面。

(2) 良好的开挖轮廓面和较小的开挖松动范围，可以大大提高巷道的稳定性和自稳能力。采用光面爆破控制巷道开挖的轮廓面，防止超挖和减少爆破对围岩的损伤，在巷道掘进中进行光面爆破试验。

(3) 在微风化的砂岩、层纹灰岩中采用喷浆、喷锚或喷锚网支护。

(4) 针对千枚岩易风化的特点，巷道开挖后及时喷射混凝土加强对工作面的封闭，隔绝其与空气中的水分、氧化物或酸性物质接触，减少围岩在空气中的暴露时间。

(5) 针对断层破碎带巷道易发生冒顶的问题，采用“短进尺，小排距，多循环，弱扰动”的方式进行巷道掘进，减少围岩在空气中的暴露面积，同时提高出渣效率，减少围岩在空气中的暴露时间。

(6) 在巷道掘进支护施工过程中，通过对典型地段进行巷道支护试验并结合收敛观测、松动圈测试结果和现场支护效果对比，对支护参数进行不断的优化，确定巷道掘进开挖措施和支护参数。

(7) 在特别松软破碎、掘进困难等地段，应进行超前支护。

6.1 矿区巷道围岩支护方案

6.1.1 锚喷网支护（支护方案 1）

6.1.1.1 适用条件

叠合板的结构特征，即层状结构，主要适用于矿区层纹灰岩巷道。

6.1.1.2 施工工艺及支护参数

A 锚网支护设计

巷道开挖后，在巷道内进行全断面锚杆扎钢筋网联合支护。选择合理的锚杆支护参数，以加强支护效果。因此，经分析采用矿山常用的管缝式锚杆，规格为长度 $L=1800$mm；采用冲压球型托盘，规格为 120mm×120mm，厚 10mm。锚杆间排距 800mm×800mm，最下部锚杆距底板不超过 500mm，锚杆呈梅花形布置。钢筋网规格为 ϕ8mm、$L=1200$mm，宽 1000mm，网眼 100mm×100mm，网间搭接 100~150mm。

B 喷射混凝土

锚网支护施工完成一段后，对巷道全断面进行初次喷射混凝土，然后进行复喷，复喷厚度不超过 30mm，达到永久支护设计喷厚 100mm。喷射混凝土强度等级为 C20。锚喷网支护设计图如图 6-1 所示。

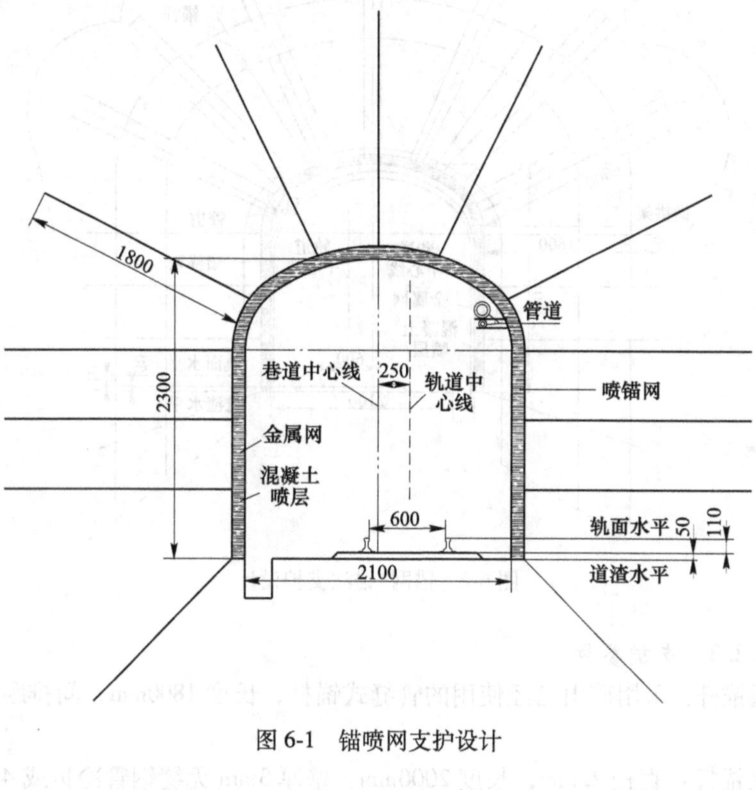

图 6-1 锚喷网支护设计

6.1.1.3 材料消耗

以试验段 10m 为例，需要锚杆约 169 根、托盘 169 个、金属网 50 块。

6.1.2 锚注+锚喷网支护（支护方案 2）

6.1.2.1 适用条件

当巷道所受压力以构造应力或松散压力为主时，围岩强度低、节理发育、较破碎，开挖容易发生冒落事故。应优先考虑采用主动支护，如采用锚喷支护及锚注加固技术等，提高围岩的整体性，充分发挥围岩的自承能力。该支护方案主要适用于破坏严重的一般千枚岩地段。

6.1.2.2 施工工艺及支护参数

巷道支护为组合式支护措施，主要支护环节为：围岩注浆以提高围岩整体性和强度，利用锚杆调动深部围岩强度，加固两帮控制内移。锚网+锚注巷道支护设计图如图 6-2 所示。

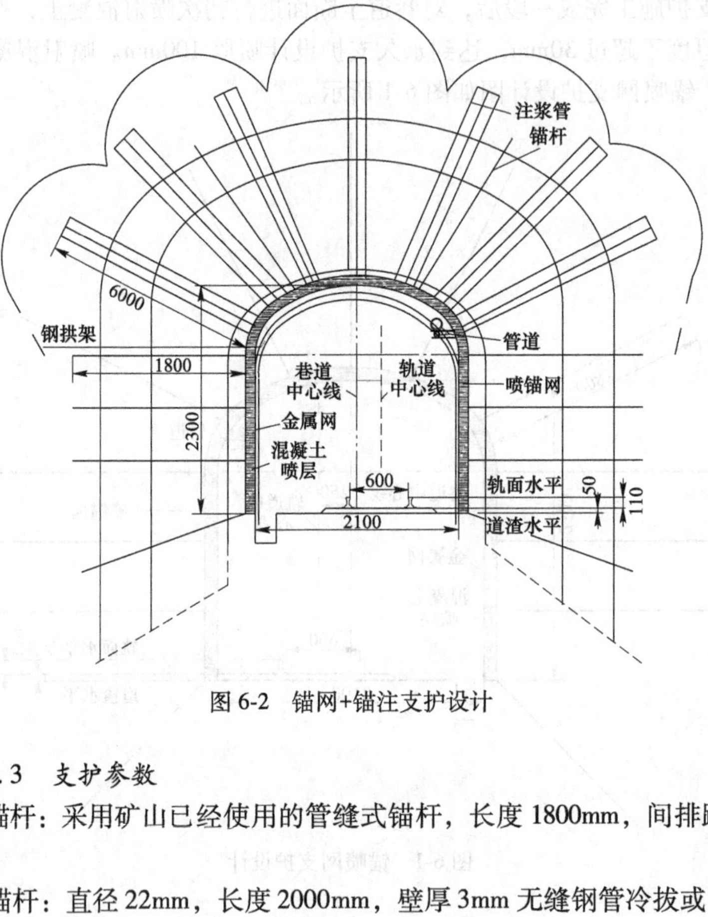

图 6-2 锚网+锚注支护设计

6.1.2.3 支护参数

普通锚杆：采用矿山已经使用的管缝式锚杆，长度 1800mm，间排距 800mm×800mm。

注浆锚杆：直径 22mm，长度 2000mm，壁厚 3mm 无缝钢管冷拔或 4mm 钢管焊接而成。

托盘：锚杆托盘为 150mm×150mm×10mm 碟形盘。

锚注加固材料及参数如下：

（1）注浆材料。注浆浆液为 P. O. 425 号普通硅酸盐水泥配制成的单液水泥浆，水灰比为 0.7~1.0。单孔注浆量过大时，采用水泥-水玻璃浆液封孔。

（2）注浆锚杆布置。底脚注浆锚杆按与巷道底板成角布置，底板、两帮锚杆垂直布置，拱顶部锚杆径向布置。

（3）注浆压力。巷道预注浆时压力为 1MPa，加固注浆时为 2MPa。

（4）喷射混凝土。锚网支护施工完成一段后，对巷道全断面进行初次喷射混凝土，然后进行复喷，复喷厚度不超过 30mm，达到永久支护设计喷厚 100mm。喷射混凝土强度等级为 C20。

6.1.2.4 材料消耗

以试验段 10m 为例，需要普通锚杆 78 根、注浆锚杆 91 根、金属网 50 块。

6.1.3 超前注浆+锚喷网+钢支架联合支护（支护方案 3）

6.1.3.1 适用条件

当巷道所受压力以构造应力或松散压力为主时，围岩强度低、节理发育，围岩较破碎，开挖后围岩遇水反应，容易发生冒落事故。应优先考虑主动支护，如采用锚喷支护及锚注加固技术等，提高围岩的整体性，充分发挥围岩的自承能力。当巷道所受压力以上覆岩层压力为主且压力不大时，可考虑加用刚性支护，即钢拱架支护控制围岩变形，主要适用于炭质千枚岩和泥质千枚岩巷道。

6.1.3.2 施工工艺及支护参数

巷道采用 ϕ66mm（2 寸管）超前锚杆（注浆锚杆）对顶板进行注浆加固，超前加固锚杆的长度为 6m（如现场施工难度大，可适当减短，但不宜小于 3m），超前加固注浆锚杆搭接长度不小于 1.0m。在安装超前锚杆时，其尾部 30~50cm 缠上用水玻璃、水泥混合液浸泡过的麻绳，防止注浆过程孔口冒浆，注浆过程根据压力变化应采用水泥浆单液或水泥-水玻璃双液注浆，水泥种类为普通 425 硅酸盐水泥，水玻璃为液态水玻璃，模数为 2.4~3.4，浓度 30~45Be′。液态水玻璃使用前先按 3∶1（水∶水玻璃）的比例稀释。按照以往施工经验，水泥∶水= 0.8∶1~1∶1（重量比），水泥浆∶水玻璃（稀释后）= 4∶1（体积比）。注浆过程压力控制在 0.5~1.5MPa，超前加固注浆结束后，按照设计要求安装 16 号槽钢，在槽钢与巷道之间铺设金属网，金属网可采用 8 号铁丝编制，网度为 60mm×60mm~80mm×80mm，长 1200mm，宽 1000m。金属网规格根据现场施工条件而定；两张金属网之间搭接长度不小于 10cm，然后利用锚杆将槽钢和金属网固定，锚杆穿过槽钢直接用垫板固定，锚杆打在两排槽钢之间，安装后用托板和螺帽固定，锚杆采用交错布置，并用水泥药卷锚固，两排锚杆之前采用梅花形布置。之后对巷道断面喷浆，初次喷浆厚度为 2~3cm，每循环巷道长度不大于 2m，两排槽钢之间的间距为 0.8m，等巷道返修达到一定长度（10m 左右）时对之前返修段进行复喷，喷浆厚度以完全盖住槽钢为准。喷射混凝土强度等级为 C20。

槽钢三心拱部分分成三段，连接处部位用厚 200mm×200mm×8mm 的钢板，直径 16mm 的螺栓 4 个连接。支架的底部用厚 200mm×200mm×8mm 的钢板作底座，具体支护设计图如图 6-3 所示。

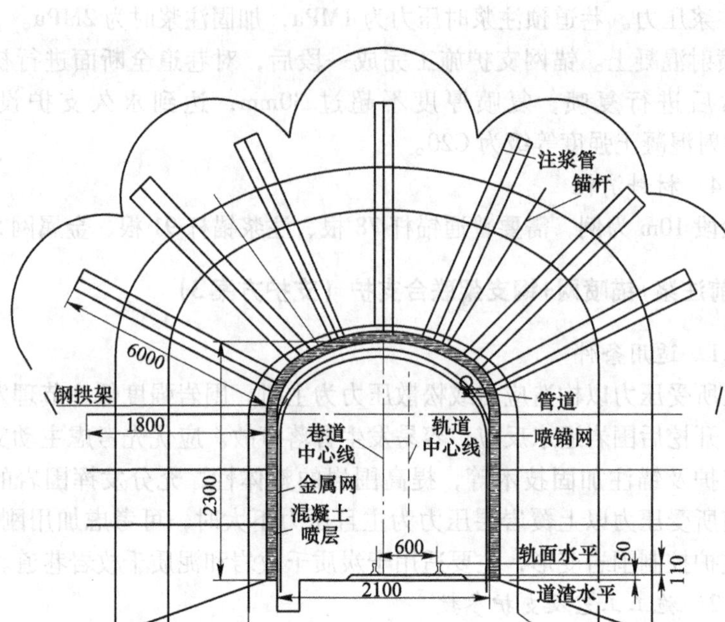

图 6-3 超前注浆+锚喷网+钢支架联合支护设计图

6.1.3.3 材料消耗

以试验段 10m 为例，需要注浆管 14 根、锚杆 143 根、金属网 50 块、钢拱架 13 架。

6.1.4 超前小导管注浆结合钢拱架支护（支护方案 4）

6.1.4.1 适用条件

该支护方案主要适用于渗水较严重、部分围岩压力较大、岩石较为破碎地段，支护设计图如图 6-4 所示。

6.1.4.2 施工工艺及支护参数

施工工艺：施工准备→喷混凝土封闭开挖面→钢拱架支护（顶部打孔）→钻孔→安装小导管→注浆→封孔→钻爆开挖→下一循环。

（1）施工准备：小导管采用 ϕ66mm（2 寸）无缝钢管，钢管长度 3m，钢管前端加工成锥形，尾部焊接加劲箍，钢管围壁钻 ϕ8mm 压浆孔，压浆孔间隔 30~40cm，四周呈梅花状布设。钢拱架预先加工制作成型，锚杆按要求制作，在工地存放。

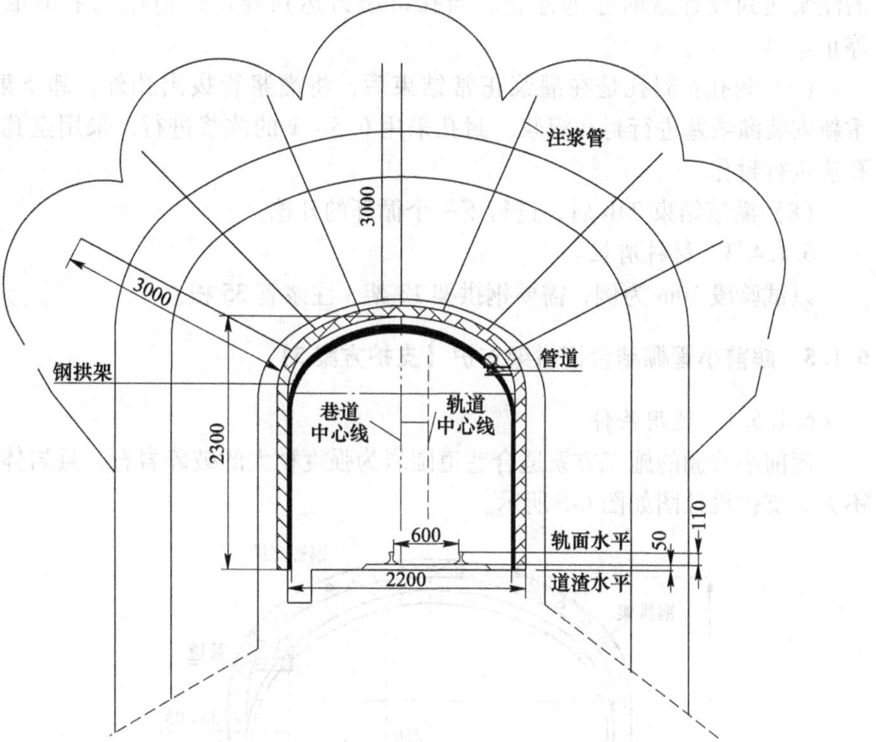

图 6-4 超前小导管注浆结合钢拱架支护设计图

（2）喷射混凝土封闭开挖轮廓面和掌子面：先对开挖掌子面做初喷 C20 混凝土厚 5~10cm 加固，与硐身周壁喷射混凝土连成一体，形成止水帷幕。

（3）支撑钢拱架：在开挖完成的工作面超前进行钢拱架支撑，拱架上部钻孔，按照小导管的间距布置孔位，每榀钢拱架按照 0. 5~0. 8m 的间距布设，安装完成后喷射 10cm 厚 C20 混凝土。

（4）钻孔：用凿岩机钻孔，钢管沿巷道开挖轮廓线布置向外倾斜，外插角控制在 5°~15°，以避免因钻头自重下垂或遇到块石方向不易控制等现象，随时检查钻进方向。超前小导管环向间距 30cm，钻孔结束后应掏孔检查，确定有无探头石、塌孔。

（5）安装小导管：钻孔结束后及时安装小导管，以避免时间长后出现塌孔。安装小导管后，及时将小导管与孔壁间缝隙填塞密实，并检查填塞密实度。超前小导管纵向全部焊接在钢支撑上，钻孔小导管间隔两跨即 60cm 设一个，其余为不钻孔导管。

（6）注浆：注浆液采用水泥浆液（添加水泥重量 5%的水玻璃），水泥标号 P. O. 42. 5。注浆压力 0. 1MPa，为防止压裂工作面，要控制注入量，当每根导管的注浆达到设计量时立即停止。当孔口压力达到规定值但注入量不足时也应停止。

（7）封孔：封孔是在灌浆正常结束后，将灌浆管拔出孔外，卸下射浆管，重新安装灌浆塞进行封孔灌浆。封孔采用 0.5∶1 的浓浆进行，采用全孔灌浆封孔法进行封孔。

（8）灌浆结束 24h 后，进行下一个循环的开挖。

6.1.4.3 材料消耗

以试验段 10m 为例，需要钢拱架 13 架、注浆管 35 根。

6.1.5 超前小管棚结合钢拱架支护（支护方案 5）

6.1.5.1 适用条件

超前小管棚的施工方案适合巷道围岩为强度稍大的破碎岩石，且岩体渗水量不大。支护设计图如图 6-5 所示。

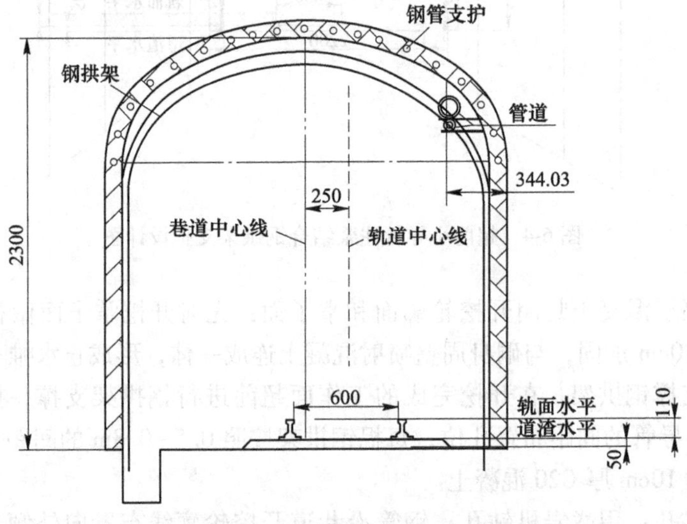

图 6-5 超前小管棚结合钢拱架支护设计图

6.1.5.2 施工工艺及支护参数

采用加密导管、取很小的外倾角而不注浆的方式变化为管棚支护的施工处理措施，施工工艺流程如下：

施工准备→钢拱架支护（顶部打孔）→钻孔→安装小导管→钻爆开挖→C20 混凝土喷护→钢拱架支护→下一个循环。

（1）施工准备：采用 ϕ66mm（2 寸）无缝钢管，钢管长度 3m。

（2）钻孔、压管：首先按设计图测量定位，在掌子面支撑钢拱架，在钢拱架以上 5cm 部位从起拱线起开始钻孔，外插角控制在 5°～8°，环向间距 20cm，纵向衔接控制在 1m 左右，每循环布设 19 根，钢管尾部与钢拱架焊接在一起。

(3) 钻爆开挖、喷护、钢拱架支护：在实施钻爆开挖过程中，严格按照“弱爆破、短进尺”的原则，单次爆破循环控制在 1m 以内，尤其对周边孔按照“密孔、小药量、光爆”控制，爆破完成后对岩面进行排险处理，即可进行 C20 混凝土喷护，然后进行钢拱架支护。在开挖过程中，如遇拱部钢管露出，使用 ϕ22mm 钢筋把钢拱架和钢管焊成一体。

6.1.5.3 材料消耗

以试验段 10m 为例，需要钢拱架 13 架、实心圆钢小管棚 95 根。

冒顶区的预先处理：

(1) 放炮及找净顶帮。因高冒区局部地点呈漏斗状，断口处参差不齐，影响了锚网质量和喷浆效果，因此需预先对漏斗颈部及变形松软岩体进行放炮处理。放炮处理后，使巷道轮廓曲线圆滑过渡，基本形成抛物线形。

(2) 临时支护和初次喷射混凝土。对冒顶处顶板打护顶锚杆扎护顶网，护顶锚杆采用 ϕ18mm、$L=1800$mm 的金属锚杆，每排布置 5 根，间排距 800mm×800mm，从拱顶开始布置对扎两片中 ϕ8mm 钢筋网以加强护顶。护顶锚网施工完毕，对整个断面进行初次喷射混凝土封闭。初喷后，应使巷道表面平滑，巷道轮廓不出现凹凸现象，锚网能紧贴浆体表面。

6.2 基于 FLAC3D 的松软破碎巷道围岩支护控制

6.2.1 拉格朗日差分法及 FLAC3D 软件简介

6.2.1.1 拉格朗日差分法原理

拉格朗日差分法源于流体力学，在流体力学中，研究流体质点运动的方法有两种：一种是定点观察法，也称欧拉法；另一种是随机观察法，称为拉格朗日法。拉格朗日法是研究每个流体质点随时间而变化的状态，即研究某一流体质点在任一时间段内的运动轨迹、速度、压力等特征。将拉格朗日法移植到固体力学中，需把所研究的区域划分成网格，其结点就相当于流体质点，然后按时步用拉格朗日法来研究结点的运动，这种方法就是拉格朗日法。它采用按时步的动力松弛进行求解，这与离散元法相同，求解时基于显示差分法，不需形成刚度矩阵，不用求解大型方程组，因此占用内存少，求解速度快，便于用计算机求解较大规模的工程问题。

连续介质快速拉格朗日法是一种利用拖带坐标系分析大变形问题的数值方法，并运用差分格式按时步积分求解。随着结构形状的不断变化，不断更新坐标，允许介质有较大的变形。将拉格朗日法移植到固体力学中，把所研究的区域划分成空间网格，其结点就相当于流体的质点，模型经过网格划分，物理网格映射成数学网格，数学网格上的某个结点（i, j, k）就与物理网格上相应的结点坐标（x, y, z）相对应。对于某一个结点而言，在每一时刻它受到来自其周围区域的合力的影响。如果合力不等于零，该结点就具有了失稳力，就要产生运动。假定结点上集中有临近该结点的单元质量，于是，在失稳力的作用下，根据牛顿定律该结点就要产生加速度，进而可以在一个时步中求得速度和位移的增量。对于每一个区域而言，可以根据其周围结点的运动速度求得它的应变率，然后根据材料的本构关系求得应力的增量。由应力增量求出 t 和 $t+\Delta t$ 时刻各个结点的不平衡力和各个结点在 $t+\Delta t$ 时的加速度。对加速度进行积分，即可求得结点的新的位移值，由此可以求得各结点新的坐标值。同时，由于物体的变形，单元要发生局部的平均整旋，只要计算相应的应力改正值，最后通过应力叠加就可得到新的应力值。计算到此为一个循环，然后按时步进行下一轮循环的计算，如此一直进行到问题收敛。

6.2.1.2 FLAC3D 原理与应用

FLAC3D 是由美国 Itasca Consulting Group, Inc. 开发的三维显式有限差分法程序，它可以模拟岩土或其他材料的三维力学行为。FLAC3D 软件的基本原理是拉格朗日差分法。FLAC3D 程序主要适用于模拟计算地质材料和岩土工程的力学行为，特别是材料达到屈服极限后产生的塑性流动。材料通过单元和区域表示，根据计算对象的形状构成相应的网格。每个单元在外载荷和边界约束条件下，按照约定的线性或非线性应力-应变关系产生力学响应。由于 FLAC3D 程序主要是为岩土工程应用开发的岩石力学计算程序，程序中包括了反映岩土材料力学效应的特殊计算功能，可计算岩土类材料的高度非线性（包括应变硬化、软化）、不可逆剪切破坏和压密、粘弹（蠕变）、孔隙介质的固-流耦合、热-力耦合以及动力学行为等。从 FLAC3D 进行实际工程分析计算过程可看出，生成网格、确定边界条件、赋予材料的物理力学参数及计算是在 FLAC3D 中进行的。FLAC3D 程序含有一个三维网格生成器，只要输入各网格点的坐标，系统会按照设定的形态生成网格。为了模拟实际工程材料及岩土材料，FLAC3D 程序提供了 10 种材料模型：1 个 NULL 模型，该模型可用于模拟开挖等；3 个弹性模型，分别模拟各向同性、横观各向同性、各向异性弹性材料；6 个塑性模型（如摩尔-库仑准则，D-P 准则等）。程序允许输入多种材料类型，也可在计算过程中改变某个局部的材料参数，增强了程序使用的灵活性。用户可根据需要在 FLAC3D 中创建自己的本构模型，进行各种特殊修正和补充。针对岩体工程中经常遇到的断层、节理等结构面，程序提供了一种界面或滑动面模型。FLAC3D 程序还提供了结构元素（例如锚杆、锚索、桩等）来模拟边坡加固及巷道支护等，可以很方便地评价支护效果。

FLAC3D 程序是建立在拉格朗日算法基础上，特别适合模拟大变形和扭曲。

FLAC3D 采用显式算法来获得模型全部运动方程（包括内变量）的时间步长解，从而可以追踪材料的渐进破坏和垮落，这对研究边坡设计是非常重要的。FLAC3D 程序具有强大的后处理功能，用户可以直接在屏幕上绘制或以文件形式创建和输出打印多种形式的图形，还可根据需要将若干个变量合并在同一图形中进行研究分析。此外，FLAC3D 自带 FISH 语言，可以针对自己的特殊需要进行二次开发，如编写本构模型、结构单元修正和计算数据的导入导出等，其独有 ATTACH FACE 命令可以使大小不匹配的网格生成“虚节点”，并进行计算。采用该软件可以进行深部地下工程的数值模拟。

6.2.1.3 FLAC3D 的求解过程

FLAC3D 在求解时使用了离散化、对时间和空间的有限差分法、动态松弛三种计算方法。离散化是指通过对研究区域的离散，将所有外力与内力集中在三维网格节点上，从而将连续介质运动定律转化为离散节点上的牛顿运动定律。有限差分法是指将求解域起控制作用的常微分方程或偏微分方程通过采用沿有限时间与空间间隔线性变化的有限差分来近似，从而将控制方程变成容易求解的线性代数方程组。动态松弛法是指将静力问题当作动力问题，使隐式方程变为显式方程，应用质点运动方程求解，通过阻尼使系统运动衰减至平衡状态。

A 离散化

FLAC3D 首先将求解区域离散为一系列四面体单元，并采用插值函数式（6-1）对单元内的坐标、位移、速度通过节点进行插值。

$$\delta v_i = \sum_{n=1}^{4} \delta v_i^n N^n$$
$$N^n = c_0^n + c_1^n x'_1 + c_2^n x'_2 + c_3^n x'_3$$
$$N^n(x_1^{\prime j}, x_2^{\prime j}, x_3^{\prime j}) = \delta_{nj} \tag{6-1}$$

B 对时间和空间的有限差分法

由高斯定律，可将四面体的体积分转化为面积分。对于常应变率的四面体，由高斯定律得：

$$\int_V v_{i,j} \mathrm{d}V = \int_S v_i n_j \mathrm{d}S \tag{6-2}$$

$$v_{i,j} = -\frac{1}{3V}\sum_{l=1}^{4} v_i^l n_j^{(l)} S^{(l)} \tag{6-3}$$

式中 $n_j^{(l)}$——四面体各面的法矢量；

$S^{(l)}$——各面的面积；

v_i^l——四面体的体积。

于是应变率张量可表示为：

$$\xi_{ij} = \frac{1}{2}(v_{i,j} + v_{j,i}) \tag{6-4}$$

$$\xi_{ij} = -\frac{1}{6V}\sum_{l=1}^{4}(v_i^l n_j^{(l)} + v_j^l n_i^{(l)})S^{(l)} \tag{6-5}$$

应变增量张量为：

$$\Delta\varepsilon_{ij} = -\frac{\Delta t}{6V}\sum_{l=1}^{4}(v_i^l n_j^{(l)} + v_j^l n_i^{(l)})S^{(l)} \tag{6-6}$$

旋转率张量为：

$$\omega_{ij} = -\frac{1}{6V}\sum_{l=1}^{4}(v_i^l n_j^{(l)} - v_j^l n_i^{(l)})S^{(l)} \tag{6-7}$$

而由本构方程和以上若干公式可得应力增量为：

$$\Delta\sigma_{ij} = \Delta\breve{\sigma}_{ij} + \Delta\sigma_{ij}^{C} \tag{6-8}$$

$$\Delta\breve{\sigma}_{ij} = H_{ij}^{*}(\sigma_{ij}, \xi_{ij}\Delta t) \tag{6-9}$$

$$\Delta\sigma_{ij}^{C} = (\omega_{ik}\sigma_{kj} - \sigma_{ik}\omega_{kj})\Delta t \tag{6-10}$$

对于小应变，式（6-10）中的第二项可忽略不计。这样就由高斯定律将空间连续量转化为离散的节点量，可由节点位移与速度计算空间单元的应变与应力。

对于固定时刻 t，节点的运动方程可表示为：

$$\sigma_{ij,j} + \rho B_i = 0 \tag{6-11}$$

式中的体积力定义为：

$$B_i = \rho\left(b_i - \frac{dv_i}{dt}\right) \tag{6-12}$$

由功的互等定律，将式（6-12）转化为：

$$F_i^{<l>} = M^{<l>}\left(\frac{dv_i}{dt}\right)^{<l>}, l = 1, n_n \tag{6-13}$$

式中，n_n 为求解域内总的节点数；l 为总体节点编号；$M^{\langle l\rangle}$ 为节点所代表的质量；$F_i^{\langle l\rangle}$ 为不平衡力。

它们的具体表达式为：

$$M^{<l>} = [[m]]^{<l>} \tag{6-14}$$

$$m^l = \frac{\alpha_1}{9V}\max[n_i^{(l)}S^{(l)}]^2, i = 1,3 \tag{6-15}$$

$$F_i^{<l>} = [[p_i]]^{<l>} + p_i^{<l>} \tag{6-16}$$

$$p_i^l = \frac{1}{3}\sigma_{ij}n_j^{(l)}S^{(l)} + \frac{1}{4}\rho b_i V \tag{6-17}$$

其中，[[ ]] 表示各单元与 l 节点相关节点物理量的总和。

由式（6-17）可得关于节点加速度的常微分方程：

$$\frac{dv_i^{<l>}}{dt} = \frac{1}{M^{<l>}}F_i^{<l>}(t, \{v_i^{<1>}, v_i^{<2>}, v_i^{<3>}, \cdots, v_i^{<p>}\}^{<l>}, k) \tag{6-18}$$

对式（6-18）采用中心差分得出节点速度：

$$v_i^{<l>}\left(t+\frac{\Delta t}{2}\right)=v_i^{<l>}\left(t-\frac{\Delta t}{2}\right)+\frac{\Delta t}{M^{<l>}}F_i^{<l>}(t,\{v_i^{<1>},v_i^{<2>},v_i^{<3>},\cdots,v_i^{<p>}\}^{<l>},k) \tag{6-19}$$

同样由中心差分得出位移与节点坐标：

$$x_i^{<l>}(t+\Delta t)=x_i^{<l>}(t)+\Delta t v_i^{<l>}\left(t+\frac{\Delta t}{2}\right) \tag{6-20}$$

C 数值求解技术

以四边形网格为例，一个四边形以其两条对角线为界线可以分成两组重叠的三角形，四边形的应变是这两组常应变三角形的应变加权平均值。一个四边形单元和划分的两组三角形，三角形的差分方程由高斯定理得到：

$$\int_S n_i f \mathrm{d}s=\int_A \frac{\partial f}{\partial x_i}\mathrm{d}A \tag{6-21}$$

其中，A 为面积；ds 为其周边微量；n 为外法线方向单位向量；f 可是标量、矢量或张量。

定义在 A 中 f 的平均值为：

$$\left\langle\frac{\partial f}{\partial x_i}\right\rangle=\frac{1}{A}\int_A \frac{\partial f}{\partial x_i}\mathrm{d}A \tag{6-22}$$

将式（6-22）代入式（6-21），则有：

$$\left\langle\frac{\partial f}{\partial x_i}\right\rangle=\frac{1}{A}\int_S n_i f \mathrm{d}s \tag{6-23}$$

子三角形（如 a、b、c 或 d），式（6-23）可写为：

$$\left\langle\frac{\partial f}{\partial x_i}\right\rangle=\frac{1}{A}\sum_S \langle f\rangle n_i \Delta s \tag{6-24}$$

其中，Δs 为三角形的某一边长；$\langle f\rangle$ 为每边的 f 平均值，求和是对三角形的三条边进行。

取$\frac{\partial f}{\partial x_i}=\frac{\partial \dot{u}_i}{\partial x_j}$，其中$\frac{\partial \dot{u}_i}{\partial x_j}\cong\frac{1}{2A}\sum_S(u_i^{(a)}+u_i^{(b)})n_j\Delta s$，即为 A 中的平均值，则有：

$$\frac{\partial \dot{u}_i}{\partial x_j}=\frac{1}{2A}\begin{bmatrix}(u_i^{(1)}+u_i^{(2)})\varepsilon_{jk}\Delta x_k^{(N)}\\(u_i^{(2)}+u_i^{(3)})\varepsilon_{jk}\Delta x_k^{(W)}\\(u_i^{(1)}+u_i^{(3)})\varepsilon_{jk}\Delta x_k^{(SE)}\end{bmatrix} \tag{6-25}$$

式中，ε_{jk}为二维转换张量$\begin{bmatrix}0 & 1\\-1 & 0\end{bmatrix}$。

由式（6-25）可求得每一分量，如：

$$\frac{\partial \dot{u}_1}{\partial x_1} = \frac{1}{2A}\left[u_1^{(1)}\left(x_2^{(2)} - x_2^{(3)}\right) + u_1^{(2)}\left(x_2^{(3)} - x_2^{(1)}\right) + u_1^{(3)}\left(x_2^{(1)} - x_2^{(2)}\right) \right] \tag{6-26}$$

类似可求出$\frac{\partial \dot{u}_1}{\partial x_2}$、$\frac{\partial \dot{u}_2}{\partial x_1}$和$\frac{\partial \dot{u}_2}{\partial x_2}$的值，这些值均可由节点的速度 $\dot{u}_i$ 和坐标 x_i 来表示。将它们代入其本构方程，就可求得各单元的应力增量。

至此，已完成了空间和时间的离散，将空间三维问题转化为各个节点的差分求解。具体计算时，可虚拟一足够长的时间区间，并划分为若干时间段，在每个时间段内对每个节点求解，如此循环往复，直至每个节点的失恒力为零。

6.2.2 基本假设

在数值模拟过程中，不可能将影响巷道稳定性的因素都考虑进去。因此，本模拟作了一些必要的假定。

（1）视岩体为连续均质、各向同性的力学介质。

（2）忽略断层和节理、裂隙等不连续面对巷道稳定性的影响。

（3）计算过程只对静荷载进行分析且不考虑岩体的流变效应。

（4）不考虑地下水、地震和爆破振动力对采场稳定性的影响。

由于地下采矿的复杂性和不确定性，计算模型中不可能真实地充分反映和考虑矿山的地质条件与岩体结构条件，也不可能根据矿山的实际回采步骤逐层写真式地进行回采模拟。有时为了便于计算，对岩体介质和回采步骤还需作简化处理。

矿区巷道工程地质条件比较复杂，矿区围岩主要以层纹灰岩、结晶灰岩、一般千枚岩、炭质千枚岩和泥质千枚岩为主。本研究针对几种不同围岩的巷道，分别进行开挖不支护，根据设计支护方案及支护参数进行开挖支护研究，从而确定支护方案及支护参数的合理性及可靠性。

6.2.3 计算模型

（1）计算域：计算域的大小对数值模拟结果有重要的影响，计算域取得太小容易影响计算精度和可靠性；而如果取得太大，则使单元划分太多，影响计算速度。因此，必须取一个适中的计算域。根据弹塑性力学理论可知，在承受均匀载荷的无限大弹性体中开挖一圆孔后，孔边的应力状况将发生显著变化，但这种变化的影响范围实际上只限于附近的局部区域：在 3 倍孔径的区域处，应力比开孔前的应力大 11%；在 5 倍孔径的区域处，应力的相对差值已小于 5%，这样的应力变化在工程上可以忽略不计。因此，在有限元的计算中可以把 3～5 倍孔径的区域作为计算域。为了满足计算需要和保证计算精度，本计算采用的模型尺寸为开挖区域的 10 多倍。根据矿区巷道的规格和断面形式，结合岩石力学相关理论，建立三维有限差分法模型。其模型大小为：50m×60m×50m，即垂直巷道走向方向取50m（x方向），沿巷道方向取60m（y方向），垂直方向取50m（z方向），根据矿区巷道的主要破坏情况和研究的影响因素，在此选取450m中段（目前开拓最深中段）为研究对象，巷道埋深约350m。根据巷道上部覆岩岩性，利用高度与载荷的关系，对模型上部施加9.625MPa的均布荷载。模型共计95770多个节点，92400个单元体。单元网格划分、计算机模拟三心拱巷道形态示意图如图6-6和图6-7所示。

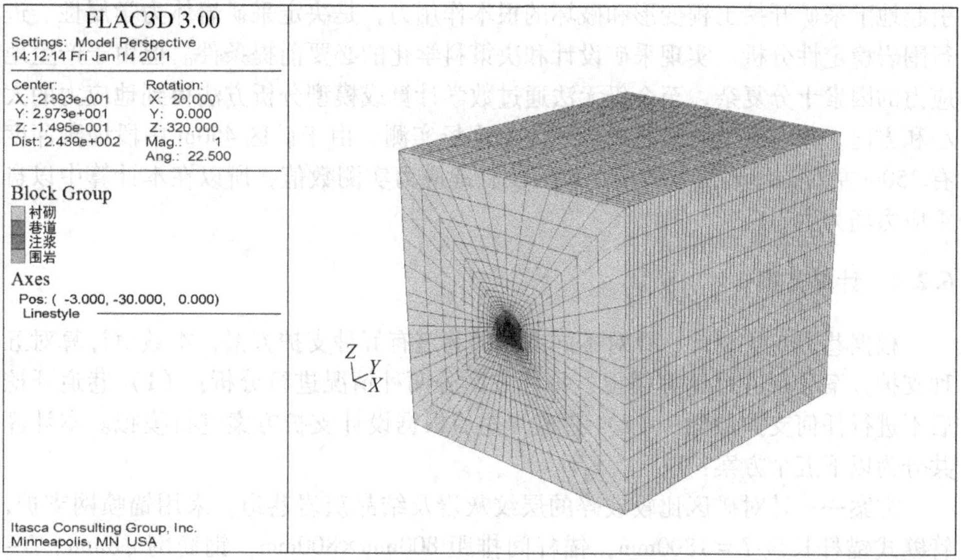

图6-6 三维有限差分法模型网格划分

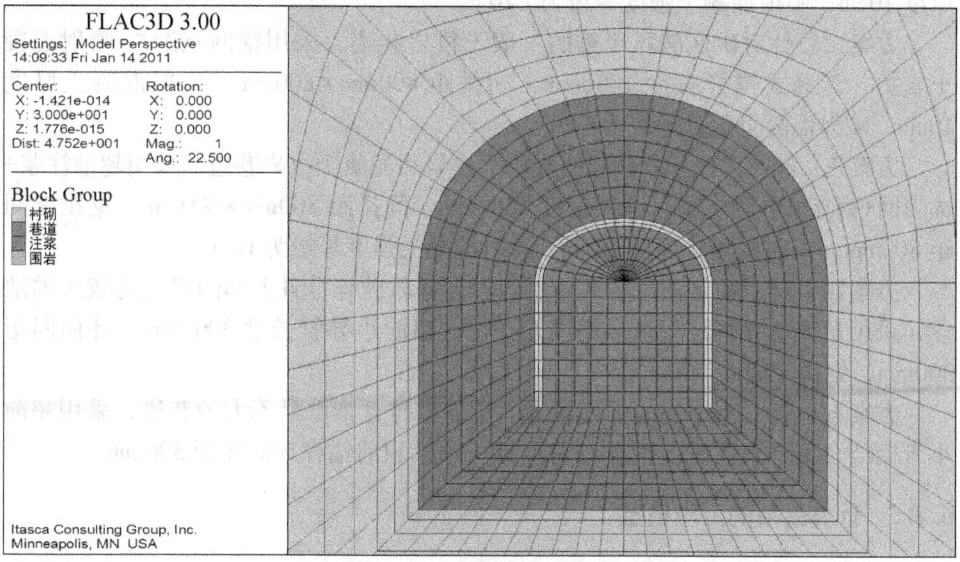

图6-7 计算机模拟三心拱巷道形态

(2) 边界约束：计算域边界采取位移约束。由于采动影响范围有限，在离采场较远处岩体位移将很小，可将计算模型边界处位移视为零。因此，计算域边界采取位移约束，即模型底部所有节点采用 x、y、z 三个方向约束，xy 所在平面采用 z 方向约束，yz 所在平面采用 x 方向约束。

(3) 地应力设置：地应力是存在于地层中的未受工程扰动的天然应力，也称为岩体初始应力、绝对应力或原岩应力。国内外大量实测结果表明，地应力是引起地下采矿开挖工程变形和破坏的根本作用力，是决定采矿岩体力学属性、进行围岩稳定性分析、实现采矿设计和决策科学化的必要前提条件。但由于产生地应力的因素十分复杂，至今仍无法通过数学计算或模型分析方法得到地应力的大小和方向，唯一有效方法是进行地应力现场实测。由于矿区 450m 中段埋藏深度有 350m 左右，埋藏深度较浅，矿区没有地应力实测数值，所以在本计算中以自重应力场为主。

6.2.4 计算方案

根据巷道支护设计，针对不同围岩的巷道有五种支护方案，本数值计算对五种支护方案分别进行计算模拟，每种方案分两种情况进行分析：(1) 巷道开挖后不进行任何支护加固；(2) 巷道开挖后根据设计支护方案进行模拟。本计算共分为以下五个方案：

方案一：针对矿区比较破碎的层纹灰岩及结晶灰岩巷道，采用锚喷网支护，管缝式锚杆长度 $L=1800$mm，锚杆间排距 800mm×800mm，钢筋网 ϕ8mm、$L=1200$mm，宽 1000mm，网眼 100mm×100mm，网间搭接 100~150mm。喷射混凝土厚度 10cm，喷射混凝土强度等级为 C20。

方案二：针对矿区破坏严重的一般千枚岩巷道，采用锚网+锚注+喷射混凝土支护，管缝式锚杆长度 1800mm，间排距 800mm×800mm。喷射混凝土厚度 10cm，喷射混凝土强度等级为 C20。

方案三：针对矿区松软破碎的炭质千枚岩和泥质千枚岩巷道，采用超前注浆+锚喷网+钢支架联合支护，锚杆长度 1800mm，间排距 800mm×800mm，钢拱架间距 800mm。喷射混凝土厚度 10cm，喷射混凝土强度等级为 C20。

方案四：针对矿区渗水较严重、岩石较松软破碎，且上部围岩应力较大的地段，采用超前小导管注浆结合钢拱架支护，超前小导管长度 3000mm，环向间距 300mm，钢拱架间距 800mm。

方案五：针对巷道围岩强度较大，围岩破碎且渗水量不大的巷道，采用超前小管棚结合钢拱架支护，钢拱架间距 800mm，超前锚杆环向间距 300mm。

6.2.5 计算采用的力学模型

屈服准则是判断材料进入塑性阶段的准则。岩土材料的屈服准则经过几十年的研究，提出的表达式不下几十种。以莫尔-库仑定律为基础的摩擦屈服准则在岩石力学与工程的实践中经受了考验，至今仍被广泛的应用。本计算采用莫尔-库仑（Mohr-Coulomb）弹塑性本构模型。

6.2.6 计算采用的力学参数

根据现场地质调查和室内岩石力学试验结果可确定岩体力学参数，由于FLAC3D中采用体积模量和剪切模量来描述弹性模量和泊松比，所以根据下式计算体积模量和剪切模量。(E, ν) 与 (K, G) 的转换关系如下：

$$\left.\begin{aligned} K &= \frac{E}{3(1-2\nu)} \\ G &= \frac{E}{2(1+\nu)} \end{aligned}\right\}$$

其中，K 为体积模量；G 为剪切模量；E 为弹性模量；ν 为泊松比。

以室内试验得出的岩石物理力学参数和岩体质量评价 *RMR* 值为基础，采用Hoek-Brown准则，对岩石物理力学参数进行工程折减弱化处理，计算分析出矿山各岩石的岩体力学参数见表4-15，混凝土喷层材料参数及锚杆钢拱架材料参数见表6-1和表6-2。

表6-1 混凝土喷层材料参数

组名	密度 ρ/g·cm^{-3}	弹性模量 E/GPa	泊松比	厚度/mm
矿体	2.40	55.1	0.319	100

表6-2 锚杆及钢拱架材料参数

组名	密度 ρ/g·cm^{-3}	长度 /m	弹性模量 E/GPa	截面积 /m^2	抗拉强度 /kN	泊松比
锚杆	2.50	1.80	200	3.8×10^{-4}	250	0.25
钢拱架	2.50		200	0.04	250	0.30

6.2.7 计算结果分析

采用设计巷道的标准形态进行模拟，即三心拱巷道，断面尺寸为2100mm×2300mm。为了研究支护方案的合理性和可靠性，每种方案分别采用开挖后不支护和相应支护形式进行对比分析。

6.2.7.1 锚喷网支护（支护方案1）

A 层纹灰岩及结晶灰岩巷道开挖后不支护计算分析

a 应力场分析

在模拟的第一步对巷道进行开挖，随后不采取任何支护。图6-8所示为巷道开挖后最大主应力的分布情况，从图中可以看出，围岩最大主应力为压应力，为14.4MPa，巷道围岩表面的最大主应力为2.5MPa，在巷道底板和两帮的拐角处发生了应力集中，最大主应力为6MPa。图6-9所示为巷道开挖后的最小主应力分布图，可以看出，巷道开挖后在两帮中间部位出现了拉应力，最大拉应力值为43.65kPa。

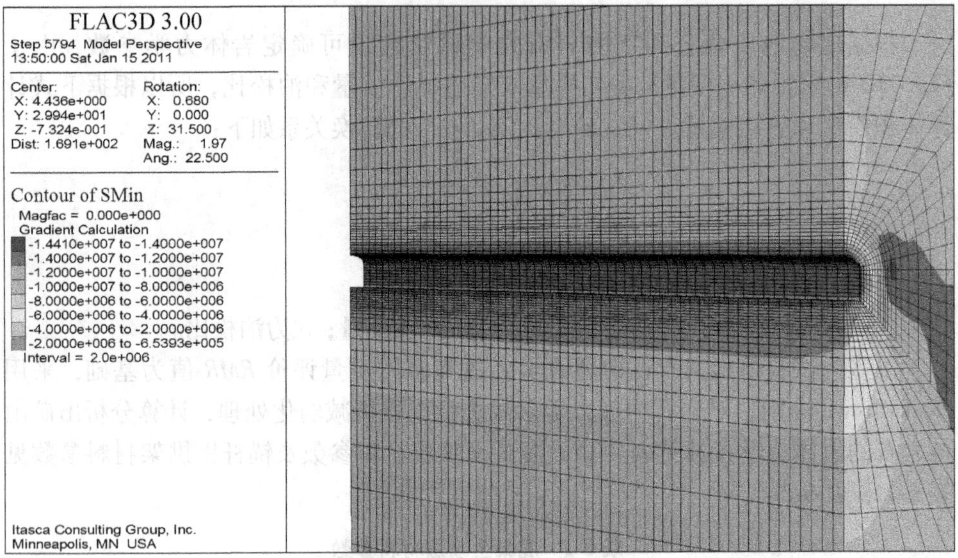

图6-8　巷道开挖后最大主应力分布

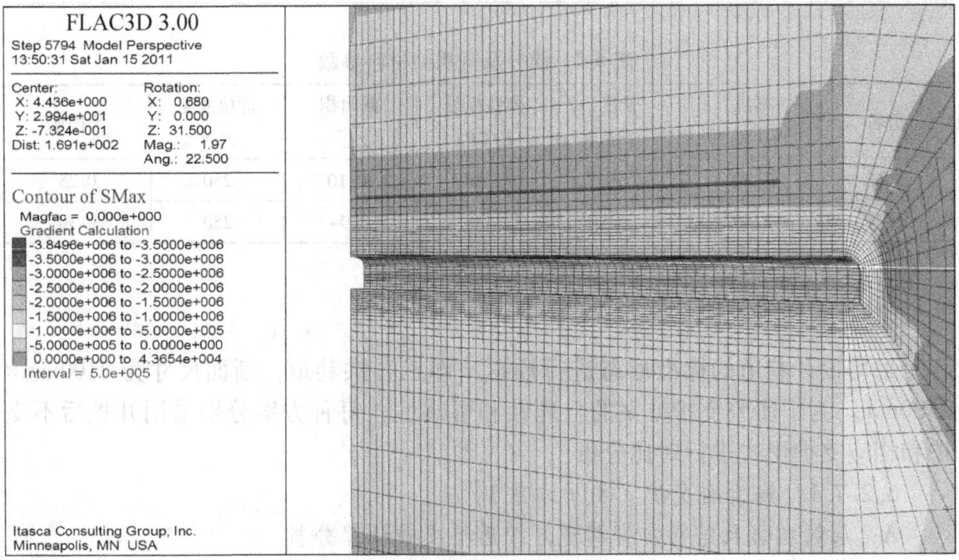

图6-9　巷道开挖后最小主应力分布

b 位移场分析

巷道开挖后，拱顶处的最大垂直位移为 2.63cm，底板发生一定的底臌，隆起最大位移为 1.35cm，见图 6-10，巷道两帮中间位置水平位移最大，为 4.19cm 见图 6-11。图 6-12 和图 6-13 所示分别为巷道开挖后，巷道拱顶处的垂直及巷道两帮中间位置的水平位移监测曲线。从图中可以看出，巷道的水平位移要大于垂直位移，说明巷道开挖后发生偏帮较严重，现场巷道的实际破坏情况验证了计算结果。

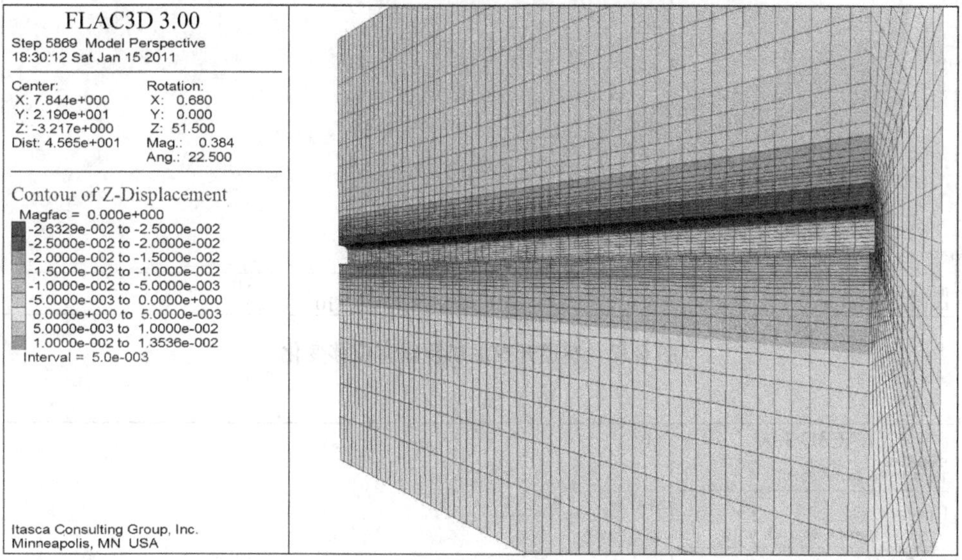

图 6-10 巷道开挖后 *Z* 方向位移分布

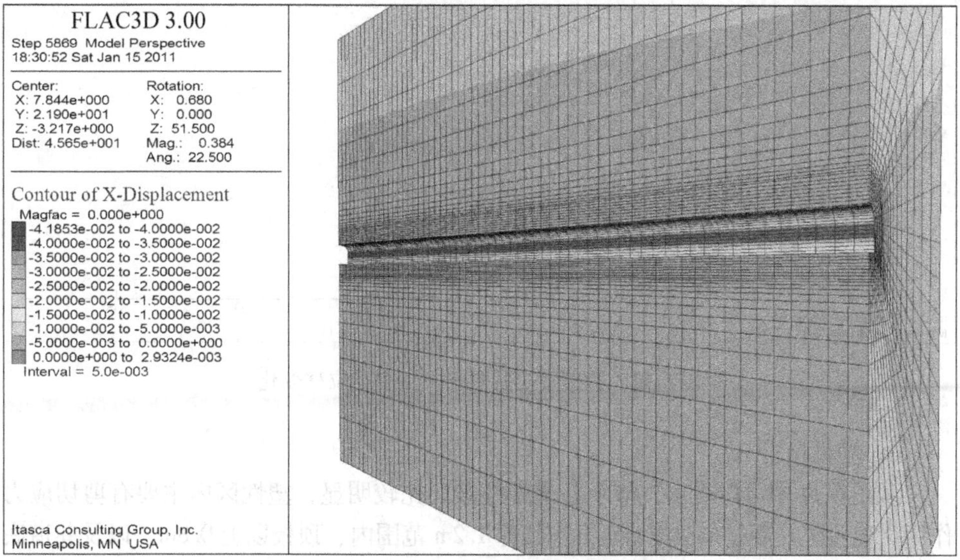

图 6-11 巷道开挖后 *X* 方向位移分布

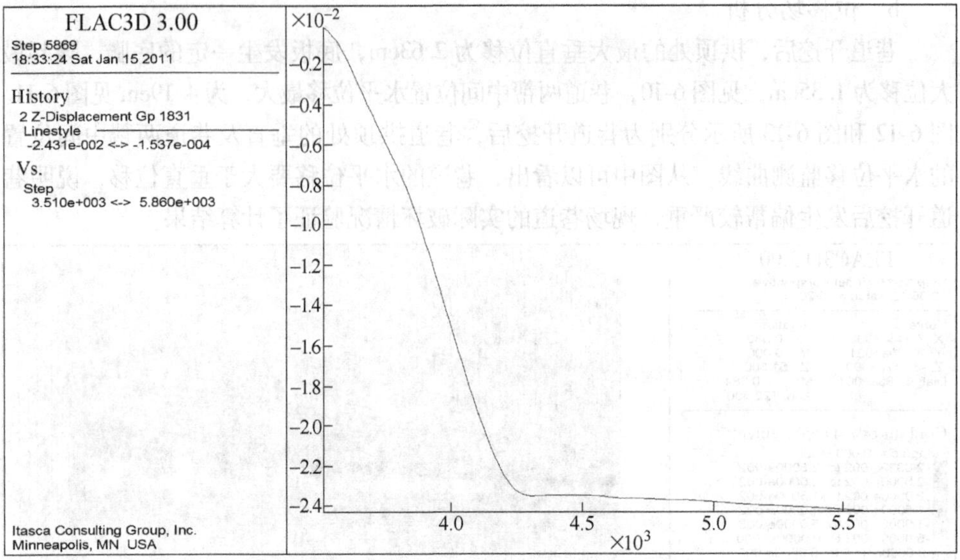

图 6-12　巷道开挖后拱顶垂直位移变化

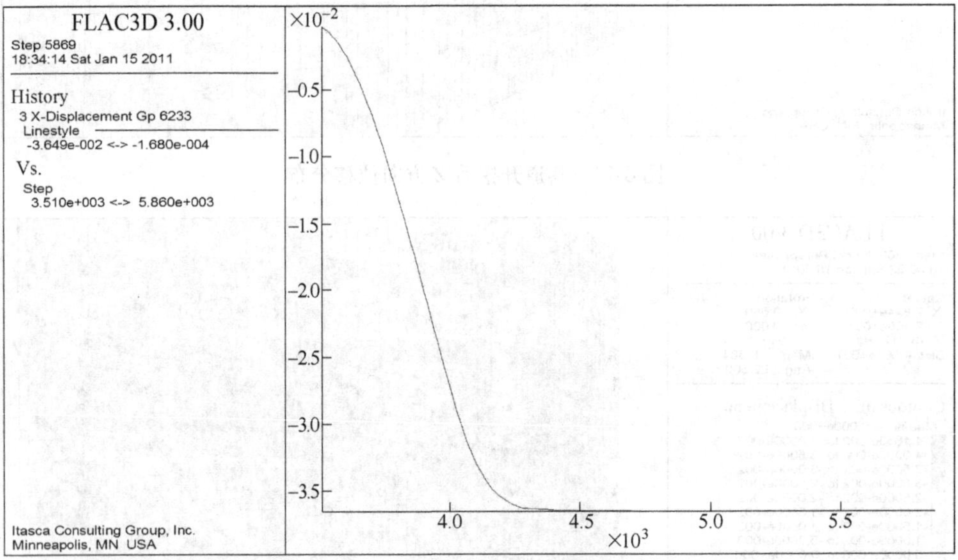

图 6-13　巷道开挖后两帮中点水平位移变化

c　塑性区分布

从图 6-14 中可以看出，整个巷道塑性破坏比较明显，塑性区内主要有剪切应力作用，塑性区主要分布在竖墙至开挖临界 1.2m 范围内、顶板以上 0.8m，以及巷道底板以下 1m 范围内；说明巷道开挖后，自稳能力较差，必须对其进行支护加固。

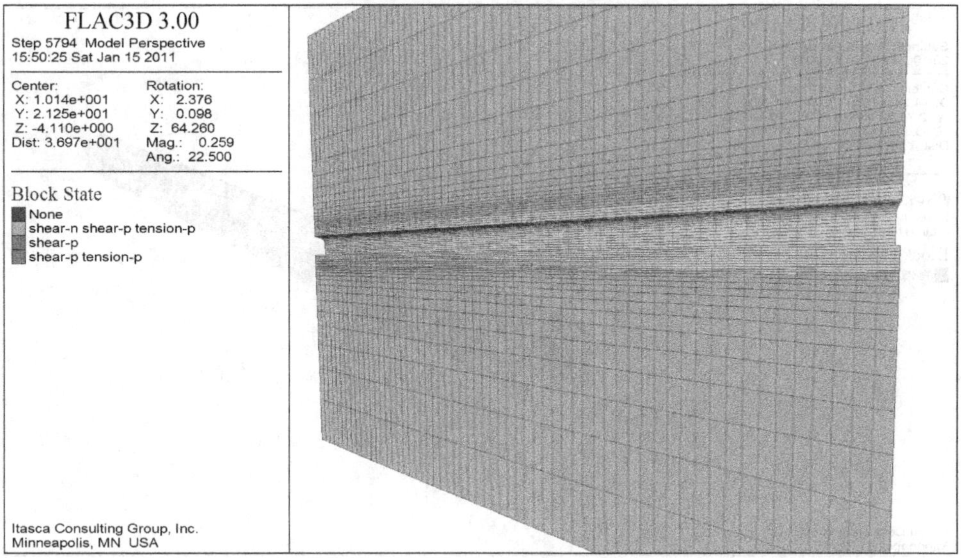

图 6-14 巷道开挖后塑性区分布

B 巷道开挖锚喷网支护

经过对开挖后的裸巷进行分析，可以清楚地看到，巷道在无支护、加固的前提下是不可能自稳的，所以必须对巷道进行支护加固处理。根据现场施工的顺序，利用锚杆、钢丝网、喷射混凝土联合对顶板及两帮进行加固。锚杆，喷射混凝土及锚喷网支护模型示意图如图 6-15~图 6-17 所示。

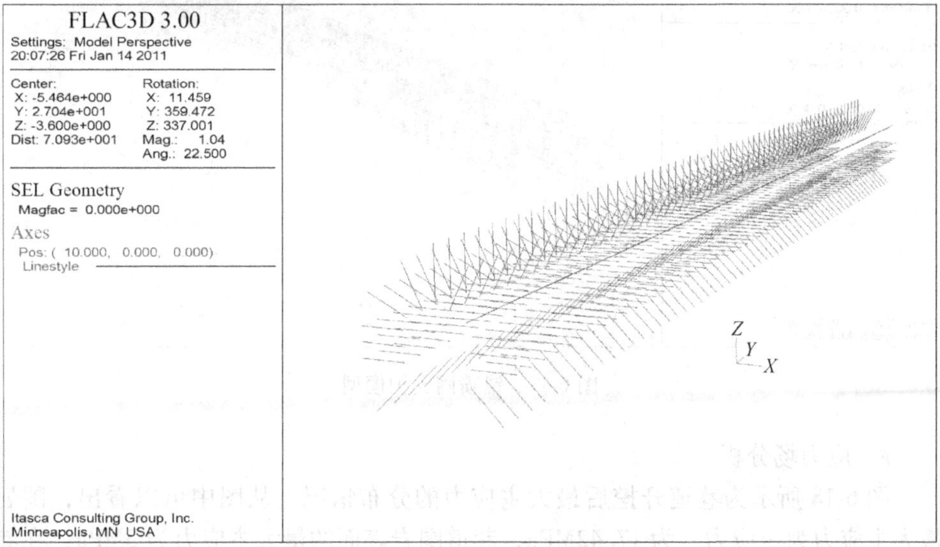

图 6-15 锚杆支护加固模型（锚杆间排距为 0.80m×0.80m，长度为 1.8m）

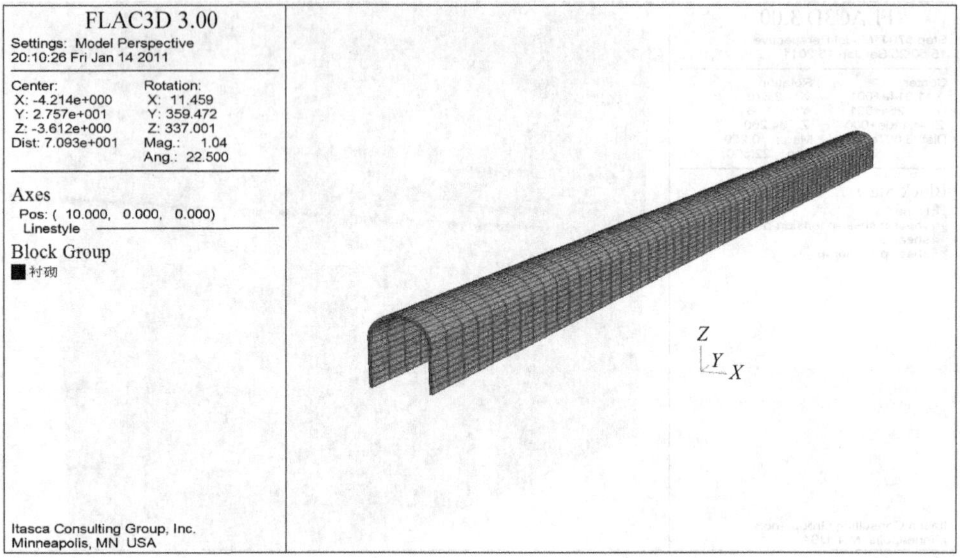

图 6-16 喷射混凝土支护模型（混凝土喷层厚度为 10cm）

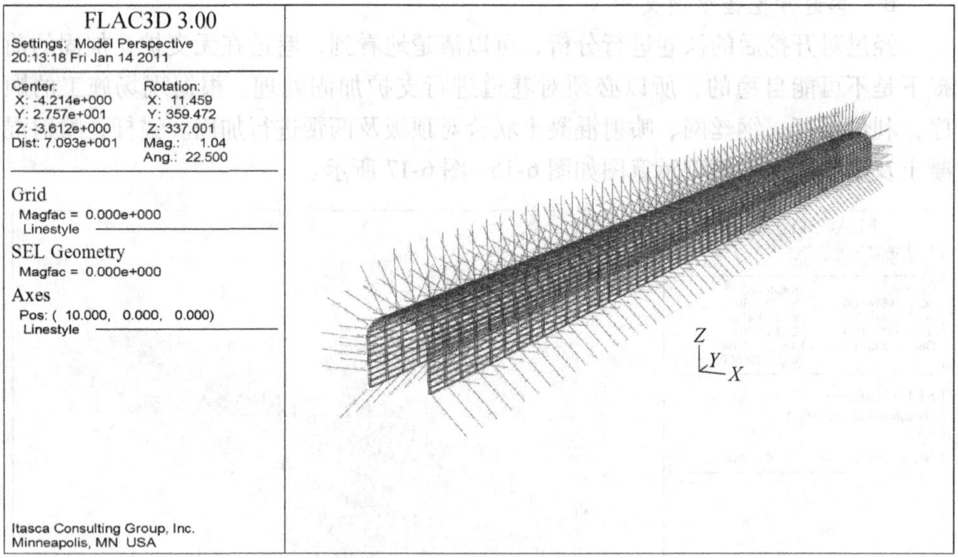

图 6-17 锚喷网支护模型

a 应力场分析

图 6-18 所示为巷道开挖后最大主应力的分布情况。从图中可以看出，围岩最大主应力为压应力，为 17.42MPa，巷道围岩表面的最大主应力为 5MPa，在巷道底板和两帮的拐角处发生了应力集中，最大主应力为 8MPa。图 6-19 所示为巷

道开挖后的最小主应力分布图，可以看出，巷道开挖后在两帮中间部位出现了拉应力，最大拉应力为71.06kPa。

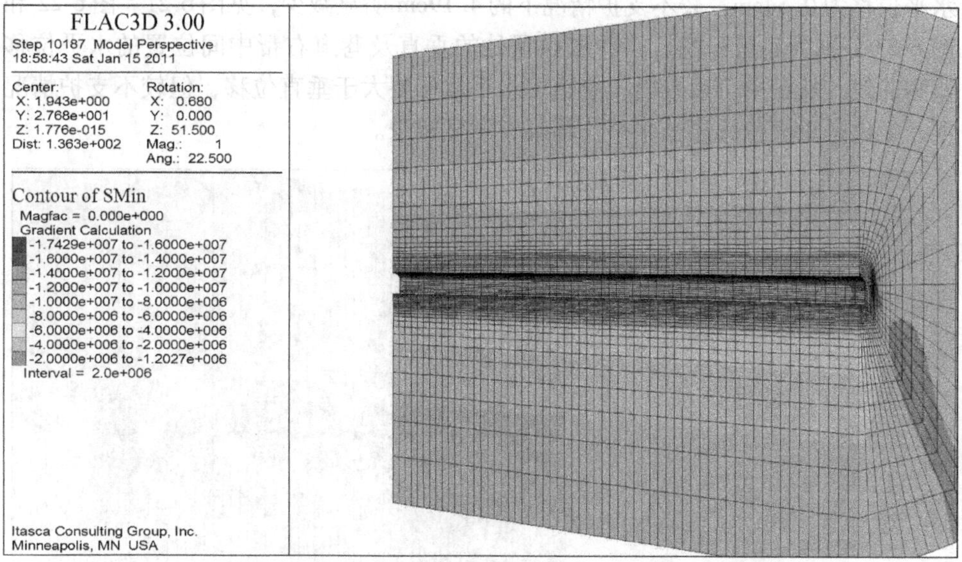

图6-18　巷道开挖后最大主应力分布

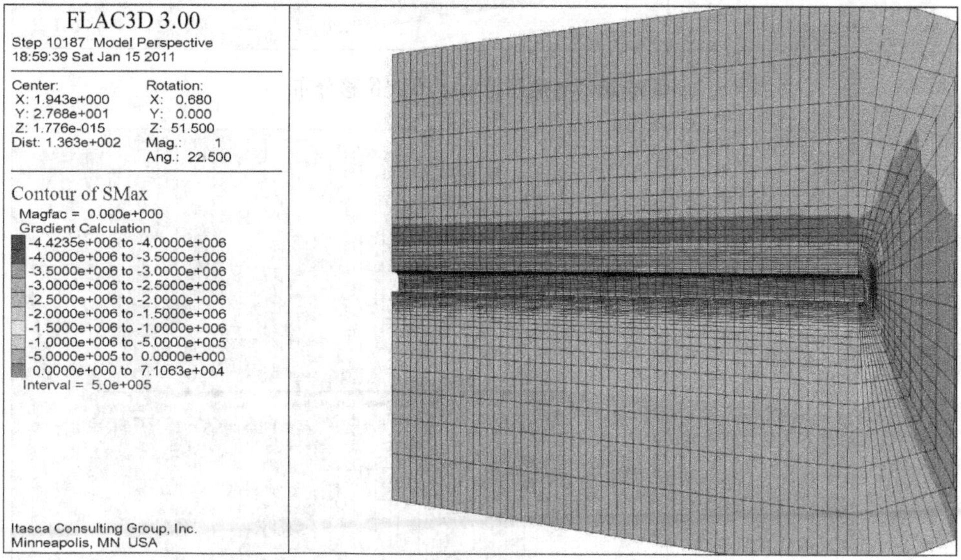

图6-19　巷道开挖后最小主应力分布

b　位移场分布

巷道开挖后，拱顶处的最大垂直位移为0.32cm，较不支护拱顶最大垂直位移 2. 63cm 明显下降。底板发生一定的底臌，隆起最大位移为 0. 182cm，较不支护情况下底板最大隆起值 1. 35cm 明显下降，见图 6-20。巷道两帮中间位置最大水平位移为 0. 54cm，较不支护情况下的 4. 19cm 明显减少，见图 6-21。图 6-22 和图 6-23 分别为巷道开挖后，巷道拱顶处的垂直及巷道右帮中间位置的水平位移监测曲线。从图中可以看出，巷道的水平位移要大于垂直位移，但较不支护情况下，无论是垂直位移还是水平位移都有明显减少。

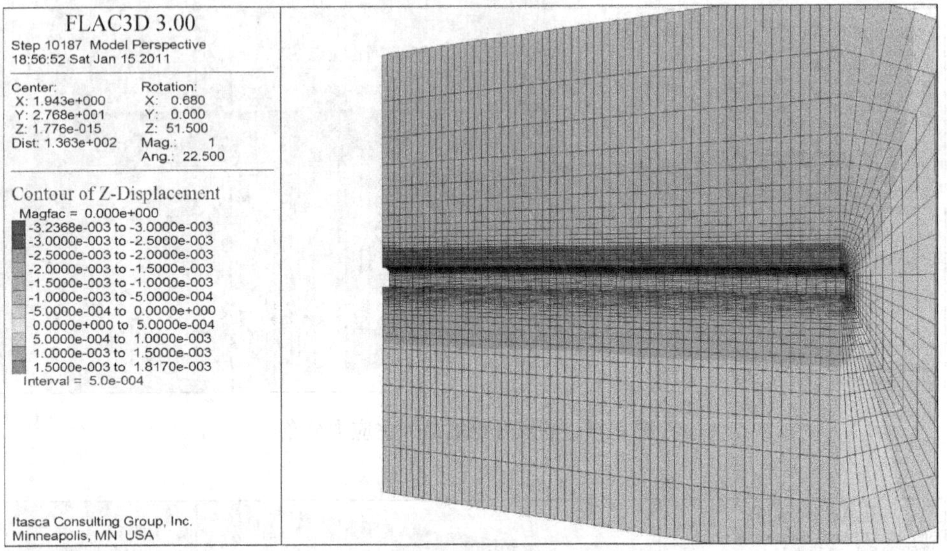

图 6-20 巷道开挖后 Z 方向位移分布

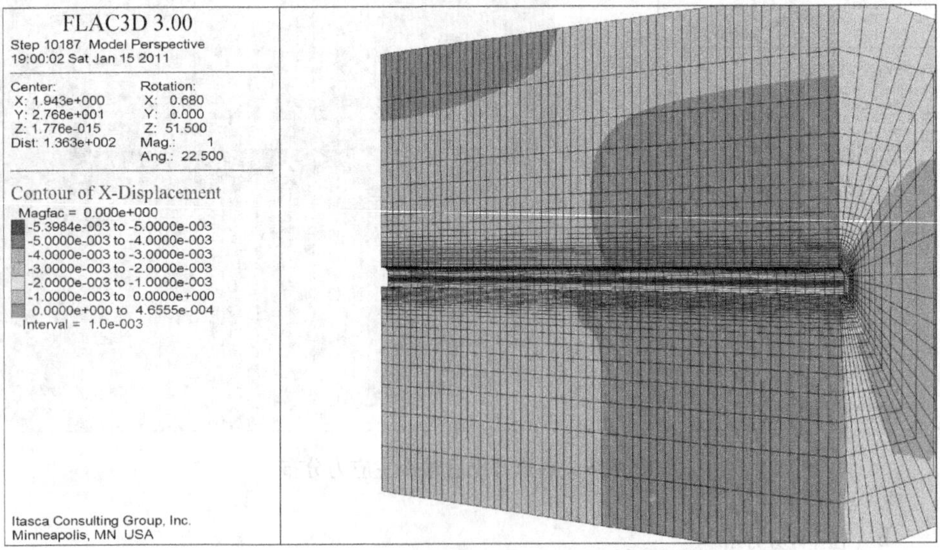

图 6-21 巷道开挖后 X 方向位移分布

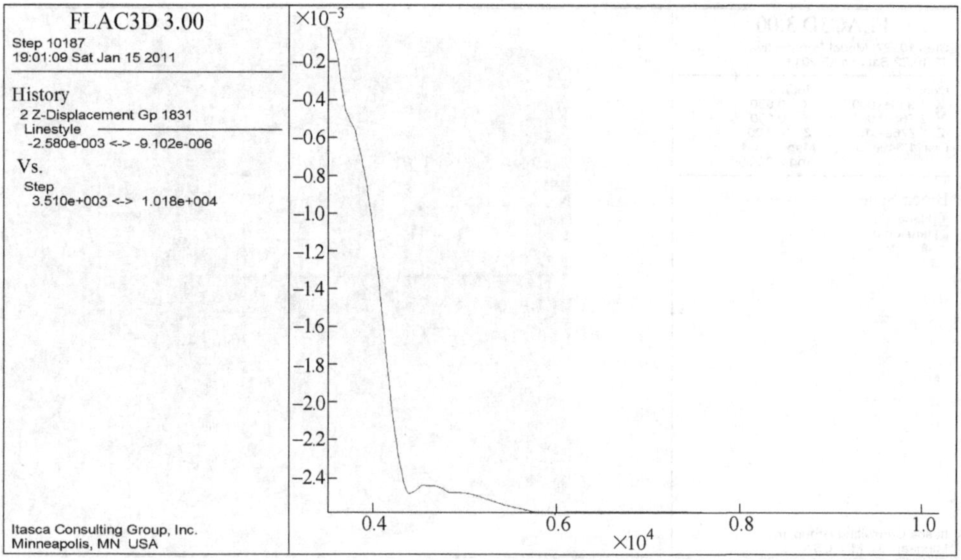

图 6-22 巷道开挖后拱顶垂直位移变化

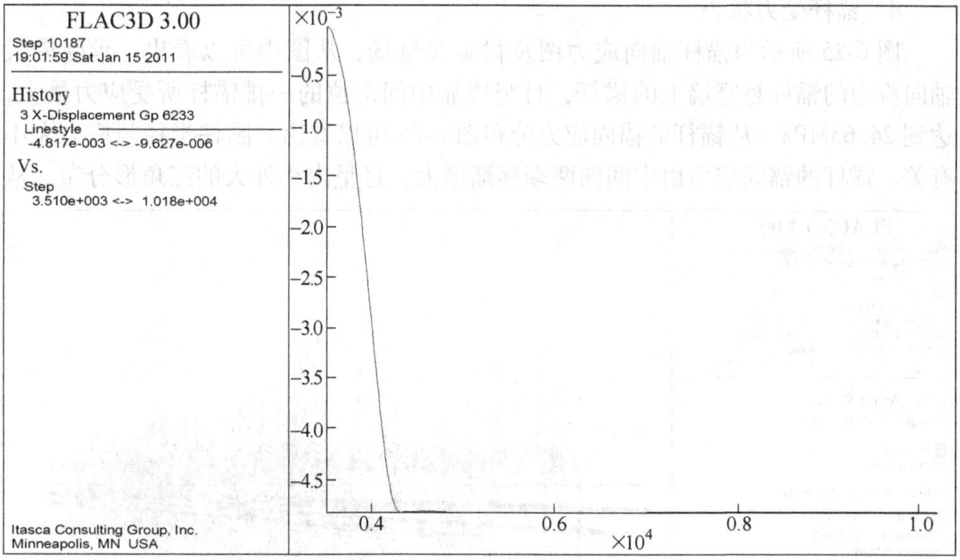

图 6-23 巷道开挖后两帮中点水平位移变化

c 塑性区分布

从采用锚喷网支护计算结果可知，支护后巷道的塑性破坏范围大大降低，围岩塑性破坏范围极少见图 6-24，说明整个巷道围岩受力状态良好，采用锚喷网支护下能够满足巷道的稳定性。

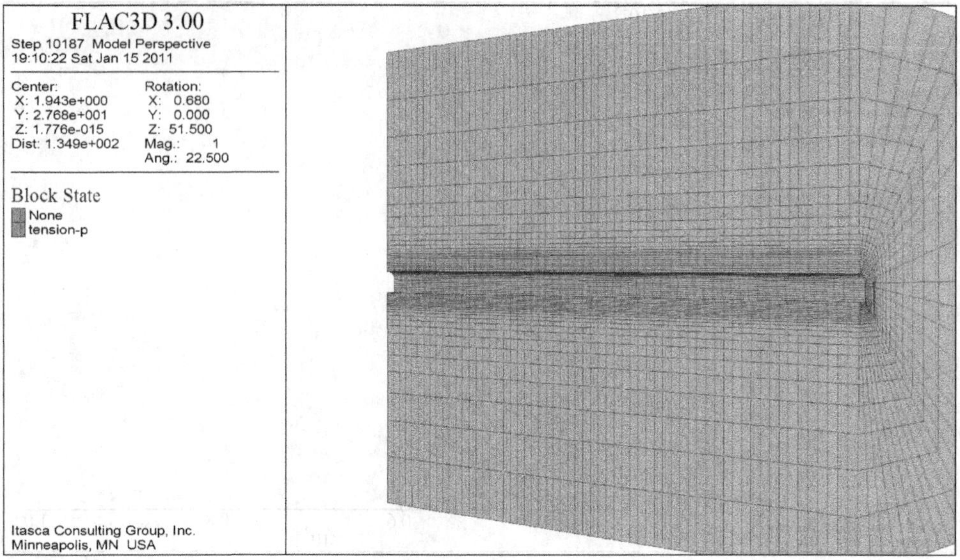

图 6-24 巷道开挖后塑性区分布

d 锚杆受力状态

图 6-25 所示为锚杆轴向应力图及衬砌矢量场，从图中可以看出，承受最大轴向应力的锚杆是竖墙上的锚杆，且竖墙靠中间部位的一排锚杆所受应力最大，达到 24. 63MPa。从锚杆的锚固应力分布图 6-26 可以看出，圆柱半径与应力大小有关。锚杆的锚固应力由中间向两端逐渐增大，且呈内小外大的三角形分布。从

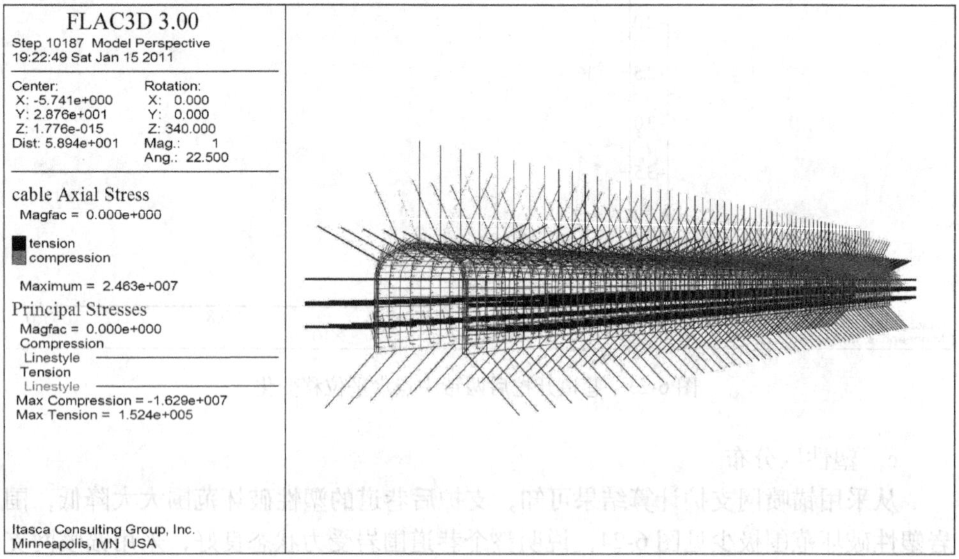

图 6-25 锚杆轴向应力图及衬砌矢量场

图6-26中可以看出，锚固应力最大的锚杆出现在竖墙靠中间的一排，最大锚固应力为42.97kPa。

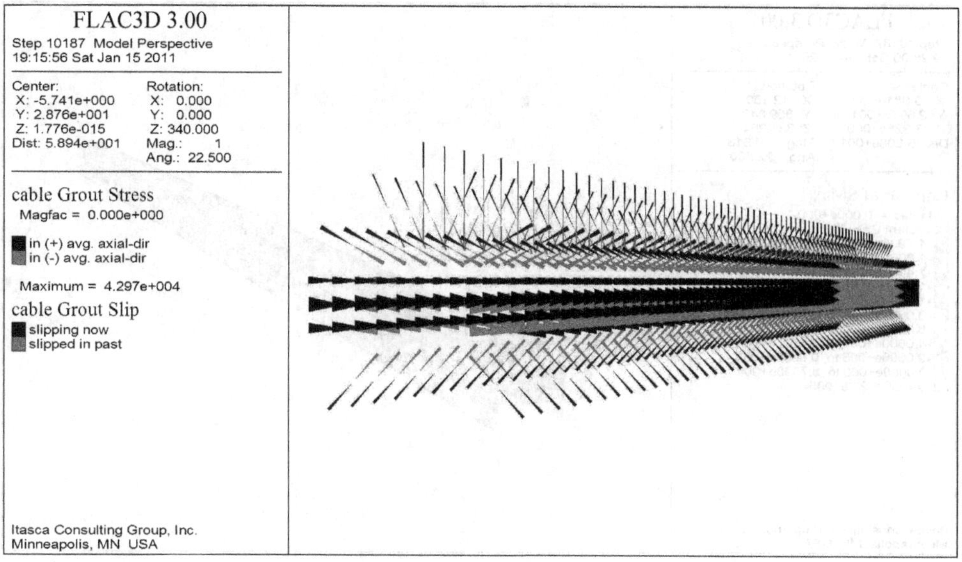

图6-26 锚杆锚固应力

e 混凝土喷层受力状态

从图6-27可以看出，混凝土喷层最大主应力均为压应力，局部最大压应力达到16.27MPa，出现在直墙和拱两帮交接处及部分拐角处，多数喷层承受10～

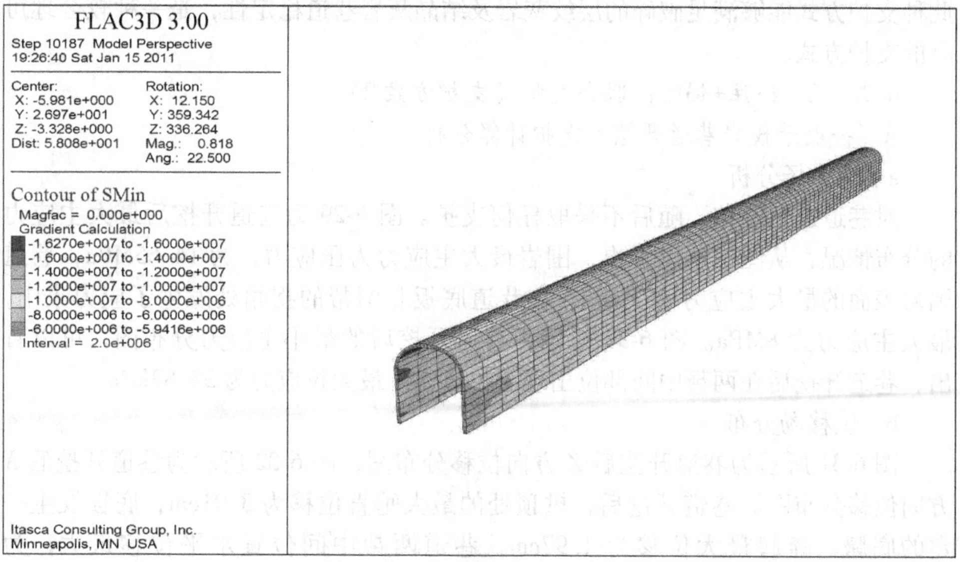

图6-27 衬砌最大主应力分布

12MPa 的压应力。衬砌最小主应力分布，如图 6-28 所示，从图中可以看出，最大拉应力出现在竖墙的中间位置，最大拉应力达到 0. 058MPa。

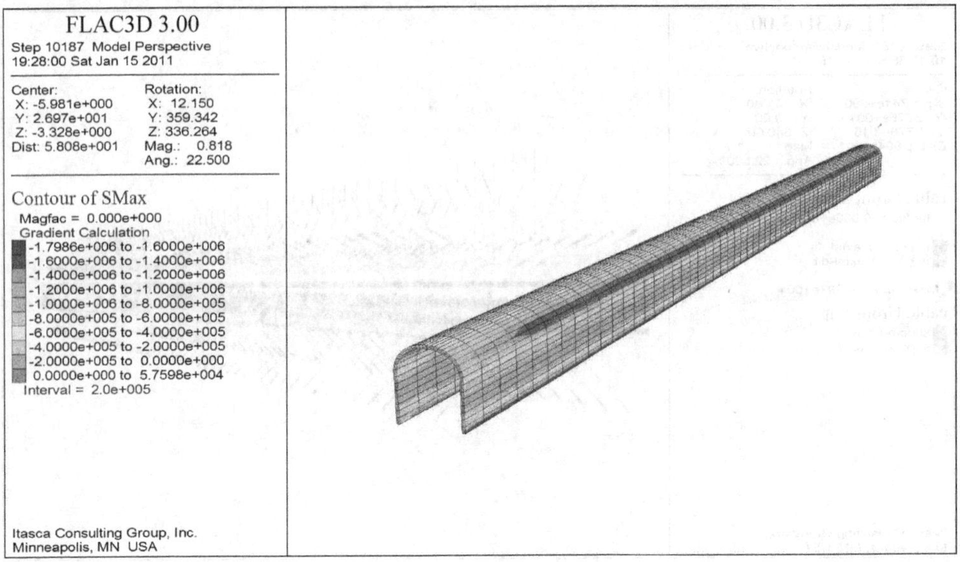

图 6-28 衬砌最小主应力分布

通过对破碎的层纹灰岩及结晶灰岩巷道开挖后不支护和开挖后采用锚喷网支护计算结果进行对比发现，开挖后采用锚喷网支护后，巷道位移明显减小，塑性区范围大大较低，围岩应力状态得到了很好的改善，巷道稳定性良好；说明采用此种支护方式能够满足破碎的层纹灰岩及结晶灰岩巷道稳定性，是一种较合理可靠的支护方式。

6. 2. 7. 2 锚注+锚喷网联合支护（支护方案 2）

A 一般千枚岩巷道开挖不支护计算分析

a 应力场分析

对巷道进行开挖，随后不采取任何支护。图 6-29 为巷道开挖后最大主应力的分布情况，从图中可以看出，围岩最大主应力为压应力，为 14. 65MPa，巷道围岩表面的最大主应力为 3MPa，在巷道底板和两帮的拐角处发生了应力集中，最大主应力为 8MPa。图 6-30 所示为巷道开挖后的最小主应力分布图，可以看出，巷道开挖后在两帮中间部位出现了拉应力，最大拉应力为 33. 82kPa。

b 位移场分布

图 6-31 所示为巷道开挖后 Z 方向位移分布图，图 6-32 所示为巷道开挖后 X 方向位移分布图。巷道开挖后，拱顶处的最大垂直位移为 3. 91cm，底板发生一定的底臌，隆起最大位移为 1. 97cm，巷道两帮中间位置水平位移最大，为 6. 68cm。巷道的水平位移要大于垂直位移，说明巷道开挖后发生偏帮较严重。

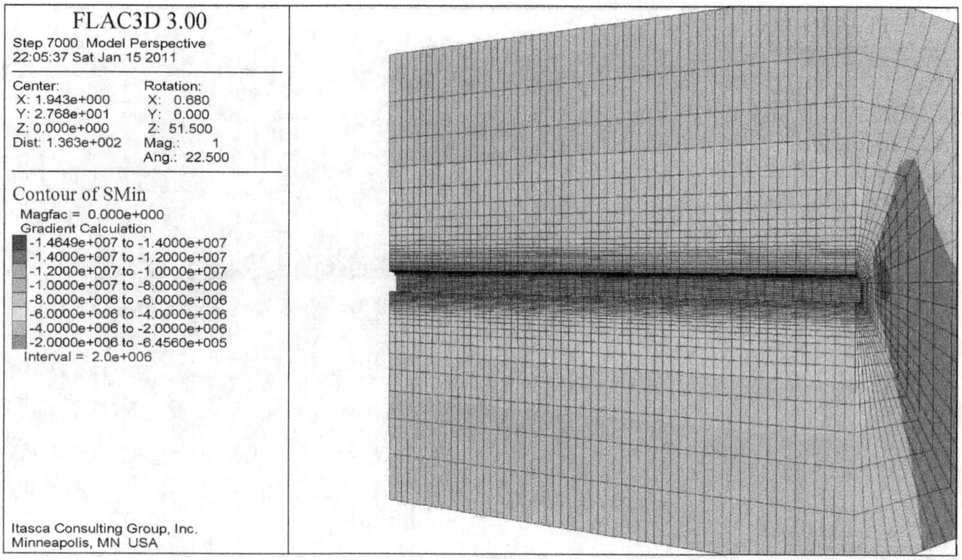

图6-29 巷道开挖后最大主应力分布

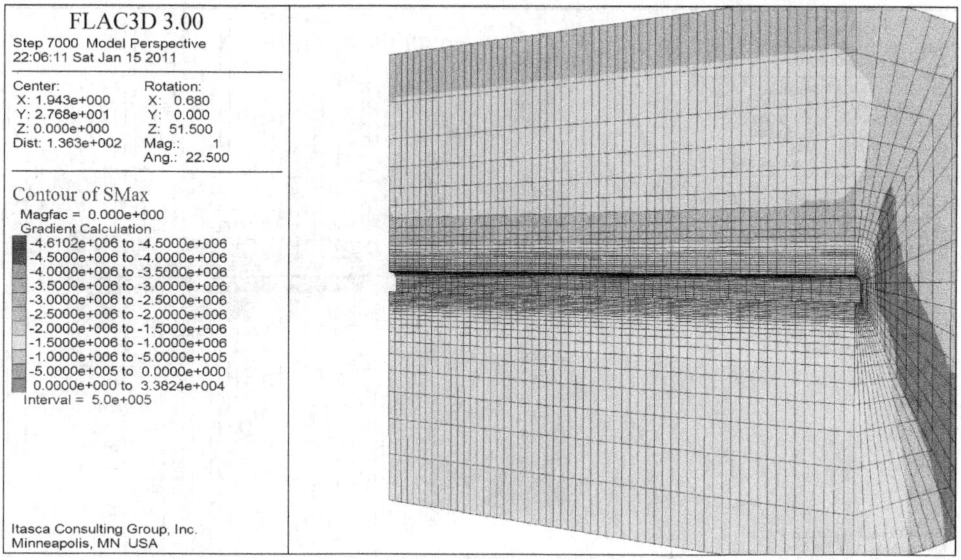

图6-30 巷道开挖后最小主应力分布

c 塑性区分布

从图6-33中可以看出，整个巷道塑性破坏比较明显，塑性区内主要有剪切应力作用，塑性区主要分布在竖墙至开挖临界1.3m范围内、顶板以上0.85m，以及巷道底板以下1.2m范围内；说明巷道开挖后，巷道的自稳能力较差，必须对其进行支护加固。

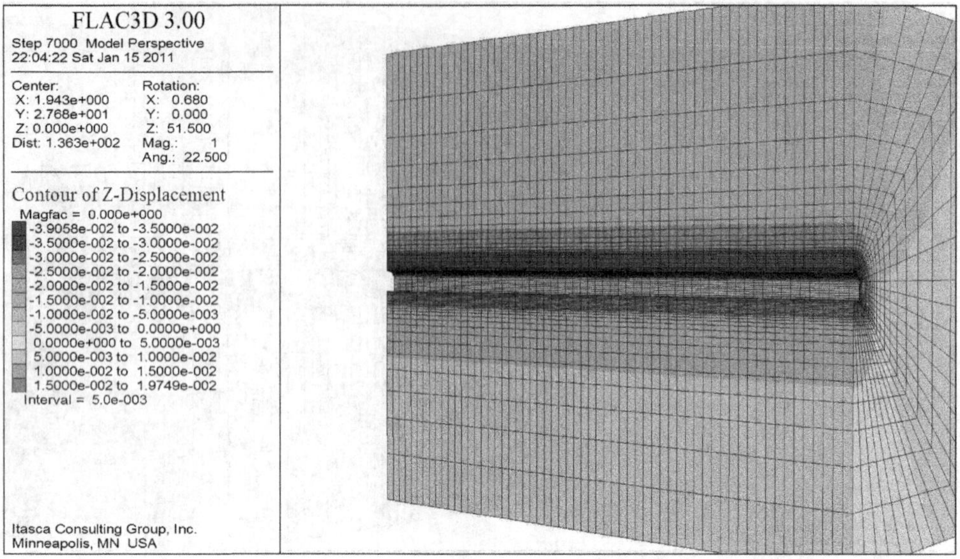

图 6-31　巷道开挖后 *Z* 方向位移分布

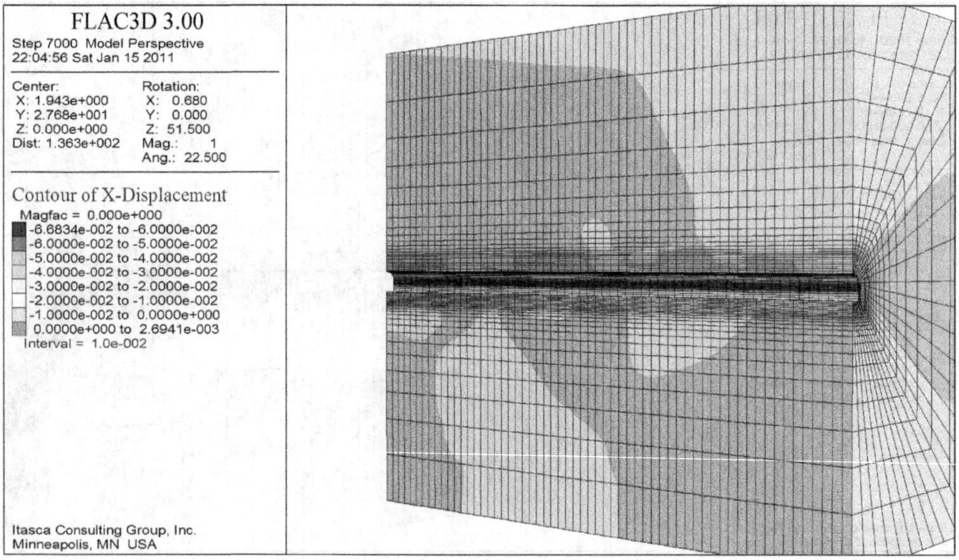

图 6-32　巷道开挖后 *X* 方向位移分布

B　巷道开挖锚注-锚喷网联合支护计算分析

一般千枚岩岩性相对层纹灰岩较差，经过对开挖后的裸巷分析，发现一般千枚岩巷道的破坏比层纹灰岩的巷道压力稍微严重一些，在无支护、加固的前提下同样难以自稳，所以必须对巷道进行支护、加固处理。国内外大量试验表明，锚注加固后岩石的单轴抗压强度提高 15%～79%、单轴抗拉强度提高 32%～108%、

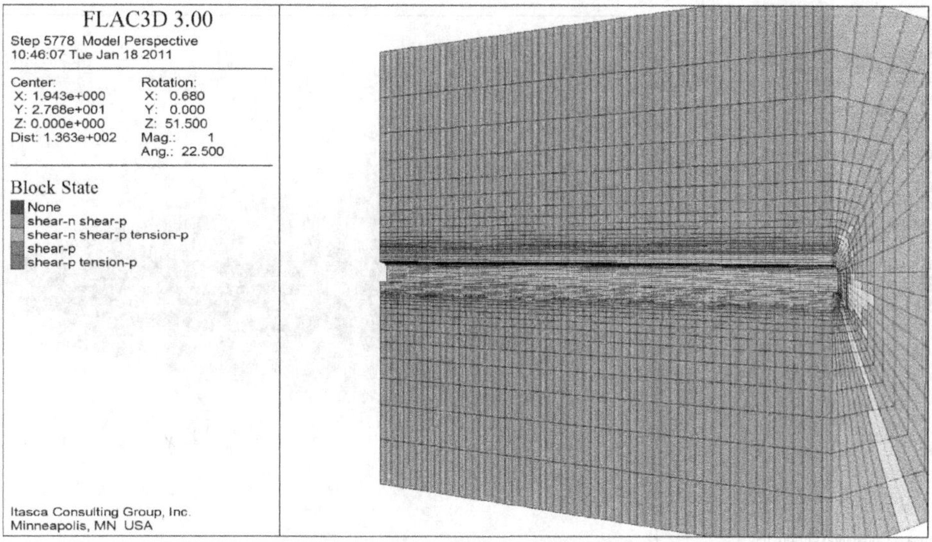

图 6-33 巷道开挖后塑性区分布

弹性模量提高 14%~61%、泊松比降低 12%~29%、内聚力提高 66%~225%，内摩擦角增大 6°~10°。注浆后浆液充填围岩裂隙，改善了巷道围岩破裂体的物理力学性质及其力学性能，将浆液在岩石裂隙中扩散范围（扩散半径）的岩层称为“锚注加固体等效层”，本研究取“锚注加固体等效层”的厚度 H 或浆液扩散半径 R 为 1.5m。锚注加固体等效层如图 6-34 所示，锚注+锚喷网联合支护模型图如图 6-35 所示。

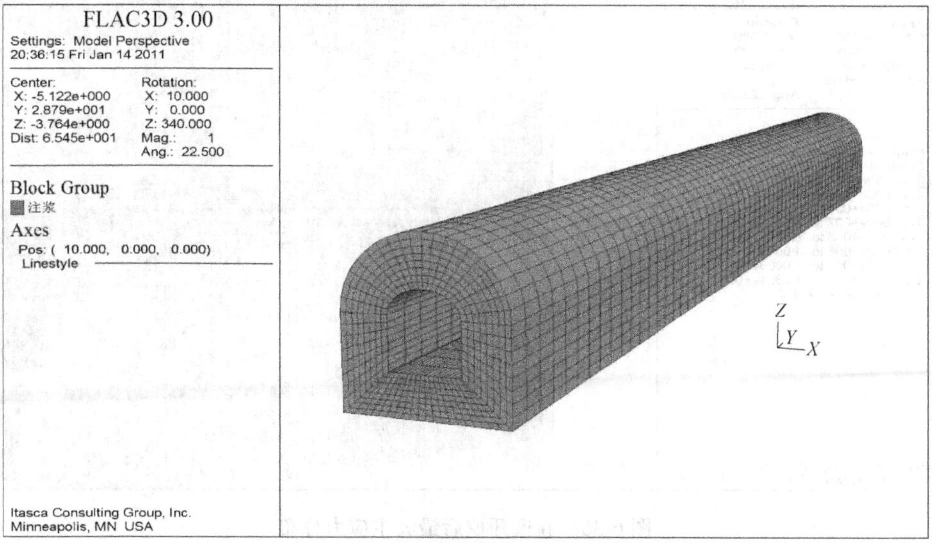

图 6-34 锚注加固体等效层

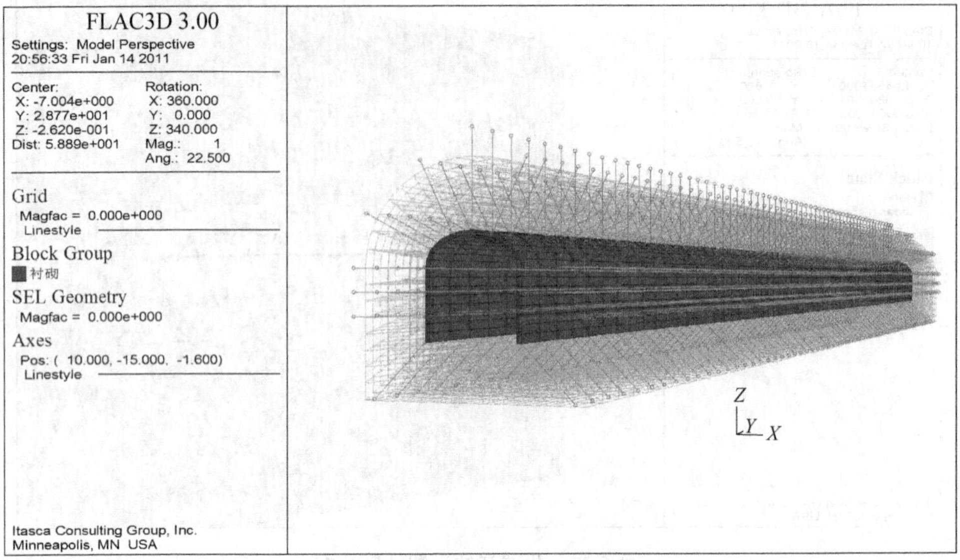

图 6-35　锚注+锚喷网联合支护模型

a　应力场分析

图 6-36 所示为巷道开挖后最大主应力的分布情况。从图中可以看出，围岩最大主应力为压应力，为 15.99MPa，巷道围岩表面的最大主应力为 5.5MPa，在巷道底板和两帮的拐角处发生了应力集中，最大主应力为 7.6MPa。图 6-37 所示

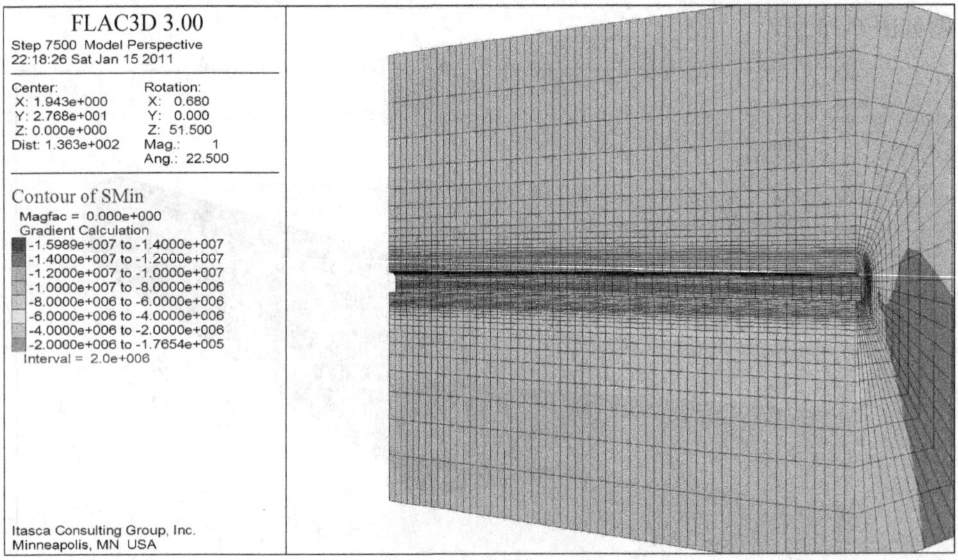

图 6-36　巷道开挖后最大主应力分布

为巷道开挖后的最小主应力分布图，可以看出，巷道开挖后在两帮中间部位出现了拉应力，最大拉应力为 0.23MPa。

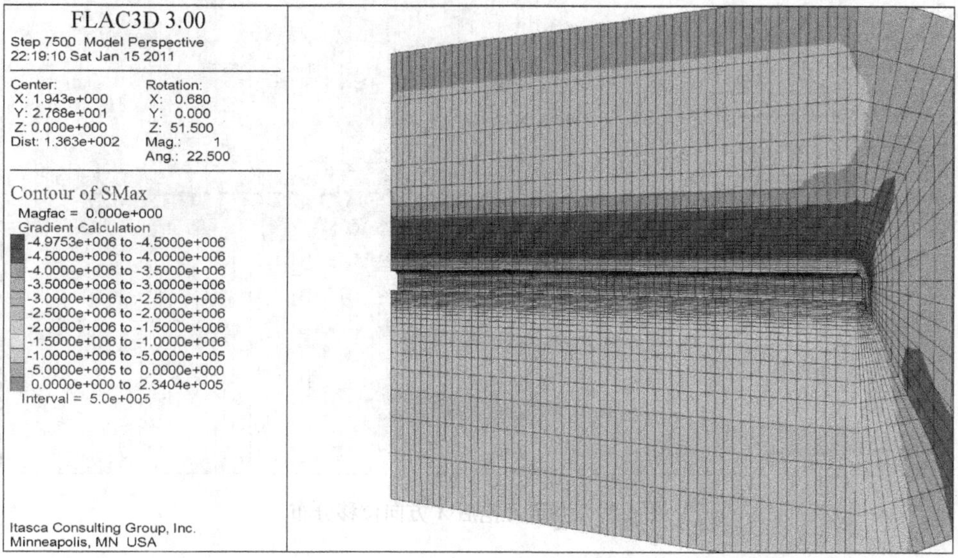

图 6-37 巷道开挖后最小主应力分布

b 位移场分布

图 6-38 所示为巷道开挖后 Z 方向位移分布图，图 6-39 为巷道开挖后 X 方向位移分布图。巷道开挖后，拱顶处的最大垂直位移不到 1mm 较不支护拱顶最大

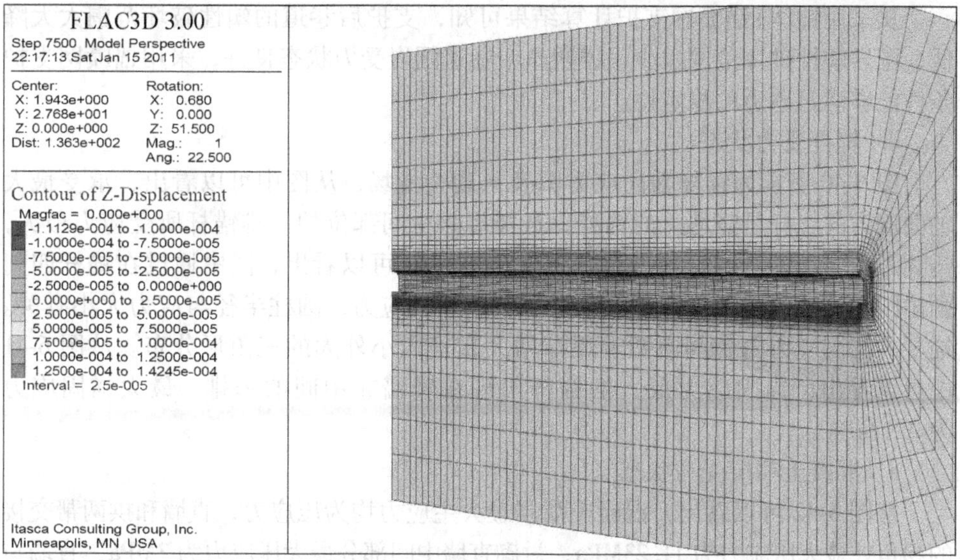

图 6-38 巷道开挖后 Z 方向位移分布

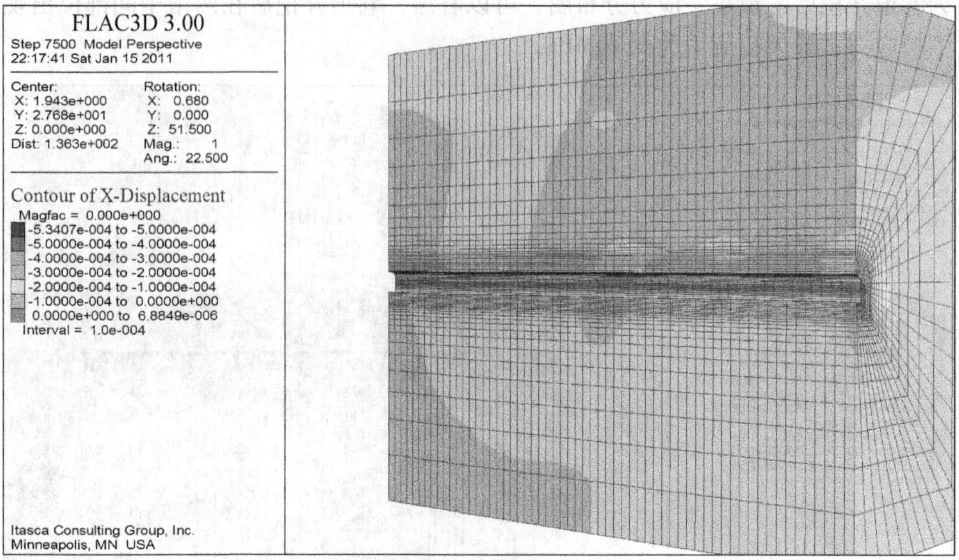

图 6-39 巷道开挖后 *X* 方向位移分布

垂直位移 3.91cm 明显降低。底板发生一定的底臌，隆起最大位移为较不支护情况下底板最大隆起值 1.35cm 也降低很多。巷道两帮中间位置最大水平位移不到 1mm，较不支护情况下也大大降低。从计算结果来看，有支护情况下，巷道围岩的垂直及水平变形大大降低，说明支护效果较好。

c 塑性区分布

从采用锚注+锚喷网支护计算结果可知，支护后巷道的塑性破坏范围大大降低，围岩塑性破坏范围极少，说明整个巷道围岩受力状态良好，采用锚喷网支护条件能够满足巷道的稳定性。

d 锚杆受力状态

图 6-40 所示为锚杆轴向应力图及衬砌矢量场，从图中可以看出，承受最大轴向应力的锚杆是竖墙上的锚杆，且竖墙靠中间部位的一排锚杆所受应力最大，达到 1.25MPa。从锚杆的锚固应力分布图 6-41 可以看出，图中通过在锚杆四周画出圆柱体来表述锚杆对水泥浆液或者围岩的应力，圆柱半径与应力大小有关。锚杆的锚固应力由中间向两端逐渐增大且呈内小外大的三角形分布。从图 6-41 中可以看出，锚固应力最大的锚杆出现在竖墙靠中间的一排，最大锚固应力为 2.17kPa。

e 混凝土喷层受力状态

从图 6-42 可以看出，混凝土喷层最大主应力均为压应力，直墙和拱两帮交接的拐角处最大压应力为 11.23MPa，衬砌直墙中间部分最大压应力为 3MPa，直墙与底板交接处最大压应力为 7MPa。衬砌最小主应力分布如图 6-43 所示，从图中可以

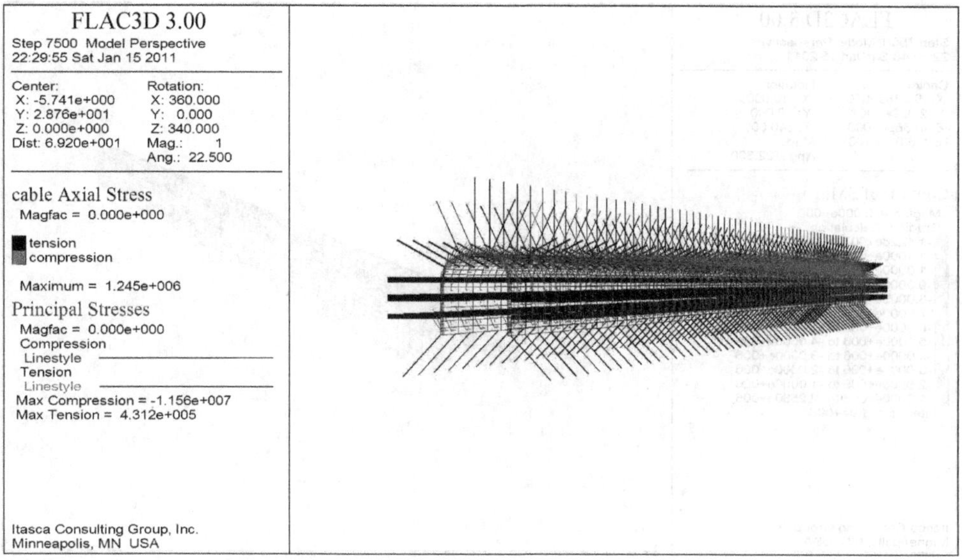

图 6-40 锚杆轴力图及衬砌矢量场

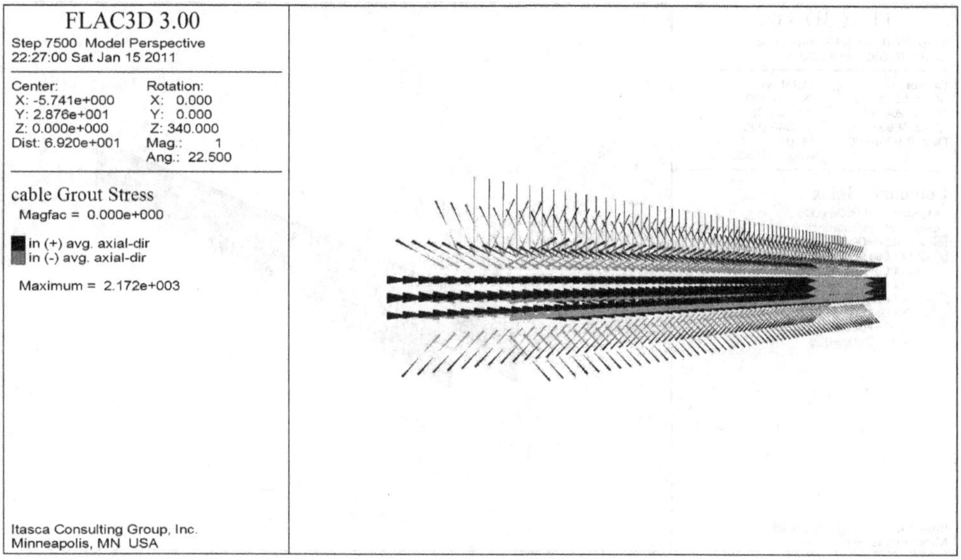

图 6-41 锚杆锚固应力

看出，最大拉应力出现在竖墙的中间偏下位置，最大拉应力达到 0.242MPa。

f 注浆加固等效层受力状态

从图 6-44 可以看出，注浆加固等效层最大主应力均为压应力，局部最大压应力达到 16.11MPa，出现在拱两帮和直墙的交接处，多数注浆等效层承受

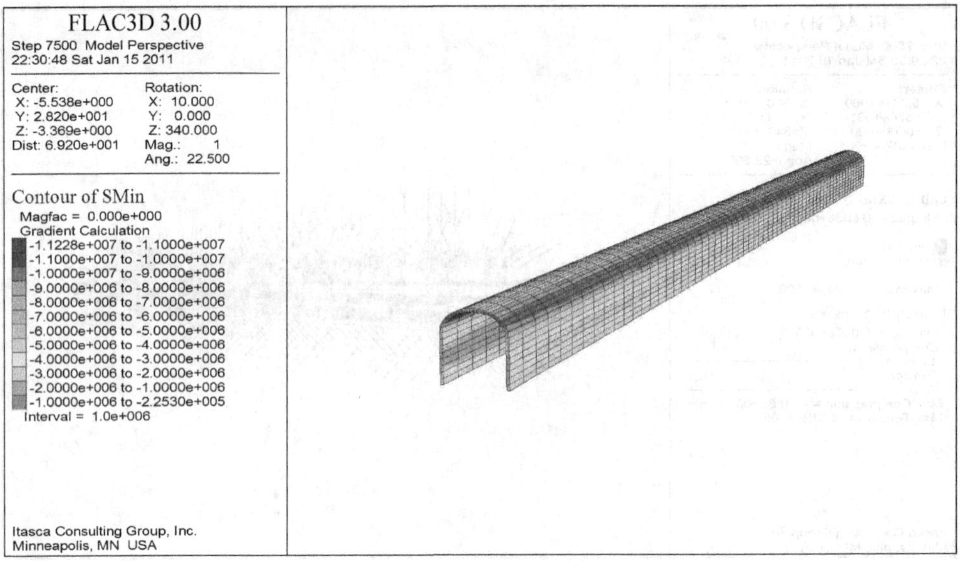

图 6-42　衬砌最大主应力分布

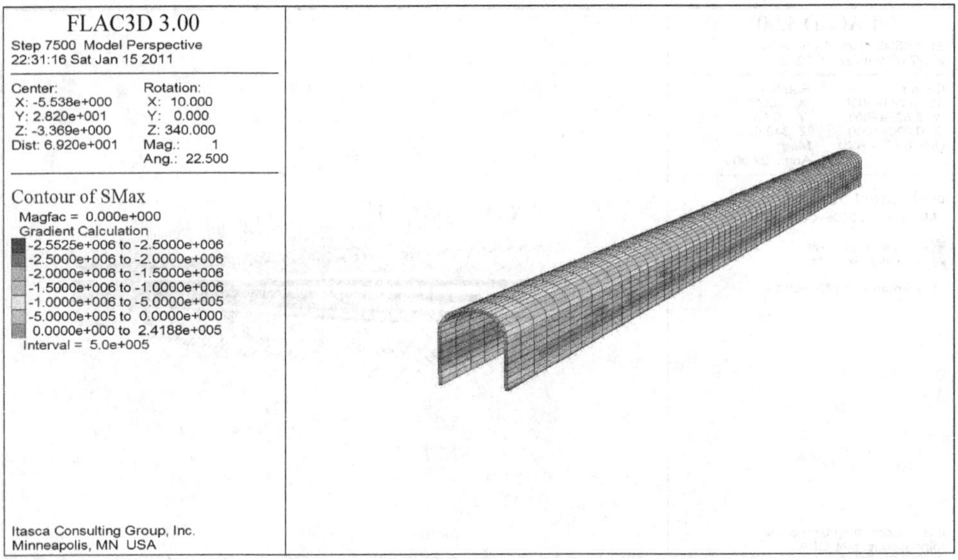

图 6-43　衬砌最小主应力分布

12~14MPa 的压应力。注浆加固等效层最小主应力分布，如图 6-45 所示，从图中可以看出，最大拉应力出现在注浆等效层内部的中间位置，最大拉应力为 0.15MPa。

通过对破碎的一般千枚岩巷道开挖后不支护和开挖后采取锚注-锚喷网联合

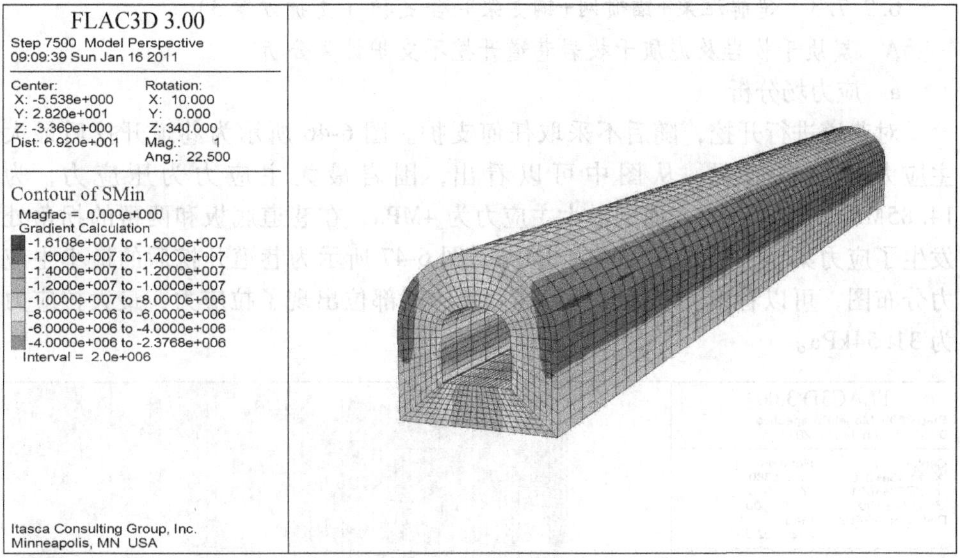

图 6-44 注浆加固等效层最大主应力分布

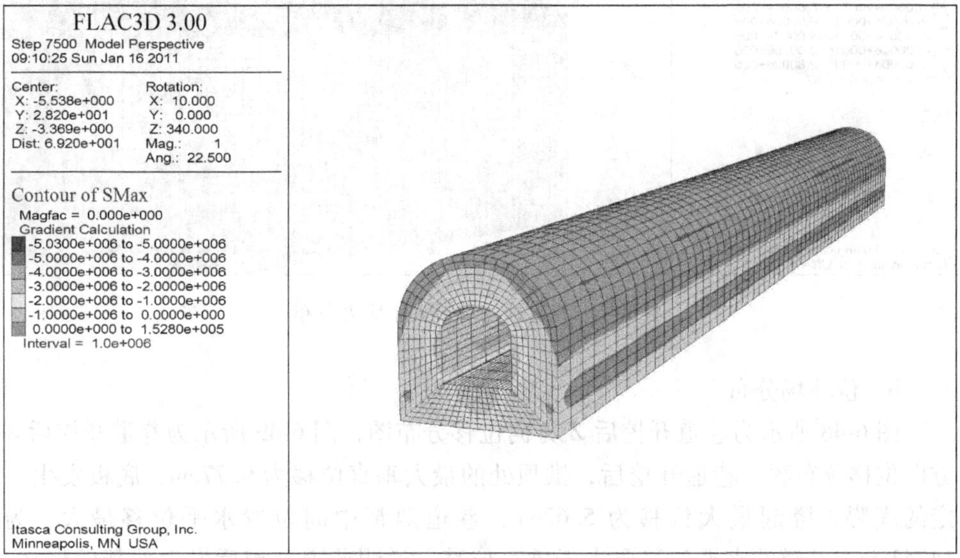

图 6-45 注浆加固等效层最小主应力分布

支护计算结果进行对比发现，开挖后采用锚注-锚喷网支护后，巷道位移明显减小，塑性区范围大大较低，围岩应力状态得到了很好的改善，巷道稳定性良好；说明采用此种支护方式能够满足松软破碎的一般千枚岩巷道的稳定性，是一种较合理可靠的支护方式。

6.2.7.3 超前注浆+锚喷网+钢支架联合支护（支护方案3）

A 炭质千枚岩及泥质千枚岩巷道开挖不支护计算分析

a 应力场分析

对巷道进行开挖，随后不采取任何支护。图 6-46 所示为巷道开挖后最大主应力的分布情况，从图中可以看出，围岩最大主应力为压应力，为 14.85MPa，巷道围岩表面的最大主应力为 4MPa，在巷道底板和两帮的拐角处发生了应力集中，最大主应力为 8MPa。图 6-47 所示为巷道开挖后的最小主应力分布图，可以看出，巷道开挖后在两帮中间部位出现了拉应力，最大拉应力为 31.54kPa。

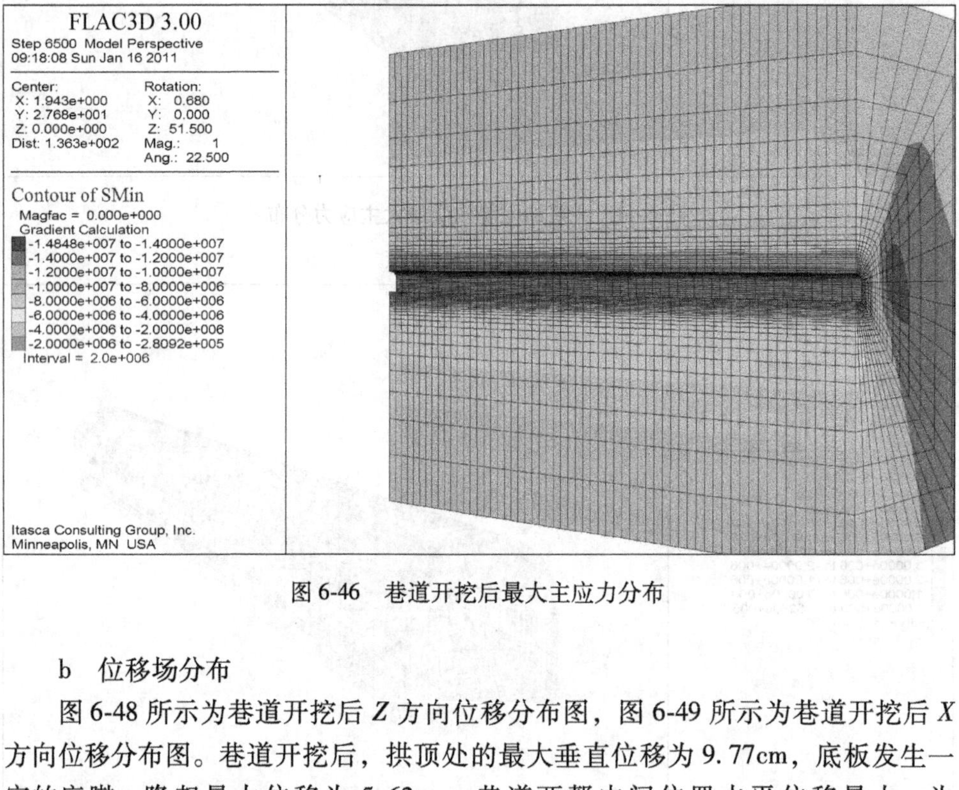

图 6-46 巷道开挖后最大主应力分布

b 位移场分布

图 6-48 所示为巷道开挖后 Z 方向位移分布图，图 6-49 所示为巷道开挖后 X 方向位移分布图。巷道开挖后，拱顶处的最大垂直位移为 9.77cm，底板发生一定的底臌，隆起最大位移为 5.62cm，巷道两帮中间位置水平位移最大，为 14.43cm。巷道的水平位移要大于垂直位移，说明巷道开挖后发生偏帮较严重，现场巷道的实际破坏情况验证了计算结果。

c 塑性区分布

从图 6-50 中可以看出，塑性区内主要有剪切应力作用，塑性区主要分布在竖墙至开挖临界 1.6m 范围内、顶板以上 1.4m，以及巷道底板以下 1.5m 范围内。

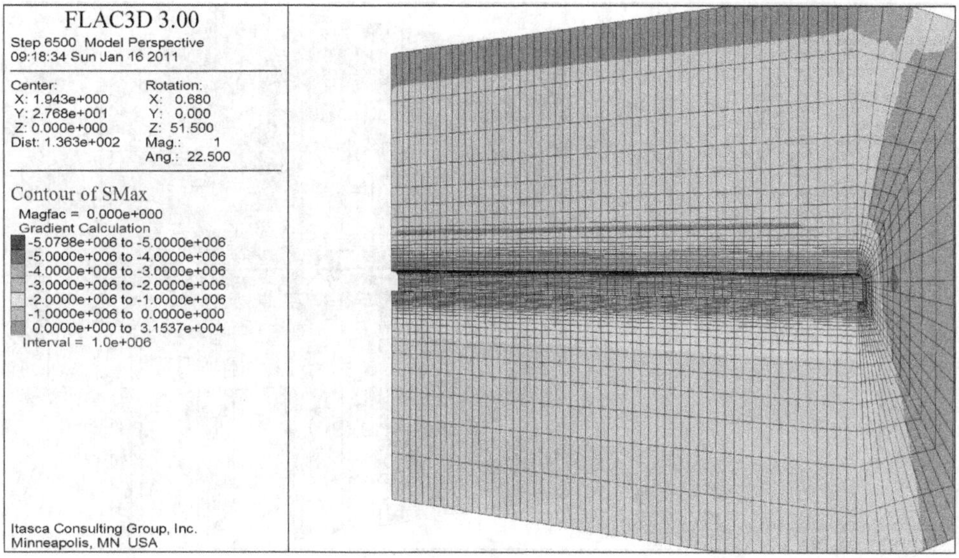

图6-47 巷道开挖后最小主应力分布

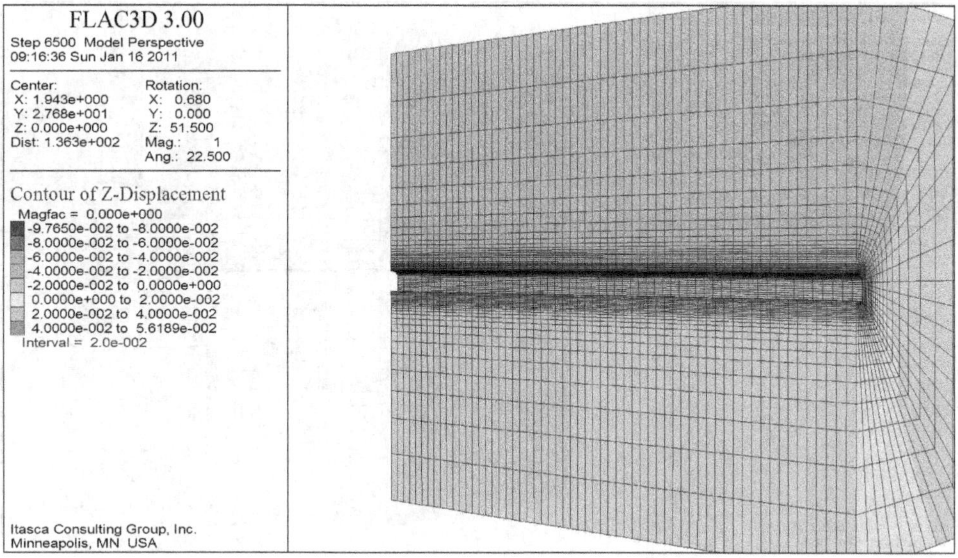

图6-48 巷道开挖后 *Z* 方向位移分布

B 巷道开挖超前注浆-锚喷网-钢拱架联合支护研究

炭质千枚岩及泥质千枚岩岩性最差，经过对开挖后的裸巷分析，发现破碎地段的炭质千枚岩巷道在无支护和加固的前提下是不稳定的，且破坏较为严重，所以必须对巷道进行支护、加固处理。因此，提出了超前注浆+锚喷网+钢拱架支

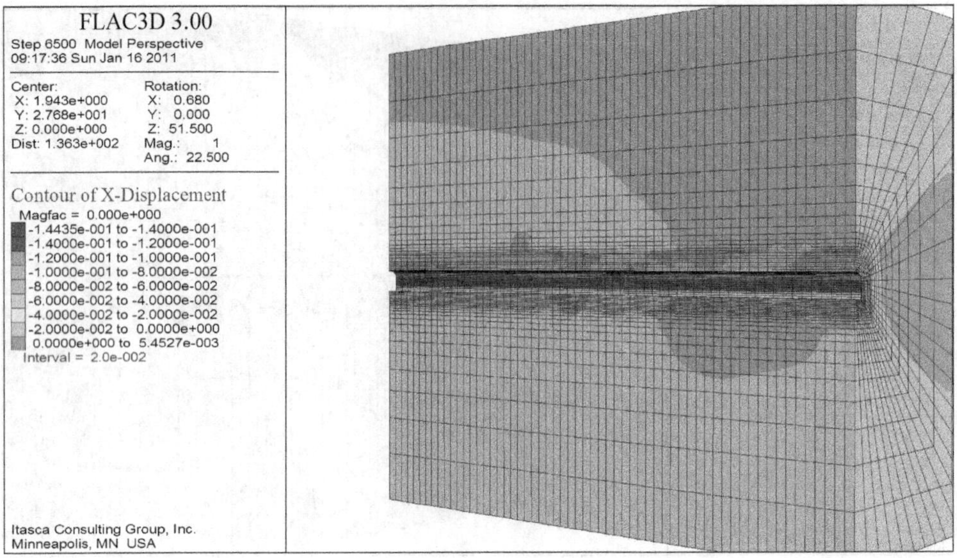

图 6-49　巷道开挖后 *X* 方向位移分布

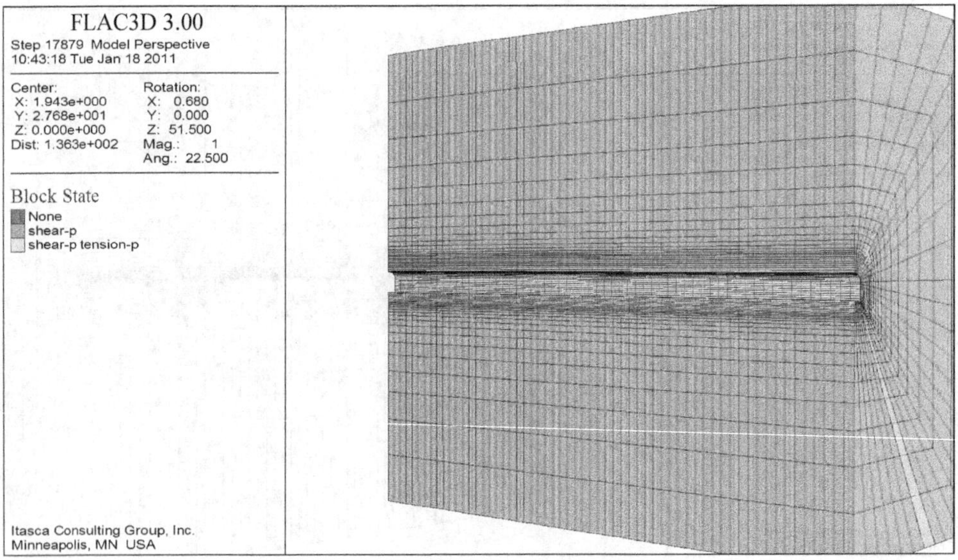

图 6-50　巷道开挖后塑性区分布

护方案，钢拱架支护模型如图 6-51 所示，锚喷网+钢拱架联合支护模型如图 6-52 所示，超前注浆+锚喷网+钢拱架联合支护模型如图 6-53 所示。

a　应力场分析

图 6-54 所示为巷道开挖后最大主应力的分布情况，从图中可以得出，围岩

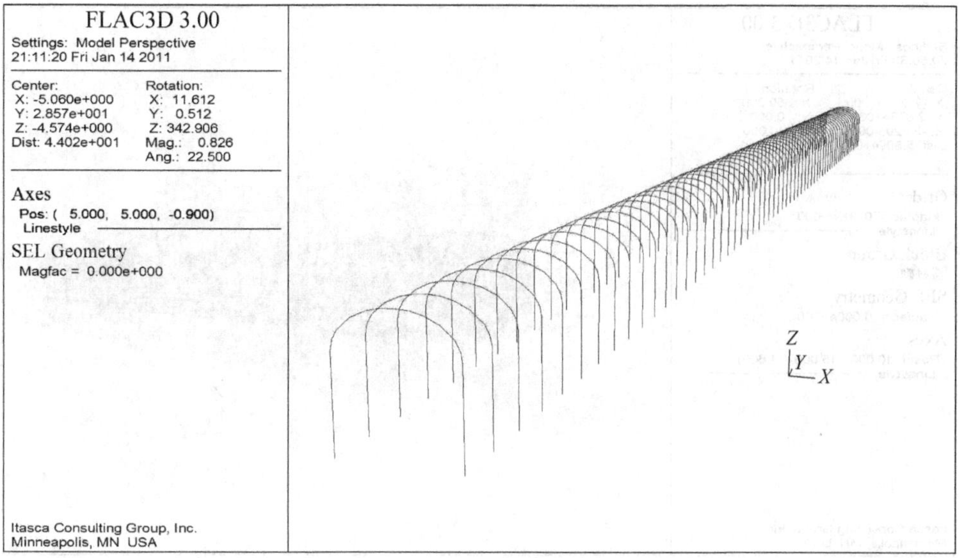

图 6-51 钢拱架支护模型

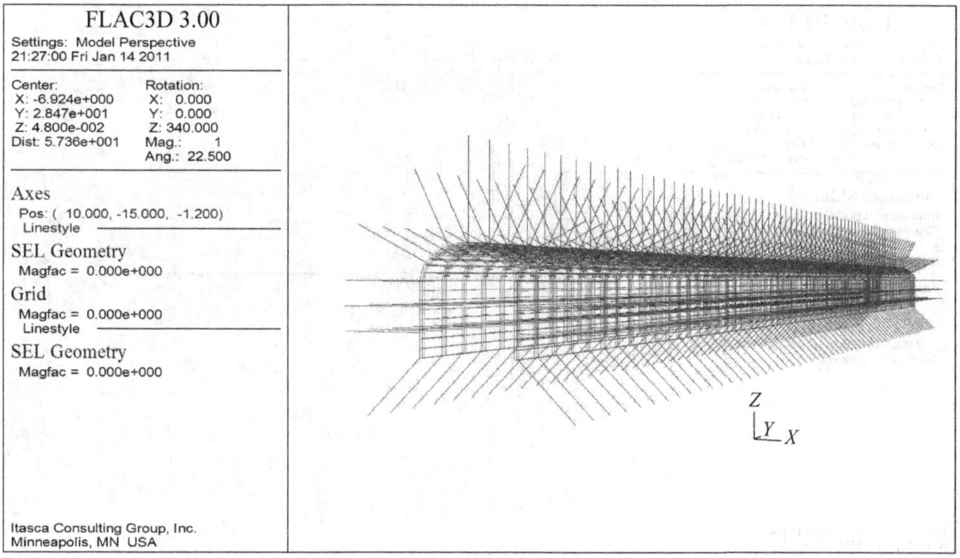

图 6-52 锚喷网+钢拱架联合支护模型

最大主应力为压应力，为14.29MPa，巷道围岩表面的最大主应力为6MPa，在巷道底板和两帮的拐角处发生了应力集中，最大主应力为10MPa。图6-55所示为巷道开挖后的最小主应力分布图，可以看出，巷道开挖后在两帮中间部位出现了拉应力，最大拉应力为0.145MPa。

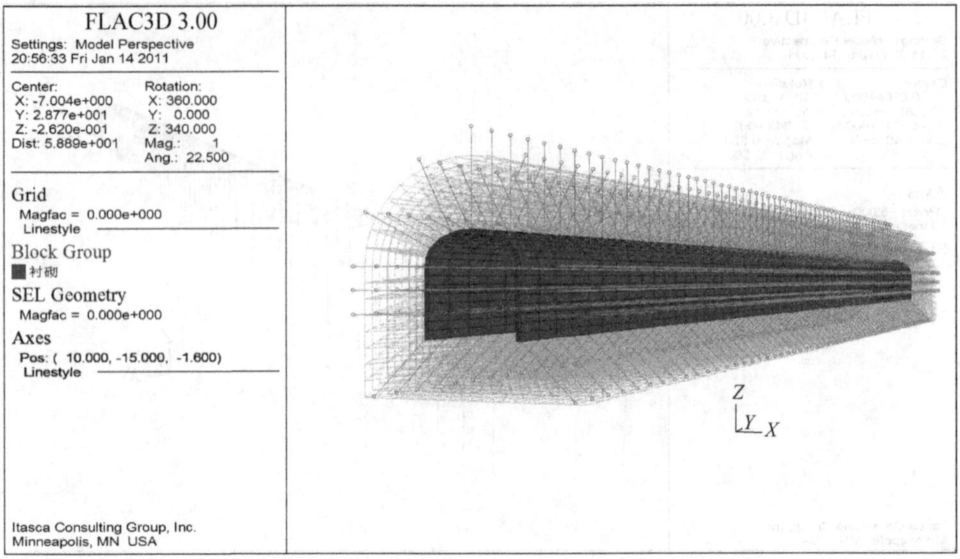

图 6-53 超前注浆+锚喷网+钢拱架联合支护模型

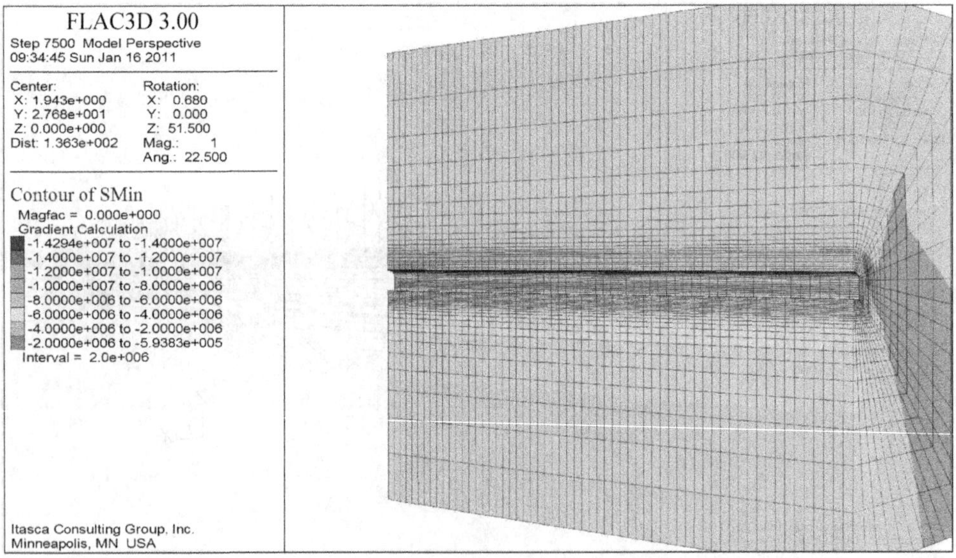

图 6-54 巷道开挖后最大主应力分布

b 位移场分布

图 6-56 所示为巷道开挖后 Z 方向位移分布图，图 6-57 为巷道开挖后 X 方向位移分布图。巷道开挖后，拱顶处的最大垂直位移不到 1mm，较不支护拱顶最大垂直位移明显降低。底板发生一定的底臌，隆起最大位移较不支护情况下降低很

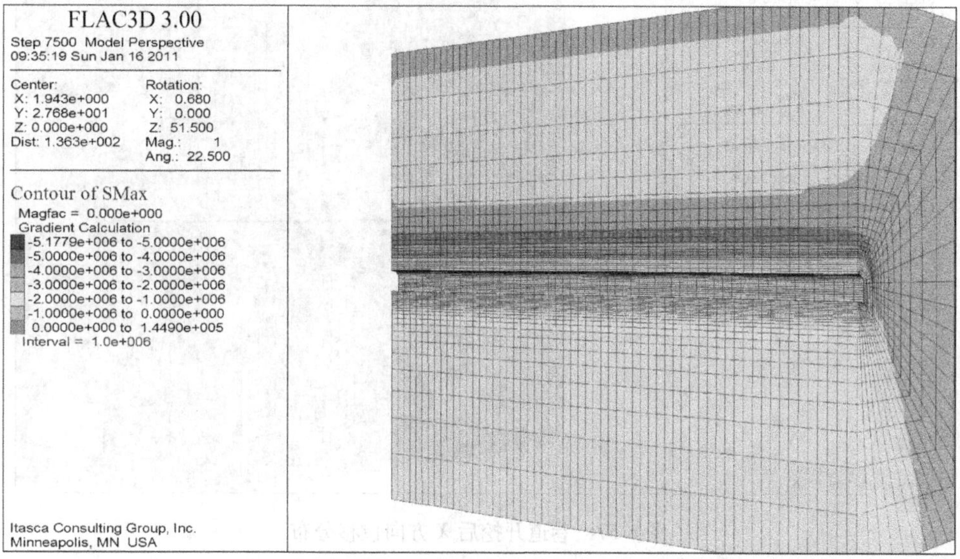

图 6-55 巷道开挖后最小主应力分布

多，均不到 1mm。巷道两帮中间位置最大水平位移不到 1mm，较不支护情况下也大大降低。从计算结果来看，有支护情况下，巷道围岩的垂直及水平变形大大降低，说明支护效果较好，支护作用明显。

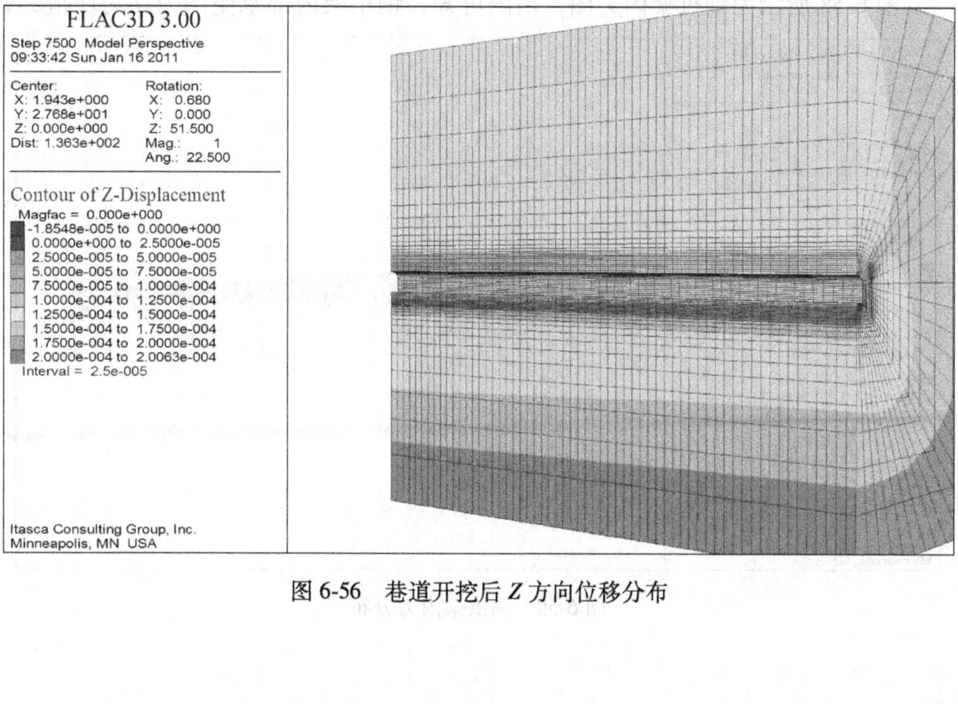

图 6-56 巷道开挖后 Z 方向位移分布

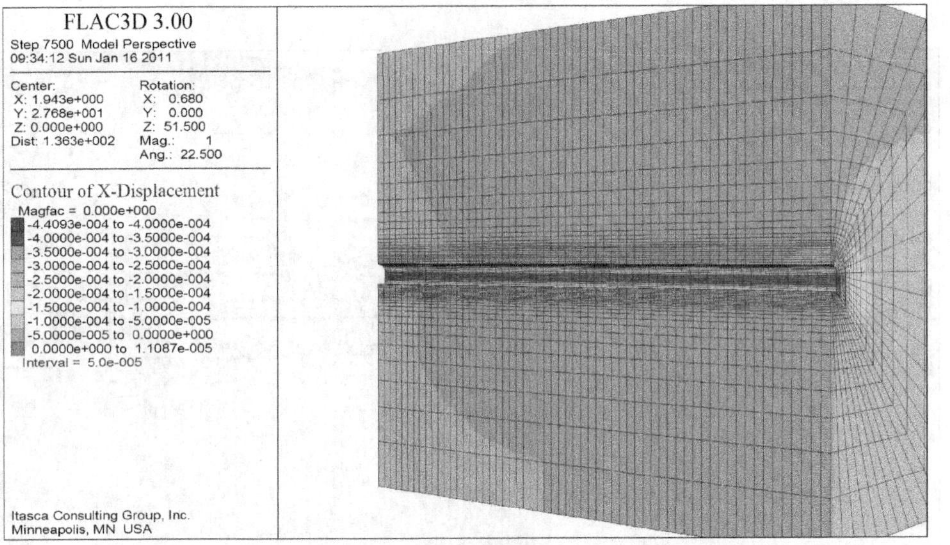

图 6-57 巷道开挖后 X 方向位移分布

c 塑性区分布

从采用超前注浆+锚喷网+钢拱架联合支护计算结果可知，支护后巷道的塑性破坏范围大大降低，仅个别拐角处有塑性破坏发生，围岩塑性破坏范围极少；说明整个巷道围岩受力状态良好，采用联合支护能够满足巷道的稳定性要求。

d 钢拱架受力状态

图 6-58 所示为钢拱架内力图，由图可知，钢拱架内部承受的力均为压应力，

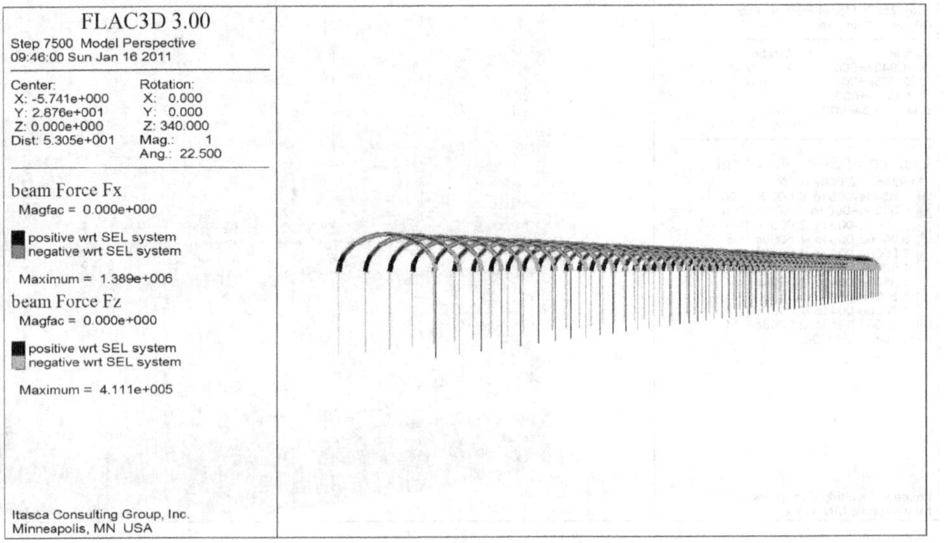

图 6-58 钢拱架内力分布

钢拱架拱形部分承受的最大水平方向的力为1.39×10³kN，钢拱架两帮承受的最大垂直方向的力为0.411×10³kN。

e 锚杆受力状态

图6-59所示为锚杆轴向应力图及衬砌矢量场，从图中可以看出，承受最大轴向应力的锚杆是竖墙上的锚杆，且竖墙靠中间部位的一排锚杆所受应力最大，达到0.89MPa。从锚杆的锚固应力分布图6-60可以看出，图中用两种颜色在锚

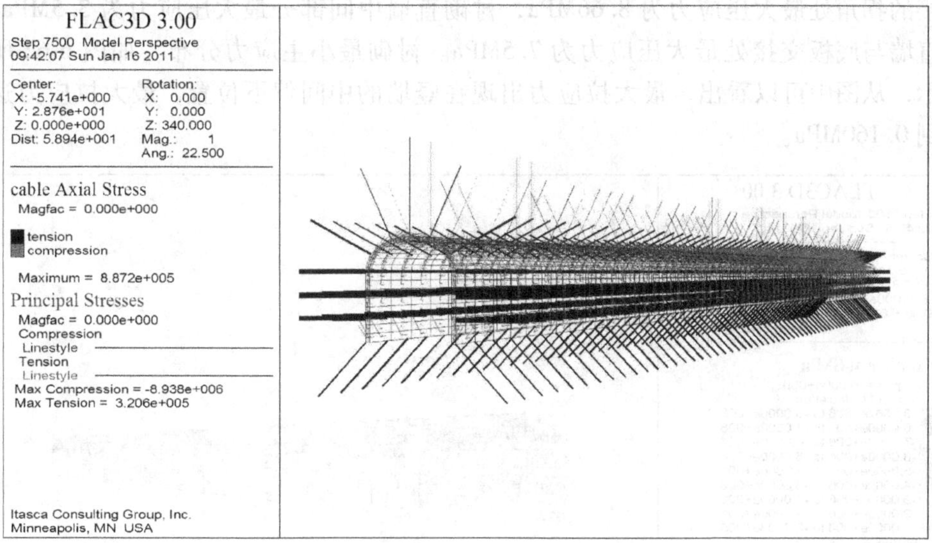

图6-59 锚杆轴向应力图及衬砌矢量场

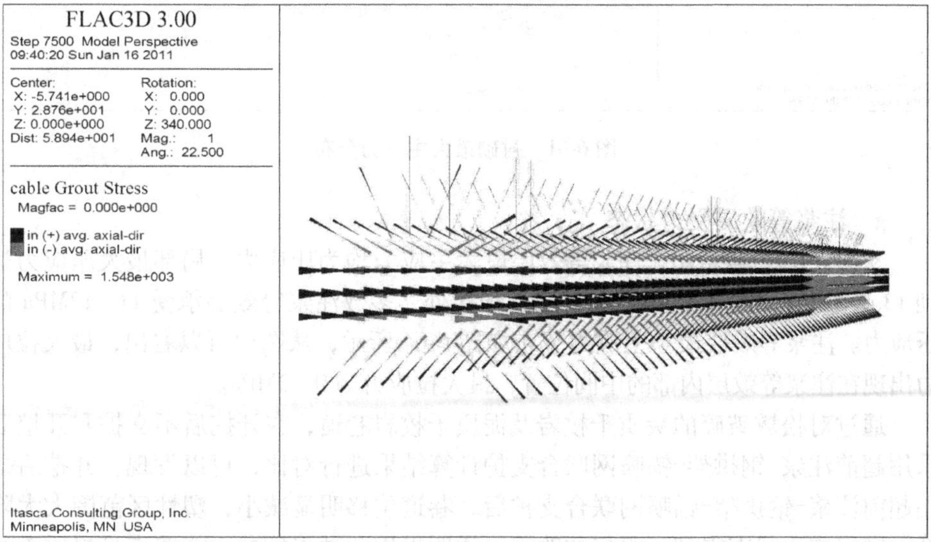

图6-60 锚杆锚固应力

杆四周画出锥圆柱体来表述锚杆对水泥浆或者围岩的应力，圆柱半径与应力大小有关。锚杆的锚固应力由中间向两端逐渐增大且呈内小外大的三角形分布。从图 6-60 中可以看出，锚固应力最大的锚杆出现在竖墙靠中间的一排，最大锚固应力为 1. 548kPa。

f 混凝土喷层受力状态

从图 6-61 可以看出，混凝土喷层最大主应力均为压应力，直墙和拱两帮交接的拐角处最大压应力为 8. 66MPa，衬砌直墙中间部分最大压应力为 3. 5MPa，直墙与底板交接处最大压应力为 7. 5MPa。衬砌最小主应力分布，如图 6-62 所示，从图中可以看出，最大拉应力出现在竖墙的中间偏下位置，最大拉应力达到 0. 160MPa。

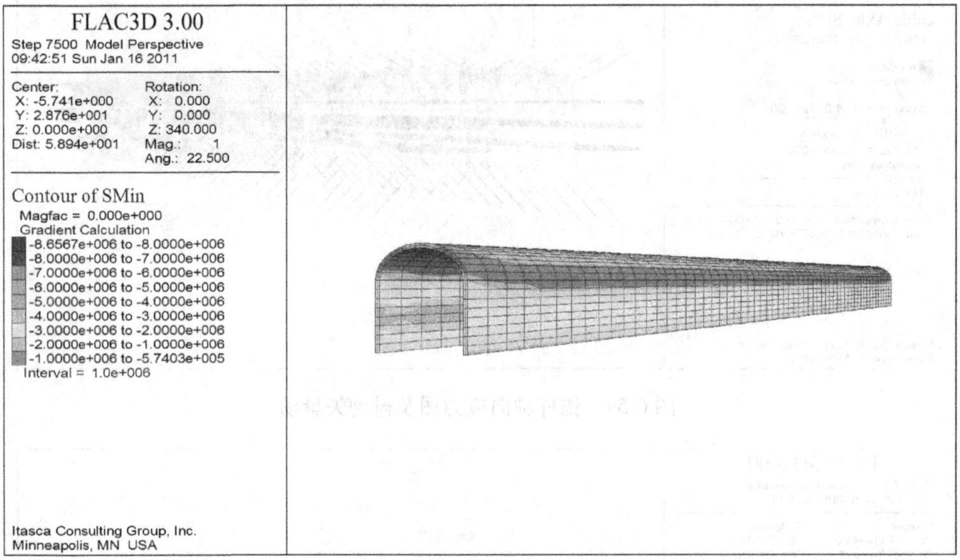

图 6-61 衬砌最大主应力分布

g 注浆等效层受力状态

从图 6-63 可以看出，注浆等效层最大主应力均为压应力，局部最大压应力达到 13. 97MPa，出现在拱两帮和直墙的交接处，多数注浆等效层承受 11~12MPa 的压应力。注浆等效层最小主应力分布如图 6-64 所示，从图中可以看出，最大拉应力出现在注浆等效层内部的中间位置，最大拉应力为 0. 13MPa。

通过对松散破碎的炭质千枚岩及泥质千枚岩巷道，在开挖后不支护和开挖后采用超前注浆-钢拱架-锚喷网联合支护计算结果进行对比，可以发现，开挖后采用超前注浆-钢拱架-锚喷网联合支护后，巷道位移明显减小，塑性区范围大大降低，围岩应力状态得到了很好的改善；说明采用此种支护方式能够满足炭质千枚岩及泥质千枚岩巷道稳定性的要求，是一种较合理可靠的支护方式。

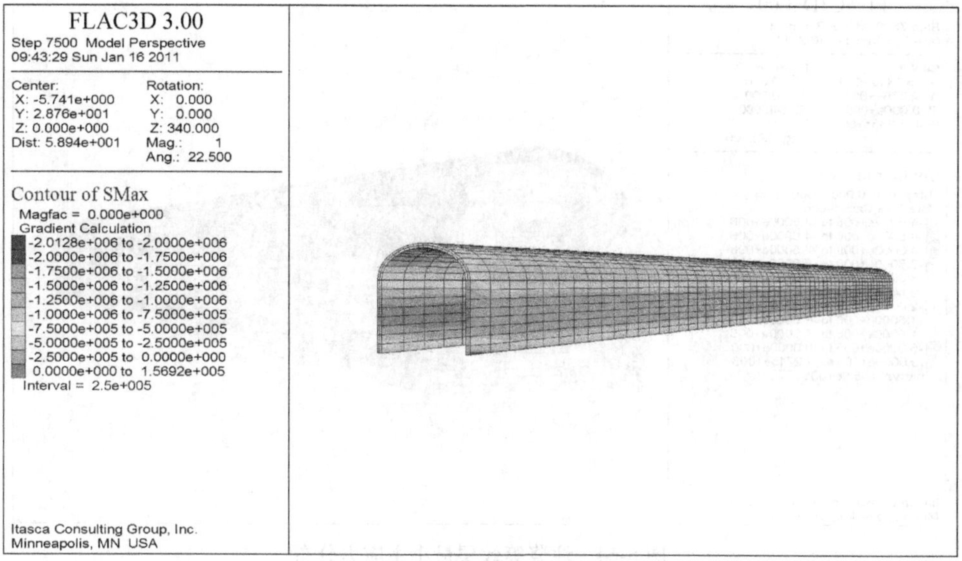

图 6-62 衬砌最小主应力分布

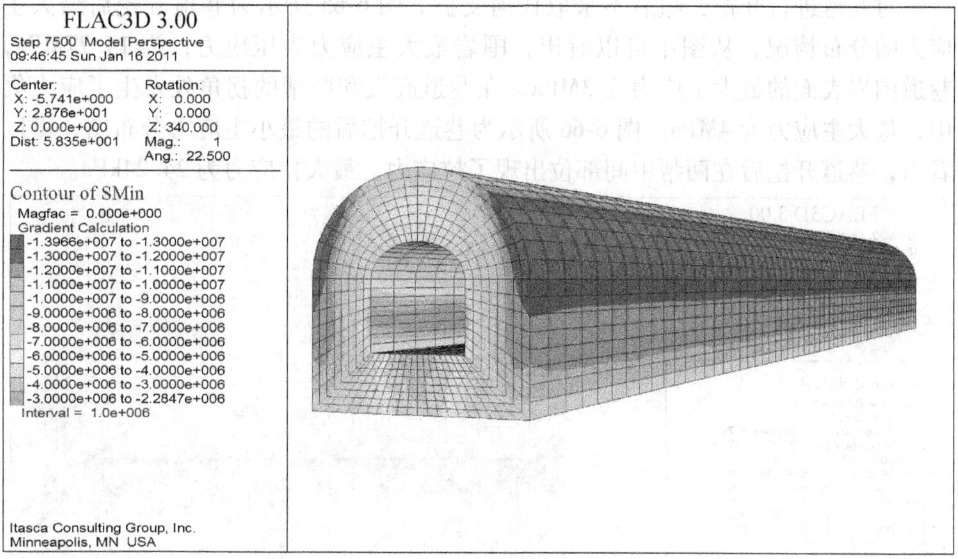

图 6-63 注浆等效层最大主应力分布

6.2.7.4 超前小导管注浆+钢支架联合支护（支护方案4）

A 巷道开挖不支护

该方式主要适用于松散破碎，渗水严重，围岩压力较大的地段。

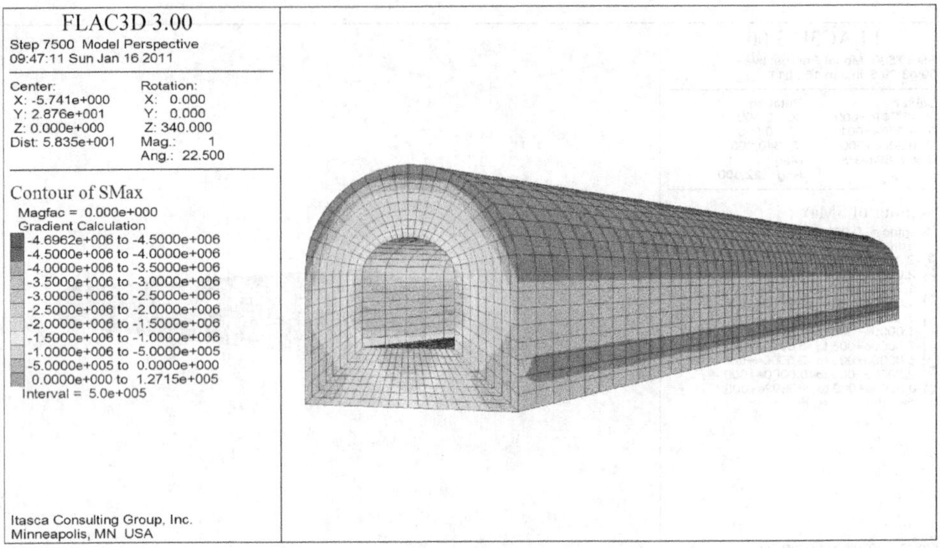

图 6-64　注浆等效层最小主应力分布

a　应力场分析

对巷道进行开挖，随后不采取任何支护。图 6-65 所示为巷道开挖后最大主应力的分布情况，从图中可以看出，围岩最大主应力为压应力，为 14.77MPa，巷道围岩表面的最大主应力为 3MPa，在巷道底板和两帮的拐角处发生了应力集中，最大主应力为 4MPa。图 6-66 所示为巷道开挖后的最小主应力分布图，可以看出，巷道开挖后在两帮中间部位出现了拉应力，最大拉应力为 24.24kPa。

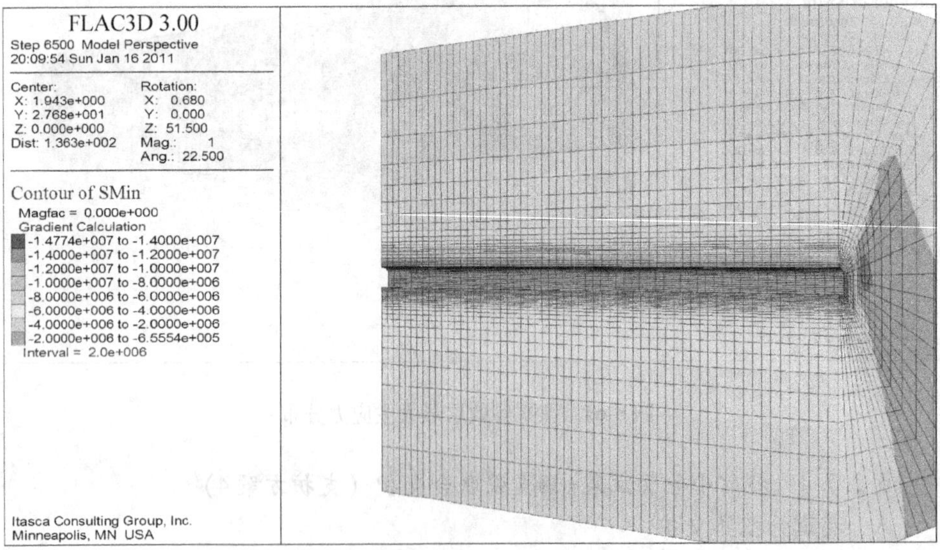

图 6-65　巷道开挖后最大主应力分布

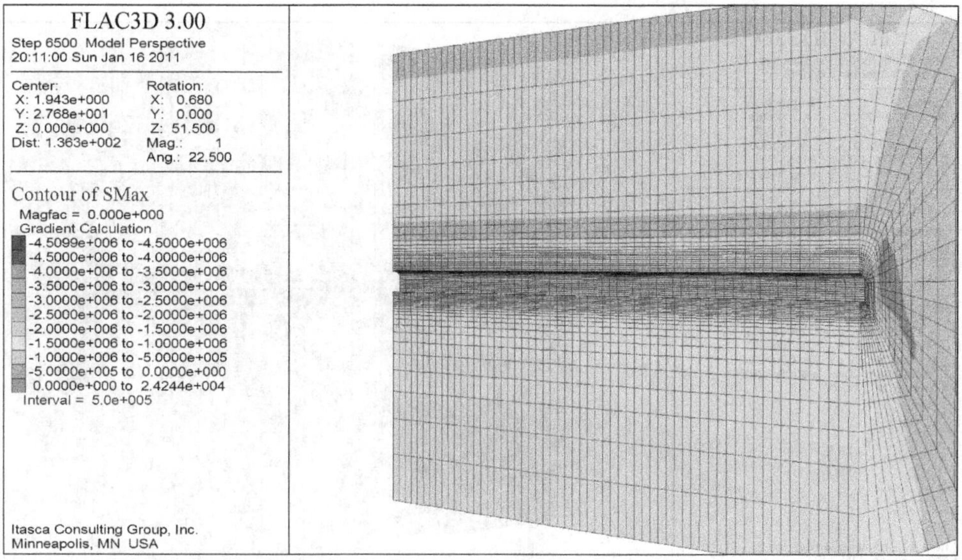

图 6-66 巷道开挖后最小主应力分布

b 位移场分布

图 6-67 所示为巷道开挖后 Z 方向位移分布图，图 6-68 为巷道开挖后 X 方向位移分布图。巷道开挖后，拱顶处的最大垂直位移值为 4.83cm，底板发生一定的底臌，隆起最大位移为 2.39cm，巷道两帮中间位置水平位移最大，为 8.26cm。从图中可以看出，巷道的水平位移要大于垂直位移，说明巷道开挖后发生偏帮较严重。

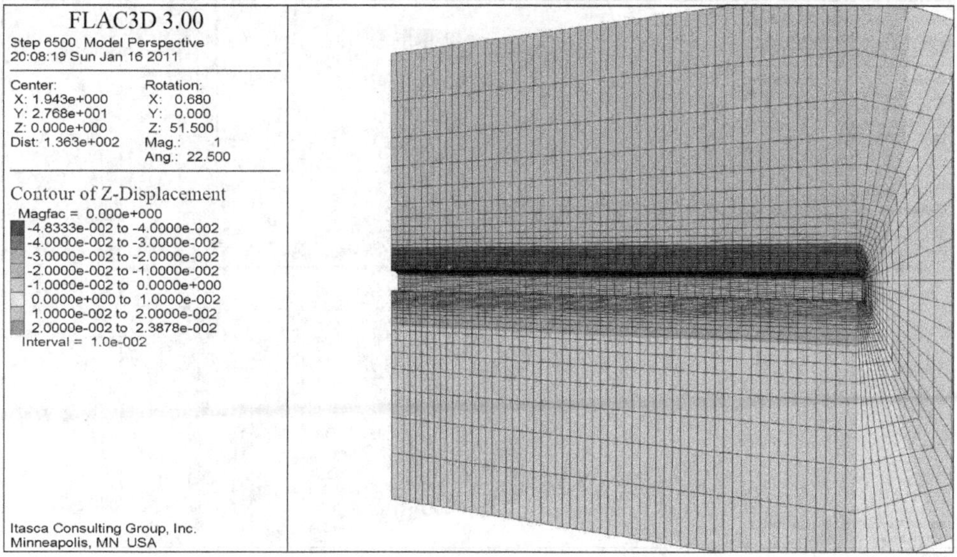

图 6-67 巷道开挖后 Z 方向位移分布

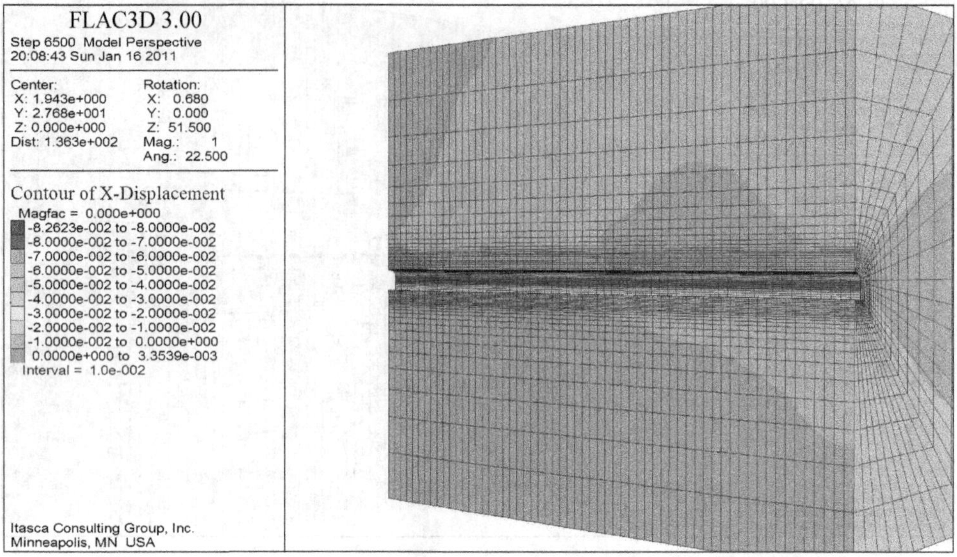

图 6-68　巷道开挖后 *X* 方向位移分布

c　塑性区分布

从图 6-69 中可以看出，塑性区内主要有剪切应力作用，塑性区主要分布在竖墙至开挖临界 1.58m 范围内、顶板以上 1.32m，以及巷道底板以下 1.65m 范围内。

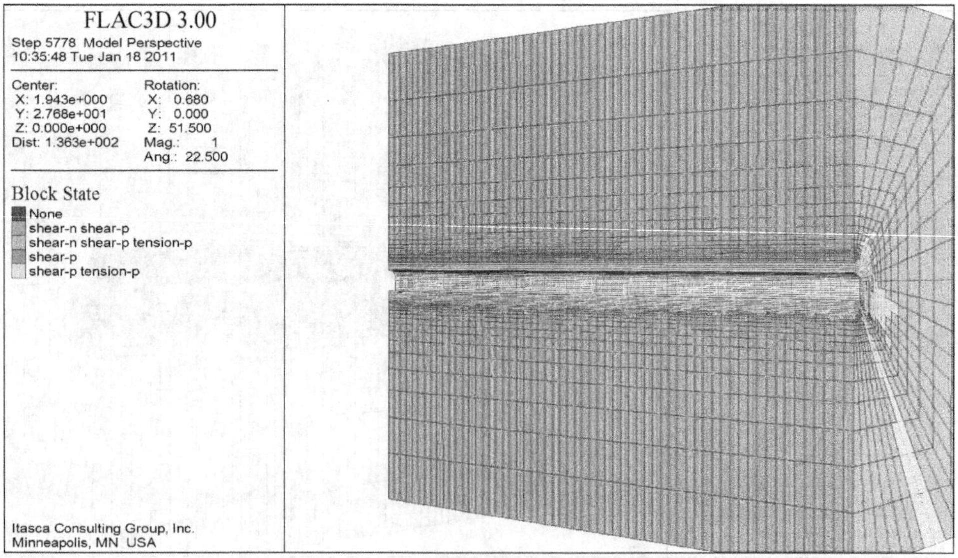

图 6-69　巷道开挖后塑性区分布

B 巷道开挖超前小导管注浆+钢拱架联合支护研究

一般千枚岩岩性相对层纹灰岩较差，经过对开挖后的裸巷分析，发现破碎地段的一般千枚岩巷道在无支护、加固的前提下是难以自稳的，所以必须对巷道进行支护、加固处理。国内外大量试验表明，锚注加固后岩石的单轴抗压强度提高15%~79%、单轴抗拉强度提高 32%~108%、弹性模量提高 14%~61%、泊松比降低 12%~29%、内聚力提高 66%~225%，内摩擦角增大 6°~10°。注浆后浆液充填围岩裂隙，改善了巷道围岩破裂体的物理力学性质及其力学性能，将浆液在岩石裂隙中扩散范围（扩散半径）的岩层称为“锚注加固体等效层”，本研究取“锚注加固体等效层”的厚度 H 或浆液扩散半径 R 为 1.5m。超前锚杆及钢拱架联合支护模型如图 6-70 和图 6-71 所示，超前小导管注浆+钢拱架联合支护模型如图 6-72 所示。

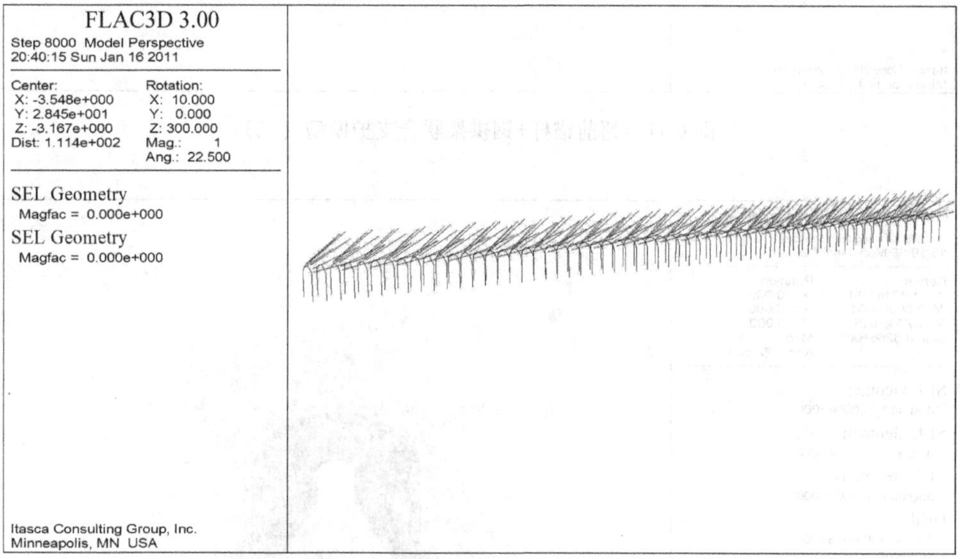

图 6-70 超前锚杆+钢拱架联合支护模型（一）

a 应力场分析

图 6-73 所示为巷道开挖后最大主应力的分布情况，从图中可以看出，围岩最大主应力为压应力，为 16.22MPa，巷道围岩表面的最大主应力为 3MPa，在巷道底板和两帮的拐角处发生了应力集中，最大主应力为 6MPa。图 6-74 所示为巷道开挖后的最小主应力分布，可以看出，巷道开挖后在两帮中间部位出现了拉应力，最大拉应力为 0.15MPa。

b 位移场分布

图 6-75 所示为巷道开挖后 Z 方向位移分布图，图 6-76 所示为巷道开挖后 X 方向位移分布。巷道开挖后，拱顶处的最大垂直位移不到 1mm，较不支护拱顶最

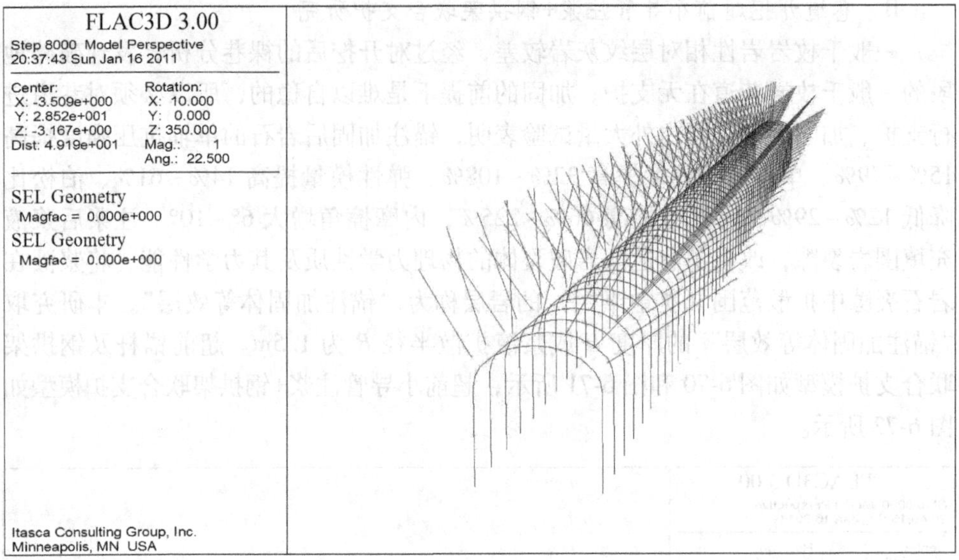

图 6-71　超前锚杆+钢拱架联合支护模型（二）

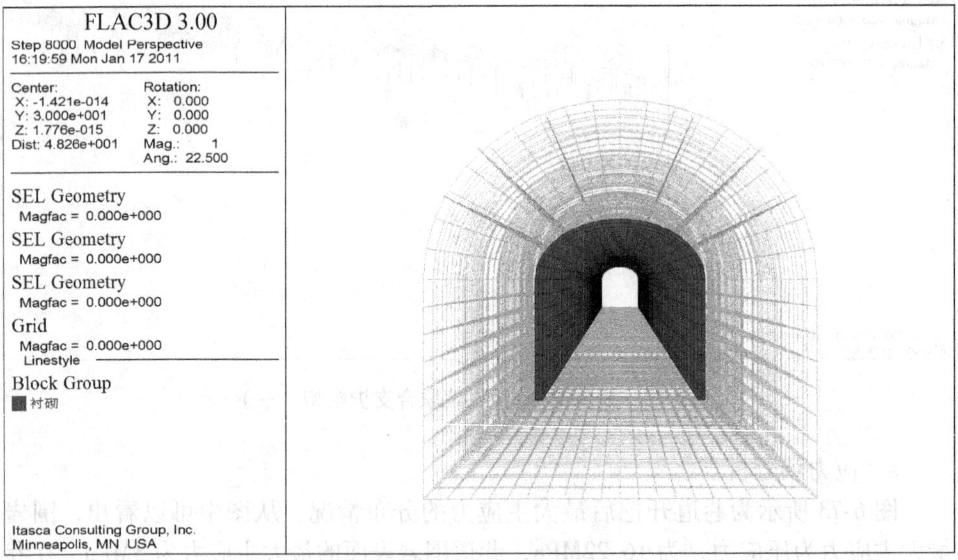

图 6-72　超前小导管注浆+钢拱架联合支护模型

大垂直位移明显降低。底板发生一定的底臌，隆起最大位移值为较不支护情况下底板最大隆起值也降低很多，均不到 1mm。巷道两帮中间位置最大水平位移不到 1mm，较不支护情况下也大大降低。从计算结果来看，有支护情况下，巷道围岩的垂直及水平变形大大降低，说明支护效果较好，支护作用明显。

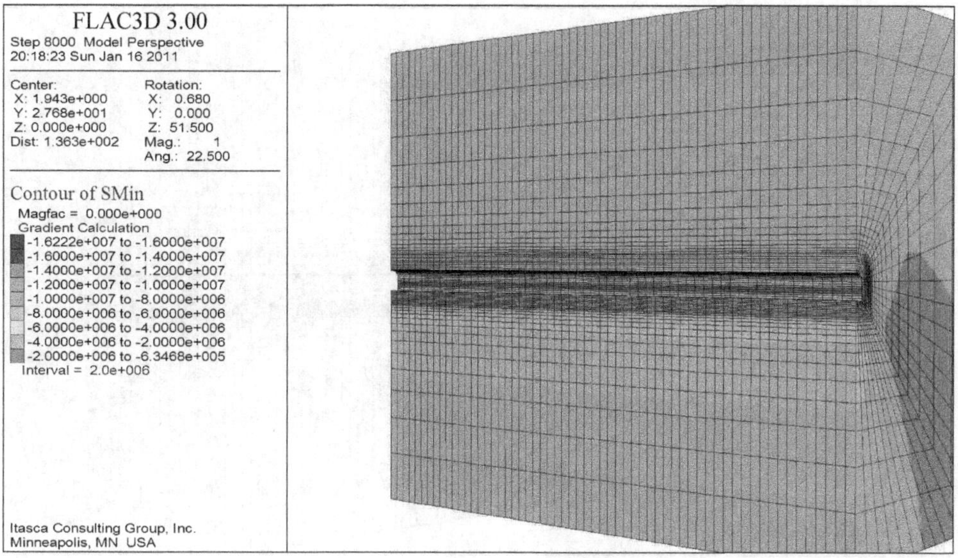

图 6-73 巷道开挖后最大主应力分布

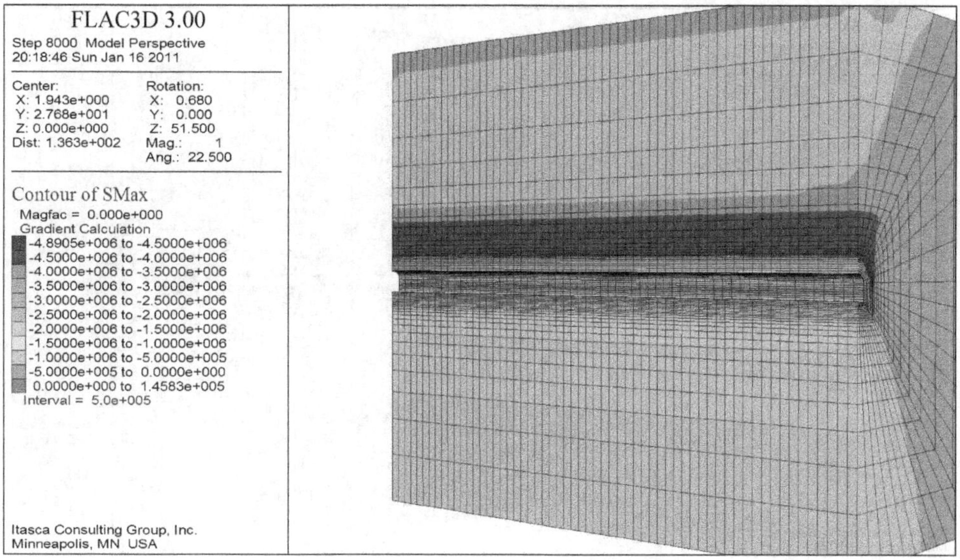

图 6-74 巷道开挖后最小主应力分布

c 塑性区分布

从采用超前注浆+锚喷网+钢拱架联合支护计算结果可知，支护后巷道的塑性破坏范围大大降低，仅个别拐角处有塑性破坏发生，围岩塑性破坏范围极少；说明整个巷道围岩受力状态良好，采用联合支护能够满足巷道的稳定性要求。

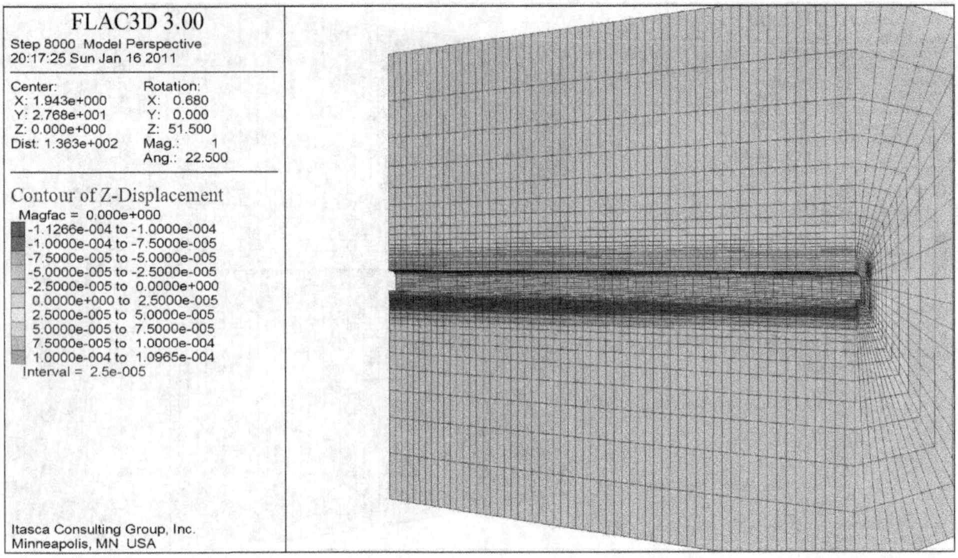

图 6-75　巷道开挖后 Z 方向位移分布

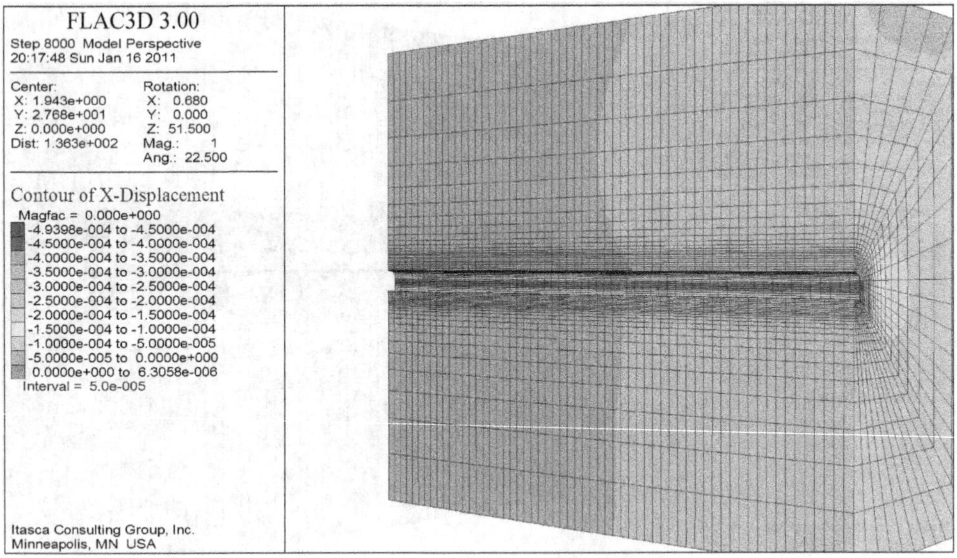

图 6-76　巷道开挖后 X 方向位移分布

d　钢拱架受力状态

图 6-77 所示为钢拱架内力分布图，由图可知，钢拱架内部承受的力均为压应力，钢拱架拱形部分承受的最大水平方向的力为 1.52×10^3kN，钢拱架两帮承受的最大垂直方向的力为 0.371×10^3kN。

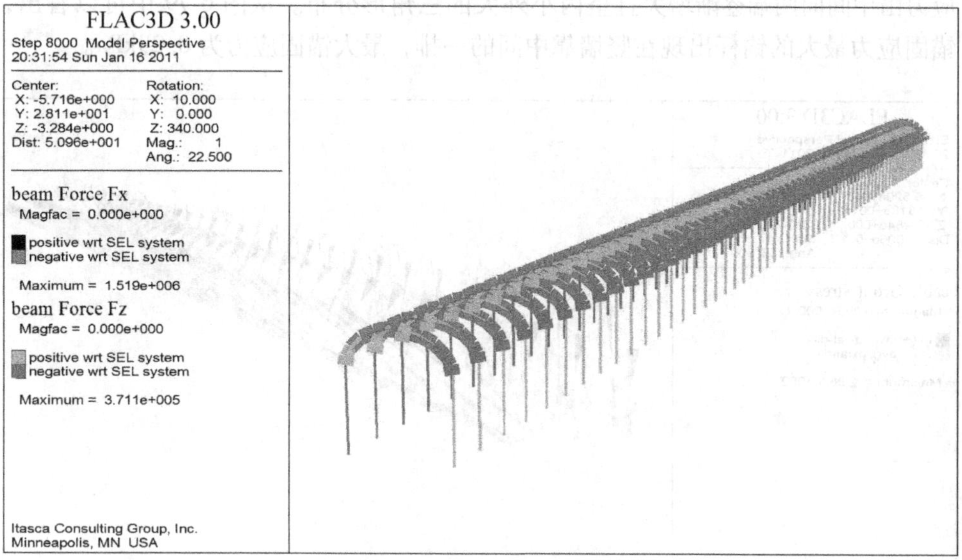

图 6-77 钢拱架内力分布

e 锚杆受力状态

图 6-78 所示为锚杆轴向应力图及衬砌矢量场，从图中可以看出，承受最大轴向应力的锚杆在最外边的一排，锚杆所受最大应力达到 0.343MPa、最大轴力为 0.54kN。从锚杆的锚固应力分布图 6-79 可以看出，图中通过在锚杆四周画出锥圆柱体来表述锚杆对水泥浆或者围岩的应力，圆柱半径与应力大小有关。锚杆的锚固

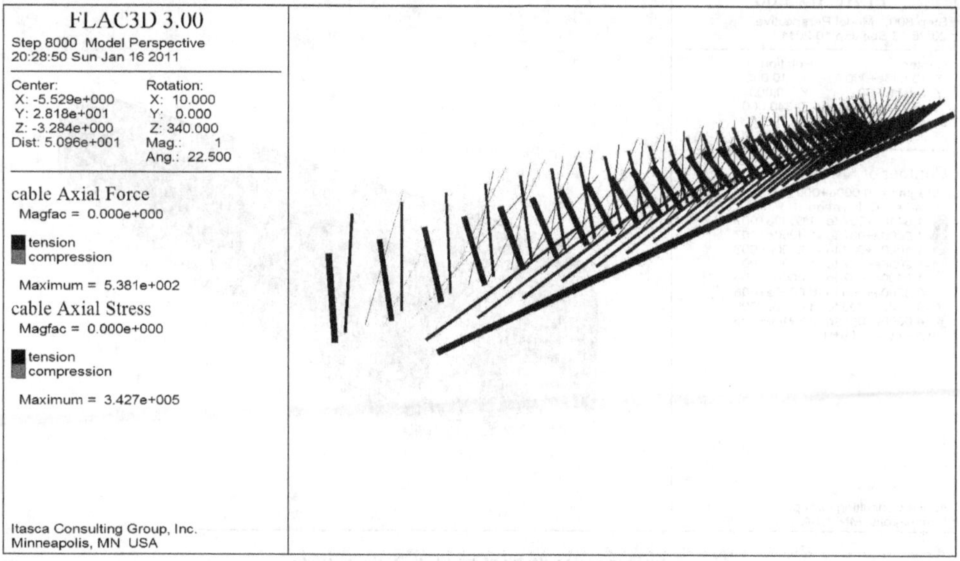

图 6-78 锚杆轴向应力图及衬砌矢量场

应力由中间向两端逐渐增大且呈内小外大的三角形分布。从图 6-79 中可以看出，锚固应力最大的锚杆出现在竖墙靠中间的一排，最大锚固应力为 0. 29kPa。

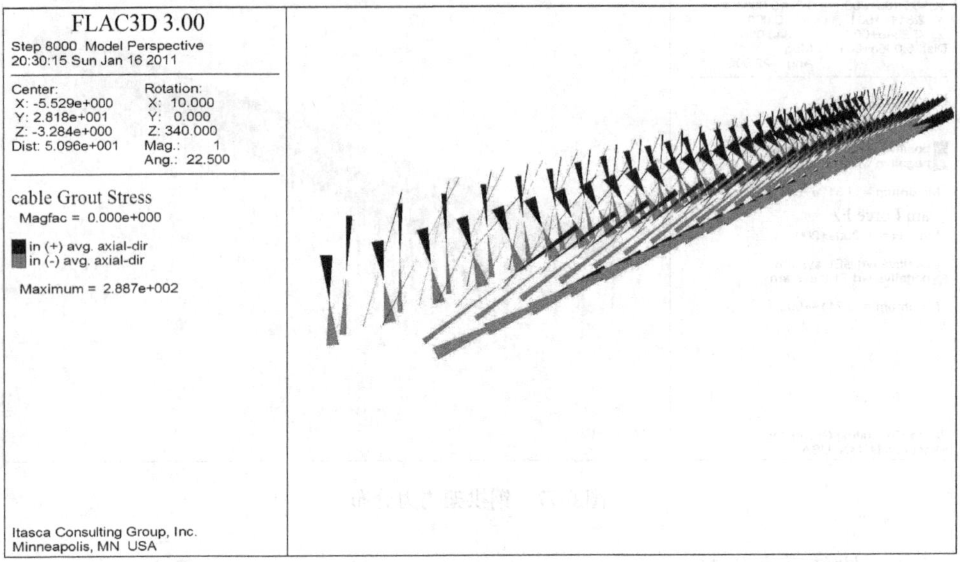

图 6-79 锚杆锚固应力分布

f 注浆等效层受力状态

从图 6-80 可以看出，注浆等效层最大主应力均为压应力，局部最大压应力

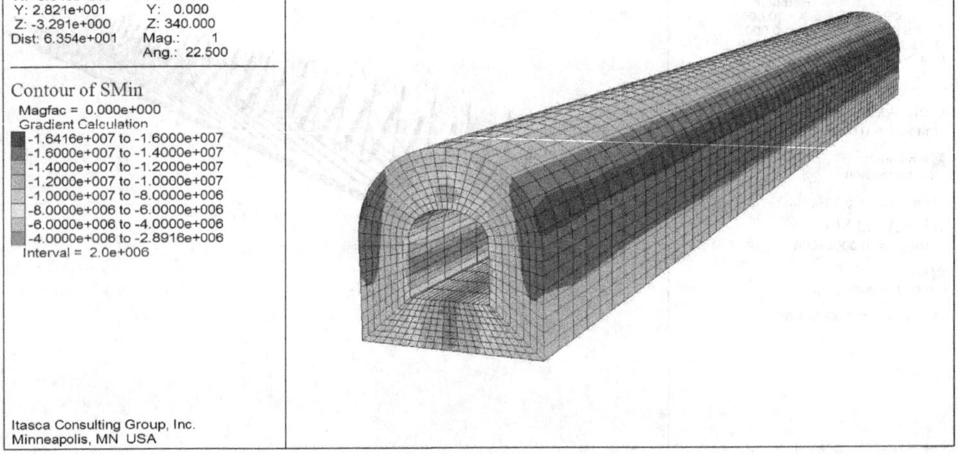

图 6-80 注浆等效层最大主应力分布

达到16.42MPa，出现在和底板交接处，多数喷层承受10~14MPa的压应力。注浆等效层的最小主应力分布，如图6-81所示，从图中可以看出，最大拉应力出现在竖墙的中间位置，最大拉应力达到0.144MPa。

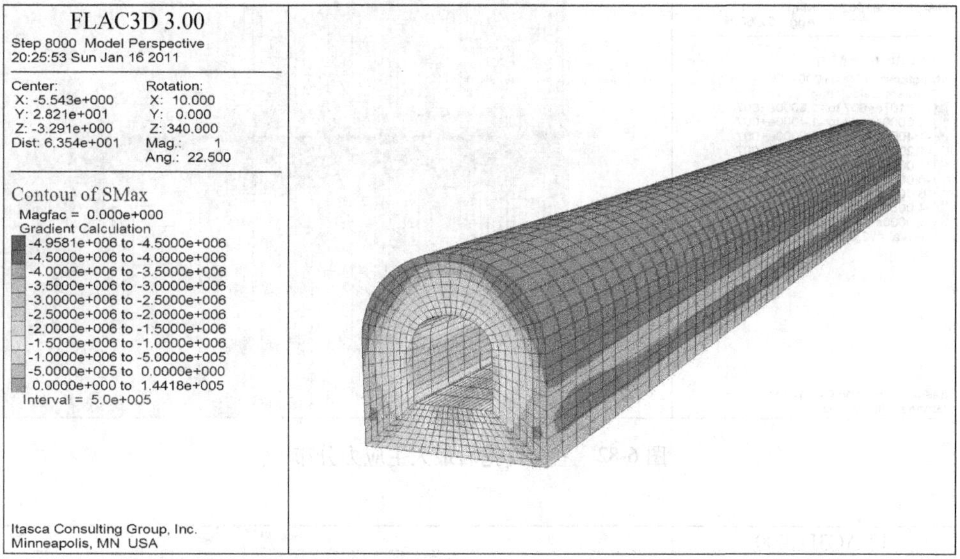

图6-81 注浆等效层最小主应力分布

通过对围岩松散破碎、渗水较大，且围岩应力较大的巷道开挖后不支护和开挖后锚喷网支护计算结构进行对比发现，开挖后采用锚喷网支护后，巷道位移明显减小，塑性区范围大大较低，围岩应力状态得到了很好的改善；说明采用此种支护方式能够满足巷道稳定性的要求，是一种较合理可靠的支护方式。

6.2.7.5 超前小管棚+喷砼+钢拱架支护（支护方案5）

A 巷道开挖不支护

该方式主要适用于围岩应力较大，松散破碎严重，渗水量大的巷道。

a 应力场分析

对巷道进行开挖，随后不采取任何支护。图6-82所示为巷道开挖后最大主应力的分布情况，从图中可以看出，围岩最大主应力为压应力，为14.11MPa，巷道围岩表面的最大主应力为3MPa，在巷道底板和两帮的拐角处发生了应力集中，最大主应力为5.5MPa。图6-83所示为巷道开挖后的最小主应力分布图，可以看出，巷道开挖后在两帮中间部位出现了拉应力，最大拉应力为58.07kPa。

b 位移场分布

图6-84所示为巷道开挖后Z方向位移分布图，图6-85为巷道开挖后X

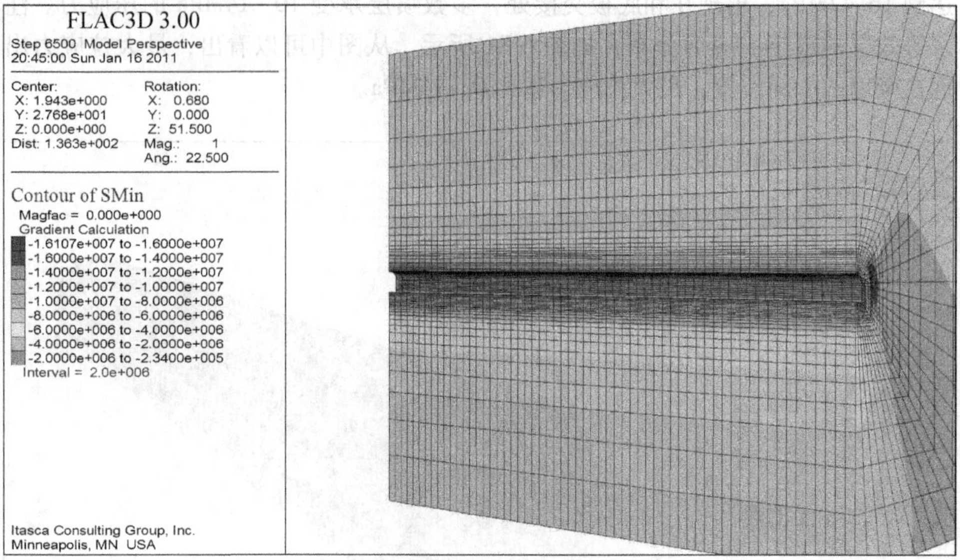

图 6-82 巷道开挖后最大主应力分布

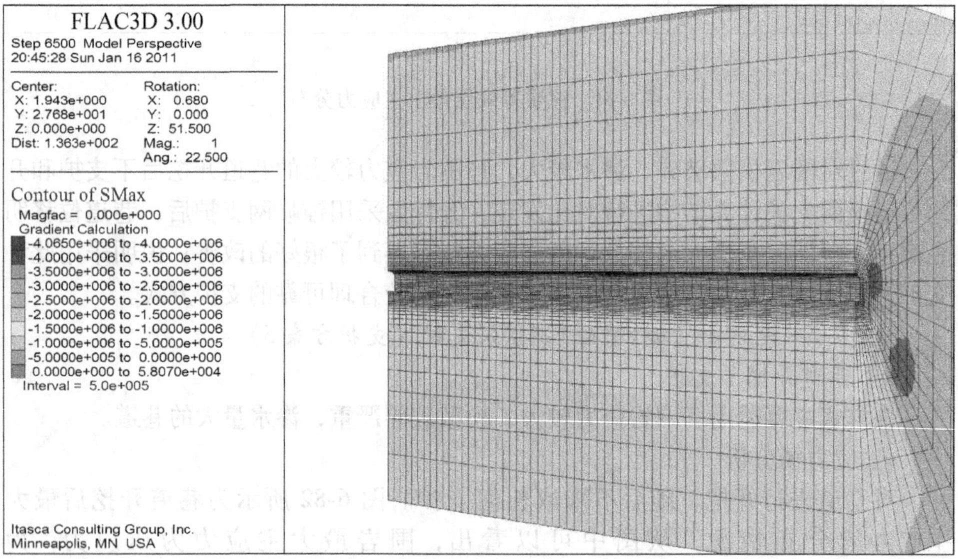

图 6-83 巷道开挖后最小主应力分布

方向位移分布图。巷道开挖后，拱顶处的最大垂直位移为 2.96cm，底板发生一定的隆起，最大值为 1.59cm，巷道两帮中心位置水平位移最大，为 5.04cm。从图中可以看出，巷道的水平位移要大于垂直位移，说明巷道容易发生偏帮。

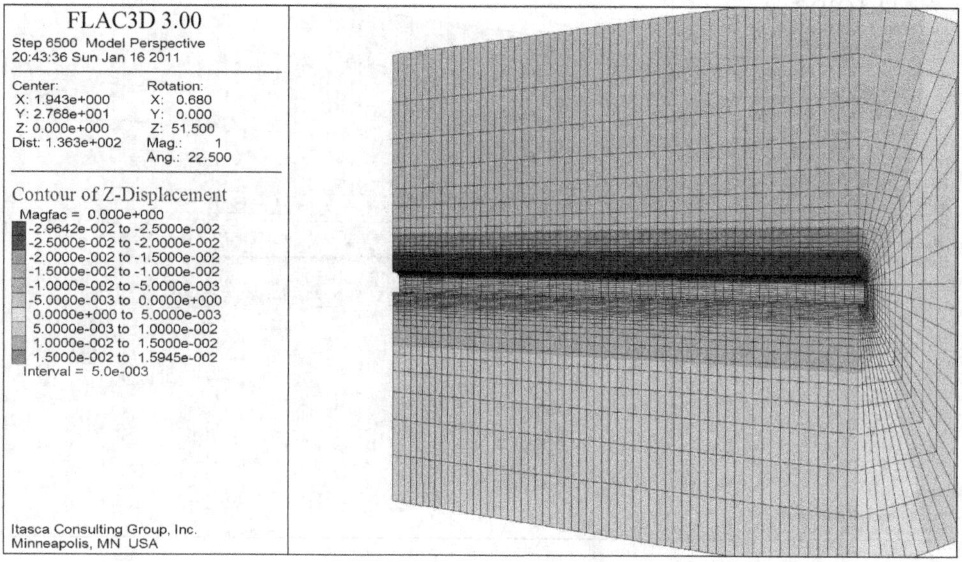

图 6-84 巷道开挖后 Z 方向位移分布

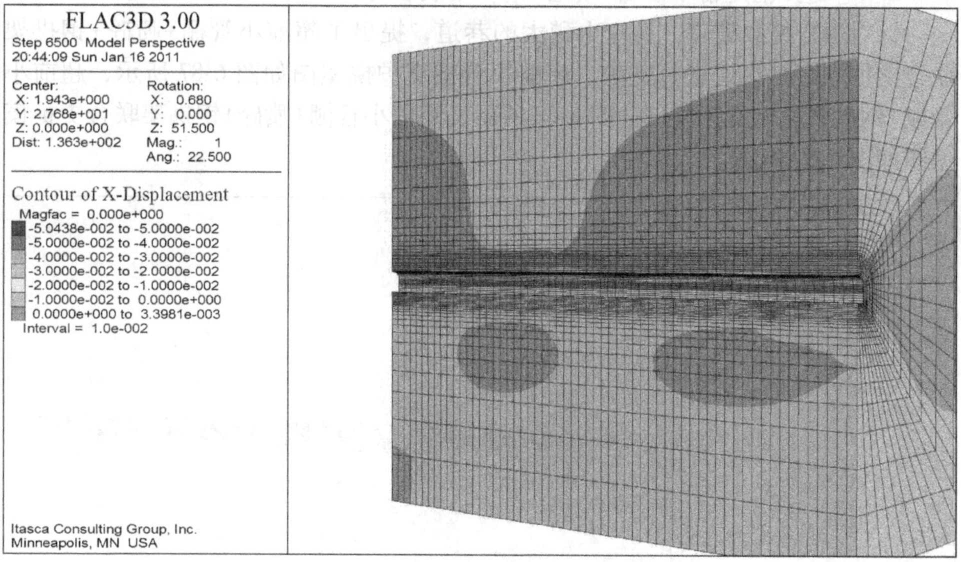

图 6-85 巷道开挖后 X 方向位移分布

c 塑性区分布

从图 6-86 中可以看出，塑性区内主要有剪切应力作用，塑性区主要分布在竖墙至开挖临界 1.0m 范围内、顶板以上 0.7m，以及巷道底板以下 0.9m 范围内。

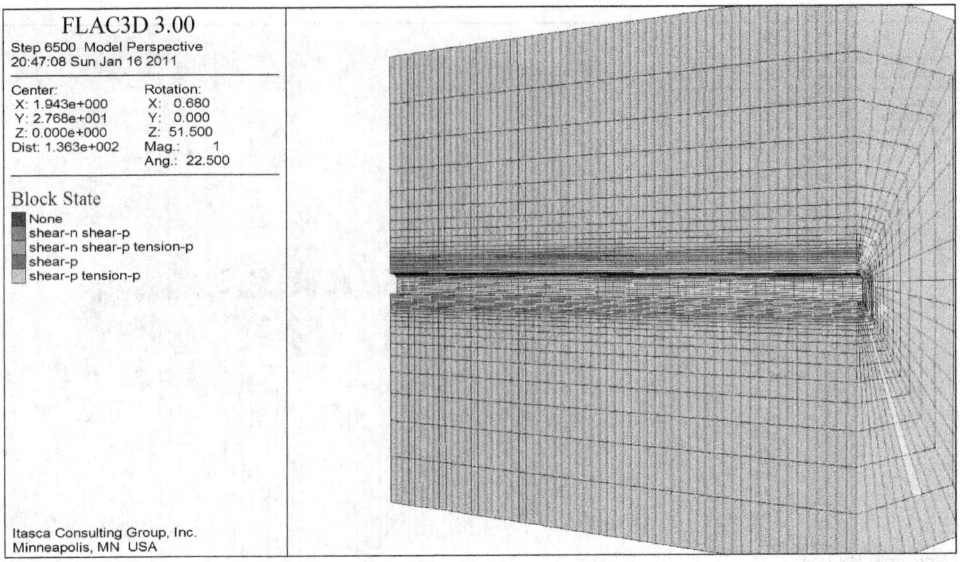

图 6-86 巷道开挖后塑性区分布

B 巷道开挖超前小管棚+喷砼+钢拱架联合支护研究

针对围岩松散破碎，且应力稍大的巷道，提出了超前小管棚+喷砼+钢拱架联合支护方案对巷道进行支护。超前小管棚支护模型图如图 6-87 所示，超前小管棚+钢拱架联合支护模型如图 6-88 所示，超前小管棚+喷砼+钢拱架联合支护模型图如图 6-89 所示。

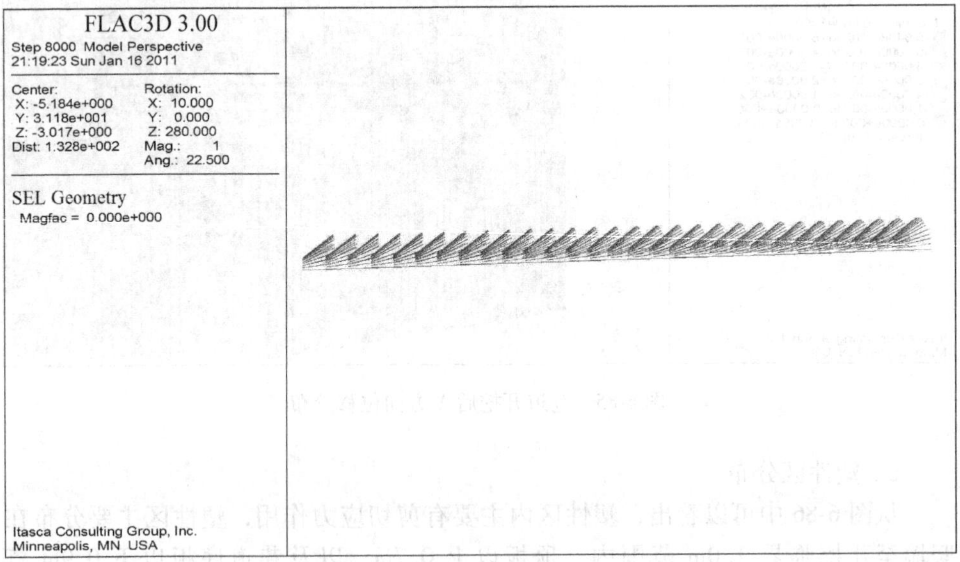

图 6-87 超前小管棚支护模型

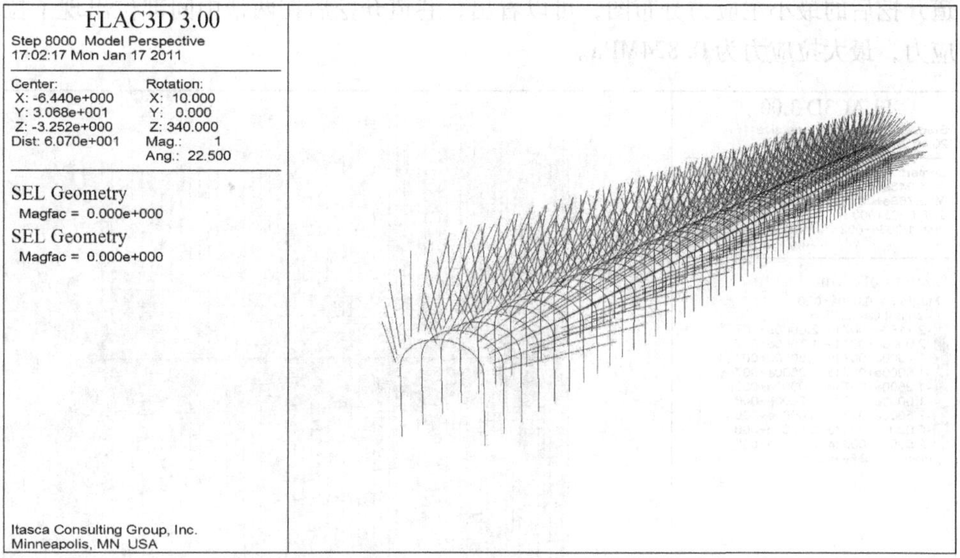

图 6-88 超前小管棚+钢拱架联合支护模型

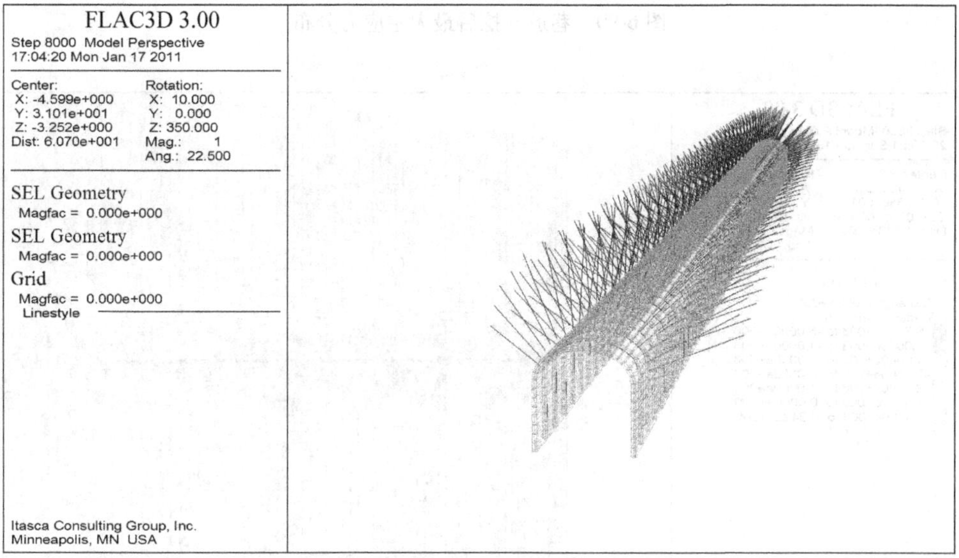

图 6-89 超前小管棚+喷砼+钢拱架联合支护模型

a 应力场分析

图 6-90 所示为巷道开挖后最大主应力的分布情况，从图中可以看出，围岩最大主应力为压应力，为 21.19MPa，巷道围岩表面的最大主应力为 7MPa，在巷道底板和两帮的拐角处发生了应力集中，最大主应力为 9MPa。图 6-91 所示为巷

道开挖后的最小主应力分布图，可以看出，巷道开挖后在两帮中间部位出现了拉应力，最大拉应力为 0. 824MPa。

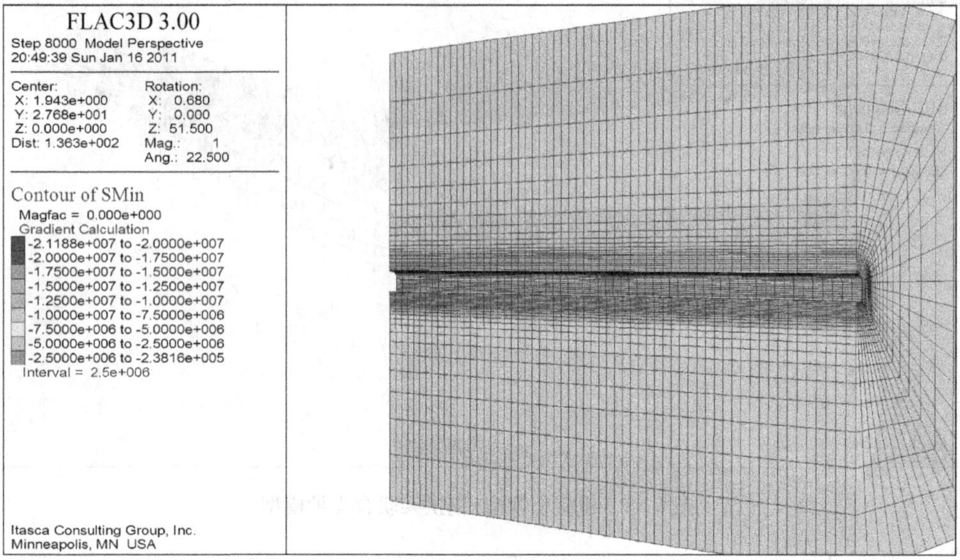

图 6-90　巷道开挖后最大主应力分布

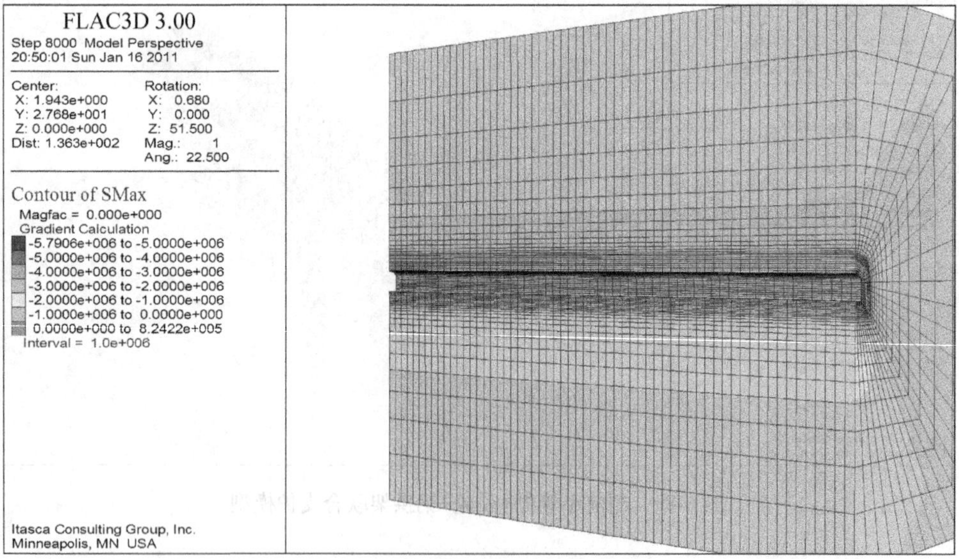

图 6-91　巷道开挖后最小主应力分布

b　位移场分布

图 6-92 所示为巷道开挖后 Z 方向位移分布图，图 6-93 所示为巷道开挖后 X 方

向位移分布图。巷道开挖后，拱顶处的最大垂直位移为0.21cm，较不支护拱顶最大垂直位移2.96cm明显下降。底板发生一定的底臌，隆起最大位移为0.069cm，较不支护情况下底板最大隆起值1.59cm明显下降。巷道两帮中间位置最大水平位移为0.22cm，较不支护情况下的5.04cm明显减少。从图中可以看出，巷道的水平位移要大于垂直位移，但较不支护情况下，无论是垂直位移还是水平位移都明显减少。

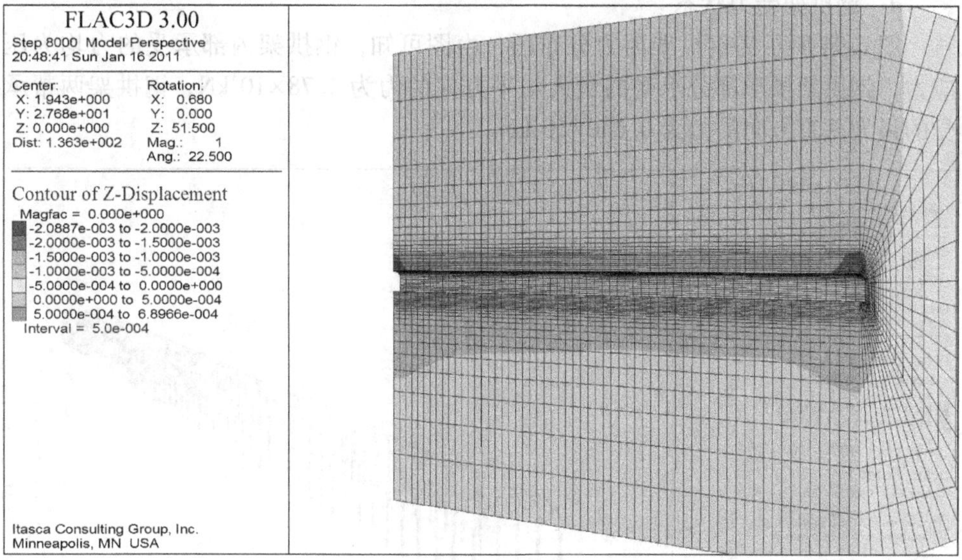

图6-92 巷道开挖后Z方向位移分布

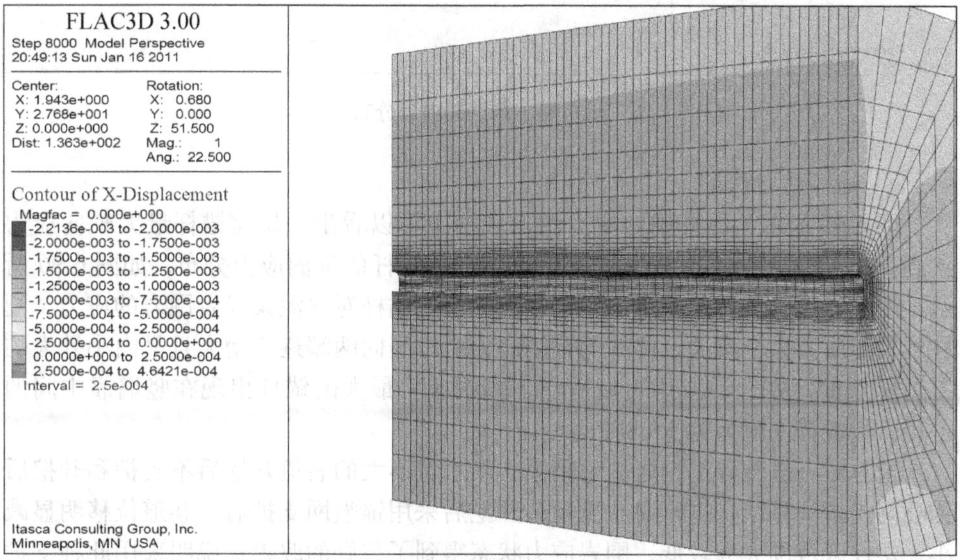

图6-93 巷道开挖后X方向位移分布

c 塑性区分布

从采用超前小管棚+喷砼+钢拱架联合支护计算结果可知，支护后巷道的塑性破坏范围大大降低，仅局部拐角处有塑性破坏发生，围岩塑性破坏范围极少；说明整个巷道围岩受力状态良好，采用联合支护能够满足巷道的稳定性要求。

d 钢拱架受力状态

图 6-94 所示为钢拱架内力分布图，由图可知，钢拱架内部承受的力均为压应力，钢拱架拱形部分承受的最大水平方向的力为 4.78×10^3kN，钢拱架两帮承受的最大垂直方向的力为 0.640×10^3kN。

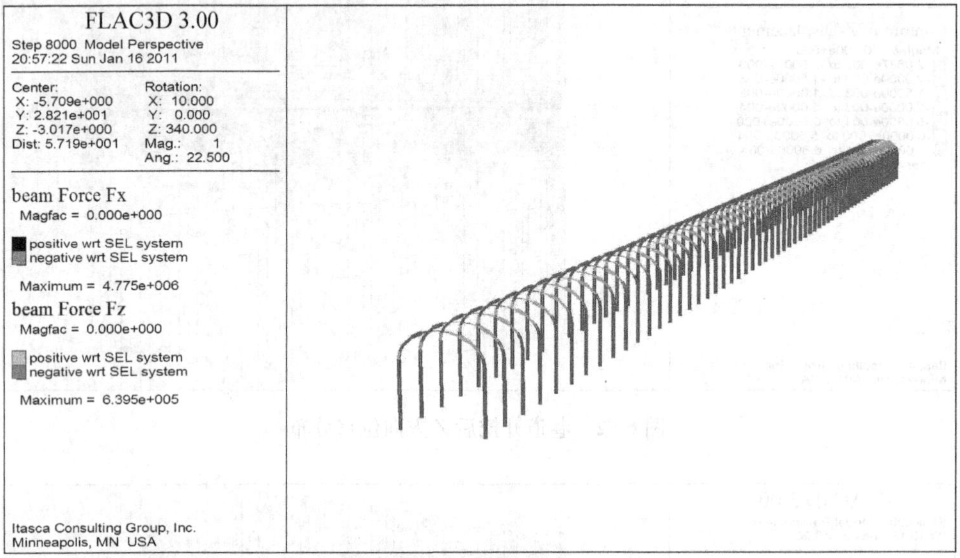

图 6-94 钢拱架内力分布

e 锚杆受力状态

图 6-95 所示为锚杆轴向应力图，从图中可以看出，超前锚杆最大轴向应力达到 1.97MPa，所受最大轴力为 3.09kN。从锚杆的锚固应力分布，如图 6-96 所示，图中通过在锚杆四周画出锥圆柱体来表述锚杆对水泥浆或者围岩的应力，圆柱半径与应力大小有关。锚杆的锚固应力由中间向两端逐渐增大且呈内小外大的三角形分布。从图 6-96 中可以看出，锚固应力最大的锚杆出现在竖墙靠中间的一排，最大锚固应力为 1.68kPa。

通过对一般破碎、围岩压力稍大、渗水量不大的巷道开挖后不支护和开挖后锚喷网支护计算结构进行对比发现，开挖后采用锚喷网支护后，巷道位移明显减小，塑性区范围大大较低，围岩应力状态得到了很好的改善；说明采用此种支护方式能够满足层纹灰岩巷道稳定性的要求，是一种较合理可靠的支护方式。

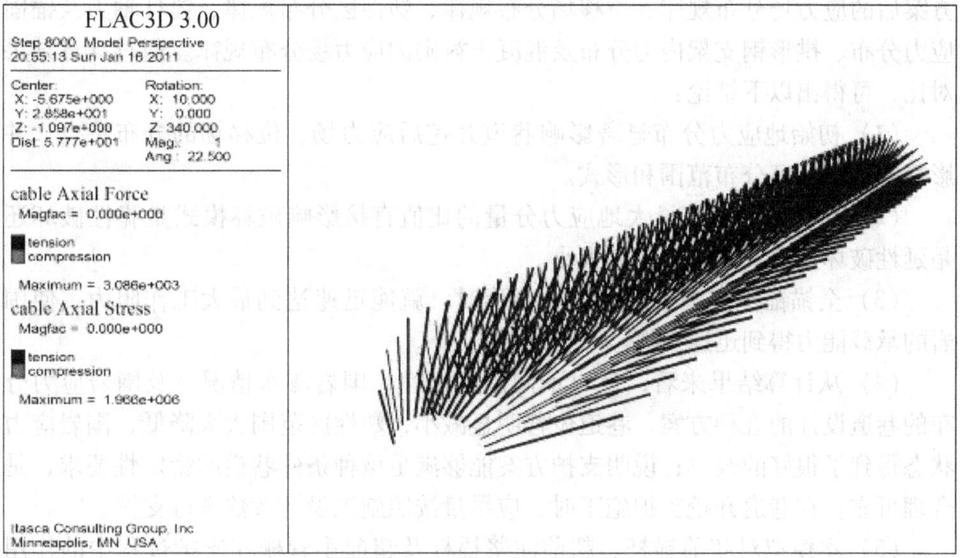

图 6-95 锚杆轴向应力

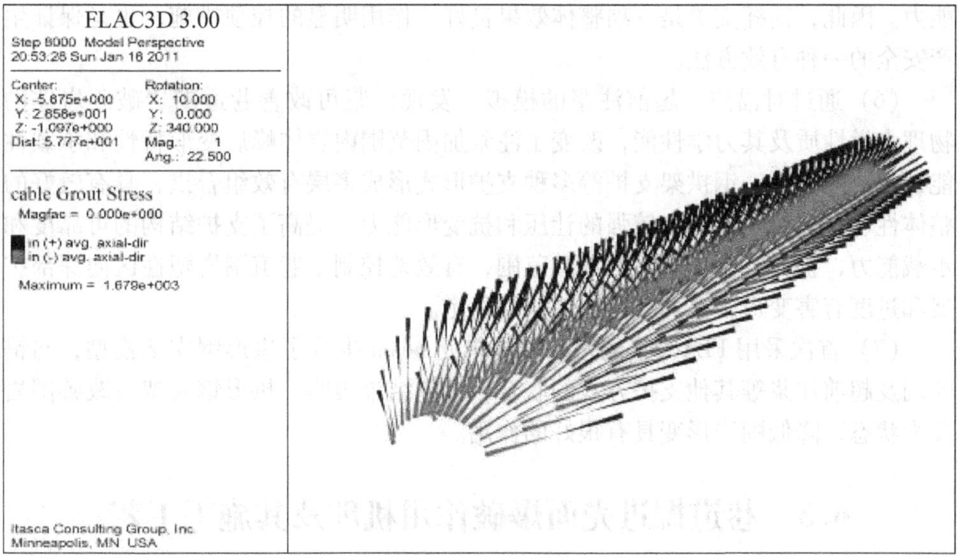

图 6-96 锚杆锚固应力

6.2.8 松软破碎巷道开挖支护数值模拟结论

通过大型三维有限差分法软件 FLAC3D，对巷道支护设计的五种方案分别进行了开挖不支护和开挖支护计算模拟，计算得到了不同岩性开挖及采用相应支护方案后的应力场分布规律、位移场分布规律、塑性区分布规律、锚杆轴力及锚固应力分布、拱形钢支架内力分布及混凝土衬砌的应力场分布规律。通过计算结果对比，可得出以下结论：

(1) 初始地应力分布显著影响巷道开挖后应力场、位移场的分布特点，并影响围岩塑性区分布范围和形式。

(2) 岩石的强度与最大地应力分量的比值直接影响破坏模式是脆性破坏还是延性破坏，以及破坏范围的大小。

(3) 全锚锚杆在围岩发生较小变形时，就能迅速达到最大工作阻力，使围岩的承载能力得到迅速发挥。

(4) 从计算结果来看，针对不同围岩岩性、围岩渗水情况，及围岩应力分布的巷道设计的五种方案，巷道位移明显减小，塑性区范围大大降低，围岩应力状态得到了很好的改善；说明支护方案能够满足该种条件巷道的稳定性要求，是合理可靠。在巷道开挖支护施工时，应尽量按照施工设计参数进行支护。

(5) 本模拟对超前锚杆、超前注浆锚杆及超前小管棚在支护过程中的作用进行了分析，结果表明，采用锚杆支护不仅可以改善围岩的应力状况，抑制顶板围岩的变形和减小塑性区的范围，而且可以增强顶板的安全指数，提高围岩自承能力。因此，锚杆支护是一项整体效果良好、作用明显的控顶措施，也是保证生产安全的一种有效方法。

(6) 通过对锚注、超前注浆的模拟，发现注浆可改善巷道围岩破碎岩体的物理力学性质及其力学性能，改变了注浆加固范围内岩体峰后变形特性和承载性能；与锚喷支护、钢拱架支护等多种支护形式形成多层有效组合拱，具有较好的整体性、较高的承载力、较强的让压和抗变形能力，提高了支护结构的可靠度和承载能力，扩大了支护体系的承载范围，有效地控制了巷道围岩塑性区向深部扩展和过度有害变形，有利于巷道的长期稳定。

(7) 首次采用 FLAC3D 的常用结构单元 beam 生成了拱形钢支架模型，与锚喷网及超前注浆等其他支护方式的联合，计算结果表明，拱形钢支架对改善围岩应力状态、降低围岩形变具有很好的作用。

6.3 巷道掘进光面爆破作用机理及其施工工艺

6.3.1 新奥法施工

通常的巷道开挖爆破，常使开挖限界以外的围岩完整性受到破坏，爆破轮廓不平整，产生许多一直伸入岩体内部的裂隙，并会造成相当大的超挖。但由于工程实际的需要及经济指标等各方面的因素，这种破坏是不可避免的，因此应该使用一种合理的爆破方法减少这种破坏，光面爆破就是其中的一种。

新奥法最早的理论由奥地利土木工程师在1948年提出，该理论认为：通过建造一个临时的、薄壁型的安全支撑结构，允许硐周围岩体产生位移，同时设法将硐周围的高应力延伸到周围岩体深处区，从而使作用在最终承重结构上的压力变小，承重结构可做成较薄的结构形式。

1963年奥地利土木工程师又设计了建立在使用新建筑材料前提下的安全及经济的隧道开挖方式及支护结构形式，并确定为“新奥地利隧道建造法”，简称“新奥法”。

隧道大师 Leopold Mŭuer-Soitoburg 在1987年从哲学的理论观点出发，重新描述了新奥法，并归纳出如下一些基本原则：

(1) 围岩是巷道结构的主要承重部分。

(2) 开挖后在围岩中将产生应力重分布，因此需对围岩进行加固，以使围岩在卸载后不失去原有的强度。

(3) 围岩承受卸载位移的能力比承受附加荷载的能力差得多，因此必须在巷道支护过程中尽量减少卸载位移的程度。

(4) 由于结构承重的要求，一方面允许围岩产生一定的变形位移，以便在开挖曲面上产生拱膜效应，从而产生受力环区或称为“保护区”；另一方面又必须限制围岩位移的程度，以避免围岩变形过大而产生松动卸载。

(5) 需在开挖后建造安全的支撑结构即初次支护，增强围岩的抗力。扩大岩体的承受力范围和控制围岩位移，初次支护主要作用不是用来承担围岩失去的承载力，而是保持围岩的承载状态，防止松动和卸载。

(6) 为了使初次支护达到理想的效果，初次支护的建造应是适时的，即不能太早，也不能太晚，而是早晚时间适宜。延迟一定的时间，使围岩在开挖后来得及变形及形成承载力保护区，以达到较好的支撑效果。

(7) 围岩自稳时间的评定，一方面通过对围岩的地质初步调查，另一方面可通过在建造过程中测量巷道硐围的位移变形来评定。

(8) 由于喷射混凝土具有可填平凸凹面、受力快、与围岩密贴等特点，通常被用来作为初次支护，必要时还使用钢锚杆和钢筋网或钢拱。钢拱的作用主要不是承载，而是帮助喷射混凝土形成预定的曲面，并将混凝土、钢筋和围岩连接成一个整体的结构，对某些地层，有时只需要喷射混凝土或只用钢筋网喷射混凝土和钢拱而不用钢锚杆，或喷射混凝土加钢锚杆而不加钢拱。

(9) 由于喷射混凝土本身具有强度高和可变形的特点，其整体的结构效果通常可视为薄壳，即承担弯曲应力的能力与承担轴向压力的能力相似，为同一数量级。在变形初期的受力状态下，弯曲应力较小，而且薄壳具有可塑性和可收缩性的能力，这与喷射混凝土本身的性能相适应。

(10) 孔洞的受力状态，从静力学的角度可视为圆管，需及时建仰拱。使孔洞在一定的承载力时间内，形成有效的封闭结构。

(11) 初次支护只要没有被腐蚀破坏，即可视为整体承重结构的一个结构部分。

(12) 孔洞从开挖到封闭所需的时间主要取决于施工方法，在这段时间内围岩的变化很难定量解释，可经过施工前的地质调查资料进行估计；施工过程中，通过测量来控制和修改。

(13) 从静力学角度来看，横截面为圆形时受力最为有利，设计的横截面应尽量可能接近圆形或椭圆形，以避免在拐角点处产生集中现象。因此，不要在拱脚处建造厚的带角状的支座。

(14) 应特别注意施工过程对巷道受力的影响，为了尽量限制应力重分布的发生范围以及避免已形成的保护区被破坏，应尽可能减少开挖次数或采用全断面一次开挖方案，或至少拱部采用一次开挖方案。

(15) 为了提高巷道结构的安全度及达到密封的效果，可建造内层衬砌，原则上也采用薄壁结构，使结构内不产生过大的弯曲应力，内层与外层相互之间可传递压力，但不传递摩擦力和剪力。

(16) 为了增加内、外层衬砌的强度，一般不增加其厚度而增加钢筋含量，钢拱很适应作为喷射混凝土的配筋，增大整个结构的刚度，可通过增加钢锚杆的个数或增大锚杆的长度或通过配筋以形成岩石受力环区来实现。

(17) 对整体结构系统的稳定性和安全性评价及设计结构需要加强的必要性以及设计结构刚度的减少，均根据建造过程中的应力及变形状态的测量结果来确定。

(18) 为了确定外层衬砌即初次支护的厚度，需测量其中的应力及其与围岩之间的接触压力，这些测量数据又为评价结构的安全以及估计前方巷道的结构尺寸提供了依据。有的工程需要设计强度较大的初次支护，并根据测量变形的结果，使用不同的初次支护。

(19) 控制外源水压和静水压力的方法，通过在外壳必要时也在内壳上设置软管及足够的密封排水装置来实现。

新奥法的评价：实践证明，新奥法具有开挖造成的松动及下沉少，周围地层扰动小，开挖面易控制，安全高，施工进度快，人工控制能力大，适应性强等很多的优点。按新奥法的要求应达到工序流程快，配合好，才能达到较好的效果。

另外，新奥法的特征之一是用量测信息指导施工。具体地说是，通过对施工中量测数据和对开挖面的地质观察等进行预测和反馈，并根据已建立的量测管理基准，对工程的施工方法（包括特殊的、辅助的施工方法）、断面开挖的步骤顺序、初期支护的参数等进行合理的调整，以保证施工安全、巷道稳定和支护结构的经济性。

6.3.2 光面爆破的定义

基于新奥法的基本原理，巷道应为圆管，应尽量避免应力集中。因此，在本研究中采用光面爆破，爆破后及时喷射混凝土进行支护。

光面爆破也称密眼小炮爆破，通过合理地选择各种参数，严格控制装药量，科学布置各种眼孔，按照一定的顺序起爆装药以及利用岩石抗拉强度远远低于其抗压强度的特性，可以有效地减少爆破应力。在巷道掘进爆破后，要求断面成形规整，表面光滑，成形的轮廓线以外的岩石不受到扰动和破坏，尽可能地保持围岩自身强度。

6.3.3 光面爆破的作用机理

炸药爆破使产生的冲击波和高温高压气体均作用在眼壁上，炮眼周围的岩石受到强烈的压缩破碎，与此同时形成的压缩应力波向四面八方传播。冲击波的传播速度比压缩波快得多，并很快衰减成声波不再起到压缩作用。粉碎圈以外的岩石在压缩波作用下产生径向裂缝，当压缩波传到自由面时，因弹性能的释放又以拉伸波的形式向反方向传播，此时炮眼中心部分因空间加大和气体压力降低，弹性能在此处也开始释放，生成的拉伸波向离开炮眼中心方向传播。这两个拉伸波在传播过程中把岩块从岩体中抛掷出去，最后形成相互作用的爆破漏斗。当爆破参数选取合理时，将形成连续的光滑壁面。

6.3.4 光面爆破试验

大量的工程实践表明，采用光面爆破对软岩巷道开挖是一种行之有效的方法。由于光爆巷道成形规整，符合设计轮廓，不产生或很少产生爆破震动裂隙，新岩面保持原有稳定性，岩体承载力不致下降，因而可有效地保证施工安全，为快速施工创造了条件。为减少爆破震动对巷道周边围岩的影响，建议在矿区完整性较好的结晶灰岩和层纹灰岩中采用光面爆破进行巷道掘进。

6.3.4.1 光面爆破主要参数的确定

光面爆破的质量主要取决于周边眼间距、光爆层厚度、装药结构、炸药类型及其装药量和起爆方法等。

6.3.4.2 周边眼间距 E

根据炮孔内爆轰气体均匀分布的静压作用及其爆轰气体的气契作用使裂隙扩展贯通形成巷道轮廓的原理，计算其周边眼距：

$$E = 2K_1 r_0 \left(2\sigma_c/\sigma_t + 1\right)^{\frac{1}{2}} \tag{6-27}$$

其中，E 为周边眼距，m；K_1 为光爆眼轴心上破坏作用半径增大系数，一般取 2~3，K_1 值随岩石的硬度增大而增大；r_0为炮眼半径，m，取 0.02m；σ_c/σ_t为岩石的抗压强度与抗拉强度之比，取 10。

代入参数可得到周边眼间距 E = 0.37~0.55m，为便于施工方便，取 E = 0.4m。周边眼炮孔布置如图 6-97 所示。

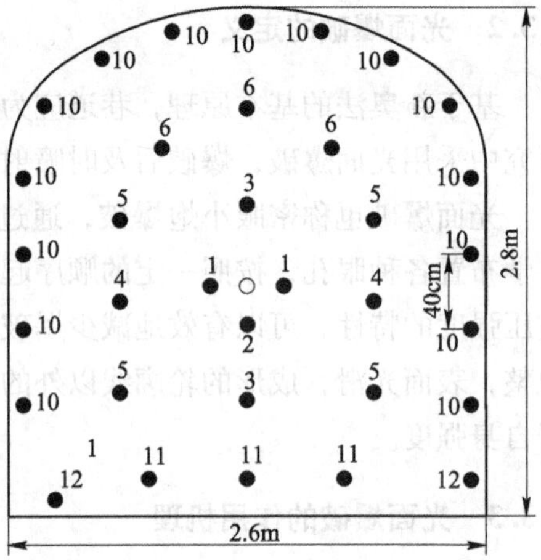

图 6-97　炮孔布置（即起爆顺序）

6.3.4.3　*光爆层厚度*

光爆层厚度即周边眼爆破时的最小抵抗线，常用 W 表示，是影响光面爆破效果的一个重要因素。如果光爆层过厚，光爆层岩石将得不到很好地破碎，甚至不能使其从围岩体上脱离；光爆层过薄又会导致爆破反射波侵入围岩，使其遭受过度破碎，甚至造成单个炮孔以漏斗形式爆落岩石，使光爆面凸凹不平，影响光面爆破效果。合理的光爆层厚度应该是合理利用炸药能量，既在光面爆破炮眼形成贯通裂隙的同时，又能刚好将光面层岩体予以破坏。光爆层厚度可按下式计算：

$$W = E/m \tag{6-28}$$

式中　W——光爆层厚度，m；

E——周边眼间距，m；

m——炮眼密集系数。

在一般情况下，取周边眼的密集系数 m 为 0.8~1.0。由于巷道围岩为膨胀性花岗岩，这种岩石的抗震性能差，极易破裂，爆破裂隙方向不易控制。要获得较平整的巷道轮廓面，必须相对缩小周边眼间距，稍加增大其抵抗线，使光面层厚度相对厚些，可取 m 为 0.5~0.8。如果取 E=0.4m，由式（6-28）可得光面层厚度 W=0.5~0.8m，实际取 W=0.7m。

6.3.4.4　*装药结构参数*

常用的光爆装药结构是空气不耦合装药和空气柱装药，对应的装药结构参数为装药不耦合系数和空气柱长度，两者并不是相互独立的，而是相互制约的。由于不耦合装药受孔径和药卷直径的影响，此时只有调整空气柱长度来调整不耦合系数。合理的空气柱长度应使爆破后炮孔爆生气体压力既要保证不对孔壁造成压缩破坏，同时又能保证炮孔在连线方向上形成裂隙。试验中采用的装药结构如图 6-98 所示，而普通装药结构如图 6-99 所示。

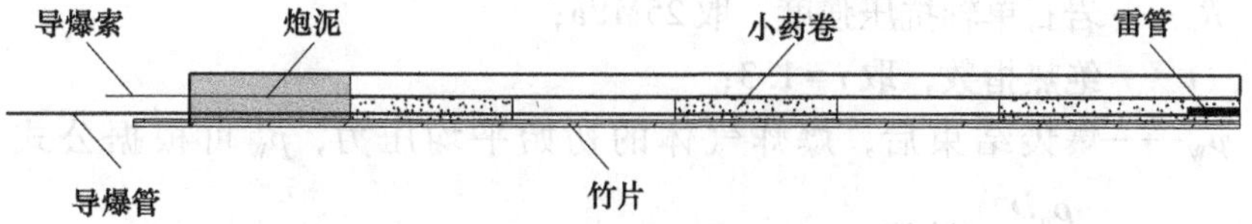

图 6-98 光爆孔装药结构

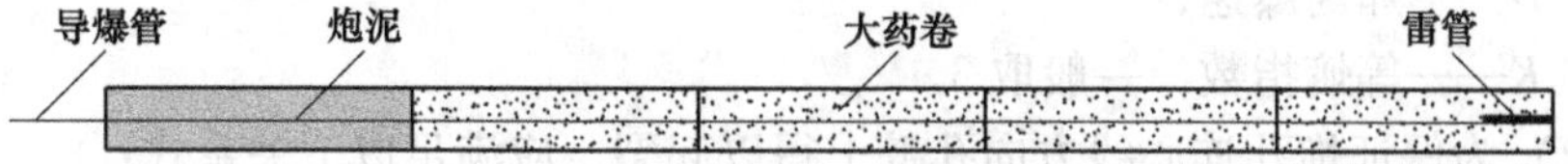

图 6-99 普通孔装药结构

因此，要获得较为平整的光爆轮廓面，在确定装药结构时应从以下几个方面综合考虑：首先，要保证孔壁面无过度压缩破碎，就要使爆炸产生的气体作用于孔壁的初始压力小于岩面的体积抗压强度；其次，要保证孔壁起裂，又要求爆炸气体作用于孔的初始拉应力大于岩石的动抗拉强度；再次，要保证孔间贯通成裂缝，还要求爆炸气体较长时间内以静压力的形式作用于孔壁上。

A 不耦合系数 K_d

对于硝铵类炸药，一般取 $K_d=1.5\sim3.0$，这个数值正是硝铵类炸药产生沟槽效应的范围。为实现光面爆破不耦合装药，矿上特制了小药卷炸药，药卷直径为20mm，长 20cm。因此根据公式：

$$K_d = d_b/d_c \tag{6-29}$$

其中，d_b为炮孔直径，40mm；d_c为药卷直径，mm。

代入参数，可得不耦合系数 $K_d=2$。

B 空气柱长度 L_a

空气柱可设在炮孔上部，也可设在炮孔底部或分成数段分布在炮孔中，其作用原理是一致的。以 K_a表示空气柱长度 L_a与装药长度 L_c之比，即：

$$K_a = L_a/L_c \tag{6-30}$$

根据不耦合原理对不耦合装药结构的要求，K_a必须同时满足以下三个条件：

（1）保证孔壁岩石不造成压缩性粉碎破坏时：

$$K_a > \frac{1}{K_d^2}\left(\frac{\beta p_K}{K_v R_c}\right)^{\frac{1}{r}}\left(\frac{p_W}{p_K}\right)^{\frac{1}{K}} - 1 \tag{6-31}$$

式中 K_d——不耦合系数；

β——透射系数，即压力增大系数，$\beta=10$；

p_K——临界压力，通常取 2×10^8Pa；

K_v——体积强度提高系数，取 10；

R_c——岩石单轴抗压强度，取 25MPa；

r——绝热指数，取 $r=1.3$；

p_W——爆轰结束后，爆炸气体的初始平均压力，p_W 可根据公式 $p_W=\dfrac{\rho_o D^2}{2(K+1)}$ 计算；

ρ_o——炸药密度；

D——炸药爆速；

K——等熵指数，一般取 3。

（2）为保证炮孔连心线方向孔壁上得以起裂，应满足以下关系式：

$$K_a < \frac{1}{K_d^2}\left(\frac{\lambda\beta K_0 p_K}{R_t}\right)^{\frac{1}{r}}\left(\frac{p_W}{p_K}\right)^{\frac{1}{K}} - 1 \tag{6-32}$$

式中 λ——岩石切向应力与径向应力的比例系数，$\lambda=\dfrac{\nu}{1-\nu}$；

ν——岩石的泊松比，取 0.32；

K_0——动荷系数，即动载作用下岩石强度提高系数，计算时可取为 10；

R_t——岩石的静态抗拉强度，其值通常为临界压力，通常取 2×10^8Pa；

其他参数意义同上。

（3）保证形成孔空间裂缝时，K_a 应满足：

$$K_a \leqslant \frac{1}{K_d^2}\left(\frac{2r_b}{E}\right)^{\frac{1}{r}}\left(\frac{p_K}{R_t}\right)^{\frac{1}{r}}\left(\frac{p_W}{p_K}\right)^{\frac{1}{K}} - 1 \tag{6-33}$$

式中 r_b——炮孔半径；

其他参数意义同上。

代入相应参数值，空气柱的长度应满足 $0.25\text{m}<K_a<0.45\text{m}$。在实际施工中，空气柱长度平均分为两段，约为 0.3m。

6.3.4.5 装药量 Q

光面爆破的炸药应具有高爆力、低猛度、低爆速、低密度、起爆容易、传爆性能好、爆轰稳定、临界直径较小等特点。目前矿上在平巷掘进中使用的 2 号岩石炸药基本能满足上述特点的要求，周边眼仍采用 2 号岩石炸药进行光面爆破。

周边孔每个炮眼的装药量可按公式（6-34）计算：

$$Q = k \cdot l \tag{6-34}$$

式中 k——线装药密度，kg/m，根据现场爆破情况并参照设计手册，对软弱岩石，合理的取值范围 0.1~0.2；

l——炮孔深度，1.3m。

代入相应参数，计算得 $Q=0.13$~0.126kg。光爆试验参数见表 6-3。

表 6-3 光爆试验参数

炮孔深度 /m	不耦合系数 K_d	周边眼间距 E/m	光爆层厚度 W/m	周边眼线装药密度 /kg·m^{-1}	炮孔堵塞长度/m
1.3	2	0.4	0.7	0.12	0.3~0.5

6.3.4.6 光面爆破的起爆

为获得较平整的轮廓面，缩小了周边眼间距，相对增大了光爆层厚度，减小了炮眼密集系数，以期达到满足周边眼之间的贯通，减少爆破对围岩作用以及光爆层岩石合理破碎块度的要求。在现场操作中，使用38mm的钎头打眼，炮眼直径40~42mm。使用硝铵炸药，采用不耦合装药和空气间隔装药结构的缓冲装药爆破法，使较小的装药集中度能沿炮眼长度方向均匀分布。起爆方式采用火雷管-毫秒导爆管起爆，导爆管长4m，其连接方式为束把连接，光爆眼用同段雷管连接，同时沿炮眼全长敷设导爆索，一方面保证炸药的稳定传爆；另一方面增加炮眼中炸药的爆炸威力。炮眼口堵塞约30cm长的炮泥，以增加爆生气体准静膨胀压力对岩石的胀裂作用及其作用时间。另外，导爆索炮眼口外必须留出15~20cm，以便与非电毫秒雷管一起捆扎。周边眼的装药量可根据岩性的不同而有所变化，不同岩性周边眼的装药量和装药集中度可以调整。起爆顺序为首先起爆掏槽眼与辅助眼，最后起爆光爆眼如图6-98、图6-99所示。

6.3.5 光面爆破施工方法

6.3.5.1 光爆打眼

炮眼的质量好坏对爆破效果影响较大，从而影响到巷道的掘进效率。钻眼的质量要求是：在设计的轮廓线上定准炮眼位置，各周边眼相互平行，且同开挖断面中心轴线平行。炮眼顺直钻进，尽量不带角度，炮眼底落在同一平面上，简称“准、平、直、齐”。

A 定准开眼位置

测量人员要准确给出开挖断面的中线、轮廓线及水平标高，用钢尺量出各炮眼的间距。开钻前，用红漆标出周边眼的开眼位置。

B 控制钻眼方向

钻眼要严格掌握方向，尽量使其不上挑外甩，以便钻出“平、直”的炮眼来。采用气腿式凿岩机人工钻眼，首先钻出“平、直”的中心眼，作为其他周边眼的标准。用半圆仪校准钎杆的水平角度，这对保持钻眼的平行度是很有效的。在离开挖断面2m处的顶板上，悬挂一根线绳作为临时中线，可校正钢钎杆的顺直方向。中心眼打好后，扦入一根长钎杆，作为其他周边炮眼定向的标志；然后将气腿平移一个炮眼间距的距离，依中心眼的标志钎杆掌握平直方向，一个个钻下去。操作者要尽量使凿岩机紧靠岩帮或拱顶，决不能有意使钻钎带有角度钻进。

C 控制钻眼深度

要求炮眼底落在同一平面上，可采用预量钎杆长度的办法控制眼深。应注意工作面凹凸不平时，钻眼深度要予以调整，务使炮眼底落在同一平面上。

为保证钻眼质量，确保足够精度，要采取划分区域定人定位的办法，并设专人负责检查，检查合格后才能装药。

6.3.5.2 光爆装药与起爆

装药前必须用凿岩机将炮眼内的泥水吹净，药卷要送到孔底，因为炮眼填塞长度在决定爆生气体作用时间的同时，也决定了炮眼周围裂隙的围岩裂隙的扩展程度。操作中，周边眼用炮泥堵塞的长度不能太短，可按《煤矿安全规程》的规定，堵塞长度最小值取0.3m。光爆眼选择同号雷管，以利于各炮眼的起爆药能同时起爆。

爆破施工相关参数见表6-4。

表6-4 爆破施工参数

序号	炮眼名称	炮眼个数	装药结构	单孔装药量		装药集中度 /kg·m^{-1}	起爆非电毫秒雷管段别
				药卷数量/节	重量/kg		
1	临空孔	1	不装药				
2	掏槽眼	3	集中装药	ϕ38mm 5节	0.75	0.58	1、2
3	辅助眼	11	集中装药	ϕ42mm 3节	0.45	0.25	3、4、5、6
4	底板眼	5	集中装药	ϕ42mm 5节	0.45	0.25	11、12
5	周边眼	15	不耦合、间隔装药	ϕ20mm 1.5节	0.15	0.12	10
6	共计	35			12.45		

6.4 超前锚杆支护机理及其施工工艺

6.4.1 超前锚杆加固围岩的机理

当前我国的岩土工程界在实际工程中已广泛地采用各种不同的锚固技术，并取得了相当显著的效果，但在锚固工程的设计和方案议定中大多数仍采用经验类比的方法，原因在于对锚固的机理和作用还没有完全认识清楚，还没有上升到定量的程度。由于锚固工程中岩体几何形状和受力状态的多样性，一般情况下锚固件数量大，而且每个锚固件与岩体的相互作用从力学上来说都是三维非线性问题。所以，若要建立三维非线性分析模型并且逐一模拟锚件群体中的个体效应有很大的困难。

为了认识锚固件群体的作用，用模型试验的方法进行研究是一种有效的和不可代替的方法，特别是用模拟研究锚固体的受载破坏和破坏后的力学特征，其优越性是很明显的。

朱维申等人在室内环境中对经锚杆锚固后的锚固体作受载试验，得出了如下认识：

（1）岩体经系统锚杆加固后，其力学性质得到改善，表现出抗压强度、弹性模量、c 值、ϕ 中值得到提高。随着锚杆密度增大，锚固岩体的强度、弹性指标也持续增加，两者相关关系基本呈线性变化。

（2）c 值提高较明显，而 ϕ 值变化不大。

（3）在加载条件一定的情况下，不同的布锚方向引起锚固岩体呈现一定各向异性性质。垂直布锚比水平布锚岩体的抗压强度及弹性模量都要大。

提出了用下述经验关系式来表现锚杆加固对岩体力学性质的改善：

$$c_1 = c_0 + \eta \frac{\tau S}{ab}, \quad \varphi_1 = \varphi_0 \tag{6-35}$$

其中，c_0，φ_0，c_1，φ_1 分别为原岩体及锚固岩体的黏聚力和内摩擦角；τ，S 分别为锚杆材料的抗剪强度及横截面积；a，b 为锚杆的纵、横向间距；η 为综合经验系数，一般可取 2~5。

需要指出，锚杆对岩体的加固强度视方向而变化，但差别不大。为了方便计算处理，将锚固体的 c_1、φ_1 值作为定值。

为了寻找围岩在超前支护作用下的应力场、位移场、稳定及破坏形状等变化规律，陶龙光等人进行了超前锚杆预支护结构整体模型试验，试验观测到隧洞顶板是整体下沉的。设有超前锚杆的模型比不设超前锚杆的模型竖向位移量明显减小，超前锚杆预支护结构表现出很好的柔性支护。

国外有学者在实施超前锚杆预支护的工程中，通过在锚杆上装入测力元件，来监测超前支护岩体系统的应力-应变状态。根据测量仪测定的数据，分析超前支护结构在巷道开挖过程中的受力状态。在工作面开挖以后，锚杆立即和岩体共同受力，锚杆上产生弯矩和法向力。弯矩是由于围岩移动的垂直影响使锚杆的下部纤维拉伸和上部压缩引起的。法向力有两重性：首先，它由于掌子面前端向巷道方向水平移动而产生；其次，向下移动的围岩使两侧锚固的锚杆产生拉力，并且随着掌子面向后侧固定端推进，弯矩和法向压力明显增大。与未采用超前支护的巷道段比较，巷道顶板弯曲与变形明显减小，但是，靠近工作面的顶板弯曲下沉尤为严重；这是因为工作面的应力集中依然存在，而且还增强了，靠近工作面的超前锚杆实际上加大了顶板的弯曲，超前锚杆虽能显著地降低顶板岩梁的应力，但不能防止工作面的顶板岩层的破坏。因此，靠近工作面处的顶板如确有冒落趋势，还需用超前支护来维护。在各种模拟试验研究和工程实测资料分析及前人工作的基础上，对锚杆的支护机理有如下认识：

（1）锚杆对岩石力学指标有一定影响，如提高其破坏强度，增加弹性模量；虽然有锚杆的试件一旦达峰值强度，其破坏仍是突然的，但与无锚杆情形相比，加锚的围岩具有一定的残余强度。

（2）在裂隙极为发育的岩层中，未安装支护时岩层顶板易于呈三角形或楔形块状冒落。超前支护可以通过岩体本身的“楔固”作用，而将岩块悬吊起来，如图 6-100 所示。在岩层开挖时，顶板岩层中的原始压缩应力得到释放，锚杆能将围岩临空面处的松弛压力传递到围岩深部，充分调整围岩自身的应力，保留部分原始压缩应力场，发挥围岩自身的承载能力和稳定作用。随着岩体限制程度的增加，其抵抗破坏和松散的阻力增大，这样就阻止了岩层开挖后失去控制的岩体发生松散脱落，从而加固了顶板岩层。

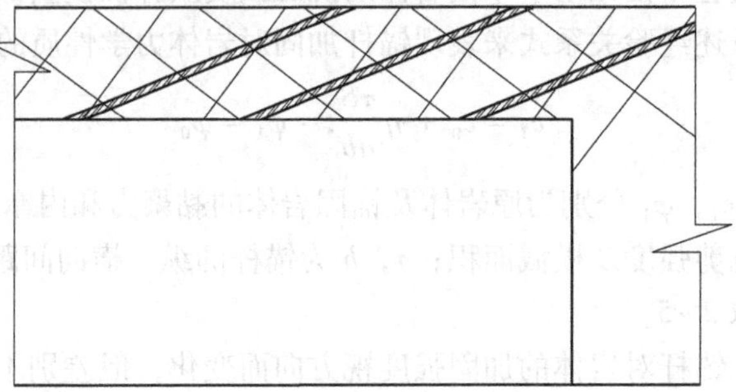

图 6-100　“楔固”作用示意图

当顶板围岩是由软弱界面隔开的多层岩层时，在开挖之前预装上超前支护，岩梁就不会像应用普通支护时那样挠曲。因为锚杆已将多层水平顶板结合为一整体岩层，其强度将高于任一分层的强度，如图 6-101 所示。如果使用普通支护，很难保证不稳定的层状顶板不发生离层。

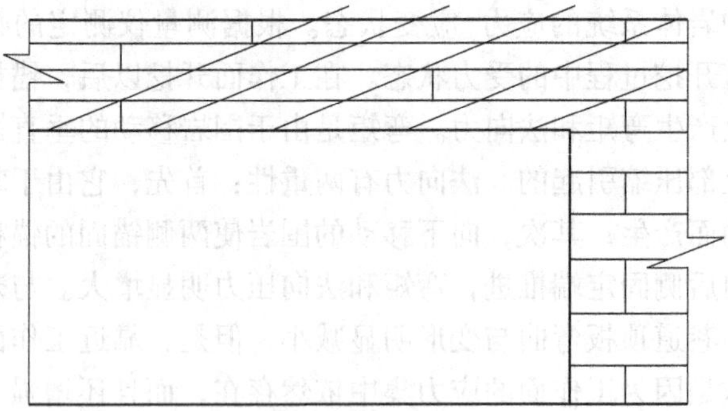

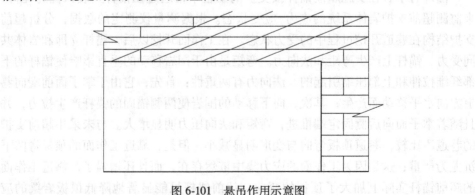

图 6-101　悬吊作用示意图

这种情况下，锚杆-围岩介质实际上可以看作是一种复合式受力结构，围岩既是荷载物又是结构物。

（3）在散体结构的围岩中，布设的超前锚杆与被联结的碎裂岩块，实际上组成了一个梁结构，此梁显然抗拉、抗弯强度很低，它提供的抗力主要由锚杆及破裂面的参数决定。此梁由完整到破裂乃至最终稳定，是一个由直梁到最终形成近似抛物线或椭圆形弯曲的倒拱梁的过程，上部破碎块体发生移动和转动，而梁的存在有利于上部块体的这种调整。上部块体在调整中形成新的承载体，达到新的拱平衡。

在巷道的横断面内，超前锚杆间距适当时，由巷道周边的超前锚杆和顶部碎裂岩块类似地组成承载梁，这种类似梁的上部碎裂块体经过必要的移动和转动，也达到新的平衡，形成新的平衡承载拱。

超前锚杆正是由于在巷道纵、横两个平面内均使得其上部的碎裂块体组成多级的三维承载拱-拱壳结构，最大限度地发挥了“人为调动拱”效应，并随时在外部的扰动下进行微小的新的调整，来达到其预支护目的。图 6-102 所示为支撑梁作用示意图。

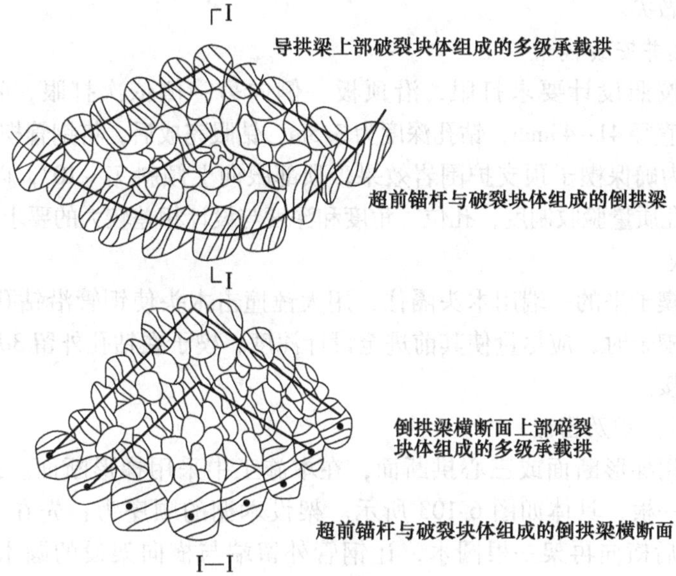

图 6-102　支撑梁作用示意图

6.4.2　超前支护施工工艺

6.4.2.1　撞楔法及其适用条件

撞楔法又称插板法和板桩法，是指在巷道掘进遇上松软破碎岩层时，在已架好的棚子上先打一排金属撞楔（有时也采用木撞楔），强行插入破碎岩层中，挡住顶板或两帮的碎石渣，以确保在工作面出渣时的安全，不让巷道周围的松软破碎岩石涌入工作面的一种方法。撞楔法主要适用于撞楔容易打入的松软不稳定岩层，如断层破碎带、流砂层、含水砂层、极易风化的粉状岩石、黏性小的土和砂砾层，但这些松散破碎岩石中不能有较多的坚硬岩块，以免影响打入撞楔。一般来说，松软破碎层中含水少时，这种方法较有效，含水越多，则打入的撞楔数量也将增大，所消耗的人力物力和时间也将相应增多。图 6-103 为撞契法施工示意图，图 6-104 为施工剖面图。

6.4.2.2 超前支护施工工艺

试验采用的撞楔法施工工艺过程为：施工准备→钻孔→安装楔子→撞击楔子至设计深度→架设支架→出渣→架设支架至 0.5 ~ 1.0m 处→开始下一个施工循环。

A 施工准备

施工前清理冒落区的岩渣，将巷道断面适当扩大，准备好楔子、支护用支架等。施工用楔子采用 2 号钢管，长 3.0m，直径 40mm，为便于施工，将钢管一头做平，一头做尖。

B 钻孔并安装楔子

用风钻按照设计要求打眼，沿顶板一侧向另一侧依次打眼，间距为 30 ~ 50cm，钻孔直径 41 ~ 43mm，钻孔深度为 3.5m，钻眼完成后，将钢管楔尖的一端插入钻孔中。为确保楔子预支护围岩效果，顶部眼向上倾斜 7° ~ 10°，以利于施工。严格执行钻孔质量验收制度，孔位、角度和深度与设计相差较大的要求重打。

C 撞楔

在钢管楔子平的一端用木头隔住，用大锤撞击木头使钢管沿钻孔方向前进。在撞击钢管楔子时，应尽量使其前进至设计深度，楔子在钻孔外留 30 ~ 50cm，以便与支架连接。

D 架设支护及出渣

支架采用梯形断面或三心拱断面，在本施工中采用梯形断面。顶板方向一根，两帮各一根，具体如图 6-103 所示。架设木棚的顺序为：先在一帮架设一根圆木，然后横向再架一根圆木，让钢管外留端与横向架设的圆木紧密接触，当顶部钢管外留端与横向架设的圆木空隙比较大时，可在横向架设的圆木上再沿巷道中心线方向架设圆木，再横向架设第三层圆木顶住钢管外留端，最后在巷道的另一帮架设第三根圆木，即顶梁。圆木与圆木如果连接不牢固时，可使用抓钉将圆木接触处钉牢。清渣工作是在打完撞楔后进行的，清渣的顺序是：先清两侧掏出柱窝，立好柱腿，接着在顶梁的位置上边掏边维护，掏出架设梁的空间后随即上梁，然后再清理巷道中间部分的岩渣。当木棚向前架设到 0.5 ~ 1.0m 距离以及清完撞楔下部的岩碴后，开始打第二排钻孔，并撞钢管楔，架设木棚，如此循环，如图 6-104 所示。

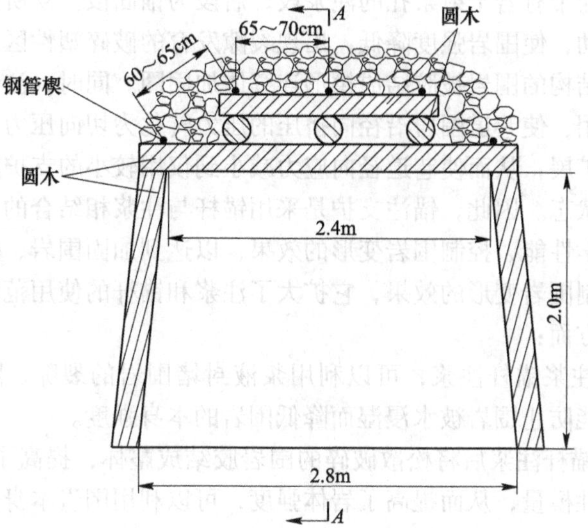

图 6-103 撞楔法施工示意图

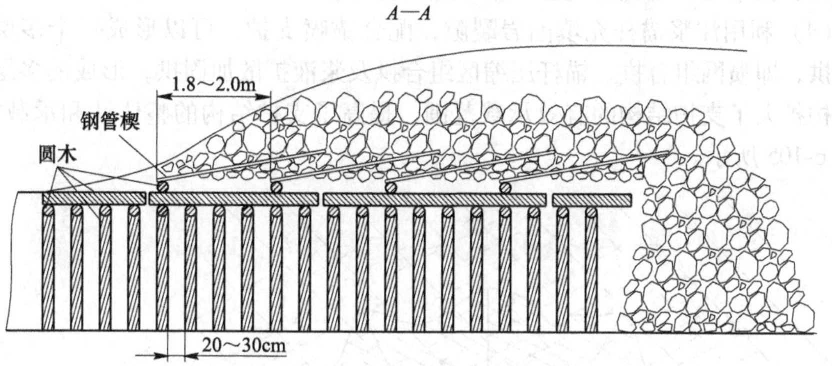

图 6-104 撞楔法施工剖面图

6.5 锚注支护机理及其施工工艺

6.5.1 锚注支护机理

锚注技术是 20 世纪 80 年代后期发展起来的一种支护工艺和技术，它是把注浆技术和锚杆加固支护技术的有机结合，在巷道支护技术中起到非常重要的作用。

锚注加固巷道围岩是利用空心锚杆兼作主注浆管，将浆液注入围岩裂隙中。

注浆锚杆前段为带有若干射浆孔的注浆段，后段为锚固段。众所周知，巷道开挖后围岩产生松动，使围岩强度降低，出现裂隙发育的破碎塑性区。破碎塑性区经加固后，破碎结构的围岩被胶结成拱形连续体加固圈。同时，注浆锚杆又起到悬吊、挤压等作用，使巷道围岩沿径向挤压的压力转化为切向压力，防止围岩松动范围的进一步扩展，从而使巷道径向应力减小到仅用较小的支护阻力就能使围岩长期处于稳定状态。因此，锚注支护是采用锚杆与注浆相结合的双重作用，提高和改善围岩力学性能、控制围岩变形的效果，以达到加固围岩、提高和改善围岩力学性能、控制围岩变形的效果，它扩大了注浆和锚杆的使用范围。其支护机理包括以下几个方面：

（1）采用注浆锚杆注浆，可以利用浆液封堵围岩的裂隙、隔绝空气，防止围岩风化，且能防止围岩被水浸湿而降低围岩的本身强度。

（2）注浆锚杆注浆后将松散破碎的围岩胶结成整体，提高了围岩的内聚力、内摩擦角及弹性模量，从而提高了岩体强度，可以利用围岩本身作为支护结构的一部分。

（3）注浆锚杆注浆后使得喷层壁后充填密实，这样保证荷载能均匀地作用在喷层和支架上，避免出现应力集中点而首先破坏。

（4）利用注浆锚杆充填围岩裂隙，配合锚喷支护，可以形成一个多层有效组合拱，即喷网组合拱、锚杆压缩区组合拱及浆液扩散加固拱，形成的多层组合拱结构扩大了支护结构的有效承载范围，提高了支护结构的整体性和承载能力，如图 6-105 所示。

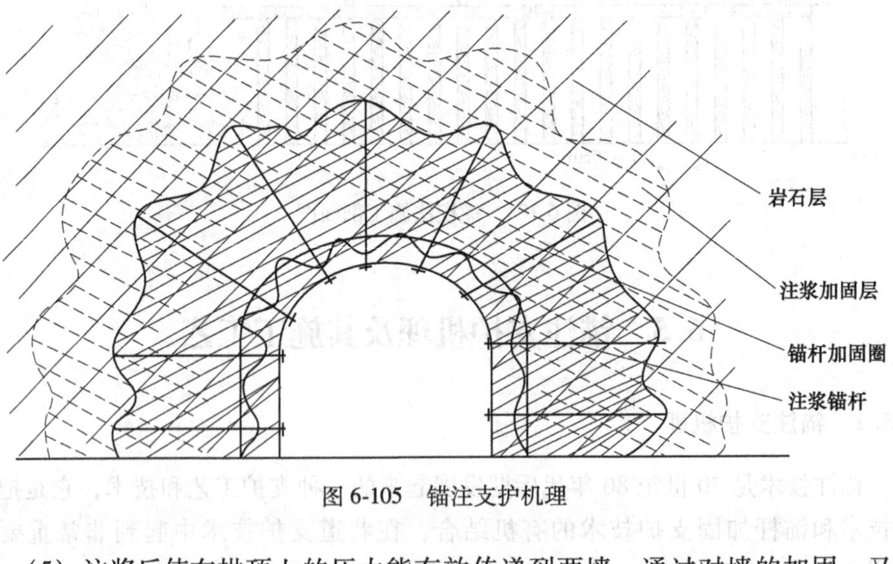

图 6-105　锚注支护机理

（5）注浆后使在拱顶上的压力能有效传递到两墙，通过对墙的加固，又能把荷载传递到底板。由于组合拱厚度的加大，这样不仅减小作用在底板上的荷载集中度，而且减小底板岩石中的应力，减弱底板的塑性变形，从而减轻巷道底臌。

（6）注浆锚杆本身为全长锚固锚杆，通过注浆也使端锚的普通锚杆变成全长锚固锚杆，从而将多层组合拱联合成一个整体，共同承载，提高了支护结构的整体性。

（7）注浆使支护结构面尺寸加大，围岩作用在支护结构上的荷载所产生的弯矩减少，从而降低了支护结构中产生的拉应力和压应力，因此能承受更大的荷载，提高了支护结构的承载能力，扩大了支护结构的适应性。

（8）注浆后的围岩整体性好，与原岩形成一个整体，从而在大构造应力作用下保持稳定而不易产生破坏。

（9）注浆加固力学机理作用分析。灌浆加固的实质在于：改变被灌介质的现有性质，从根本上改变被灌介质的物理化学状态，从而在被灌浆介质范围内产生一种新的物质。对松散体灌浆加固机理分析如下：

1）黏结补强作用。对于内聚力和抗剪、抗拉强度几乎为零的松散体，经灌浆加固后松散体被牢牢粘结在一起形成柱状整体，使内聚力和强度得到显著提高。在地基工程中，地基承载力可由下式计算：

$$p = acN_c + \frac{1}{2}\beta\gamma_1 BN_r + \gamma_2 LN_2 \tag{6-36}$$

式中 p——地基极限承载力，kPa；

c——地层的黏聚力，kPa；

γ_1，γ_2——基础底面以下和以上的地基容重，kN/m^3；

a，β——基础底面的形状系数；

B——基础的底宽，m；

L——至基础底面的有效埋深，m；

N_c，N_2，N_r——承载力系数。

由上式可见，利用灌浆技术可有效提高地基的承载能力。在松散砂土层开挖隧道或硐室，利用灌浆加固，有利于砂土层的成拱作用。在采矿工程顶板加固管理中，利用灌浆处理后，可使岩体弱面牢固黏结在一起，大大提高顶板的整体性能。灌浆可使原来的层状顶板离层后形成的多层梁或裂隙梁转化为组合梁或整体梁，从而提高了顶板的抗破坏能力。

2）充填压密作用。水泥浆液在泵压的作用下，不但可以将连通的松散体间孔隙和岩体的裂隙充填满，同时在压力作用下，还可以将一些充填不到的封闭裂隙和孔隙压缩，从而对岩土介质起到充填压密作用。这种作用的结果是使岩土介质的弹性模量提高，强度也提高，改变被灌浆地层的应力状态。

3）转变破坏机制的作用。对于含有孔隙或裂隙的岩土体，如图 6-106 所示。

为研究问题的方便和不失一般性，可把孔隙或裂隙近似看成椭圆形，短轴和长轴之比用 m 表示（裂隙的 m 值很小）。

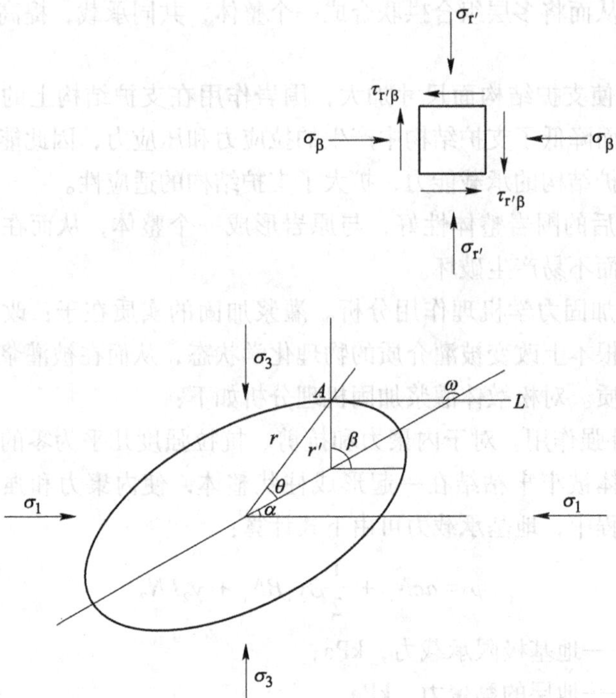

图 6-106 裂隙或孔隙周围岩体应力分析

采用极坐标进行应力分析。椭圆长轴和极轴夹角为 α，椭圆中心轴与椭圆垂直，即裂隙或孔隙贯穿。设 A 为椭圆上任一点，L 是过 A 点的椭圆切线，与长轴夹角为 ω。

由弹性力学理论可推导出裂隙和孔隙周围岩体的应力分量为：

$$\sigma_r = \frac{1}{2}(\sigma_1 - \sigma_3)\left(1 - 4\frac{N^2}{r^2} + 3\frac{N^4}{r^4}\right)\cos2\beta + \frac{p_0N^2}{r^2} + \frac{1}{2}(\sigma_1 + \sigma_3)\left(1 - \frac{N^2}{r^2}\right)$$

$$\sigma_\beta = -\frac{1}{2}(\sigma_1 - \sigma_3)\left(1 + 3\frac{N^4}{r^4}\right)\cos2\beta - \frac{p_0N^2}{r^2} + \frac{1}{2}(\sigma_1 + \sigma_3)\left(1 + \frac{N^2}{r^2}\right)$$

$$\tau_{r\beta} = -\frac{1}{2}(\sigma_1 - \sigma_3)\left(1 + 2\frac{N^2}{r^2} - 3\frac{N^4}{r^2}\right)\sin2\beta \tag{6-37}$$

式中 p_0——裂隙或孔隙水压力；

σ_r——径向压力；

σ_β——切向压力；

$\tau_{r\beta}$——剪切应力；

σ_1——最大主应力；

σ_3——最小主应力；

N——过 A 点椭圆法线与椭圆长轴交点到 A 点的距离。

断裂力学和损伤力学的观点认为，连续介质（如岩体）内有裂隙时，在承载过程中会形成强烈的应力集中，而最大的应力集中在裂隙的端部。应力集中的系数 K，取决于裂隙端部半径 r、裂隙长度与岩体尺寸之比，介质产生破坏或损伤就是在一定的应力条件下裂隙出现失稳扩展的结果。故将 $r=N$ 代入上式，可得裂隙或孔隙周围应力为：

$$\begin{aligned}\sigma_r &= p_0\\ \sigma_\beta &= -2(\sigma_1-\sigma_3)\cos2\beta - p_0 + \sigma_1 + \sigma_3\\ \tau_{r\beta} &= 0\end{aligned} \tag{6-38}$$

在孔隙周围出现最大拉应力时：

$$\begin{aligned}\sigma_r &= p_0\\ \sigma_\beta &= -\sigma_1 + 3\sigma_3 - p_0\end{aligned} \tag{6-39}$$

在孔隙周围出现最大压应力时：

$$\begin{aligned}\sigma_r &= p_0\\ \sigma_\beta &= -\sigma_3 + 3\sigma_1 - p_0\end{aligned} \tag{6-40}$$

则岩体发生脆性拉应力破坏，其条件分别为：

$$\sigma_3 > -\frac{1}{3}[\sigma]_{la}$$

$$\sigma_1 - \sigma_3 < [\sigma]$$

式中　$[\sigma]_{la}$，$[\sigma]$——无孔隙或裂隙时岩体的抗拉和抗压强度。

当进行灌浆加固后，裂隙或孔隙被浆液凝胶体所充填，并黏结成一体，裂隙或孔隙中的水被挤出，则 $p_0=0$，$N=0$。由上式得出下面的结果。

在原孔隙处的最大拉应力：

$$\begin{aligned}\sigma_r &= \sigma_1\\ \sigma_\beta &= \sigma_3\end{aligned} \tag{6-41}$$

在原孔隙处的最大压应力：

$$\begin{aligned}\sigma_r &= \sigma_3\\ \sigma_\beta &= \sigma_1\end{aligned} \tag{6-42}$$

同理，可得加固后岩体发生脆性拉应力破坏和非脆性剪切破坏的条件分别为：

$$\sigma_3 = -[\sigma]_{la}$$

$$\sigma_1 - \sigma_3 = [\sigma] \tag{6-43}$$

由此可见，经过灌浆处理以后，岩体发生脆性破坏的条件仅是无灌浆加固时的 1/3，而无加固岩体在 $\sigma_1-\sigma_3<[\sigma]$ 时，已发生剪切破坏。

从上面的分析可见，经灌浆加固后，裂隙或孔隙内充满加固材料，加上灌浆材料对裂隙面的黏结力，会使裂隙端部的应力集中大大减弱或消失，从而使岩体的破坏机制发生转变。

6.5.2 锚注支护技术及参数设计

6.5.2.1 注浆孔布置

根据巷道的淋水情况，在大量初期调查、试验的基础上，提出如下布孔方式：设计的注浆孔布置为两帮、顶板注浆，拱部 3 个注浆孔，两帮各 3 个注浆孔。为了对底部进行加固，在巷道的两脚各布置一个“扎脚”注浆锚杆。注浆孔间距为 0.7~0.8m，注浆孔排距取 1.0m，注浆孔深度取 1.6m。注浆孔呈梅花形交替布置，保证各处围岩至少有一个眼孔能够注上浆。射浆孔布置如图 6-107 所示。

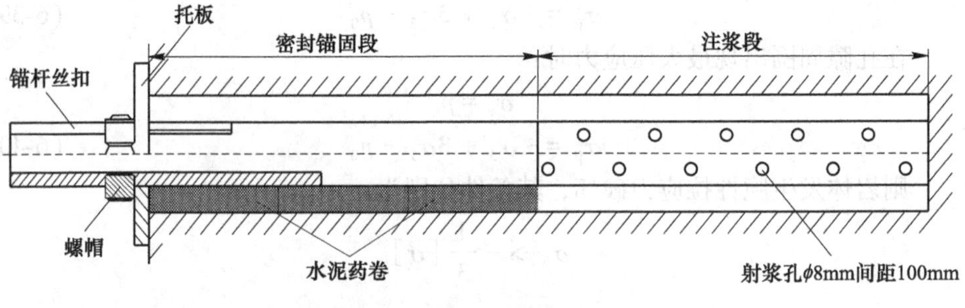

图 6-107 外锚内注式锚杆结构示意图

6.5.2.2 注浆压力的确定

注浆压力是浆液在围岩中扩散的动力，它直接影响注浆加固效果。注浆压力大小主要受围岩性质，浆液性能，注浆方式等因素的影响和制约。注浆压力过小，浆液难以向围岩中扩散，达不到预期的效果；若注浆压力过大，很可能在注浆过程中由于注浆压力而导致巷道围岩表面冒顶或片帮等塌落破坏。根据注浆经验和研究，锚喷巷道围岩注浆压力以不超过 5MPa 为宜。

6.5.2.3 裸体巷道表面处理

为了提高注浆效率，减少跑浆现象，对裸体巷道壁面采用喷射混凝土处理，喷浆层厚度不少于 5cm。该措施有效减少了浆液从巷道壁面的裂隙中渗出，收到较好的效果。但试验中也发现，在巷道注浆压力达到 5MPa 时，喷浆层发生爆裂，出现破坏，说明对巷道注浆控制压力十分重要。

6.5.3 注浆材料、设备的选择

6.5.3.1 注浆材料

注浆采用水泥单液或水泥-水玻璃双液浆，水灰比0.7：1~1：1。这种注浆材料的主要特点是：

（1）浆液凝胶时间可以在几秒到几十分钟范围内随意调节。

（2）材料来源丰富、价格便宜，注浆成本低。

（3）浆液配置简单，容易掌握。

（4）浆液黏度低、流动性好、可注性强，能进入细小裂隙和孔隙中。

6.5.3.2 封堵药包的研制

在采用锚注施工中，由于注浆管较钻孔小很多，必须对注浆管和钻孔之间的空隙进行封堵，解决浆液的渗漏、保持一定的注浆压力，使得浆液不断向岩体裂隙深部渗入，达到一定的封堵效果。过去采用棉线缠绕等方法使锚杆和钻孔壁实现过紧配合；但在实践中发现该方法施工困难，效率低，不能承受较高压力，且不能有效实现锚杆的锚固作用。经过查阅大量资料，发现云南省外有该注浆方法的封堵、加固材料，但经多方联系，由于在课题试验阶段使用量较少，对方不卖。因此，研制锚注注浆封堵加固材料成为一项非常重要的工作。

在查阅大量资料的基础上，对不同的封堵方法分别进行了试验，前后在井下试验了一个多月；最后成功研制出以水泥为主料，外加不同配合比的速凝剂A、B和具有快速膨胀作用的材料D，配置出可以满足锚固、封堵需要的封堵药卷和药包。

药卷为空心型，外径40mm，内径22mm，长200mm，刚好可以套在注浆管上。

药包可根据孔隙尺寸的大小来设计，使其装药后能够填满锚杆和钻孔之间的空隙，药包长设计为200mm。在使用时，把药包包裹在锚杆上，用细线或胶布捆扎固定。由于药包包裹后一般会存在一定的缝隙，施工时应注意不同药包缝隙的错位，以便防止压力浆液从缝隙中流出。

使用时，把安装在注浆管上的药卷或药包放在水中浸泡1~2min，当不再冒泡时便可安装到钻孔内。一般经过4h或1个班的凝固、固结，便可开始注浆。使用药卷的数量一般为3~4节，可根据注浆压力的大小而随意调节。

在工业试验中，经过近80根注浆锚杆的施工，封堵效果非常好，仅有3~5根出现一定的漏浆现象，封堵效果达到94%；而且该技术工艺简单、快速，一般在现场可直接配置加工。

6.5.3.3 注浆锚杆及其封孔

注浆锚杆采用无缝钢管制作，长度按需要确定，长度=钻孔长+100mm（螺纹段），锚固段长0.8m。锚杆外径21mm，内径15mm，注浆段有若干交叉射浆

的小孔，锚固段采用空心快硬膨胀水泥卷锚固，锚固段又是注浆密封段。封孔长度 0.8m，每根注浆锚杆用 3~4 个药卷；然后把水泥药卷浸入水中 1~2min 后，将其和锚杆送入钻孔中，再用大锤冲捣锚杆端部，使药卷均匀地把锚杆与钻孔岩壁紧密地锚固为一体，实现封孔，如图 6-107 所示。这种封孔方法具有施工简便、效果可靠、成本低的特点，密封段同时又是锚固段，一举两得。

6.5.3.4 注浆泵的选择

注浆泵是注浆工作的关键设备，是决定注浆系统的主要因素，经过对国内主要生产厂家的调研，选择河北柏乡机械厂生产的 KBY-50/70 型液压注浆泵。该泵为单、双液压力可调式注浆泵，主要特点是体积小、质量轻、灵活可靠，适合巷道围岩的注浆加固。

6.5.3.5 注浆工艺过程

注浆工艺过程为：施工准备→钻孔→安装注浆管→开泵注浆→清洗设备。

A 钻孔并安装注浆管

用钻机按照设计要求打眼，钻孔直径 41mm，钻眼完成后安装注浆管并封孔。为确保浆液渗透范围的合理分布及加固围岩效果，布孔应呈梅花形均匀分布。帮眼可倾斜 10°，以利于施工。严格钻孔质量验收制度，孔位、角度和深度与设计相差较大的要求重打或注浆后补打眼复注。钻孔施工或安装锚杆后，巷道壁面基本不再涌水而改为从注浆管或钻孔内集中排水，为后续的巷道壁面喷射混凝土创造了条件。

B 裸巷的喷浆处理

为保证注浆效果，使浆液有效地渗入围岩裂隙，对注浆前支护提出如下要求：首先在巷道内支护体及围岩暴露面喷射层强度较高的混凝土，使喷层与原支护形成一个结合层，作为注浆时巷道壁面的止浆垫，防止浆液从岩层裂隙流出。一般要求喷层完整，保证一定的厚度即可。

喷层的质量对注浆影响很大，实践中常发现由于喷层不完整，喷层容易破裂而导致的漏浆，造成浆液不能向岩体深部渗透，减少了注浆加固和堵漏的效果。对该类情况需要进行处理，一般采用补注和加固巷道壁面补救措施。

C 备料

在注浆巷道附近干燥处，设置简易料场，堆放材料，要求垫木板防潮和防渗水，严禁混放混用。为保持材料性能和注浆连续进行，每次井下备料 1~2t 为宜。

D 注浆系统布置

注浆系统包括注浆泵，搅拌桶（机），蓄浆池，连接管路等。在本次注浆中，把注浆系统全部安装在平车上，可沿轨道移动，减少了设备不断搬运的困难。

E 注浆过程

严格按水灰比供水上料，搅拌均匀。接通注水管线，用清水试注，待管路流通后，将吸浆管分别插入蓄浆池，高压出浆管通过球阀与封孔器后端快速接头相连，开泵注浆。

通过注浆调压阀调节注浆压力，由小到大逐渐调节，终压控制在 2.0~5.0MPa之间，根据注浆液渗透程度、注浆量、封孔及周边围岩的渗漏情况，调整选定。由于该泵具有定压自动调量的功能，注浆初期，岩层裂隙大，扩散阻力小，排浆量大；注浆后期，岩层裂隙逐渐被充填，浆液扩散阻力增大，排浆量减小，注浆压力随之增大，但不超过调定值；注满后，浆液不动，保持终压不变，维持 3~5min，以保证注浆充填程度和密实性。

关闭注浆泵及封孔前端球阀，卸下高压胶管，装到另一个注浆孔上，直至用完浆液。

注浆过程中如发生少量漏浆，用快硬水泥、废旧布袋等封堵。如漏浆量大，可暂停注浆，待浆液初凝后再注。按一定顺序注浆，即从底部眼开始，依次向上顺序注入，以保证注浆效果。

为了提高注浆质量和防止跑浆，应严格按设计的注浆压力、注浆时间和注浆量指标控制注浆，只要有两项指标达到规定数值就停止注浆。当不能及时注浆时，应清洗混合浆液，以防固结。

每班注浆结束后彻底清洗注浆系统及封孔器，巷内设水沟排放清洗污水，禁止巷内大量积水。注浆 3~5d 后，在注浆锚杆端头安装垫板，拧紧端头螺母，使锚注系统达到加固围岩的作用。

注浆设备及配件见表 6-5。

表 6-5 锚注设备及配件

名称	规 格 型 号	数量	说 明
注 浆 泵	KBY-50/70 型	1	流量 50L/min，压力 0.1~7MPa
搅拌桶	300L	1	
混合器	特制三通	1	带自锁装置
Y28 钻机		1	ϕ38mm 钻头
注浆锚杆	长 1.6m，锚固段 0.8m，尾部螺纹长 100mm	若干	无缝钢管，内径 15mm，外径 21mm
封孔药卷	内径 22mm，外径 40mm，长度 200mm	若干	四种混合材料制作

F 注浆次序

为了提高注浆效果，采用跳排注浆次序，即先注 1 排、3 排、5 排、7 排、…，后注 2 排、4 排、6 排、8 排、…，同一排先脚后拱（顶）。通过采用该次序的注浆，有效解决了注浆不均匀、浆液漏失、注浆安全等问题。

6.6 钢支架+锚注+喷砼联合支护工业试验

在实验和理论的基础上，在矿区 600m 中段北巷炭质千枚岩中，开展了钢支架+锚注+喷砼联合支护工业试验，试验段 10m，一天一循环。试验结果表明：采用钢支架，锚注嗣后喷混凝土的方法可以大大提高巷道掘进效率，降低巷道支护成本，改善巷道受力状态，提高巷道稳定性；为矿区后续过断层破碎带，炭质千枚岩等松散易风化岩层支护，具有很好的指导和借鉴意义。在 600m 中段北巷层纹灰岩、结晶灰岩及砂岩等中等稳固以上的围岩，开展了锚网喷支护工业试验，试验段 30m，经近 4 个月的变形监测，试验段巷道围岩变形较小，取得了良好的效果；后续矿区在 795 坑、860 坑类似岩体中巷道及地下硐室广泛推广锚网喷支护，目前应用效果较好。经估算，采用原支护方案支护成本为 6000～12000 元/m，而采用现有支护方案支护成本为 2000～3000 元/m，所以经济效益很可观，支护效果良好。现场工业试验照片如图 6-108 所示。

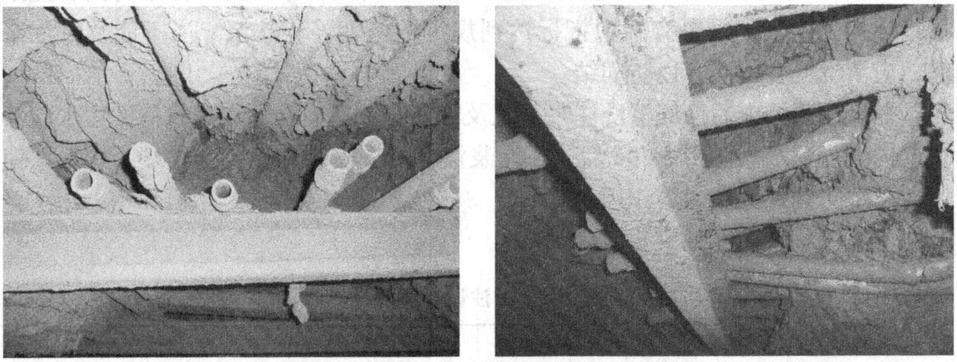

图 6-108 现场工业试验照片

6.7 本 章 小 结

根据矿区工程地质概况，提出了不同围岩地段的五种支护控制方案。基于大型非线性数值模拟软件 FLAC3D，分别分析了五种支护方案的效果，结果表明各种支护方案的支护效果良好，能够满足巷道的稳定性控制要求。在此基础上，分析了巷道掘进光面爆破作用机理，超前锚杆支护机理以及锚注支护机理及其施工工艺；最后在现场 795 坑 600m 中段北巷炭质千枚岩开展了锚注支护工业试验，取得了良好的效果。

7 软破倾斜薄矿体分类及采矿方法

7.1 采矿方法选择主要影响因素

7.1.1 矿床地质条件

矿床地质条件对采矿方法选择有直接影响，起决定性作用，因此必须具备充分可靠的地质资料，才能进行采矿方法选择。矿床地质条件一般包括以下内容：

（1）矿石和围岩的物理力学性质。在矿石和围岩的物理力学性质中，矿石和围岩的稳固性是关键因素，它决定采场地压控制方法、采场结构参数和主要回采工艺过程。

（2）矿体产状。矿体产状主要指倾角、厚度和形状等。矿体倾角主要影响矿石在采场内的运搬方式，而且还与厚度有关。急倾斜矿体，可利用矿石自重运搬；倾斜矿体，可考虑暴力运搬；水平、缓倾斜矿体则需要采用机械运搬。矿体厚度影响采矿方法和落矿方法的选择以及矿块的布置方式。极薄矿体的采矿方法要考虑分采或混采，单层崩落法一般要求矿体厚度不大于3m，分段崩落法要求厚度为6~8m，阶段崩落法要求厚度为15~20m。在落矿方法中，浅孔落矿一般用于厚度为5~8m的矿体；中深孔落矿一般用于厚度为5~8m的矿体；大直径深孔落矿一般用于厚度10m以上的矿体。一般情况下，极薄和薄矿体，矿块沿走向布置；厚和极厚矿体，矿块应垂直走向布置。矿体形状、矿石与围岩的接触情况影响采矿方法的落矿方式和矿石运搬方式的选择。如矿体形状不规则，接触面不明显时，采用大直径深孔落矿，会引起较大的矿石损失和贫化。在极薄矿体中，矿体形状是否规则，接触面是否明显，影响分采和混采方式的选择。

（3）矿石的品位及价值。开采品位较高的富矿、贵重和稀有矿产资源时，要求采用回收率高、贫化率低的采矿方法，例如充填法；反之，则应选择低成本、高效率的采矿方法，如崩落法或空场法。

（4）有用矿物在矿体和围岩中的分布。有用矿物的分布可分为均匀的、渐变的和不规则三种类型。若有用矿物在矿体中分布比较均匀，一般不用选别回采的采矿方法，如选用崩落法或空场法；反之，有用成分分布不均匀而又差别很大时，应考虑能剔除夹石或分采的采矿方法。若围岩有矿化现象，则回采过程中围岩混入的限制可以适当放宽，可采用大量崩落采矿方法。当围岩中含有有害元素、对选矿和冶炼不利时，应选用控制围岩混入的采矿方法。

（5）矿体赋存深度。赋存深度为500~600m或原岩应力很大时，地压增大，有可能产生冲击地压或岩爆现象，采用充填法和崩落法较为适宜。

（6）矿石和围岩的自燃性与结块性。矿石和围岩中含硫高、有自燃或发生火灾倾向时，应采用充填法或预注浆的分段崩落法或分段矿房法。开采放射性矿石时，一般采用通风条件较好的充填法。

7.1.2 开采技术经济条件

开采技术经济条件考虑以下内容：

（1）地表是否允许陷落。在地表移动带范围内，如果有河流、农田、居民区、公路、铁路、风景区、文化遗址和重要建筑物，或者由于环境保护的要求，地表不允许陷落，此时应优先考虑能保护地表的采矿方法，如选用充填法或留有矿柱和采后充填采空区的采矿方法。

（2）加工部门对产品的技术要求。矿石的品位及品级是加工部门的技术要求，如可直接入炉冶炼的富铁矿石、耐火原料矿石和云母等矿石对品位、品级、有害成分、矿石块度都有一定的技术要求，这些技术要求将影响采矿方法的选择。

（3）技术装备与材料供应。选择某些需要大量材料（如水泥、木材和充填料）的采矿方法时，需要考虑材料来源和供应情况，采矿方法应与采矿设备相适应。选择采矿方法时，要考虑采矿设备和备品备件供应情况，凿、装、运设备要配套，充分发挥设备效率。

（4）采矿方法所要求的技术管理水平。选择采矿方法应力求简单，有灵活性，工人容易掌握，管理方便。

上述影响采矿方法选择的因素在不同条件下所起的作用不同，必须根据具体情况，全面地、综合地和系统地进行分析，才能选出最佳的采矿方法。

7.2 矿区矿体分类

7.2.1 795坑分类结果

主要根据矿体的产状进行分类，具体做法是：根据甲方提供的地质剖面图，以一个中段为单元，量测矿体厚度和倾角，矿体厚度量取3个点，取其平均值；量测倾角的方法是：矿体底板线分别与上中段和本中段线交点之间连线与水平面的夹角。795坑矿体综合类型平面图如图7-1所示，795坑量测结果见表7-1。

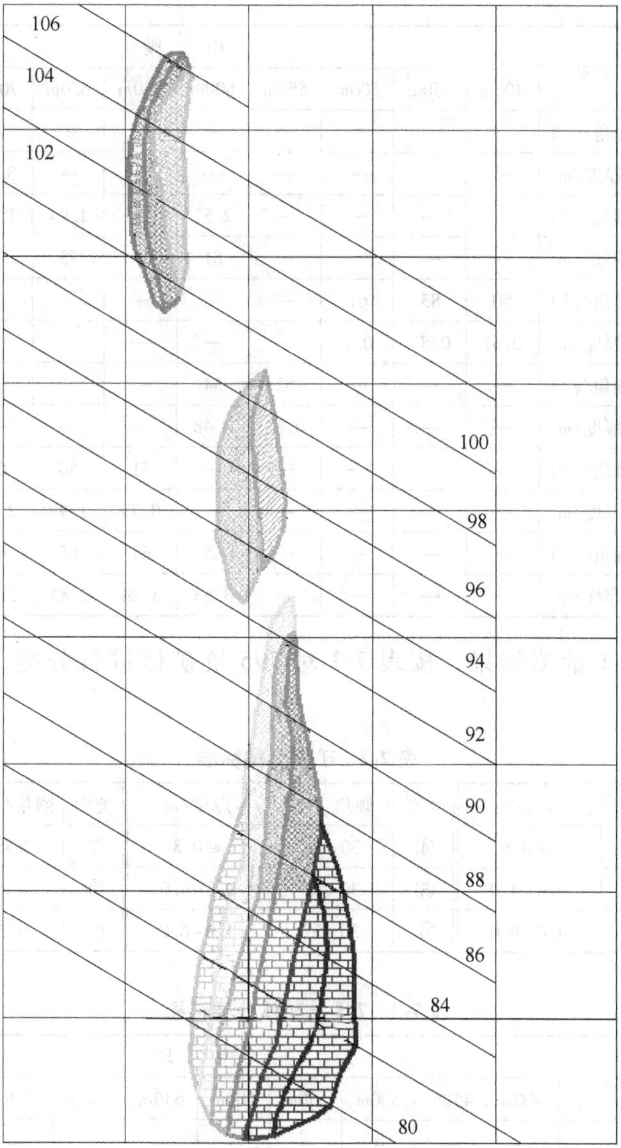

图 7-1 795 坑矿体综合类型平面图

表 7-1 795 坑量测结果

序号	剖面/m	产状	中段									
			400m	450m	500m	550m	600m	630m	650m	700m	750m	790m
1	156	倾角/(°)	—	—	—	—	—	—	—	—	42	35
		厚度/m	—	—	—	—	—	—	—	—	0.53	0.58

续表 7-1

序号	剖面/m	产状	中段									
			400m	450m	500m	550m	600m	630m	650m	700m	750m	790m
2	136	倾角/(°)	—	—	—	—	—	—	—	79	—	—
		厚度/m	—	—	—	—	—	—	—	3.07	—	—
3	128	倾角/(°)	—	—	—	—	2.57	—	1.94	1.48	—	—
		厚度/m	—	—	—	—	81	—	73	75	—	—
4	104	倾角/(°)	80	83	61	—	—	—	—	—	—	—
		厚度/m	0.67	0.53	0.7	—	—	—	—	—	—	—
5	96	倾角/(°)	—	—	—	52	54	—	—	—	—	—
		厚度/m	—	—	—	0.83	0.48	—	—	—	—	—
6	88	倾角/(°)	—	—	—	—	—	51	50	54	—	—
		厚度/m	—	—	—	—	—	0.73	1.99	2.88	—	—
7	80	倾角/(°)	—	—	—	—	65	64	65	65	61	57
		厚度/m	—	—	—	—	3.53	3.24	2.83	3.43	3.28	2.34

根据表 7-1 量测结果，按表 7-2 对 795 坑矿体进行分类，分类结果见表 7-3。

表 7-2 矿体分类标准

类别	倾角/(°)	厚度/m	类别	倾角/(°)	厚度/m	类别	倾角/(°)	厚度/m
①	≤30	≤0.8	④	30~55	≤0.8	⑦	>55	≤0.8
②	≤30	0.8~4.0	⑤	30~55	0.8~4.0	⑧	>55	0.8~4.0
③	≤30	4.0~6.0	⑥	30~55	4.0~6.0	⑨	>55	4.0~6.0

表 7-3 795 坑矿体分类结果

序号	剖面/m	中段									
		400m	450m	500m	550m	600m	630m	650m	700m	750m	790m
1	156	—	—	—	—	—	—	—	—	④	④
2	136	—	—	—	—	—	—	—	⑧	—	—
3	128	—	—	—	—	⑧	—	⑧	⑧	—	—
4	104	⑦	⑦	⑦	—	—	—	—	—	—	—
5	96	—	—	—	⑤	④	—	—	—	—	—
6	88	—	—	—	—	—	④	⑤	⑤	—	—
7	80	—	—	—	—	⑧	⑧	⑧	⑧	⑧	⑧

从表 7-4 可以看出，从分布面积看，矿区 795 坑矿体主要以⑧—急倾斜薄矿体为主，所占比例为 50%，其次为④—倾斜极薄矿体。

表 7-4 795 坑矿体分类结果统计表

类别	矿体个数	所占比例/%	类别	矿体个数	所占比例/%	类别	矿体个数	所占比例/%
①	0	0	④	4	20	⑦	3	15
②	0	0	⑤	3	15	⑧	10	50
③	0	0	⑥	0	0	⑨	0	0

在对各剖面进行统计的基础上，确定了各类型矿体在平面的分布位置，具体见图 7-1。从图中详细统计可以看出，795 坑矿体主要以⑧—急倾斜薄矿体为主，所占比例为 50.00%，其次为④—倾斜极薄矿体，所占比例为 20.00%，最后为⑤—倾斜薄矿体和⑦—急倾斜极薄矿体，各占比例为 15.00%。经统计未见其他类型的矿体。

7.2.2 860 坑分类结果

按上述方法对勐兴矿区 860 坑进行统计，860 坑矿体综合类型平面图如图 7-2 所示，统计结果见表 7-5。

表 7-5 860 坑量测结果

序号	剖面/m	产状	中段												
			810(815)m	770(775)m	725(740)m	725m	680m	630m	550m	500m	450m	400m	350m	300m	250m
1	72	倾角/(°)	—		—	—	—	71	65	69	72	62	—	—	—
		厚度/m	—		—	—	—	1.30	1.09	0.93	0.77	0.72	—	—	—
2	64	倾角/(°)	—	46	—	—	—	—	—	—	—	—	—	—	—
		厚度/m	—	1.73	—	—	—	—	—	—	—	—	—	—	—
3	60	倾角/(°)	—	—	—	—	—		—	—	—	41	49	46	—
		厚度/m	—	—	—	—	—		—	—	—	1.81	3.02	1.31	—
4	56	倾角/(°)	—	—	—	—	—		—	—	—	75	55	26	33
		厚度/m	—	—	—	—	—		—	—	—	0.38	0.69	0.83	1.32
5	52	倾角/(°)	—	—	—		56	56	—	—	—	—	—	—	—
		厚度/m	—	—	—		3.10	2.99	—	—	—	—	—	—	—
6	48	倾角/(°)	已采完	—	—				—	—	—	—	—	—	—
		厚度/m	—	—	—				—	—	—	—	—	—	—
7	44	倾角/(°)	—	—	—				—	—	—	52	52	52	51
		厚度/m	—	—	—				—	—	—	0.64	1.41	5.77	2.17

续表 7-5

序号	剖面/m	产状	中段												
			810(815)m	770(775)m	725(740)m	725m	680m	630m	550m	500m	450m	400m	350m	300m	250m
8	40	倾角/(°)	—	—	—				—	25	35	—	—	—	—
		厚度/m	—	—	—				—	4.42	1.19	—	—	—	—
9	36	倾角/(°)	—	58	59	59	59	57	57	50	—	—	—	—	—
		厚度/m	—	0.85	1.24	1.26	1.21	0.83	3.94	6.32	—	—	—	—	—
10	32	倾角/(°)	—	—	—	—	—	—	—	38	58	42	39	—	—
		厚度/m	—	—	—	—	—	—	—	1.1	0.8	0.88	0.54	—	—
11	28	倾角/(°)	—	—	—	—	—	—	34	34	45	43	49	—	—
		厚度/m	—	—	—	—	—	—	2.23	4.37	3.16	2.07	0.66	—	—
12	24	倾角/(°)	—	—	—	—	—	—	40	34	34	—	—	—	—
		厚度/m	—	—	—	—	—	—	1.47	1.19	1.32	—	—	—	—
13	20	倾角/(°)	—	—	—	—	—	—	52	52	52	54	50	44	—
		厚度/m	—	—	—	—	—	—	2.06	2.52	1.71	2.71	2.94	2.94	—
14	16	倾角/(°)	已采完	—	—	—	—	—	—	—	—	—	—	—	—
		厚度/m	—	—	—	—	—	—	—	—	—	—	—	—	—
15	12	倾角/(°)	—	—	—	—	—	—	32	59	—	—	—	—	—
		厚度/m	—	—	—	—	—	—	0.56	0.55	—	—	—	—	—
16	4	倾角/(°)	—	—	—	—	—	—	75	—	—	—	—	—	—
		厚度/m	—	—	—	—	—	—	0.85	—	—	—	—	—	—
17	3	倾角/(°)	—	—	—	—	—	—	52	44	—	—	—	—	—
		厚度/m	—	—	—	—	—	—	3.34	2.3	—	—	—	—	—
18	7	倾角/(°)	已采完	—	—	—	—	—	—	—	—	—	—	—	—
		厚度/m	—	—	—	—	—	—	—	—	—	—	—	—	—
19	11	倾角/(°)	—	—	—	—	—	—	47	41	46	36	28	30	—
		厚度/m	—	—	—	—	—	—	1.73	1.99	2.03	1.57	0.60	3.26	—
20	15	倾角/(°)	已采完	—	—	—	—	—	—	—	—	—	—	—	—
		厚度/m	—	—	—	—	—	—	—	—	—	—	—	—	—

根据表 7-5 量测结果，按表 7-6 对 860 坑矿体进行分类，分类结果见表 7-7。

表 7-6 矿体分类标准

类别	倾角/(°)	厚度/m	类别	倾角/(°)	厚度/m	类别	倾角/(°)	厚度/m
①	≤30	≤0.8	④	30~55	≤0.8	⑦	>55	≤0.8
②	≤30	0.8~4.0	⑤	30~55	0.8~4.0	⑧	>55	0.8~4.0
③	≤30	4.0~6.0	⑥	30~55	4.0~6.0	⑨	>55	4.0~6.0

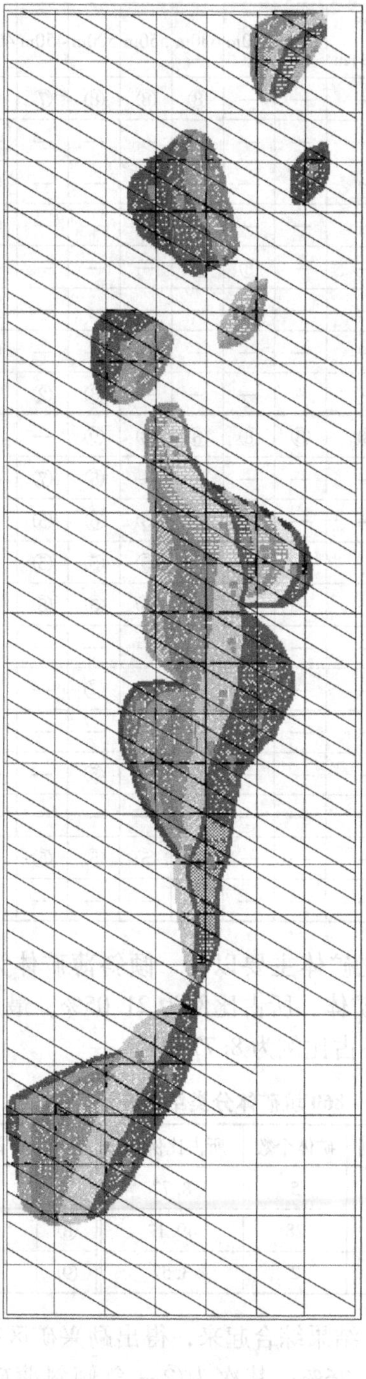

图 7-2 860 坑矿体综合类型平面图

表 7-7 860 坑矿体分类结果

序号	剖面/m	中段												
		810(815)m	770(775)m	725(740)m	725m	680m	630m	550m	500m	450m	400m	350m	300m	250m
1	72	—	—	—	—	—	⑧	⑧	⑧	⑦	⑦	—	—	—
2	64	—	⑤	—	—	—	—	—	—	—	—	—	—	—
3	60	—	—	—	—	—	—	—	—	—	⑤	⑤	⑤	—
4	56	—	—	—	—	—	—	—	—	—	⑦	④	⑤	⑤
5	52	—	—	—	—	⑧	⑧	—	—	—	—	—	—	—
6	48	已采完	—	—	—	—	—	—	—	—	—	—	—	—
7	44	—	—	—	—	—	—	—	—	—	④	⑤	⑥	⑤
8	40	—	—	—	—	—	—	—	③	②	—	—	—	—
9	36	—	⑧	⑧	⑧	⑧	⑧	⑧	⑨	—	—	—	—	—
10	32	—	—	—	—	—	—	—	⑤	⑦	⑤	④	—	—
11	28	—	—	—	—	—	—	⑤	⑥	⑤	⑤	④	—	—
12	24	—	—	—	—	—	—	⑤	⑤	⑤	—	—	—	—
13	20	—	—	—	—	—	—	⑤	⑤	⑤	⑤	⑤	⑤	—
14	16	已采完	—	—	—	—	—	—	—	—	—	—	—	—
15	12	—	—	—	—	—	—	④	⑦	—	—	—	—	—
16	4	—	—	—	—	—	—	⑧	—	—	—	—	—	—
17	3	—	—	—	—	—	—	⑤	⑤	—	—	—	—	—
18	7	已采完	—	—	—	—	—	—	—	—	—	—	—	—
19	11	—	—	—	—	—	—	⑤	⑤	⑤	⑤	①	②	—
20	15	已采完	—	—	—	—	—	—	—	—	—	—	—	—

从表 7-8 可以看出，860 坑矿体主要以⑤—倾斜薄矿体为主，所占比例为 49.12%，其次为⑧—急倾斜薄矿体，所占比例为 21.05%，最后为④—倾斜极薄矿体和⑦—急倾斜极薄矿体，各占比例为 8.77%。

表 7-8 860 坑矿体分类结果统计

类别	矿体个数	所占比例/%	类别	矿体个数	所占比例/%	类别	矿体个数	所占比例/%
①	1	1.75	④	5	8.77	⑦	5	8.77
②	2	3.52	⑤	28	49.12	⑧	12	21.05
③	1	1.75	⑥	2	3.52	⑨	1	1.75

将矿区 795 坑和 860 坑统计结果综合起来，得出勐兴矿区矿体主要以⑤—倾斜薄矿体为主，所占比例为 40.26%；其次为⑧—急倾斜薄矿体，所占比例为

28.57%；最后为④—倾斜极薄矿体和⑦—急倾斜极薄矿体，所占比例分别为11.69%和10.38%。矿区矿体分类结果统计汇总见表7-9。

表7-9 矿区矿体分类结果统计汇总

类别	矿体个数	所占比例/%	类别	矿体个数	所占比例/%	类别	矿体个数	所占比例/%
①	1	1.30	④	9	11.69	⑦	8	10.38
②	2	2.60	⑤	31	40.26	⑧	22	28.57
③	1	1.30	⑥	2	2.60	⑨	1	1.30

7.3 采矿方法选择及确定

充分考虑矿体产状、直接顶板厚度、控顶措施及矿石搬运等情况，结合矿山生产实际，通过多方案综合比较，确定以下三种采矿方法：浅孔留矿法，适用于⑦、⑧、⑨类型矿体；分段房柱空场法，分段空场嗣后废石充填采矿法，适用于①、②、③、④、⑤和⑥类型矿体。

7.3.1 浅孔留矿法

本采矿方法适用于开采矿区围岩中等稳固以上，倾角大于55°，矿体厚度小于3m的急倾斜矿体（见图7-3）。

（1）矿块布置和结构参数。矿块沿走向布置，矿块长度50m，宽度即为矿体的厚度，阶段高度50m，顶底柱4m，间柱6m。

（2）采准工作。采准巷道有脉内阶段运输平巷、切割上山、联络道、溜井。

（3）切割工作。切割巷道有拉底巷道、漏斗。

（4）回采工作。采场拉底层形成之后，即自下而上分层进行回采，分层高度2~2.5m，采用YTP26型凿岩机配FT170气腿蹬碴钻凿浅孔进行落矿，其钎杆长2~2.5m。采用中空六角形钎杆，钻头直径为38mm，采用“一”字形硬质合金钻头，孔深一般为1.8~2.0m，最小抵抗线为1.0m，炮孔间距为1.0~1.5m。

每一循环的炮孔钻凿完成之后，即采用2号岩石炸药进行人工装药，然后用导爆管雷管进行起爆，同时在中段运输平巷中用电雷管通过导爆管引爆。矿石合格块度为350mm，个别大块在采场中进行二次破碎。

每一分层的矿石爆破完成之后，即通过采场漏斗均匀地放出30%左右的矿石，由中段运输平巷装车运出；暂留70%左右的矿石于矿房之中，保持2~2.5m高的操作空间便于继续向上进行回采，直至全矿房回采结束之后再进行大量放矿。

（5）采切工程量及采切比的计算。采切工程量以采一个矿块的工程来计算，计算结果见表7-10。

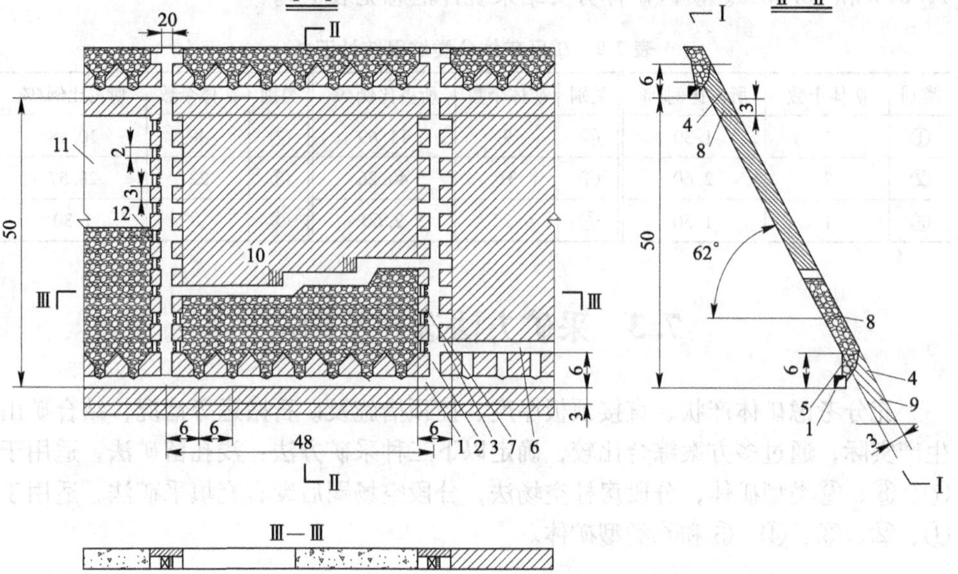

图 7-3　浅孔留矿法采矿方法示意图（单位：m）

1—中段运输平巷；2—人行通风材料天井；3—联络道；
4—底柱；5—漏斗颈；6—拉底平巷；7—间柱；8—矿石；
9—顶柱；10—炮孔；11—采空区；12—密闭墙

表 7-10　采切工程量

编号	巷道名称	巷道数目/条	巷道长度/m		巷道断面面积/m²	巷道总体积/m³	备注
			一条巷道长	总长			
采准巷道	脉内阶段运输平巷	1	48	48	4	192	工程量为采一矿块的工程量
	通风人行材料井	1	56.4	56.4	4	225.6	
	联络道	18	2	36	4	144	
	共计	20		140.4	4	611.5	
切割巷道	拉底巷道	1	48	48	4	192	
	放矿漏斗	7		35	3.24	113.4	
	共计	8		83	7.24	305.4	
	总计			223.4		916.9	

7.3.2　分段房柱空场法

本采矿方法适用于开采矿区围岩中等稳固以上，倾角在 25°~55°之间，矿体厚度小于 3m 的倾斜矿体（见图 7-4）。

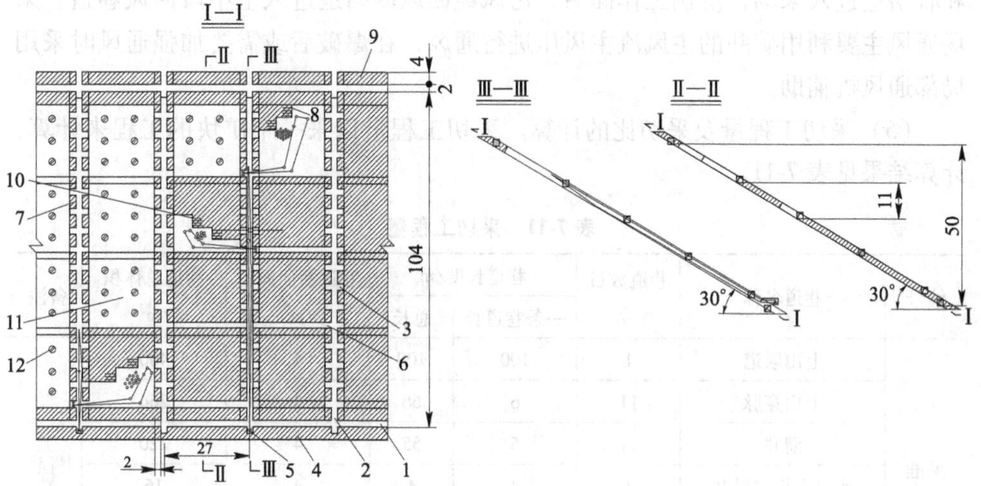

图 7-4 分段房柱空场法（单位：m）
1—中段运输平巷；2—人行通风材料天井；3—联络道；
4—底柱；5—电耙硐室；6—分段平巷；7—间柱；8—矿石；
9—顶柱；10—炮孔；11—采空区；12—点柱

（1）矿块布置和结构参数。矿块沿走向布置，矿块长度 25m，宽度即为矿体的厚度，阶段高度 50m，顶底柱 4m，间柱 6m。矿块沿走向划分成矿房和矿柱，矿房宽 25m，连续间柱宽 6m。矿房沿倾向划分成 4 个分段，分段高度 12~15m。矿房回采自上而下，上一分段矿房回采超前于下一个矿房。

（2）采准工作。采准巷道有脉内运输平巷，切割上山，集矿道，联络道，电耙硐室。

（3）切割工作。切割巷道有分段凿岩平巷。

（4）回采工作。采场矿房分段高度为 12~15m，分段斜长为 20~30m，采场矿房回采沿倾向自上而下回采，采场相邻矿房可以彼此超前。上一分段矿房超前于下一分段，在分段矿房回采中，一般沿倾向由下而上采用浅孔回采矿脉，采用 YTP-26 型凿岩机配 FT170 气腿浅孔落矿，其钎杆长 2~2.5m；采用中空六角形钎杆，钻头直径为 38mm，用一字型硬质合金钻头。孔深一般为 1.8~2.0m，最小抵抗线为 1.0m，炮孔孔间距为 1.0~1.5m。在矿房内的矿脉回采过程中，局部夹石可作为不规则点柱，在顶板不稳定区域可留不规则点柱，也可在局部增加木垛支护或者立柱支护。分段连续间柱可在上一分段回采结束后，下一分段回采过程中进行回收，分段采场崩落下来的矿石可以通过电耙耙运至集矿道，然后在集矿道采用大电耙耙运至脉内阶段运输大巷装车。

回采过程中采场新鲜风流由脉内阶段运输平巷进入切割上山，再经分段平巷和联络道进入采场，洗刷工作面后，污风经回风联络道进入上中段回风巷道。采场通风主要利用矿井的主风流主风压进行通风，在爆破后或需要加强通风时采用局部通风机辅助。

（5）采切工程量及采切比的计算。采切工程量以采一个矿块的工程来计算，计算结果见表 7-11。

表 7-11 采切工程量

<table>
<tr><th rowspan="2">编号</th><th rowspan="2">巷道名称</th><th rowspan="2">巷道数目/条</th><th colspan="2">巷道长度/m</th><th rowspan="2">巷道断面面积/m²</th><th rowspan="2">巷道总体积/m³</th><th rowspan="2">备注</th></tr>
<tr><th>一条巷道长</th><th>总长</th></tr>
<tr><td rowspan="7">采准巷道</td><td>上山联道</td><td>1</td><td>100</td><td>100</td><td>4</td><td>400</td><td rowspan="12">工程量为采一矿块的工程量</td></tr>
<tr><td>上山穿脉</td><td>11</td><td>6</td><td>66</td><td>4</td><td>264</td></tr>
<tr><td>溜井</td><td>11</td><td>5</td><td>55</td><td>4</td><td>220</td></tr>
<tr><td>通风人行材料井</td><td>1</td><td>4</td><td>4</td><td>4</td><td>16</td></tr>
<tr><td>通风人行材料井联道</td><td>1</td><td>14</td><td>14</td><td>4</td><td>56</td></tr>
<tr><td rowspan="2">回风联络道</td><td>6</td><td>14</td><td>84</td><td>4</td><td>336</td></tr>
<tr><td>5</td><td>11</td><td>55</td><td>4</td><td>220</td></tr>
<tr><td colspan="2">共计</td><td>36</td><td></td><td>378</td><td></td><td>1512</td></tr>
<tr><td rowspan="2">切割巷道</td><td>脉内上山</td><td>11</td><td>37</td><td>407</td><td>4</td><td>1628</td></tr>
<tr><td>直接顶板上山</td><td>6</td><td>37</td><td>222</td><td>4</td><td>888</td></tr>
<tr><td colspan="2">共计</td><td>17</td><td></td><td>629</td><td></td><td>2516</td></tr>
<tr><td colspan="2">总计</td><td></td><td></td><td>1007</td><td></td><td>4028</td></tr>
</table>

7.3.3 分段空场嗣后废石充填采矿法

此种采矿方法与分段空场法较为相似，不同的是采场矿房自下而上回采，下一分段回采结束后，将上一分段回采过程中的废石充填至下一分段，可以实现废石不出坑，降低运输费用，同时可以控制地压。这种采矿方法主要适用于围岩中等稳固以上，倾角在 25°~55°之间，矿体厚度小于 3m 的倾斜矿体（见图 7-5）。

（1）矿块布置和结构参数。矿块沿走向布置，矿块长度 25m，宽度即为矿体的厚度，阶段高度 50m，顶底柱 4m，间柱 6m。矿块沿走向划分成矿房和矿柱，矿房宽 25m，连续间柱宽 6m。矿房沿倾向划分成 4 个分段，分段高度 12~15m。矿房回采自上而下，上一分段矿房回采超前于下一个矿房。

（2）采准工作。采准巷道有脉内运输平巷，切割上山，集矿道，联络道，电耙硐室。

（3）切割工作。切割巷道有分段凿岩平巷。

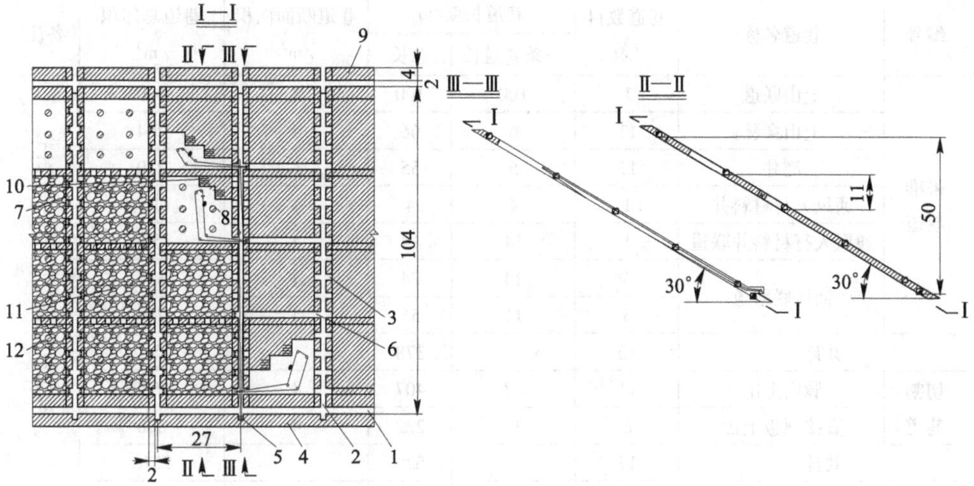

图 7-5 分段空场嗣后废石充填采矿法（单位：m）
1—中段运输平巷；2—人行通风材料天井；3—联络道；
4—底柱；5—电耙硐室；6—分段平巷；7—间柱；8—矿石；
9—顶柱；10—炮孔；11—采空区；12—点柱

（4）回采工作。采场矿房分段高度为 12～15m，分段斜长为 20～30m，采场矿房回采沿倾向自下而上回采，采场相邻矿房可以彼此超前。下一分段回采结束后，上一分段矿房回采过程中的废石充填至下一分段，可以实现废石不出坑。在分段矿房回采中，一般沿倾向由下而上采用浅孔回采矿脉，采用 YTP-26 型凿岩机配 FT170 气腿浅孔落矿，其钎杆长 2～2.5m；采用中空六角形钎杆，钻头直径为 38mm，用“一”字形硬质合金钻头。孔深一般为 1.8～2.0m，最小抵抗线为 1.0m，炮孔孔间距为 1.0～1.5m。在矿房内的矿脉回采过程中，局部夹石可作为不规则点柱，在顶板不稳定区域可留不规则点柱，也可在局部增加木垛支护或者立柱支护。分段连续间柱可在上一分段回采结束后，下一分段回采过程中进行回收，分段采场崩落下来的矿石可以通过电耙耙运至集矿道，然后在集矿道采用大电耙耙运至脉内阶段运输大巷装车。

回采过程中采场新鲜风流由脉内阶段运输平巷进入切割上山，再经分段平巷和联络道进入采场，洗刷工作面后，污风经回风联络道进入上中段回风巷道。采场通风主要利用矿井的主风流主风压进行通风，在爆破后或需要加强通风时采用局部通风机辅助。

（5）采切工程量及采切比的计算。采切工程量以采一个矿块的工程来计算，计算结果见表 7-12。

表 7-12 采切工程量

编号	巷道名称	巷道数目/条	巷道长度/m		巷道断面面积/m^2	巷道总体积/m^3	备注
			一条巷道长	总长			
采准巷道	上山联道	1	100	100	4	400	工程量为采一矿块的工程量
	上山穿脉	11	6	66	4	264	
	溜井	11	5	55	4	220	
	通风人行材料井	1	4	4	4	16	
	通风人行材料井联道	1	14	14	4	56	
	回风联络道	6	14	84	4	336	
		5	11	55	4	220	
共计		36		378		1512	
切割巷道	脉内上山	11	37	407	4	1628	
	直接顶板上山	6	37	222	4	888	
共计		17		629		2516	
总计				1007		4028	

7.3.4 倾向小分段崩落采矿法

7.3.4.1 缓倾斜倾向小分段崩落采矿法

(1) 本采矿方法主要适用于开采矿区围岩不稳固至极不稳固炭质千枚岩，倾角小于40°，矿体厚度小于3m的缓倾斜至倾斜矿体。

(2) 矿块沿走向布置，矿块长度为10~20m，高度为50m，宽度为矿体厚度，顶柱为4m，间柱为6m，底柱为4m，分段斜长为6~10m。

(3) 各分段自上而下超前回采，采用YSP-45型凿岩机浅孔落矿，分段采场矿石通过电耙运至溜井，经脉内阶段运输大巷运至地表。

(4) 因人员及设备均直接在矿房内作业，所以必须加强顶板管理，在矿石和围岩稳固性较差的地段应采取适当的支护措施。

缓倾斜倾向小分段崩落采矿法示意图如图7-6所示。

7.3.4.2 急倾斜倾向小分段崩落采矿法

(1) 本采矿方法适用于开采矿区围岩不稳固至极不稳固炭质千枚岩，倾角大于40°，矿体厚度小于3m的倾斜至急倾斜矿体。

(2) 矿块沿走向布置，矿块长度为10~20m，高度为50m，宽度为矿体厚度，顶柱为4m，间柱为6m，底柱为4m，分段斜长为6~10m。

(3) 各分段自上而下超前回采，采用YSP-45型凿岩机浅孔落矿，分段采场矿石通过电耙运至溜井，经脉内阶段运输大巷运至地表。

(4) 因人员及设备均直接在矿房内作业，所以必须加强顶板管理，在矿石和围岩稳固性较差的地段应采取适当的支护措施。

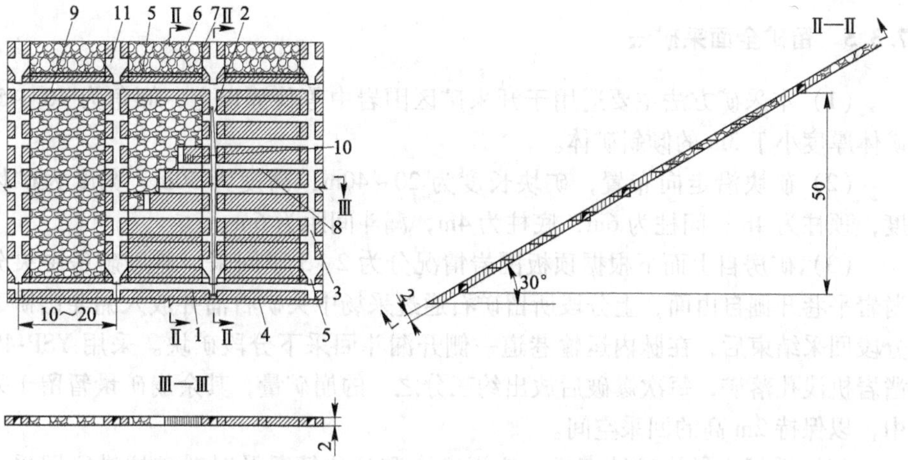

图 7-6 缓倾斜倾向小分段崩落采矿法（单位：m）

1—脉内运输平巷；2—溜井；3—人行通风材料井；4—底柱；5—漏斗颈；6—冒落顶板；7—间柱；8—分段凿岩平巷；9—顶柱；10—炮孔；11—放矿漏斗

（5）急倾斜倾向小分段崩落采矿法示意图如图 7-7 所示。

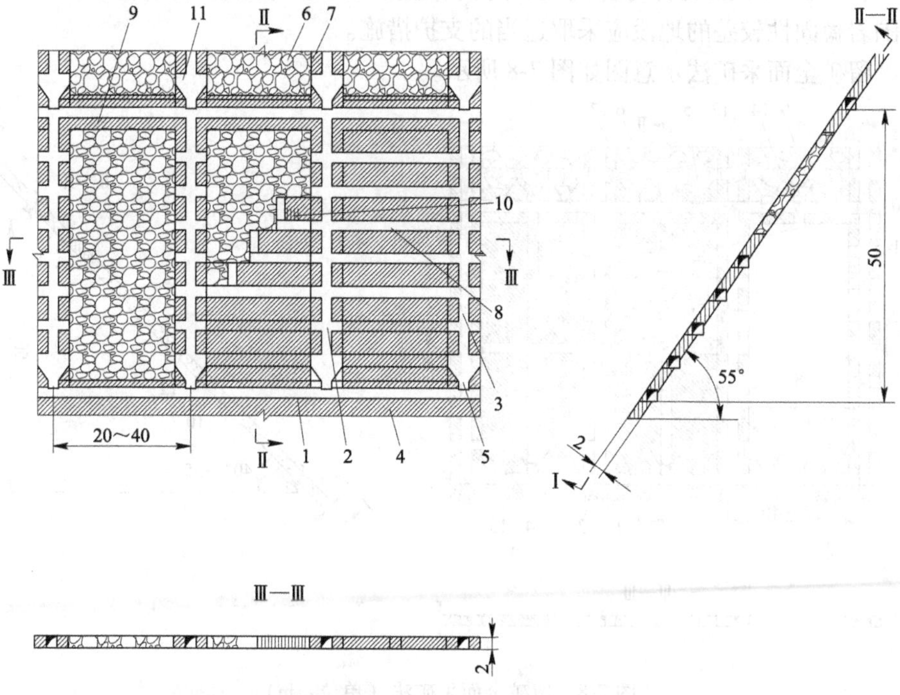

图 7-7 急倾斜倾向小分段崩落采矿法（单位：m）

1—脉内运输平巷；2—溜井；3—人行通风材料井；4—底柱；5—漏斗颈；6—冒落顶板；7—间柱；8—分段凿岩平巷；9—顶柱；10—炮孔；11—放矿漏斗

7.3.5 留矿全面采矿法

（1）本采矿方法主要适用于开采矿区围岩中等稳固以上，倾角为40°~55°，矿体厚度小于3m的倾斜矿体。

（2）矿块沿走向布置，矿块长度为20~40m，高度为50m，宽度为矿体厚度，顶柱为4m，间柱为6m，底柱为4m，漏斗间距为6m。

（3）矿房自上而下根据顶板围岩情况分为2~3段回采，通过矿房中央分段凿岩平巷开掘自由面，上分段所留矿石通过采场中央矿石溜井放入漏斗出矿，上分段回采结束后，在脉内运输巷道一侧开漏斗回采下分段矿块。采用YSP-45型凿岩机浅孔落矿，每次爆破后放出约三分之一的崩矿量，其余崩矿量暂留于采场中，以保持2m高的回采空间。

（4）采场大量放矿结束后，应视安全和品位情况及时对矿柱进行回采，然后用浆砌毛石封闭中段人行联道及溜矿口，以防止空区垮塌时产生的冲击波对附近采场造成影响。

（5）各矿房回采结束后，在矿房顶柱开废石倒入口，封闭底部漏斗可将上中段产生的废石倒入采空区，实现废石少出坑或不出坑。

（6）因人员及设备均直接在矿房内作业，所以必须加强顶板管理，在矿石和围岩稳固性较差的地段应采取适当的支护措施。

留矿全面采矿法示意图如图7-8所示。

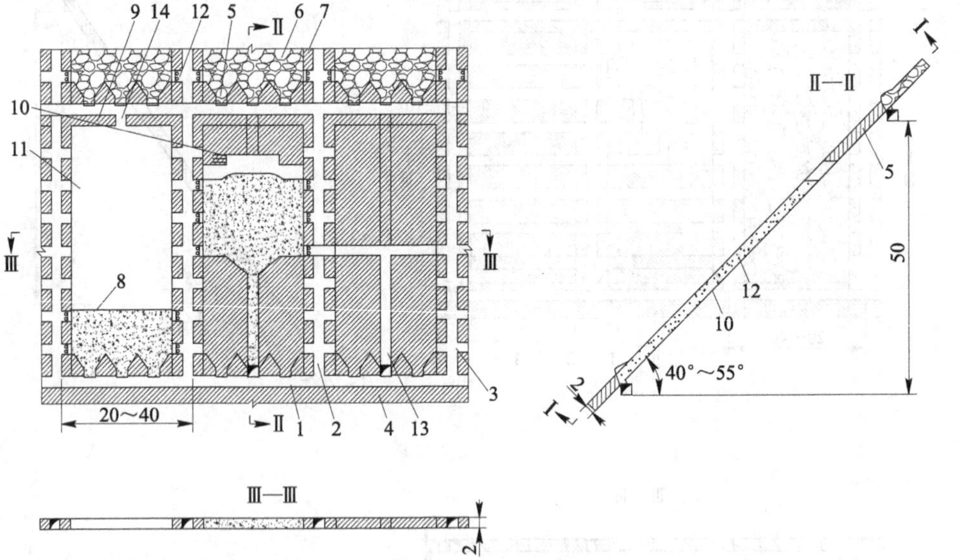

图7-8 留矿全面采矿法（单位：m）

1—中段运输平巷；2—人行通风材料天井；3—联络道；4—底柱；5—漏斗颈；6—废石；7—间柱；8—矿石；9—顶柱；10—炮孔；11—采空区；12—密闭墙；13—溜井；14—废石倒入口

7.3.6 留矿全面空场联合采矿法

（1）本采矿方法适用于围岩中等稳固以上，矿房内上部倾角小于40°，下部倾角大于55°，矿体厚度小于3m的上缓下陡倾角多变矿体。

（2）矿块沿走向布置，矿块长度为25m，高度为50m，宽度为矿体厚度，顶柱为4m，间柱为6m，底柱为4m，漏斗间距为6m。

（3）根据倾角变化情况，在倾角变化处开挖分段凿岩平巷进行分段，矿房内先用全面法回采上部缓倾斜矿体，留不规则点柱控制顶板地压，采下矿石通过电耙运至下部溜井，通过漏斗出矿。若上部缓倾斜矿体斜长较长，也可分段，从上往下退采。

（4）上部缓倾斜矿体回采结束后，在脉内运输巷道一侧开漏斗回采下部急倾斜矿体。采用YSP-45型凿岩机浅孔落矿，每次爆破后放出约三分之一的崩矿量，其余崩矿量暂留于采场中，以保持2m高的回采空间。

（5）采场大量放矿结束后，应视安全和品位情况及时对矿柱进行回采，然后用浆砌毛石封闭中段人行联道及溜矿口，以防止空区垮塌时产生的冲击波对附近采场造成影响。

（6）各矿房回采结束后，在矿房顶柱开废石倒入口，封闭底部漏斗，可将上中段产生的废石倒入采空区，实现废石少出坑。

（7）因人员及设备均直接在矿房内作业，所以必须加强顶板管理，在矿石和围岩稳固性较差的地段应采取适当的支护措施。

留矿全面空场联合采矿法示意图如图7-9所示。

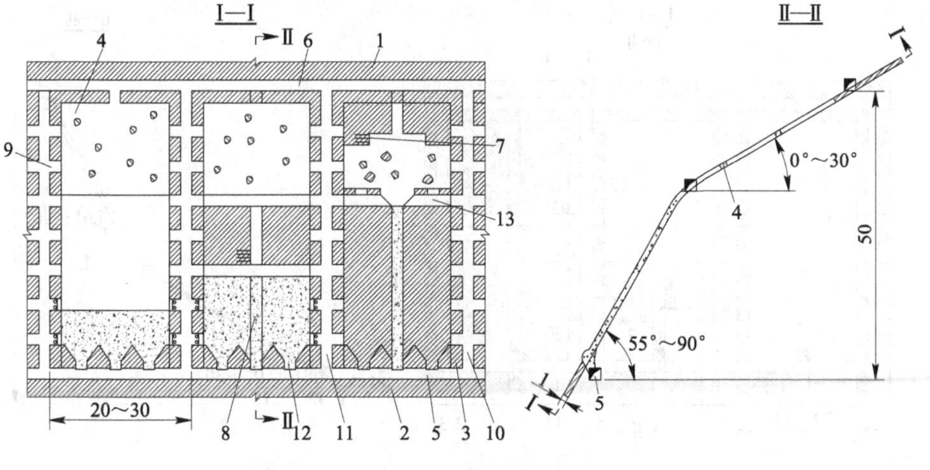

图7-9 留矿全面空场采矿法（单位：m）

1—顶柱；2—底柱；3—间柱；4—不规则点柱；5—脉内阶段运输巷道；6—回风巷道；7—炮孔；8—溜矿井；9—联络道；10—切割上山；11—人行材料井；12—漏斗；13—分段凿岩平巷

7.3.7 全面空场留矿联合采矿法

(1) 本采矿方法适用于围岩中等稳固以上，矿房内上部矿体倾角大于 55°，下部矿体倾角小于 40°，矿体厚度小于 3m 的上陡下缓倾角多变矿体。

(2) 矿块沿走向布置，矿块长度为 25m，高度为 50m，宽度为矿体厚度，顶柱为 4m，间柱为 6m，底柱为 4m，漏斗间距为 6m。

(3) 根据倾角变化情况，在倾角变化处掘分段凿岩平巷进行分段，矿房内先用留矿法回采上部急倾斜矿体，采用 YSP-45 型凿岩机浅孔落矿；矿石通过下部电耙耙运至出矿溜井，每次爆破后放出约三分之一的崩矿量，其余崩矿量暂留于采场中，以保持 2m 高的回采空间。

(4) 上部急倾斜矿体回采结束后，采用全面法回采下部缓倾斜矿体，留不规则点柱控制顶板地压。采下矿石通过电耙运至出矿溜井，通过漏斗出矿，若下部缓倾斜矿体斜长较长，也可分段，从上往下退采。

(5) 采场大量放矿结束后，应视安全和品位情况及时对矿柱进行回采，然后用浆砌毛石封闭中段人行联道及溜矿口，以防止空区垮塌时产生的冲击波对附近采场造成影响。

(6) 各矿房回采结束后，在矿房顶柱开废石倒入口，封闭底部漏斗，可将上中段产生的废石倒入采空区，实现废石少出坑或不出坑。

(7) 因人员及设备均直接在矿房内作业，所以必须加强顶板管理，在矿石和围岩稳固性较差的地段应采取适当的支护措施。

全面空场留矿联合采矿法示意图如图 7-10 所示。

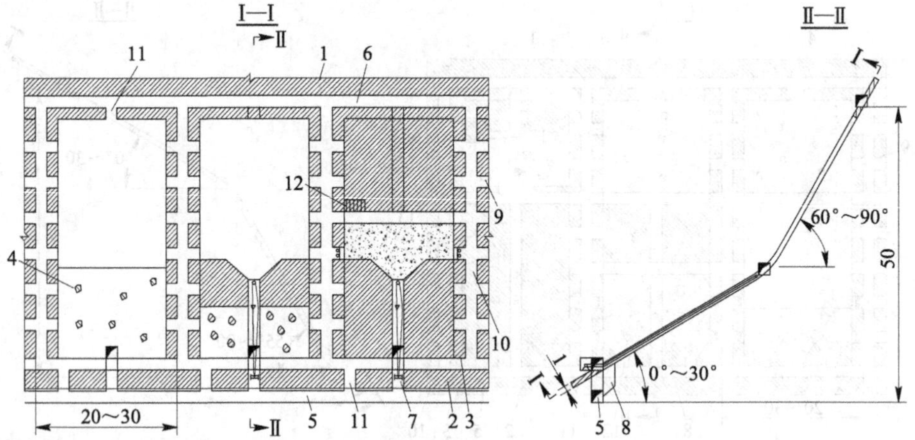

图 7-10 全面空场留矿联合采矿法（单位：m）

1—顶柱；2—底柱；3—间柱；4—不规则点柱；5—阶段运输巷道；6—回风巷道；7—电耙硐室；8—溜矿井；9—联络道；10—人行材料井；11—废石倒入口；12—炮孔

7.4 本章小结

（1）对矿区矿体进行了详细分类，得出各类矿体所占比例如下：矿区矿体主要以⑤—倾斜薄矿体为主，所占比例为40.26%；其次为⑧—急倾斜薄矿体，所占比例为28.57%；最后为④—倾斜极薄矿体和⑦—急倾斜极薄矿体，各占比例为11.69%和10.38%。矿区矿体分类结果统计汇总见表7-13。

（2）针对不同矿体类型，提出了与之相适应的采矿方法。各类型矿体适用的采矿方法见表7-13。

表7-13 采矿方法分类表

序号	采矿法	适用矿体
1	浅孔留矿法	⑦、⑧、⑨（矿体倾角>55°）
2	分段房柱空场法	①、②、③、④、⑤、⑥（矿体倾角<40°）
3	分段空场嗣后废石充填采矿法	①、②、③、④、⑤、⑥（矿体倾角<40°）
4	分段留矿法	40°~55°
5	留矿全面空场联合采矿法	上陡下缓（下部矿体倾角<40°，上部矿体倾角>55°）
6	全面空场留矿联合采矿法	上缓下陡（下部矿体倾角>55°，上部矿体倾角<40°）
7	倾向小分段崩落采矿法	顶板炭质千枚岩

8 软破倾斜薄矿体采场结构参数优化与回采顺序

扫一扫看
更清楚

8.1 数值模拟计算模型的建立

8.1.1 基本思路

为研究矿区最优采场结构参数、最优回采顺序，以及回采过程中顶底柱及间柱的稳定性，采用大型岩土工程分析软件 FLAC3D，对上述问题进行系统研究，为矿山采场结构参数的确定、地压控制等提供技术支撑。

由于岩体处于三维受力状态，同时地下工程结构是三维结构，采用二维问题简化条件太多，不能全面反映实际情况，并说明围岩稳定状态，有必要使用三维模拟程序进行分析。拉格朗日差分法是适合模拟分析开挖稳定问题的数值计算方法，因此本研究采用基于拉格朗日差分法的 FLAC3D 程序进行数值模拟。

8.1.2 计算模型的建立

数值模拟的可靠性在一定程度上取决于所选择的计算模型，包括数值模拟的目的，采场结构的简化，选择适当的计算域和计算模型的离散化处理，确定计算模型的边界约束条件，选取岩体力学参数及其破坏准则等问题。在数值模拟过程中，不可能将影响采场稳定性的因素都考虑进去，因此实际计算模拟需要做一些必要的假定。

（1）视岩体为连续均质、各向同性的力学介质。

（2）计算过程只对静荷载进行分析且不考虑岩体的流变效应。

（3）忽略断层和节理、裂隙等不连续面对采场稳定性的影响。

（4）不考虑地下水、地震和爆破振动力对采场稳定性的影响。

计算域的大小对数值模拟结果有重要的影响，计算域取得太小容易影响计算精度和可靠性；如果取得太大，则使单元划分太多，影响计算速度。因此，必须取一个适中的计算域。模型 X 方向为垂直矿体走向方向，长度 700m；模型 Y 方向为矿体走向方向，长度 800m；模型 Z 方向为竖直方向。模型底部标高 200m，顶部最高标高为 1015m，模型最高高度 815m。模型共划分 250800 个单元体，263088 个节点，最终生成的网格和建立的模型，如图 8-1 所示。

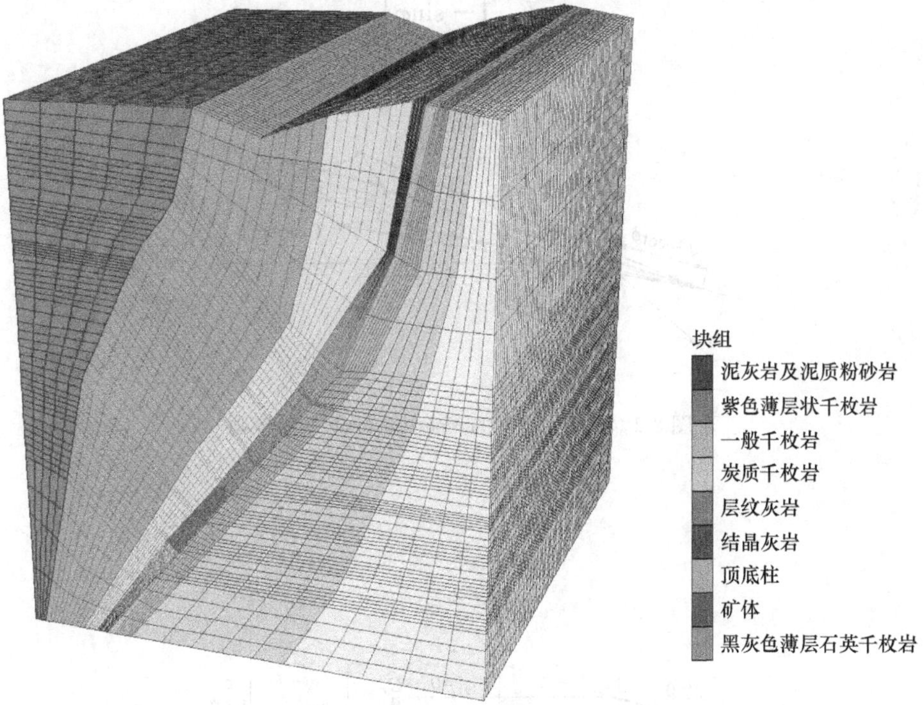

图 8-1 计算模型

8.2 计算参数与约束条件

8.2.1 屈服准则的选择

屈服准则是判断材料进入塑性阶段的准则。岩土材料的屈服准则经过几十年的研究，提出的表达式不下几十种。以莫尔-库仑定律为基础的摩擦屈服准则在岩石力学与工程的实践中经受了考验，至今仍被广泛的应用。

FLAC3D 所采用的屈服准则之一为莫尔-库仑与拉破坏准则相结合的复合准则，具体如图 8-2 和图 8-3 所示。屈服准则与塑性势的数学表达式为：

对图 8-3 中的 A 到 B 点采用 Mohr-Coulomb 准则：

$$f^s = \sigma_1 - \sigma_3 N_\phi + 2c\sqrt{N_\varphi} \tag{8-1}$$

式中 ϕ，φ——摩擦角与剪胀角，且有：

$$\left.\begin{aligned} N_{\phi} &= \frac{1+\sin\phi}{1-\sin\phi} \\ N_{\varphi} &= \frac{1+\sin\varphi}{1-\sin\varphi} \end{aligned}\right\} \tag{8-2}$$

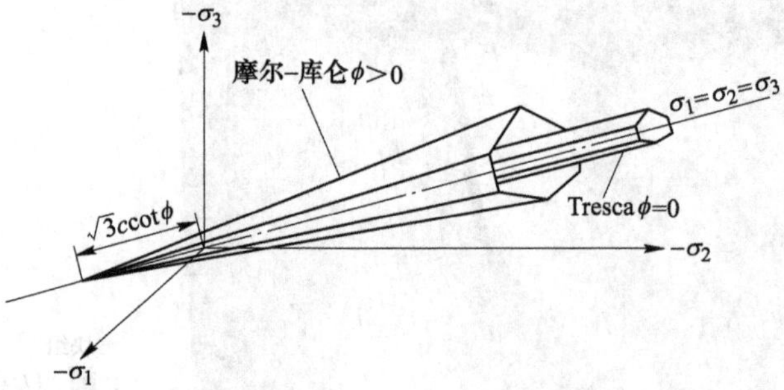

图 8-2 主应力空间的 Mohr-Coulomb 屈服准则

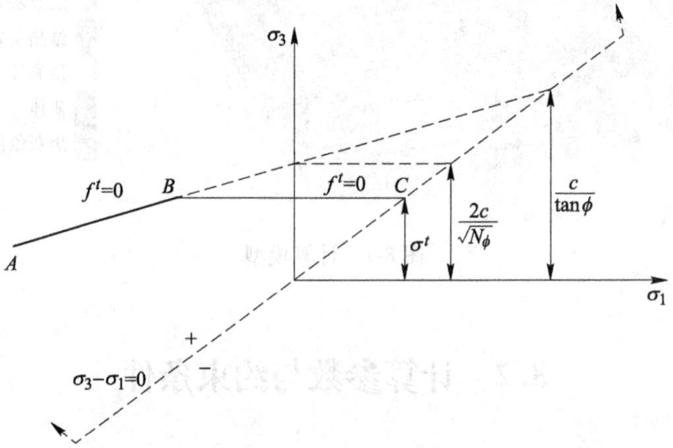

图 8-3 FLAC3D 中的 Mohr-Coulomb 屈服准则
（ϕ 为摩擦角，c 为黏聚力，σ^t 为抗拉强度）

对图 8-3 中的 B 到 C 点采用拉破坏准则：

$$\left.\begin{aligned} f^t &= \sigma_3 - \sigma^t \\ g^t &= \sigma_3 \end{aligned}\right\} \tag{8-3}$$

若记弹性应力增量为 σ^I，塑性校正后的应力增量为 σ^N，则有下面的方程组。

对 Mohr-Coulomb 准则：

$$\left.\begin{aligned}\sigma_1^N &= \sigma_1^I - \lambda^s(\alpha_1 - \alpha_2 N_\psi)\\ \sigma_2^N &= \sigma_2^I - \lambda^s \alpha_2 (1 - N_\psi)\\ \sigma_3^N &= \sigma_3^I - \lambda^s(-\alpha_1 N_\psi + \alpha_2)\\ \lambda^s &= \frac{f^s(\sigma_1^I, \sigma_2^I)}{(\alpha_1 - \alpha_2 N_\psi) - (-\alpha_1 N_\psi + \alpha_2) N_\phi}\end{aligned}\right\} \tag{8-4}$$

对拉破坏准则：

$$\left.\begin{aligned}\sigma_1^N &= \sigma_1^l - \lambda^t \alpha_2\\ \sigma_2^N &= \sigma_2^l - \lambda^t \alpha_2\\ \sigma_3^N &= \sigma_3^l - \lambda^t \alpha_1\\ \lambda^t &= \frac{\sigma_3^l - \sigma^t}{\alpha_1}\end{aligned}\right\} \tag{8-5}$$

以上各式中：

$$\left.\begin{aligned}\alpha_1 &= K + \frac{4}{3}G\\ \alpha_2 &= K - \frac{2}{3}G\end{aligned}\right\} \tag{8-6}$$

式中 K——体积模量；

G——剪切模量。

8.2.2 计算力学参数

根据现场地质调查和室内岩石力学试验结果可确定岩体力学参数，由于FLAC3D 中采用体积模量和剪切模量来描述弹性模量和泊松比，所以根据下式计算体积模量和剪切模量。

(E, ν) 与 (K, G) 的转换关系如下：

$$\left.\begin{aligned}K &= \frac{E}{3(1 - 2\nu)}\\ G &= \frac{E}{2(1 + \nu)}\end{aligned}\right\}$$

式中 K——体积模量；

G——剪切模量；

E——弹性模量；

ν——泊松比。

以室内试验得出的岩石物理力学参数和岩体质量评价 *RMR* 值为基础，采用 Hoek-Brown 准则，对岩石物理力学参数进行工程折减弱化处理，计算分析所采用的矿山各岩性的岩体力学参数见表 4-15。

8.2.3 边界约束

模型边界约束采用位移（在FLAC3D中实质上是速度约束）约束的方式。底部所有节点取X、Y、Z三个方向的固定约束；模型X方向两端边界采用X方向约束，模型Y方向两端边界进行Y方向约束（即各边界面的法向方向的约束），模型顶部为自由边界。

8.3 初始应力平衡

按前述约束条件，进行本构模型为Mohr-Coulomb模型的弹塑性求解，直至系统达到平衡。图8-4为考虑断层模型初始应力平衡数值计算过程中弹塑性求解阶段的系统不平衡力演化全过程曲线。

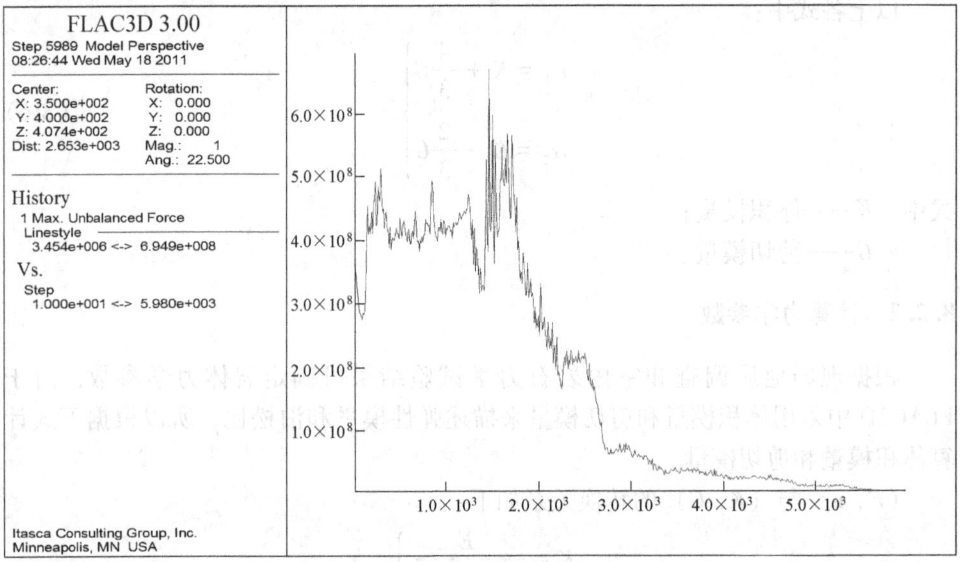

图8-4 系统不平衡力演化全过程曲线

按前述约束条件，在只考虑重力作用的情况下，进行本构模型为Mohr-Coulomb模型的弹塑性求解，直至系统达到平衡。特别要说明的是，计算结果中，应力矢量的表示方法与弹性力学中相同，即“+”表示拉应力，“-”表示压应力；位移矢量的表示以坐标系为准，即X、Y、Z轴正方向为正，负方向为负。图8-5和图8-6所示为初始应力平衡以后的最大主应力图和最小主应力图。由计算结果可知，初始平衡以后，最大主应力和最小主应力都随深度呈线性变化的增长。在矿体附近，应力场有所变化，模型最大压应力为27.84MPa，最大拉应力为0.15MPa。

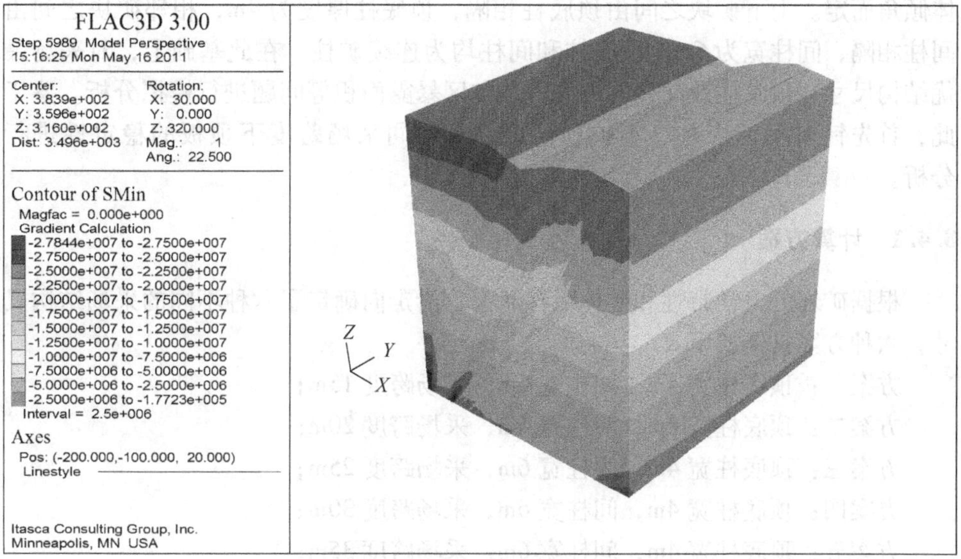

图 8-5 最大主应力云图

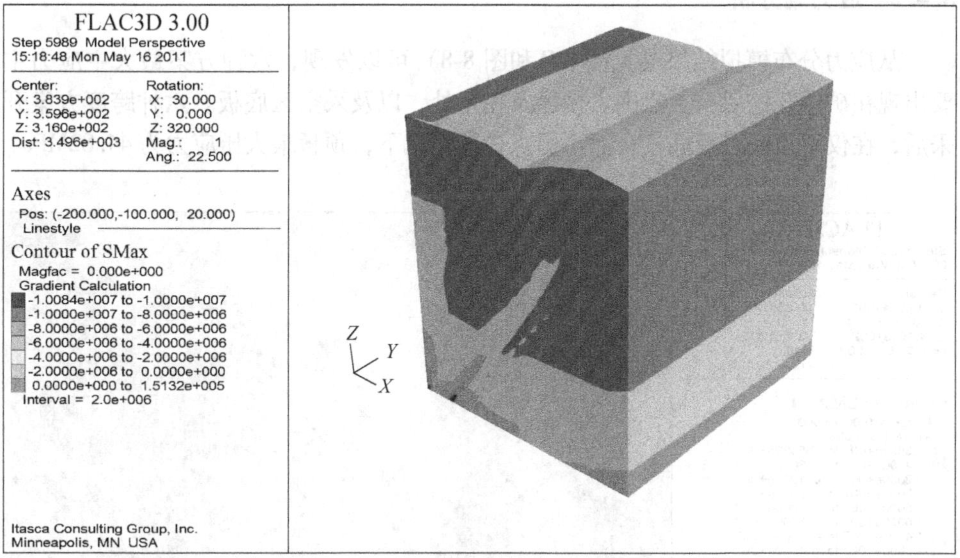

图 8-6 最小主应力云图

8.4 采场最佳尺寸的数值模拟分析

根据设计方案，采场沿矿体走向连续布置，高度为矿体垂直厚度，斜长视矿体倾角而定。上下矿块之间由顶底柱相隔，顶底柱厚度为 4m，相邻矿块之间由间柱相隔，间柱宽为 6m。顶底柱和间柱均为连续矿柱。在此基础上，对采场最优结构尺寸、顶底柱及间柱的可靠性、空区暴露面积等问题进行模拟分析。鉴于此，首先针对不留点柱、不护顶情况，对不同采场跨度下顶板的稳定性进行分析。

8.4.1 计算方案

根据矿岩的力学特性和矿体赋存状态，沿走向确定了六种不同的采场结构尺寸，六种方案具体如下。

方案一：顶底柱宽 4m，间柱宽 6m，采场跨度 15m；

方案二：顶底柱宽 4m，间柱宽 6m，采场跨度 20m；

方案三：顶底柱宽 4m，间柱宽 6m，采场跨度 25m；

方案四：顶底柱宽 4m，间柱宽 6m，采场跨度 30m；

方案五：顶底柱宽 4m，间柱宽 6m，采场跨度 35m；

方案六：顶底柱宽 4m，间柱宽 6m，采场跨度 40m。

8.4.2 应力场分析

从应力分布模拟结果（见图 8-7 和图 8-8）可以发现，六种方案最大主应力主要出现在矿体开挖后与上盘围岩接触及拐角处，以及采空区底板。六种跨度方案开采后，在仅留顶底柱及间柱，而不留点柱的情况下，顶板最大压应力为 44.82MPa，

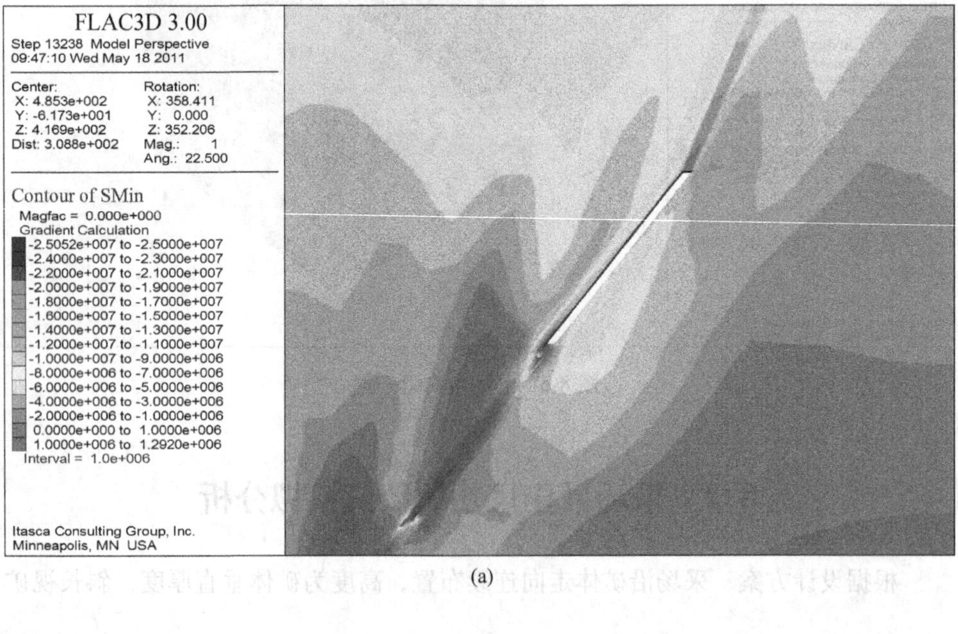

(a)

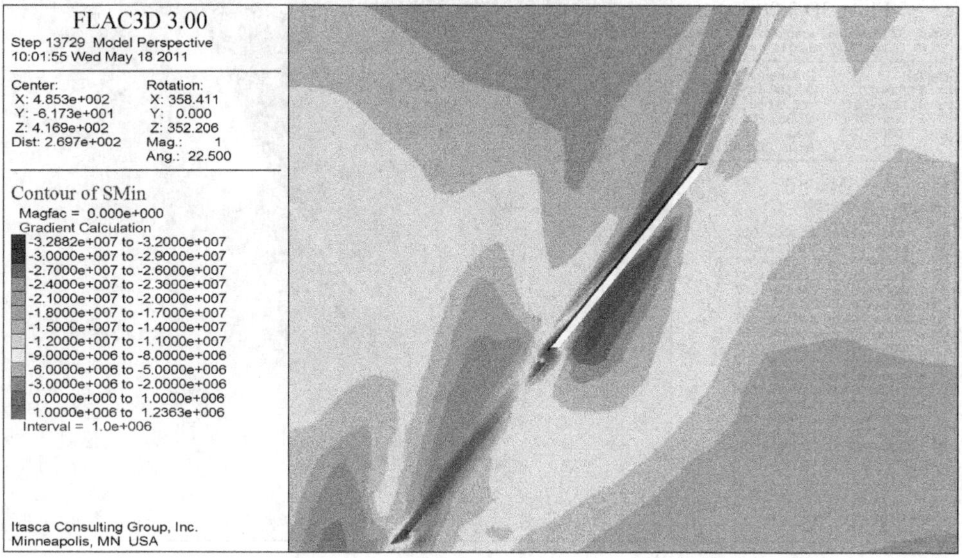
FLAC3D 3.00
Step 13729 Model Perspective
10:01:55 Wed May 18 2011
Center:
X: 4.853e+002
Y: -6.173e+001
Z: 4.169e+002
Dist: 2.697e+002
Rotation:
X: 358.411
Y: 0.000
Z: 352.206
Mag.: 1
Ang.: 22.500
Contour of SMin
Magfac = 0.000e+000
Gradient Calculation
-3.2882e+007 to -3.2000e+007
-3.0000e+007 to -2.9000e+007
-2.7000e+007 to -2.6000e+007
-2.4000e+007 to -2.3000e+007
-2.1000e+007 to -2.0000e+007
-1.8000e+007 to -1.7000e+007
-1.5000e+007 to -1.4000e+007
-1.2000e+007 to -1.1000e+007
-9.0000e+006 to -8.0000e+006
-6.0000e+006 to -5.0000e+006
-3.0000e+006 to -2.0000e+006
0.0000e+000 to 1.0000e+006
1.0000e+006 to 1.2363e+006
Interval = 1.0e+006
Itasca Consulting Group, Inc.
Minneapolis, MN USA

(b)

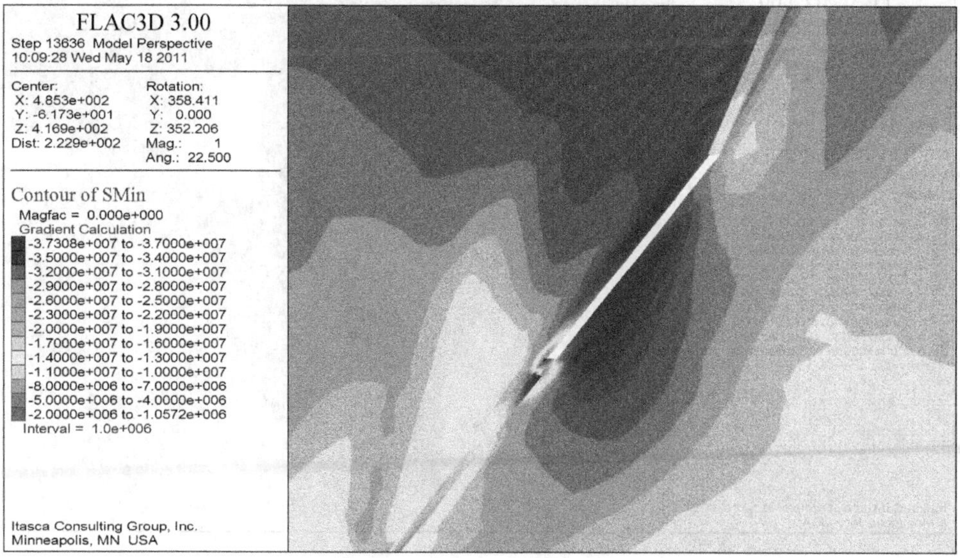
FLAC3D 3.00
Step 13636 Model Perspective
10:09:28 Wed May 18 2011
Center:
X: 4.853e+002
Y: -6.173e+001
Z: 4.169e+002
Dist: 2.229e+002
Rotation:
X: 358.411
Y: 0.000
Z: 352.206
Mag.: 1
Ang.: 22.500
Contour of SMin
Magfac = 0.000e+000
Gradient Calculation
-3.7308e+007 to -3.7000e+007
-3.5000e+007 to -3.4000e+007
-3.2000e+007 to -3.1000e+007
-2.9000e+007 to -2.8000e+007
-2.6000e+007 to -2.5000e+007
-2.3000e+007 to -2.2000e+007
-2.0000e+007 to -1.9000e+007
-1.7000e+007 to -1.6000e+007
-1.4000e+007 to -1.3000e+007
-1.1000e+007 to -1.0000e+007
-8.0000e+006 to -7.0000e+006
-5.0000e+006 to -4.0000e+006
-2.0000e+006 to -1.0572e+006
Interval = 1.0e+006
Itasca Consulting Group, Inc.
Minneapolis, MN USA

(c)

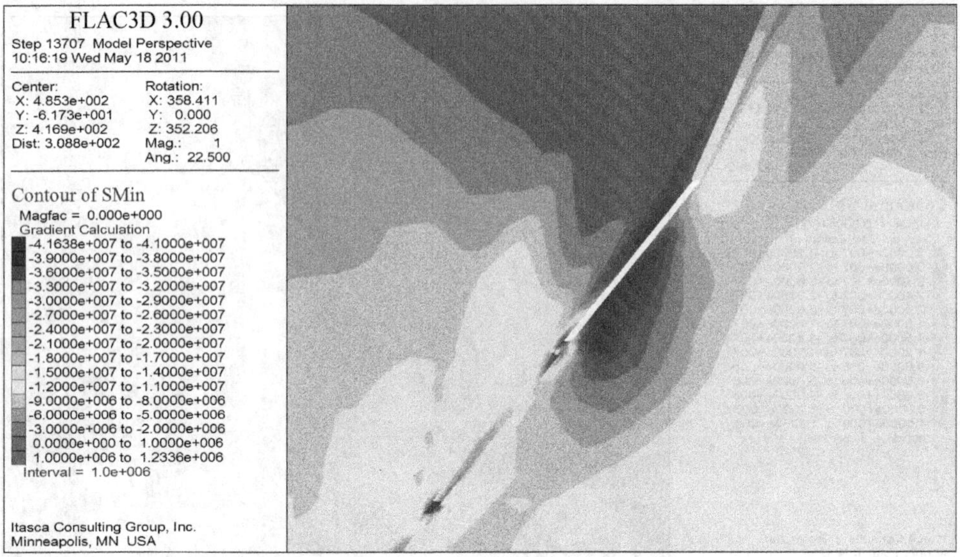
FLAC3D 3.00
Step 13707 Model Perspective
10:16:19 Wed May 18 2011
Center:
X: 4.853e+002
Y: -6.173e+001
Z: 4.169e+002
Dist: 3.088e+002
Rotation:
X: 358.411
Y: 0.000
Z: 352.206
Mag.: 1
Ang.: 22.500
Contour of SMin
Magfac = 0.000e+000
Gradient Calculation
-4.1638e+007 to -4.1000e+007
-3.9000e+007 to -3.8000e+007
-3.6000e+007 to -3.5000e+007
-3.3000e+007 to -3.2000e+007
-3.0000e+007 to -2.9000e+007
-2.7000e+007 to -2.6000e+007
-2.4000e+007 to -2.3000e+007
-2.1000e+007 to -2.0000e+007
-1.8000e+007 to -1.7000e+007
-1.5000e+007 to -1.4000e+007
-1.2000e+007 to -1.1000e+007
-9.0000e+006 to -8.0000e+006
-6.0000e+006 to -5.0000e+006
-3.0000e+006 to -2.0000e+006
0.0000e+000 to 1.0000e+006
1.0000e+006 to 1.2336e+006
Interval = 1.0e+006
Itasca Consulting Group, Inc.
Minneapolis, MN USA

(d)

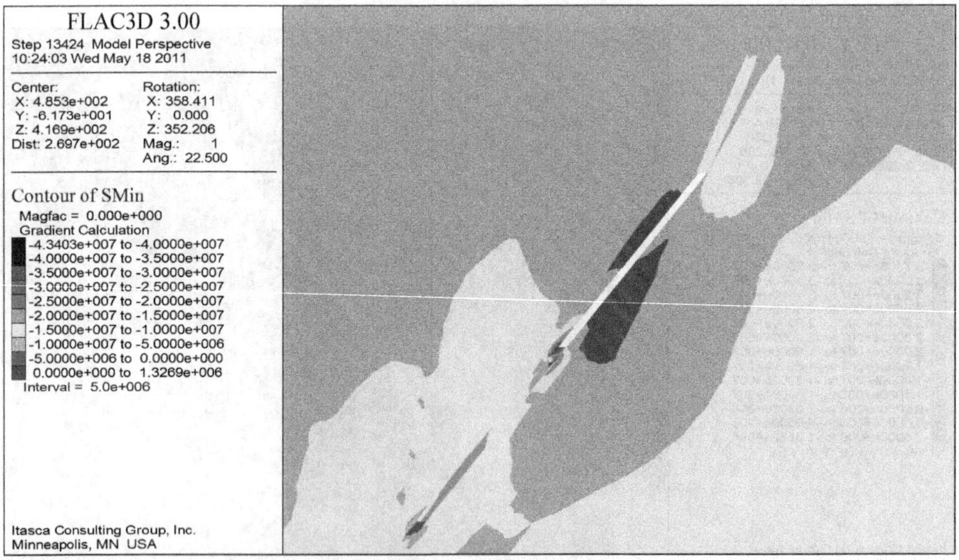
FLAC3D 3.00
Step 13424 Model Perspective
10:24:03 Wed May 18 2011
Center:
X: 4.853e+002
Y: -6.173e+001
Z: 4.169e+002
Dist: 2.697e+002
Rotation:
X: 358.411
Y: 0.000
Z: 352.206
Mag.: 1
Ang.: 22.500
Contour of SMin
Magfac = 0.000e+000
Gradient Calculation
-4.3403e+007 to -4.0000e+007
-4.0000e+007 to -3.5000e+007
-3.5000e+007 to -3.0000e+007
-3.0000e+007 to -2.5000e+007
-2.5000e+007 to -2.0000e+007
-2.0000e+007 to -1.5000e+007
-1.5000e+007 to -1.0000e+007
-1.0000e+007 to -5.0000e+006
-5.0000e+006 to 0.0000e+000
0.0000e+000 to 1.3269e+006
Interval = 5.0e+006
Itasca Consulting Group, Inc.
Minneapolis, MN USA

(e)

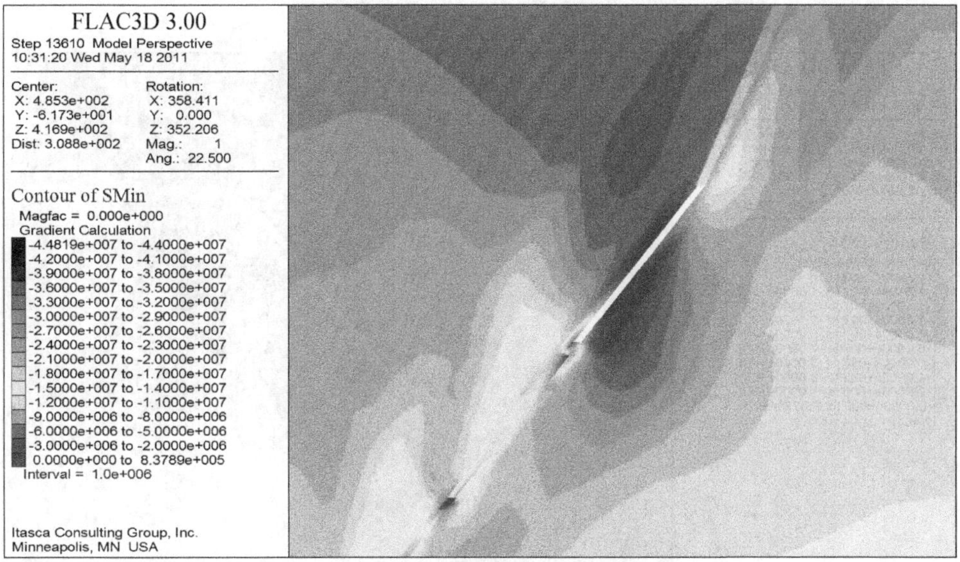

(f)

图 8-7 最大主应力云图

(a) 方案一；(b) 方案二；(c) 方案三；(d) 方案四；(e) 方案五；(f) 方案六

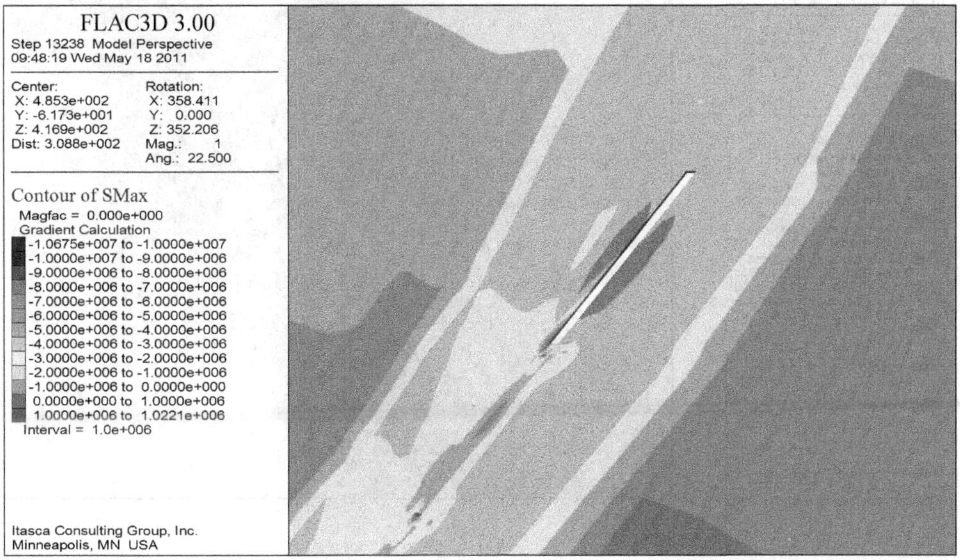

(a)

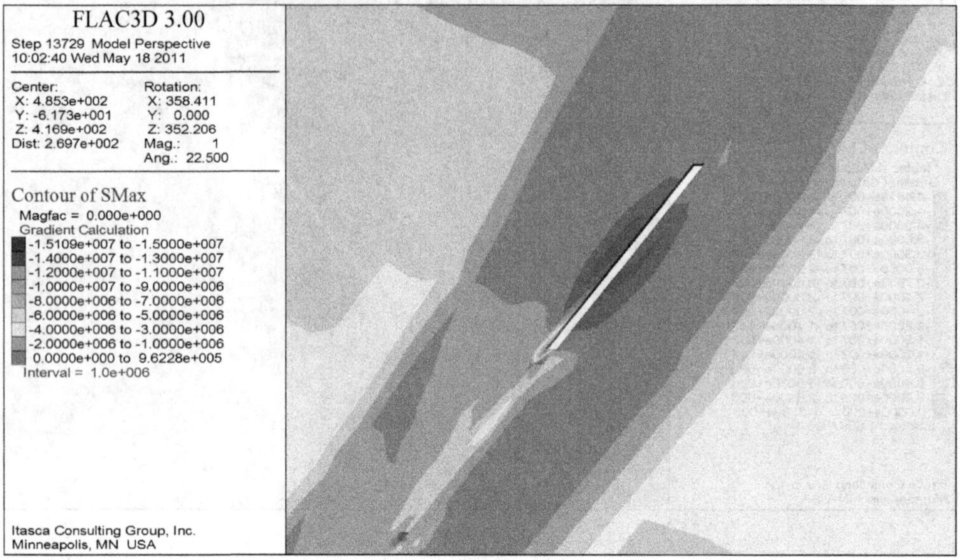
FLAC3D 3.00
Step 13729 Model Perspective
10:02:40 Wed May 18 2011
Center:
X: 4.853e+002
Y: -6.173e+001
Z: 4.169e+002
Dist: 2.697e+002
Rotation:
X: 358.411
Y: 0.000
Z: 352.206
Mag.: 1
Ang.: 22.500
Contour of SMax
Magfac = 0.000e+000
Gradient Calculation
-1.5109e+007 to -1.5000e+007
-1.4000e+007 to -1.3000e+007
-1.2000e+007 to -1.1000e+007
-1.0000e+007 to -9.0000e+006
-8.0000e+006 to -7.0000e+006
-6.0000e+006 to -5.0000e+006
-4.0000e+006 to -3.0000e+006
-2.0000e+006 to -1.0000e+006
0.0000e+000 to 9.6228e+005
Interval = 1.0e+006
Itasca Consulting Group, Inc.
Minneapolis, MN USA

(b)

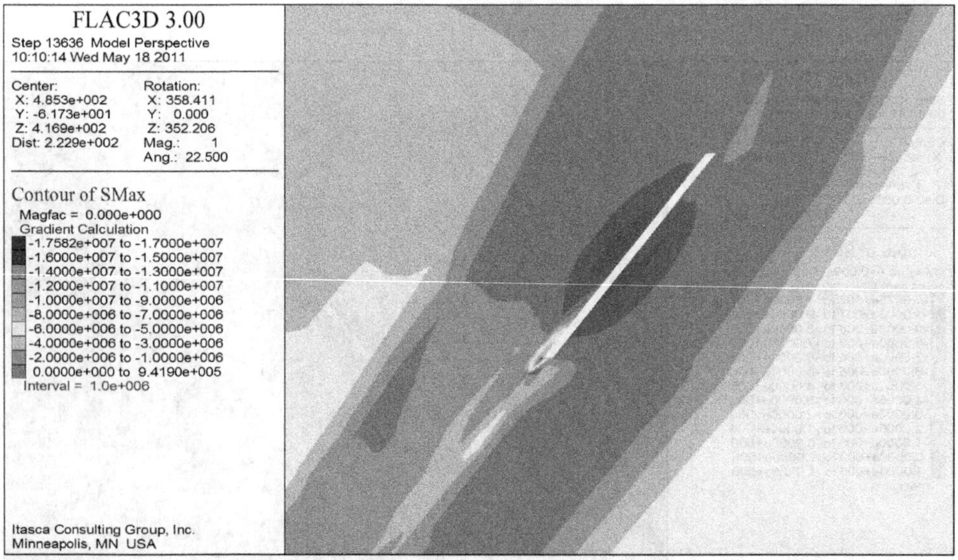
FLAC3D 3.00
Step 13636 Model Perspective
10:10:14 Wed May 18 2011
Center:
X: 4.853e+002
Y: -6.173e+001
Z: 4.169e+002
Dist: 2.229e+002
Rotation:
X: 358.411
Y: 0.000
Z: 352.206
Mag.: 1
Ang.: 22.500
Contour of SMax
Magfac = 0.000e+000
Gradient Calculation
-1.7582e+007 to -1.7000e+007
-1.6000e+007 to -1.5000e+007
-1.4000e+007 to -1.3000e+007
-1.2000e+007 to -1.1000e+007
-1.0000e+007 to -9.0000e+006
-8.0000e+006 to -7.0000e+006
-6.0000e+006 to -5.0000e+006
-4.0000e+006 to -3.0000e+006
-2.0000e+006 to -1.0000e+006
0.0000e+000 to 9.4190e+005
Interval = 1.0e+006
Itasca Consulting Group, Inc.
Minneapolis, MN USA

(c)

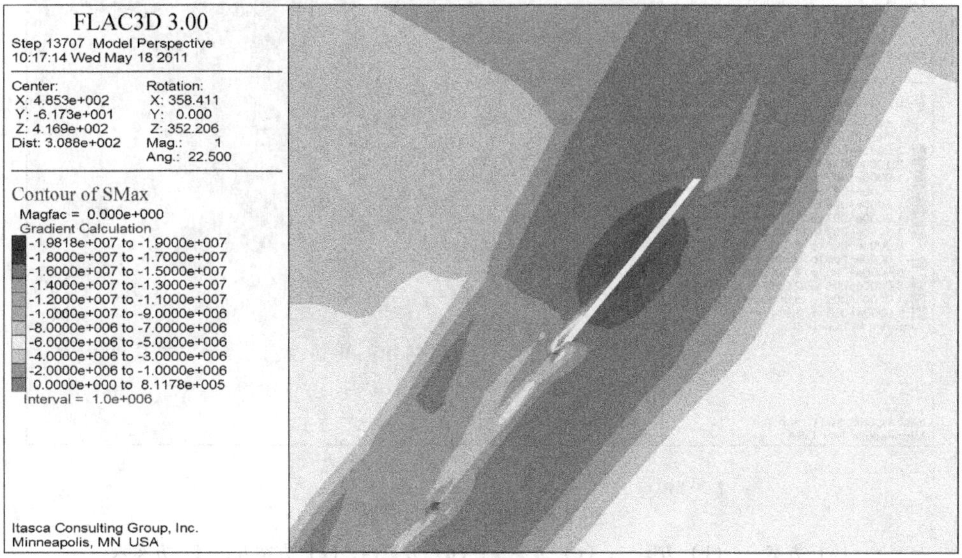
FLAC3D 3.00
Step 13707 Model Perspective
10:17:14 Wed May 18 2011
Center:
X: 4.853e+002
Y: -6.173e+001
Z: 4.169e+002
Dist: 3.088e+002
Rotation:
X: 358.411
Y: 0.000
Z: 352.206
Mag.: 1
Ang.: 22.500
Contour of SMax
Magfac = 0.000e+000
Gradient Calculation
-1.9818e+007 to -1.9000e+007
-1.8000e+007 to -1.7000e+007
-1.6000e+007 to -1.5000e+007
-1.4000e+007 to -1.3000e+007
-1.2000e+007 to -1.1000e+007
-1.0000e+007 to -9.0000e+006
-8.0000e+006 to -7.0000e+006
-6.0000e+006 to -5.0000e+006
-4.0000e+006 to -3.0000e+006
-2.0000e+006 to -1.0000e+006
0.0000e+000 to 8.1178e+005
Interval = 1.0e+006
Itasca Consulting Group, Inc.
Minneapolis, MN USA

(d)

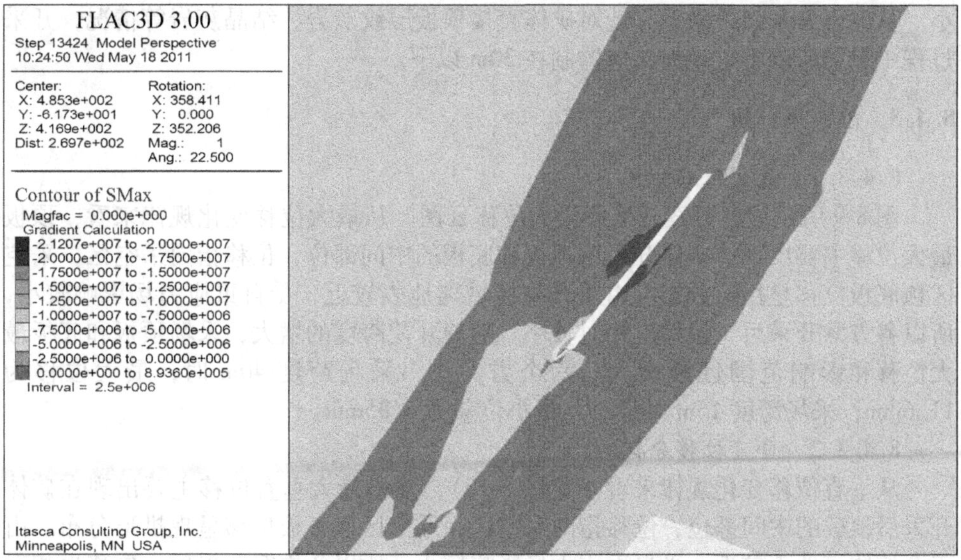
FLAC3D 3.00
Step 13424 Model Perspective
10:24:50 Wed May 18 2011
Center:
X: 4.853e+002
Y: -6.173e+001
Z: 4.169e+002
Dist: 2.697e+002
Rotation:
X: 358.411
Y: 0.000
Z: 352.206
Mag.: 1
Ang.: 22.500
Contour of SMax
Magfac = 0.000e+000
Gradient Calculation
-2.1207e+007 to -2.0000e+007
-2.0000e+007 to -1.7500e+007
-1.7500e+007 to -1.5000e+007
-1.5000e+007 to -1.2500e+007
-1.2500e+007 to -1.0000e+007
-1.0000e+007 to -7.5000e+006
-7.5000e+006 to -5.0000e+006
-5.0000e+006 to -2.5000e+006
-2.5000e+006 to 0.0000e+000
0.0000e+000 to 8.9360e+005
Interval = 2.5e+006
Itasca Consulting Group, Inc.
Minneapolis, MN USA

(e)

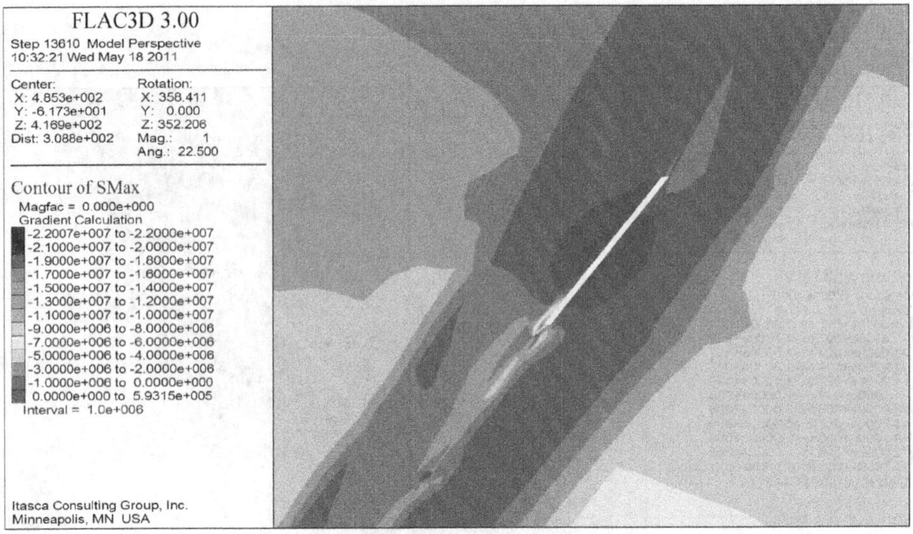

(f)

图 8-8 最小主应力云图

(a) 方案一；(b) 方案二；(c) 方案三；(d) 方案四；(e) 方案五；(f) 方案六

为方案六。各方案均有拉应力出现，最大拉应力为 1.23MPa，其中方案五、方案六均远远超出了折减以后岩石本身的抗拉强度值，此时顶板容易出现拉破坏，会造成顶板大面积冒落。方案四虽然有拉应力出现，但对顶板稳定性影响相对较小。从应力分布结果来看，针对矿体直接顶板层纹灰岩、结晶灰岩等情况，开采过程中采场跨度不宜太大，应控制在 30m 以下。

8.4.3 位移场分析

8.4.3.1 最大位移分析

图 8-9 所示为各方案开采后最大位移云图。从最大位移变化规律来看，顶板最大位移主要出现在矿体开采后顶板和底板的中间部位，位移指向采空区，采空区顶底板位移呈拱形分布。由于开挖区域离地表较近，受自重应力场影响较小，所以各方案开采后，位移也相对较小。随着开挖跨度的增大，采场顶板和底板最大位移和影响范围逐渐增大。六个方案中，采场跨度 40m 时，最大位移为 11.6mm；采场跨度 15m 时最小，最小位移为 6.85mm。

8.4.3.2 垂直位移分析

从垂直位移变化规律来看（见图 8-10），顶板最大垂直位移主要出现在矿体开采后顶板的中间部位，位移指向采空区，采空区顶底板位移呈现拱形分布。由于开挖体离地表较近，受自重应力场影响较小，所以各方案开采后，位移也相对较小。六种方案中，垂直位移最大的为 11.2mm，最小的为 2mm，所以从垂直位移分布无法判断不同跨度下矿体开采后直接顶板的稳定性。

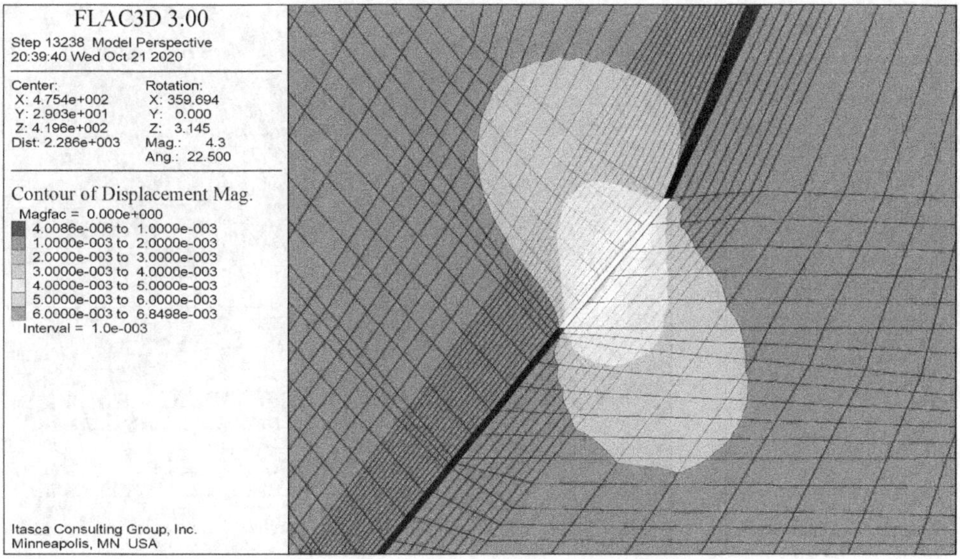
FLAC3D 3.00
Step 13238 Model Perspective
20:39:40 Wed Oct 21 2020
Center:
X: 4.754e+002
Y: 2.903e+001
Z: 4.196e+002
Dist: 2.286e+003
Rotation:
X: 359.694
Y: 0.000
Z: 3.145
Mag.: 4.3
Ang.: 22.500
Contour of Displacement Mag.
Magfac = 0.000e+000
4.0086e-006 to 1.0000e-003
1.0000e-003 to 2.0000e-003
2.0000e-003 to 3.0000e-003
3.0000e-003 to 4.0000e-003
4.0000e-003 to 5.0000e-003
5.0000e-003 to 6.0000e-003
6.0000e-003 to 6.8498e-003
Interval = 1.0e-003
Itasca Consulting Group, Inc.
Minneapolis, MN USA

(a)

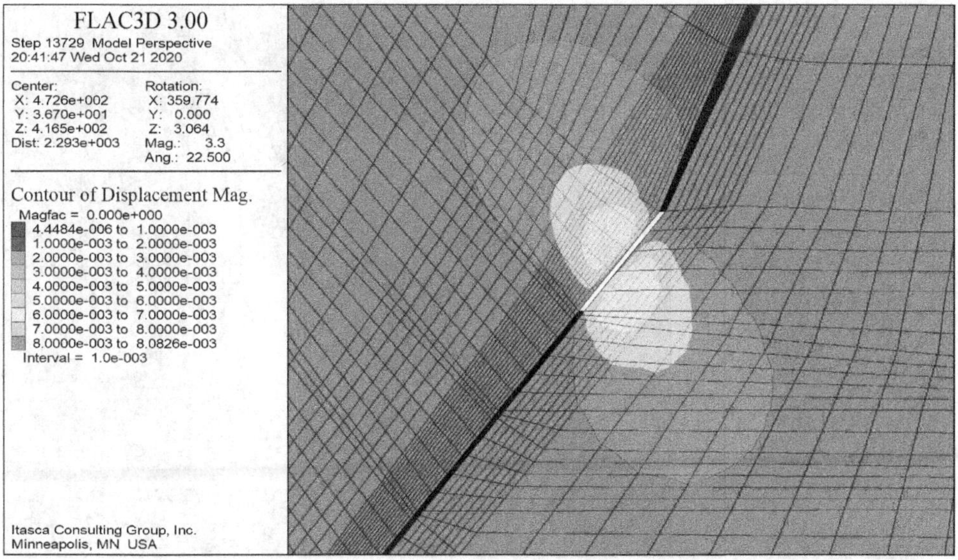
FLAC3D 3.00
Step 13729 Model Perspective
20:41:47 Wed Oct 21 2020
Center:
X: 4.726e+002
Y: 3.670e+001
Z: 4.165e+002
Dist: 2.293e+003
Rotation:
X: 359.774
Y: 0.000
Z: 3.064
Mag.: 3.3
Ang.: 22.500
Contour of Displacement Mag.
Magfac = 0.000e+000
4.4484e-006 to 1.0000e-003
1.0000e-003 to 2.0000e-003
2.0000e-003 to 3.0000e-003
3.0000e-003 to 4.0000e-003
4.0000e-003 to 5.0000e-003
5.0000e-003 to 6.0000e-003
6.0000e-003 to 7.0000e-003
7.0000e-003 to 8.0000e-003
8.0000e-003 to 8.0826e-003
Interval = 1.0e-003
Itasca Consulting Group, Inc.
Minneapolis, MN USA

(b)

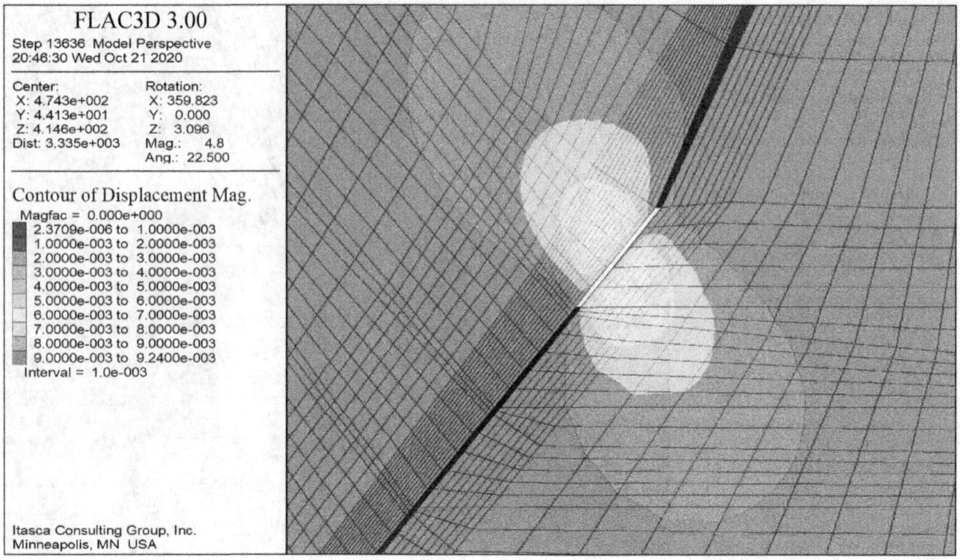
FLAC3D 3.00
Step 13636 Model Perspective
20:46:30 Wed Oct 21 2020
Center:
X: 4.743e+002
Y: 4.413e+001
Z: 4.146e+002
Dist: 3.335e+003
Rotation:
X: 359.823
Y: 0.000
Z: 3.096
Mag.: 4.8
Ang.: 22.500
Contour of Displacement Mag.
Magfac = 0.000e+000
2.3709e-006 to 1.0000e-003
1.0000e-003 to 2.0000e-003
2.0000e-003 to 3.0000e-003
3.0000e-003 to 4.0000e-003
4.0000e-003 to 5.0000e-003
5.0000e-003 to 6.0000e-003
6.0000e-003 to 7.0000e-003
7.0000e-003 to 8.0000e-003
8.0000e-003 to 9.0000e-003
9.0000e-003 to 9.2400e-003
Interval = 1.0e-003
Itasca Consulting Group, Inc.
Minneapolis, MN USA

(c)

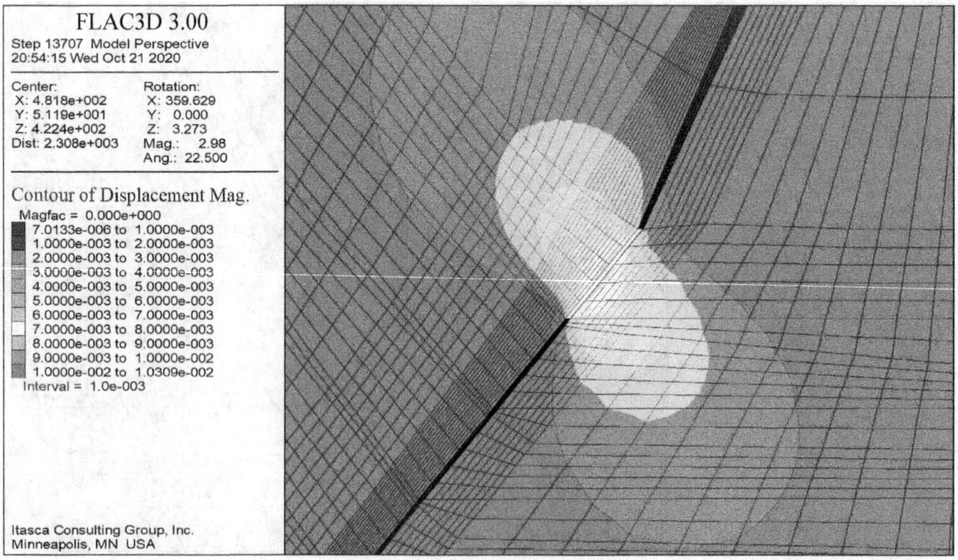
FLAC3D 3.00
Step 13707 Model Perspective
20:54:15 Wed Oct 21 2020
Center:
X: 4.818e+002
Y: 5.119e+001
Z: 4.224e+002
Dist: 2.308e+003
Rotation:
X: 359.629
Y: 0.000
Z: 3.273
Mag.: 2.98
Ang.: 22.500
Contour of Displacement Mag.
Magfac = 0.000e+000
7.0133e-006 to 1.0000e-003
1.0000e-003 to 2.0000e-003
2.0000e-003 to 3.0000e-003
3.0000e-003 to 4.0000e-003
4.0000e-003 to 5.0000e-003
5.0000e-003 to 6.0000e-003
6.0000e-003 to 7.0000e-003
7.0000e-003 to 8.0000e-003
8.0000e-003 to 9.0000e-003
9.0000e-003 to 1.0000e-002
1.0000e-002 to 1.0309e-002
Interval = 1.0e-003
Itasca Consulting Group, Inc.
Minneapolis, MN USA

(d)

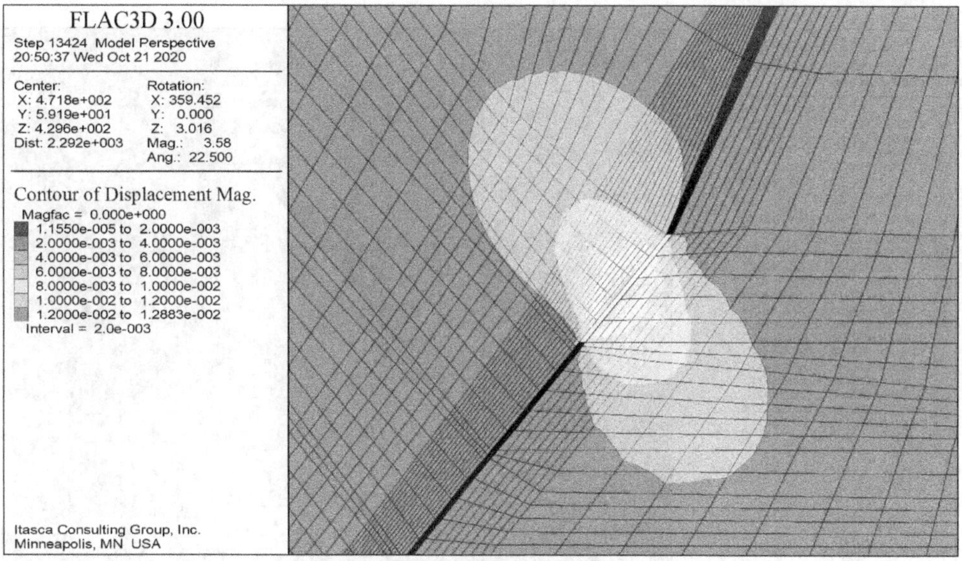

(e)

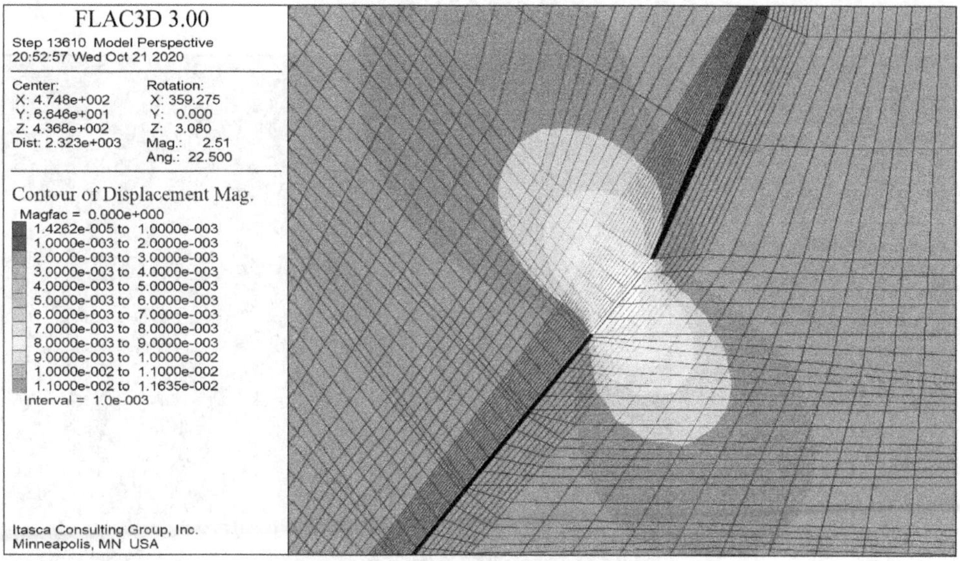

(f)

图 8-9 最大位移云图

(a) 方案一；(b) 方案二；(c) 方案三；(d) 方案四；(e) 方案五；(f) 方案六

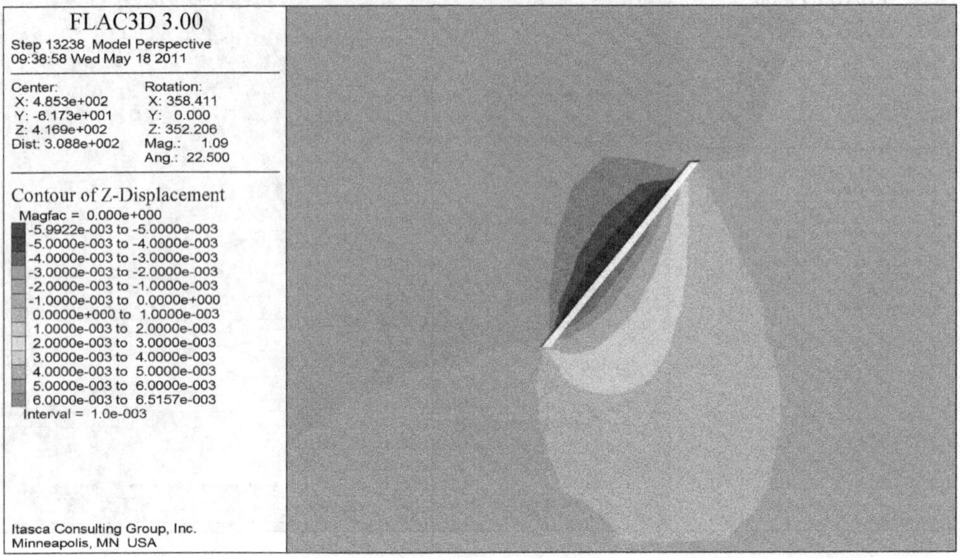
FLAC3D 3.00
Step 13238 Model Perspective
09:38:58 Wed May 18 2011
Center:
X: 4.853e+002
Y: -6.173e+001
Z: 4.169e+002
Dist: 3.088e+002
Rotation:
X: 358.411
Y: 0.000
Z: 352.206
Mag.: 1.09
Ang.: 22.500
Contour of Z-Displacement
Magfac = 0.000e+000
-5.9922e-003 to -5.0000e-003
-5.0000e-003 to -4.0000e-003
-4.0000e-003 to -3.0000e-003
-3.0000e-003 to -2.0000e-003
-2.0000e-003 to -1.0000e-003
-1.0000e-003 to 0.0000e+000
0.0000e+000 to 1.0000e-003
1.0000e-003 to 2.0000e-003
2.0000e-003 to 3.0000e-003
3.0000e-003 to 4.0000e-003
4.0000e-003 to 5.0000e-003
5.0000e-003 to 6.0000e-003
6.0000e-003 to 6.5157e-003
Interval = 1.0e-003
Itasca Consulting Group, Inc.
Minneapolis, MN USA

(a)

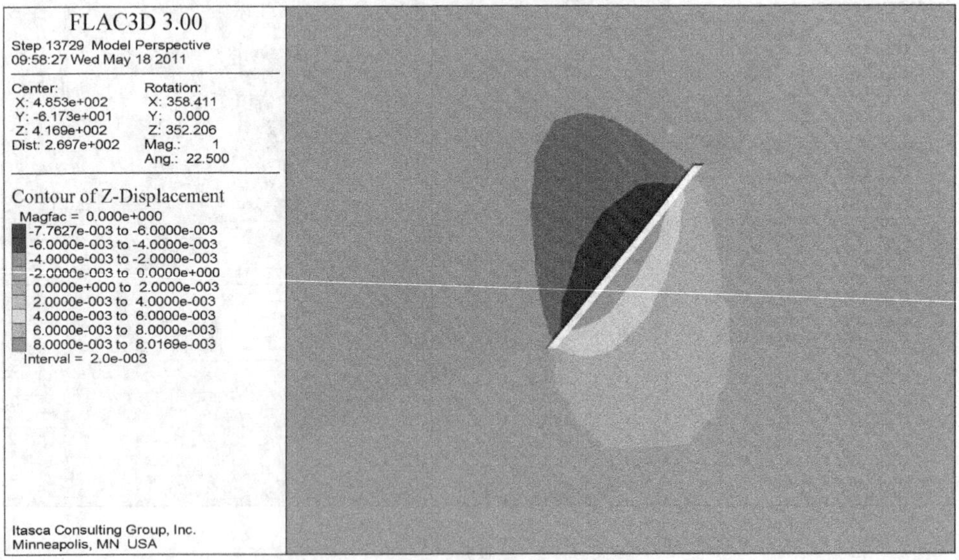
FLAC3D 3.00
Step 13729 Model Perspective
09:58:27 Wed May 18 2011
Center:
X: 4.853e+002
Y: -6.173e+001
Z: 4.169e+002
Dist: 2.697e+002
Rotation:
X: 358.411
Y: 0.000
Z: 352.206
Mag.: 1
Ang.: 22.500
Contour of Z-Displacement
Magfac = 0.000e+000
-7.7627e-003 to -6.0000e-003
-6.0000e-003 to -4.0000e-003
-4.0000e-003 to -2.0000e-003
-2.0000e-003 to 0.0000e+000
0.0000e+000 to 2.0000e-003
2.0000e-003 to 4.0000e-003
4.0000e-003 to 6.0000e-003
6.0000e-003 to 8.0000e-003
8.0000e-003 to 8.0169e-003
Interval = 2.0e-003
Itasca Consulting Group, Inc.
Minneapolis, MN USA

(b)

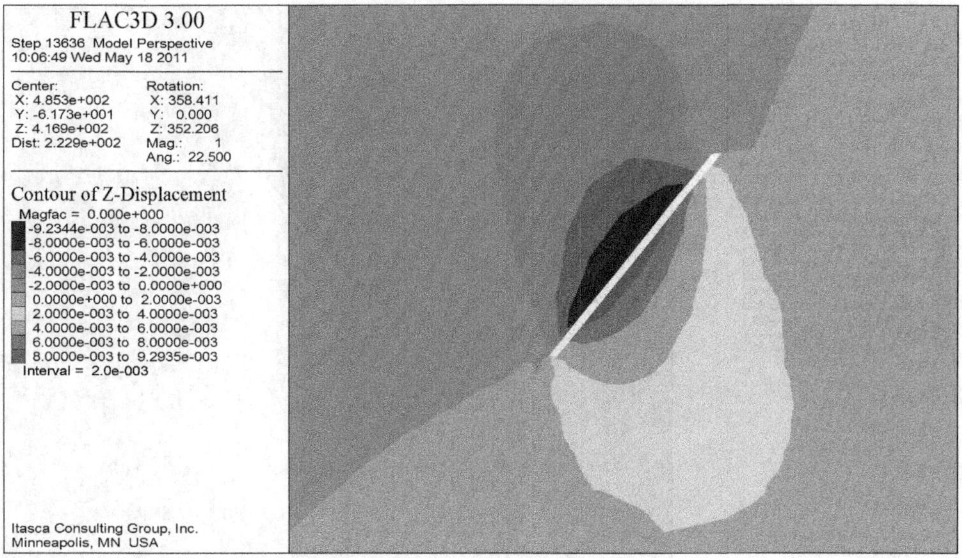
FLAC3D 3.00
Step 13636 Model Perspective
10:06:49 Wed May 18 2011
Center:
X: 4.853e+002
Y: -6.173e+001
Z: 4.169e+002
Dist: 2.229e+002
Rotation:
X: 358.411
Y: 0.000
Z: 352.206
Mag.: 1
Ang.: 22.500
Contour of Z-Displacement
Magfac = 0.000e+000
-9.2344e-003 to -8.0000e-003
-8.0000e-003 to -6.0000e-003
-6.0000e-003 to -4.0000e-003
-4.0000e-003 to -2.0000e-003
-2.0000e-003 to 0.0000e+000
0.0000e+000 to 2.0000e-003
2.0000e-003 to 4.0000e-003
4.0000e-003 to 6.0000e-003
6.0000e-003 to 8.0000e-003
8.0000e-003 to 9.2935e-003
Interval = 2.0e-003
Itasca Consulting Group, Inc.
Minneapolis, MN USA

(c)

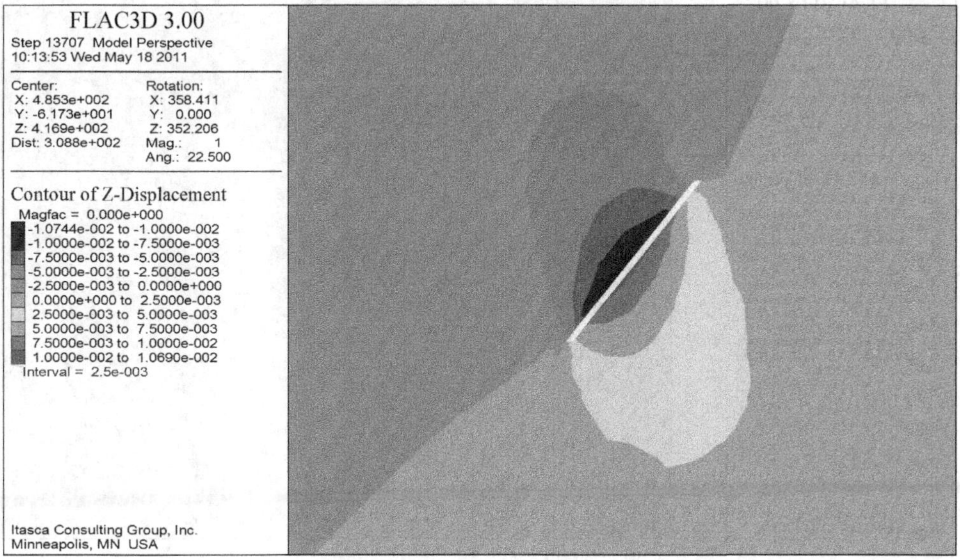
FLAC3D 3.00
Step 13707 Model Perspective
10:13:53 Wed May 18 2011
Center:
X: 4.853e+002
Y: -6.173e+001
Z: 4.169e+002
Dist: 3.088e+002
Rotation:
X: 358.411
Y: 0.000
Z: 352.206
Mag.: 1
Ang.: 22.500
Contour of Z-Displacement
Magfac = 0.000e+000
-1.0744e-002 to -1.0000e-002
-1.0000e-002 to -7.5000e-003
-7.5000e-003 to -5.0000e-003
-5.0000e-003 to -2.5000e-003
-2.5000e-003 to 0.0000e+000
0.0000e+000 to 2.5000e-003
2.5000e-003 to 5.0000e-003
5.0000e-003 to 7.5000e-003
7.5000e-003 to 1.0000e-002
1.0000e-002 to 1.0690e-002
Interval = 2.5e-003
Itasca Consulting Group, Inc.
Minneapolis, MN USA

(d)

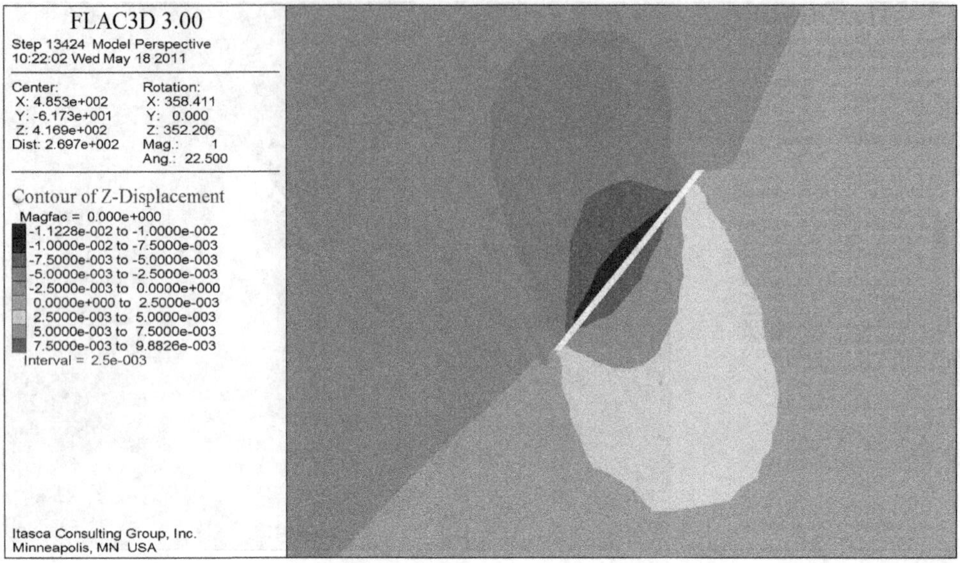

(e)

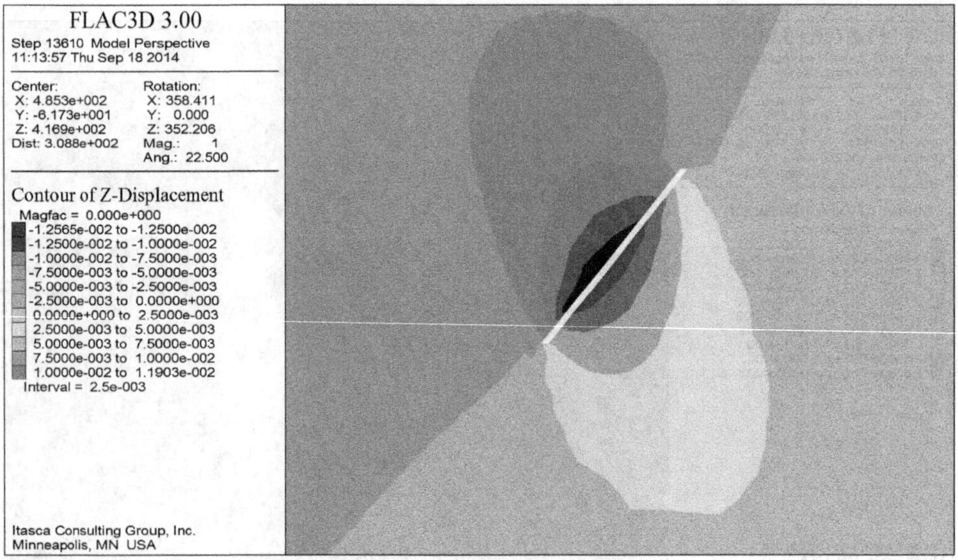

(f)

图 8-10 垂直位移云图

(a) 方案一；(b) 方案二；(c) 方案三；(d) 方案四；(e) 方案五；(f) 方案六

8.4.3.3 水平位移分析

从水平位移变化规律来看（见图 8-11），采空区两侧的水平位移呈拱形分布，顶板最大垂直位移主要出现在矿体开采后顶板的中间部位，位移指向采空区，上盘水平位移指向右，下盘水平位移指向左。采空区上下盘水平位移呈拱形分布，采空区上下盘位移均较小。随着开采跨度的增加，最大水平位移逐渐增大。

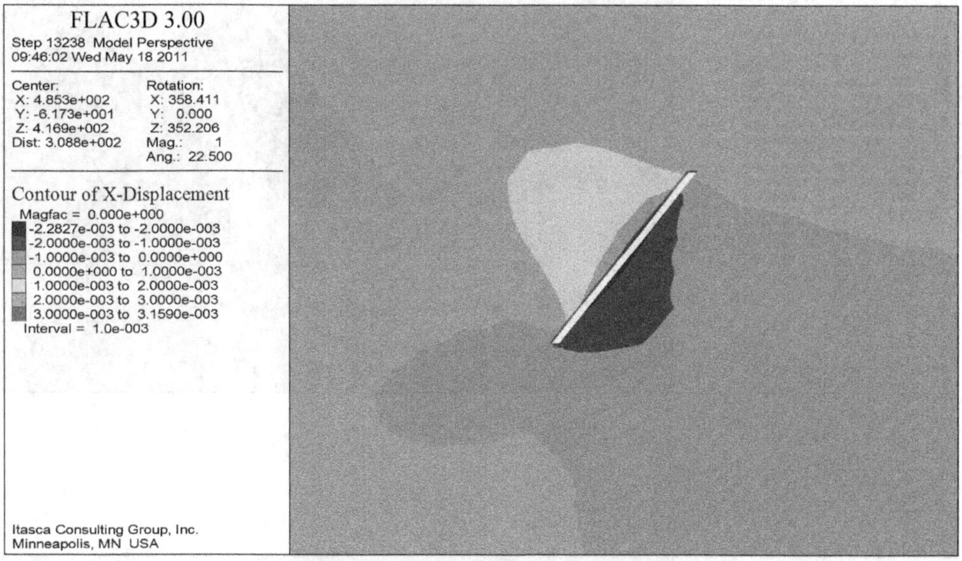

(a)

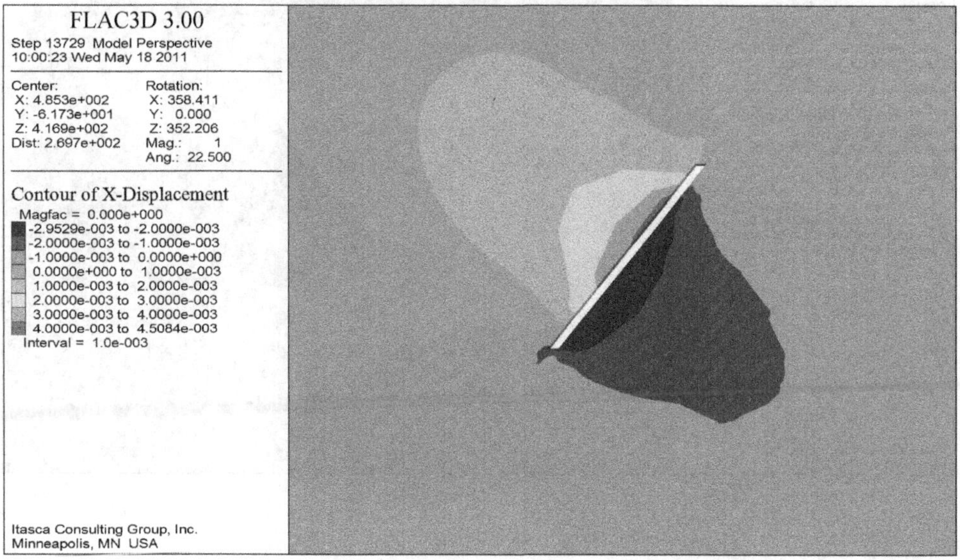

(b)

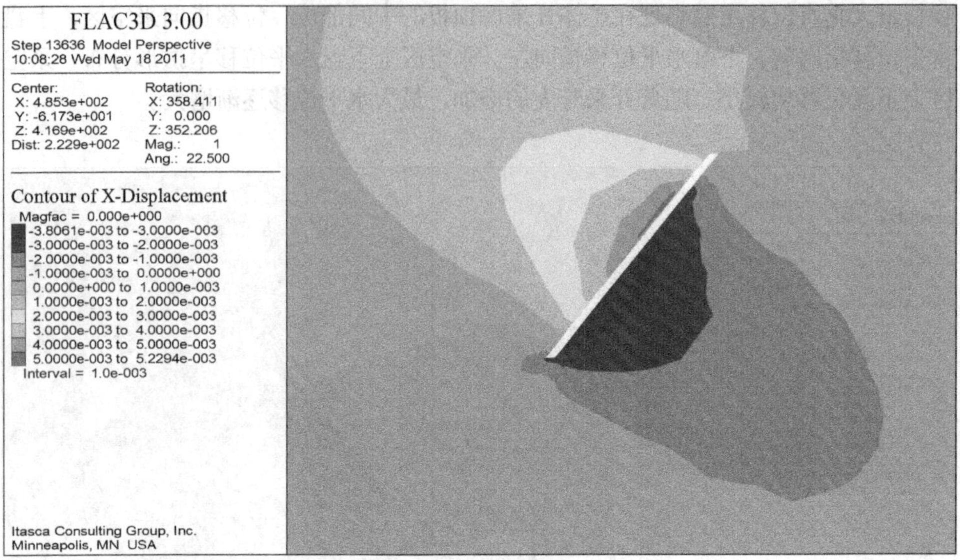
FLAC3D 3.00
Step 13636 Model Perspective
10:08:28 Wed May 18 2011
Center:
X: 4.853e+002
Y: -6.173e+001
Z: 4.169e+002
Dist: 2.229e+002
Rotation:
X: 358.411
Y: 0.000
Z: 352.206
Mag.: 1
Ang.: 22.500
Contour of X-Displacement
Magfac = 0.000e+000
-3.8061e-003 to -3.0000e-003
-3.0000e-003 to -2.0000e-003
-2.0000e-003 to -1.0000e-003
-1.0000e-003 to 0.0000e+000
0.0000e+000 to 1.0000e-003
1.0000e-003 to 2.0000e-003
2.0000e-003 to 3.0000e-003
3.0000e-003 to 4.0000e-003
4.0000e-003 to 5.0000e-003
5.0000e-003 to 5.2294e-003
Interval = 1.0e-003
Itasca Consulting Group, Inc.
Minneapolis, MN USA

(c)

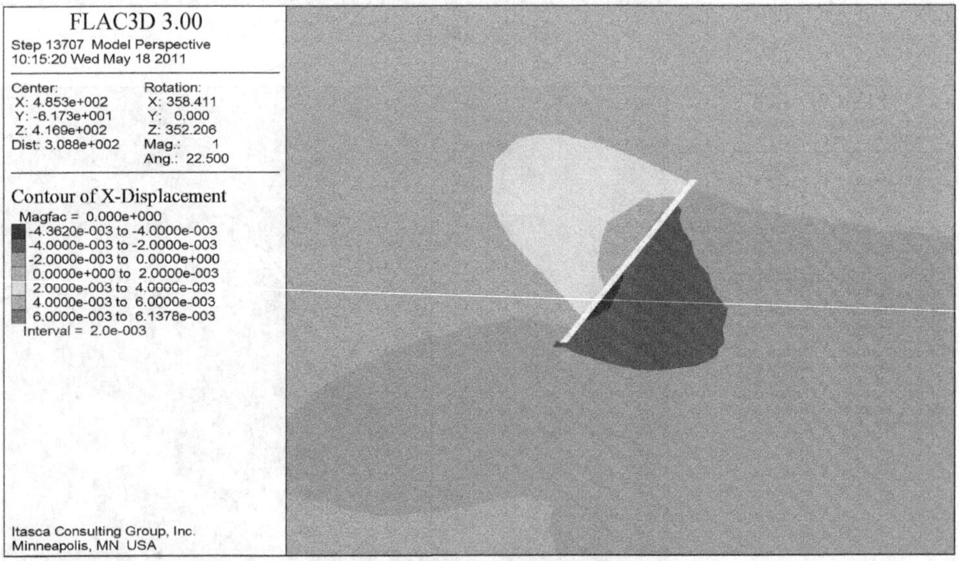
FLAC3D 3.00
Step 13707 Model Perspective
10:15:20 Wed May 18 2011
Center:
X: 4.853e+002
Y: -6.173e+001
Z: 4.169e+002
Dist: 3.088e+002
Rotation:
X: 358.411
Y: 0.000
Z: 352.206
Mag.: 1
Ang.: 22.500
Contour of X-Displacement
Magfac = 0.000e+000
-4.3620e-003 to -4.0000e-003
-4.0000e-003 to -2.0000e-003
-2.0000e-003 to 0.0000e+000
0.0000e+000 to 2.0000e-003
2.0000e-003 to 4.0000e-003
4.0000e-003 to 6.0000e-003
6.0000e-003 to 6.1378e-003
Interval = 2.0e-003
Itasca Consulting Group, Inc.
Minneapolis, MN USA

(d)

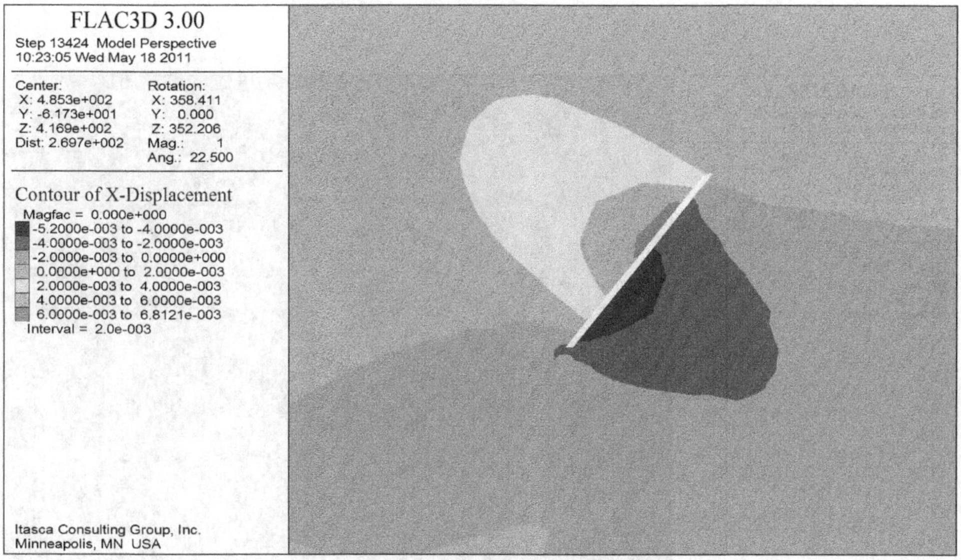

(e)

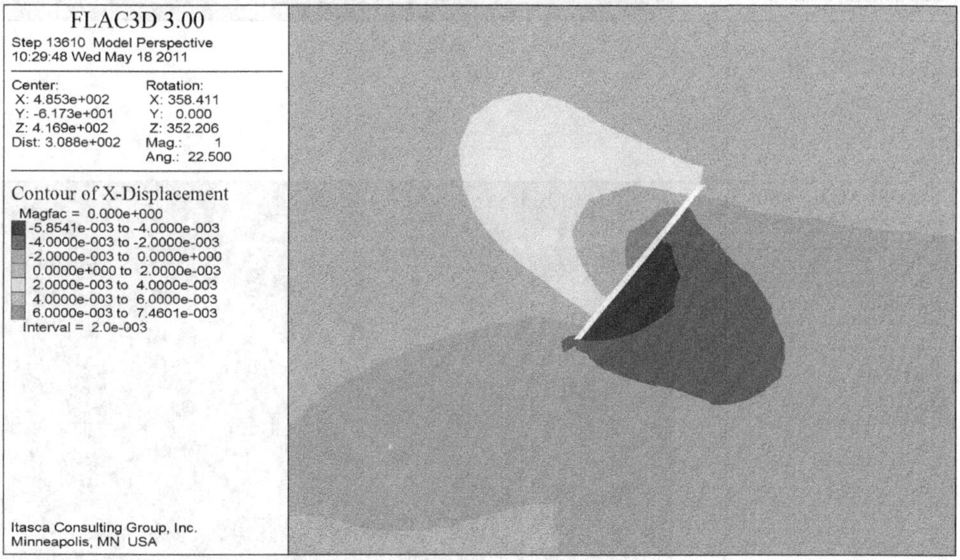

(f)

图 8-11 水平位移云图

(a) 方案一；(b) 方案二；(c) 方案三；(d) 方案四；(e) 方案五；(f) 方案六

8.4.4 塑性区分析

在对模拟结果分析过程中，塑性区的分布比应力、位移等更能直观地反映出矿岩体开采对围岩稳定性的影响。从六种采场跨度模拟结果（见图 8-12）可以

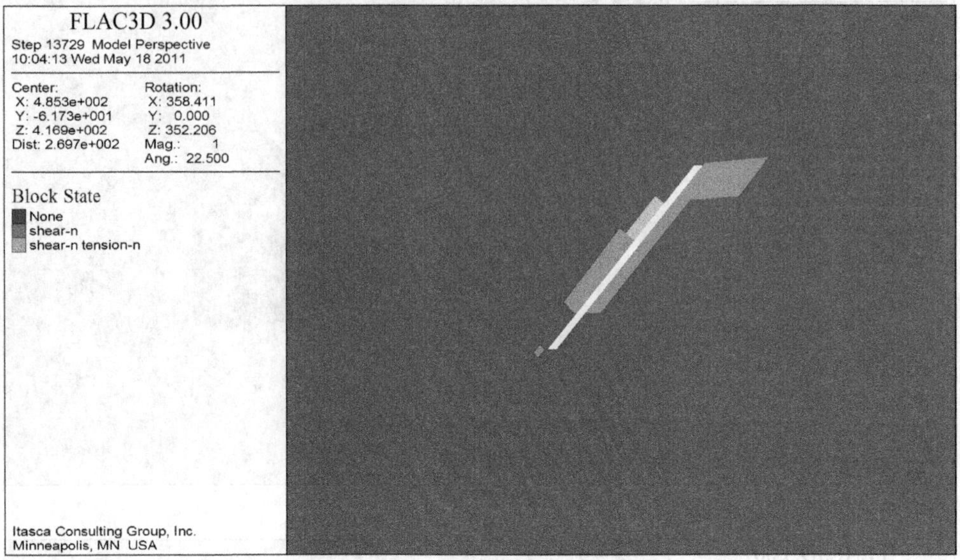
FLAC3D 3.00
Step 13729 Model Perspective
10:04:13 Wed May 18 2011
Center:
X: 4.853e+002
Y: -6.173e+001
Z: 4.169e+002
Dist: 2.697e+002
Rotation:
X: 358.411
Y: 0.000
Z: 352.206
Mag.: 1
Ang.: 22.500
Block State
None
shear-n
shear-n tension-n
Itasca Consulting Group, Inc.
Minneapolis, MN USA

(a)

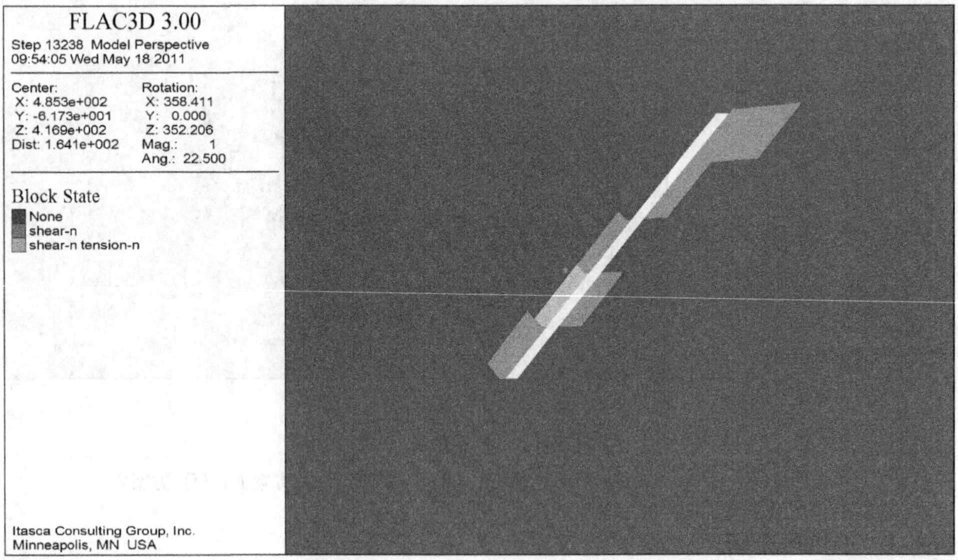
FLAC3D 3.00
Step 13238 Model Perspective
09:54:05 Wed May 18 2011
Center:
X: 4.853e+002
Y: -6.173e+001
Z: 4.169e+002
Dist: 1.641e+002
Rotation:
X: 358.411
Y: 0.000
Z: 352.206
Mag.: 1
Ang.: 22.500
Block State
None
shear-n
shear-n tension-n
Itasca Consulting Group, Inc.
Minneapolis, MN USA

(b)

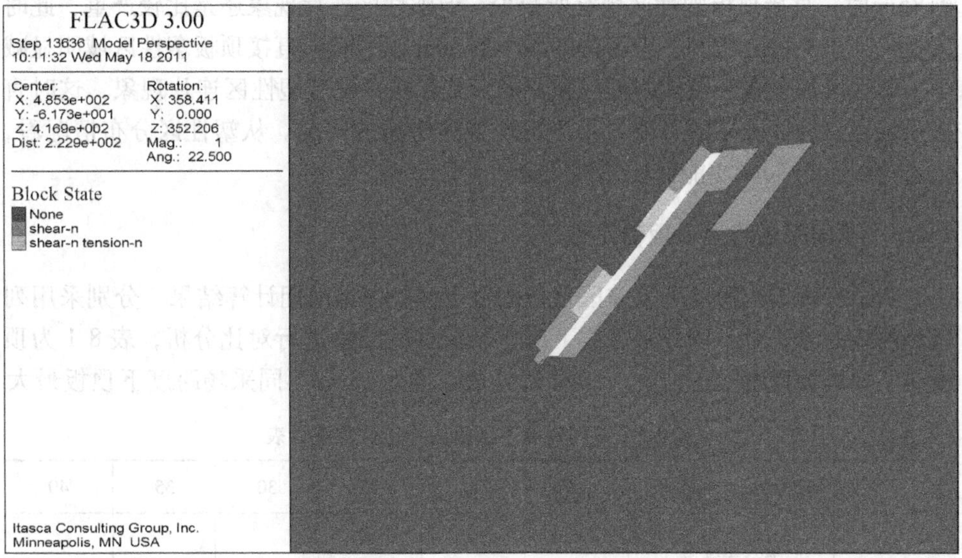

(c)

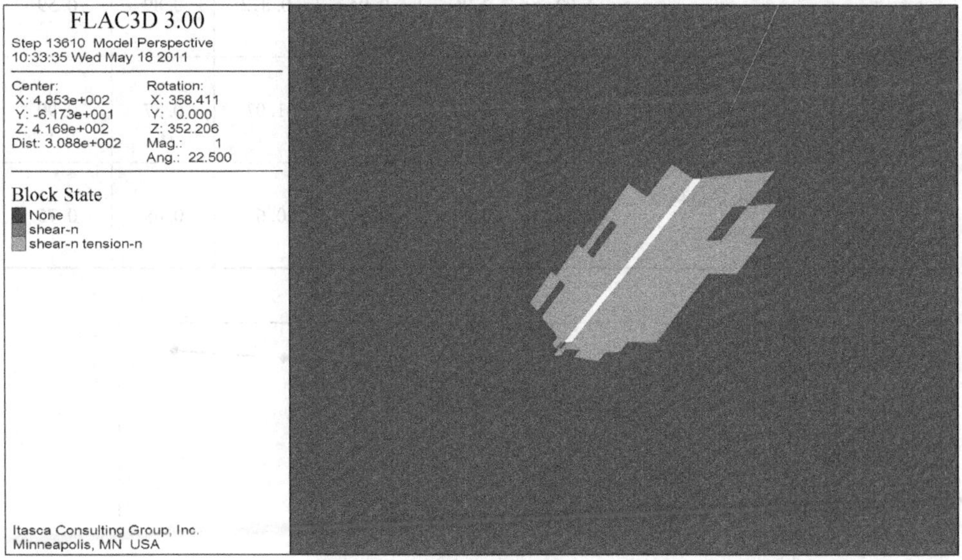

(d)

图 8-12 塑性区分布

(a) 方案一；(b) 方案二；(c) 方案三；(d) 方案四

看出，当采场跨度在40m以上时，采场跨度对顶板的稳定性影响较大，矿体开采后直接顶板几乎整体都进入塑性状态，此时顶板几乎不可能自稳；采场跨度减小到35m时，直接顶板塑性区域有所减少，但塑性区连片现象还是比较严重，此时顶板仍处于不稳定状态；采场跨度减小到30m以下时，直接顶板塑性区域明显减少，塑性区都是在开挖体附近以独立的形式存在，没有塑性区连片现象，这时直接顶板存在局部破坏的可能，不会出现整体垮塌的情况。从塑性区分布情况看，采场跨度小于30m才能保证顶板安全。

8.4.5 不同采场跨度顶板稳定性

为了分析不同跨度下采空区顶板的稳定性，根据前期计算结果，分别采用列表和曲线的方式对不同开采方案下应力和位移的结果进行对比分析，表8-1为顶板在不同采场跨度下的应力、位移统计表，图8-13为不同采场跨度下顶板最大

表8-1 不同跨度下顶板应力、位移统计表

采场跨度/m		15	20	25	30	35	40
采空区顶板	最大压应力/MPa	25.05	32.88	37.30	41.6	43.4	44.8
	最大拉应力/MPa	1.02	0.96	0.94	0.812	0.89	0.59
	最大垂直位移/cm	0.65	0.80	0.93	1.07	0.57	0.99
	最大水平位移/cm	0.32	0.45	0.52	0.61	0.68	0.75

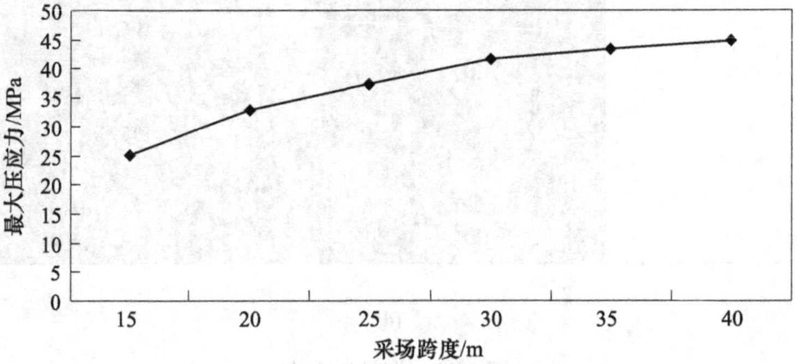

图8-13 不同采场跨度下顶板最大压应力变化曲线

压应力变化曲线，图 8-14 为不同采场跨度下顶板拉应力变化曲线，图 8-15 为不同采场跨度下顶板位移变化曲线。由分析结果可以发现，采场跨度减小到 30m 时，拉应力值均处于临界状态；当采场跨度减小到 25m 时，此时顶板拉应力较小，顶板相对比较稳定。所以综合分析认为，采场跨度应该控制在 30m 以下。

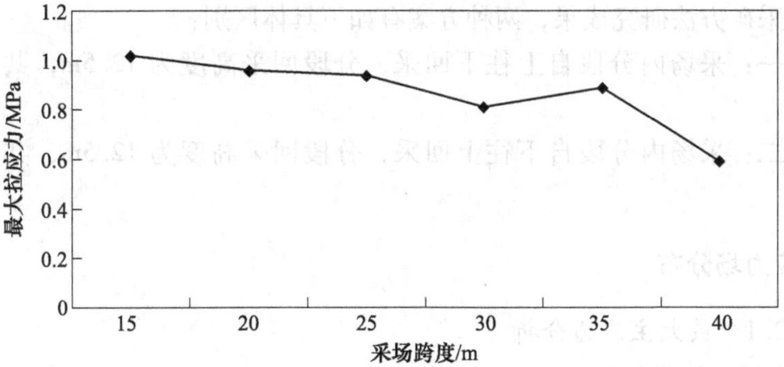

图 8-14 不同采场跨度下顶板最大拉应力变化曲线

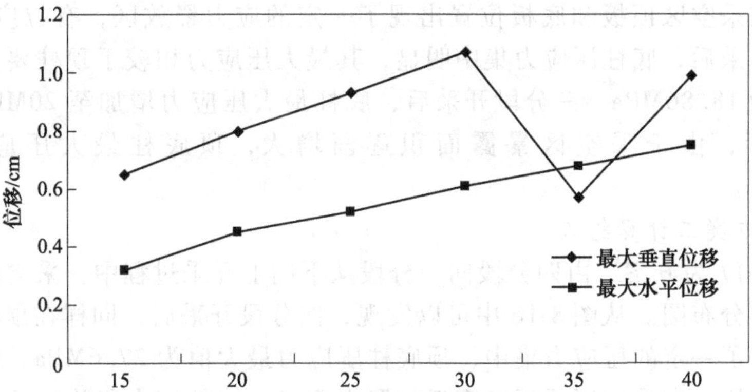

图 8-15 不同采场跨度下顶板位移变化曲线

8.5 最优回采顺序数值模拟

为了研究采用分段空场法开采和分段空场嗣后废石充填采矿法开采后，两种采矿方法的地压活动规律，提出了两种回采顺序，即单个采场从上往下开采和从下往上开采，并对以下两种方案进行了模拟分析论证。为了提高模拟精度，在建立模型时主要考虑600m 中段采场开采过程，在实际计算时应将网格划分得较密，有利于提高模拟精度。

8.5.1 计算方案

根据采矿方法研究成果，两种方案有如下具体区别：

方案一：采场内分段自上往下回采，分段回采高度为 12.5m，共分为 4 个分段。

方案二：采场内分段自下往上回采，分段回采高度为 12.5m，共分为 4 个分段。

8.5.2 应力场分布

8.5.2.1 最大主应力分析

A 方案一计算结果

图 8-16 为方案一由一分段向四分段从上向下开采过程中，采空区围岩最大主应力分布图。从图 8-15 中可以发现，一分段开采后，在顶柱和底柱位置出现了一定的压应力集中，顶底柱压应力最大值为 15MPa。由于开采的卸荷作用，在采空区顶板和底板位置出现了一定的应力释放区，有拉应力出现。二分段开采后，底柱压应力集中明显，其最大压应力相较于顶柱要大，最大压应力为 18.86MPa。三分段开采后，底柱最大压应力增加至 20MPa。四分段回采后，由于采空区暴露面积逐渐增大，顶底柱最大压应力增加至 25MPa。

B 方案二计算结果

图 8-17 为方案二由四分段向一分段从下向上开采过程中，采空区围岩最大主应力分布图。从图 8-16 中可以发现，四分段开采后，同样在顶柱和底柱位置出现了一定的压应力集中，顶底柱压应力最大值为 27.6MPa。由于开采的卸荷作用，在采空区顶板和底板位置出现了一定的应力释放区，有拉应力出现，相较于方案一的第一步回采，压应力集中程度明显较大，主要是因为先回采四分段，埋深较深，采动引起的效应不同。三分段开采后，底柱压应力集中明显，其最大压应力相较于顶柱要大，最大压应力为 38.17MPa，顶柱最大压应力为 20MPa。二分段开采后，随着开采空间和暴露面积的增大，空区顶柱和底柱的最大主应力进一步增加，底柱最大压应力增加至 35MPa。一分段回采后，由于采空区暴露面积逐渐增大，顶底柱最大压应力增加至 41.84MPa。

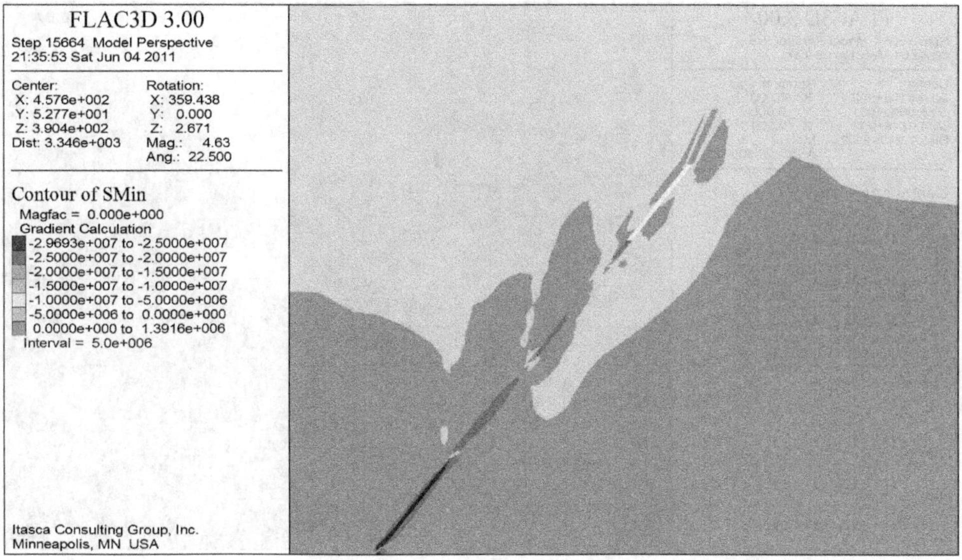
FLAC3D 3.00
Step 15664 Model Perspective
21:35:53 Sat Jun 04 2011
Center:
X: 4.576e+002
Y: 5.277e+001
Z: 3.904e+002
Dist: 3.346e+003
Rotation:
X: 359.438
Y: 0.000
Z: 2.671
Mag.: 4.63
Ang.: 22.500
Contour of SMin
Magfac = 0.000e+000
Gradient Calculation
-2.9693e+007 to -2.5000e+007
-2.5000e+007 to -2.0000e+007
-2.0000e+007 to -1.5000e+007
-1.5000e+007 to -1.0000e+007
-1.0000e+007 to -5.0000e+006
-5.0000e+006 to 0.0000e+000
0.0000e+000 to 1.3916e+006
Interval = 5.0e+006
Itasca Consulting Group, Inc.
Minneapolis, MN USA

(a)

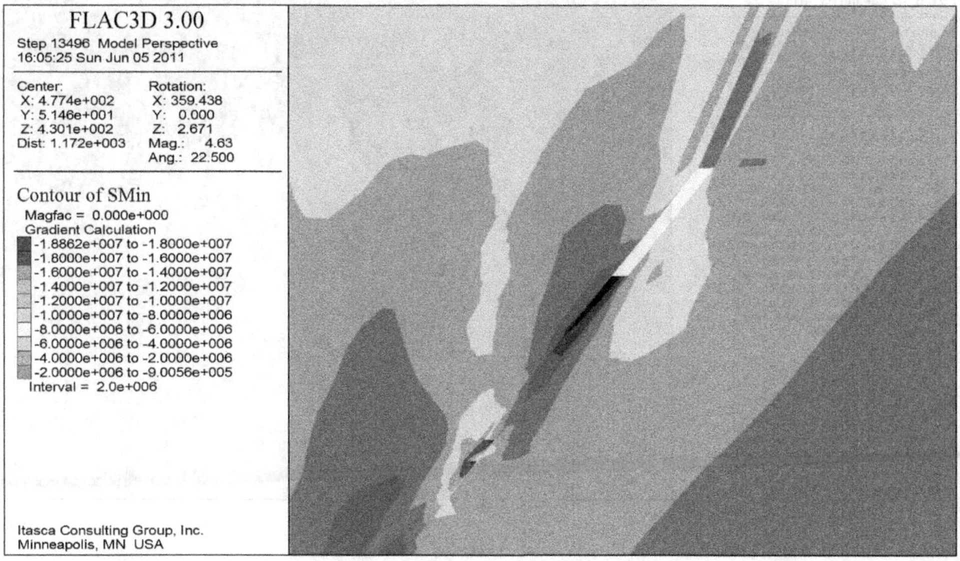
FLAC3D 3.00
Step 13496 Model Perspective
16:05:25 Sun Jun 05 2011
Center:
X: 4.774e+002
Y: 5.146e+001
Z: 4.301e+002
Dist: 1.172e+003
Rotation:
X: 359.438
Y: 0.000
Z: 2.671
Mag.: 4.63
Ang.: 22.500
Contour of SMin
Magfac = 0.000e+000
Gradient Calculation
-1.8862e+007 to -1.8000e+007
-1.8000e+007 to -1.6000e+007
-1.6000e+007 to -1.4000e+007
-1.4000e+007 to -1.2000e+007
-1.2000e+007 to -1.0000e+007
-1.0000e+007 to -8.0000e+006
-8.0000e+006 to -6.0000e+006
-6.0000e+006 to -4.0000e+006
-4.0000e+006 to -2.0000e+006
-2.0000e+006 to -9.0056e+005
Interval = 2.0e+006
Itasca Consulting Group, Inc.
Minneapolis, MN USA

(b)

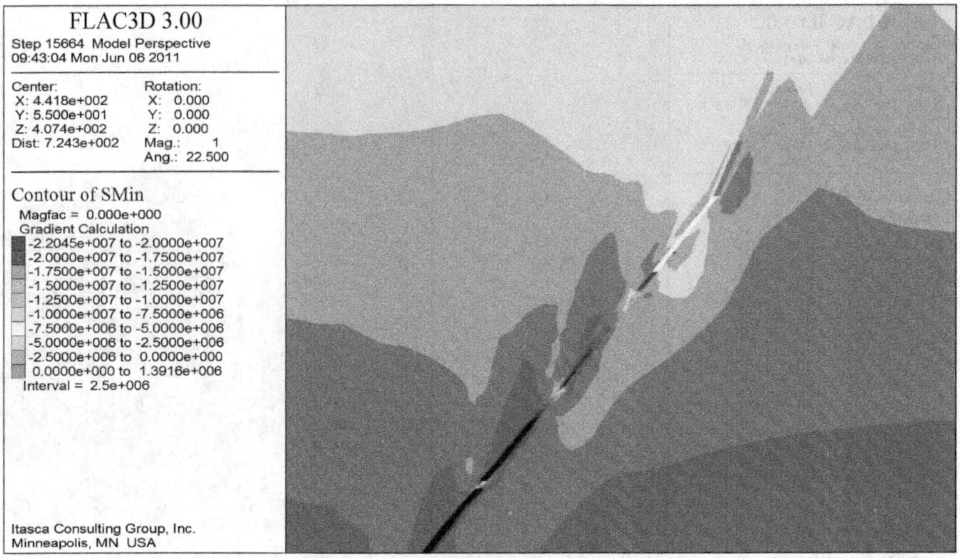

(c)

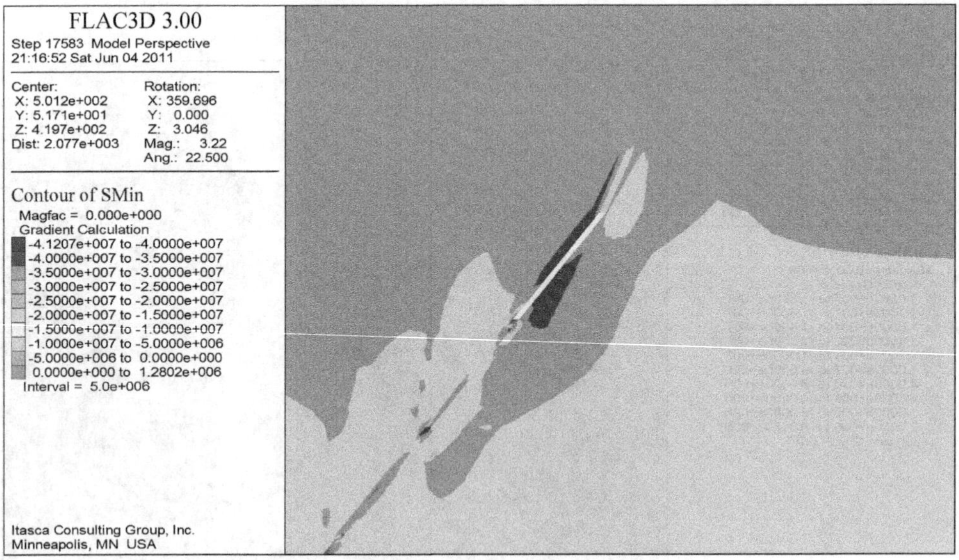

(d)

图 8-16　方案一各分段开采后最大主应力云图

（a）一分段；（b）二分段；（c）三分段；（d）四分段

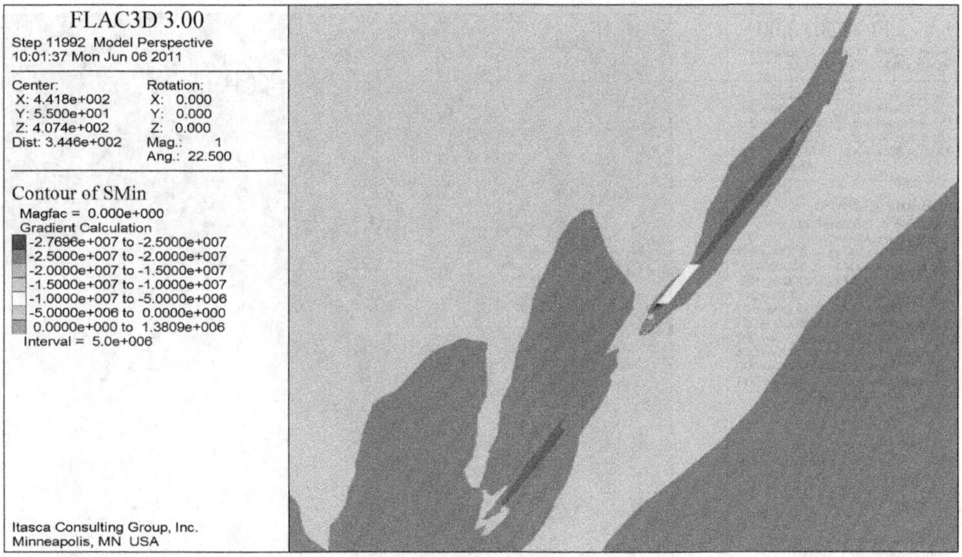
FLAC3D 3.00
Step 11992 Model Perspective
10:01:37 Mon Jun 06 2011
Center:
X: 4.418e+002
Y: 5.500e+001
Z: 4.074e+002
Dist: 3.446e+002
Rotation:
X: 0.000
Y: 0.000
Z: 0.000
Mag.: 1
Ang.: 22.500
Contour of SMin
Magfac = 0.000e+000
Gradient Calculation
-2.7696e+007 to -2.5000e+007
-2.5000e+007 to -2.0000e+007
-2.0000e+007 to -1.5000e+007
-1.5000e+007 to -1.0000e+007
-1.0000e+007 to -5.0000e+006
-5.0000e+006 to 0.0000e+000
0.0000e+000 to 1.3809e+006
Interval = 5.0e+006
Itasca Consulting Group, Inc.
Minneapolis, MN USA

(a)

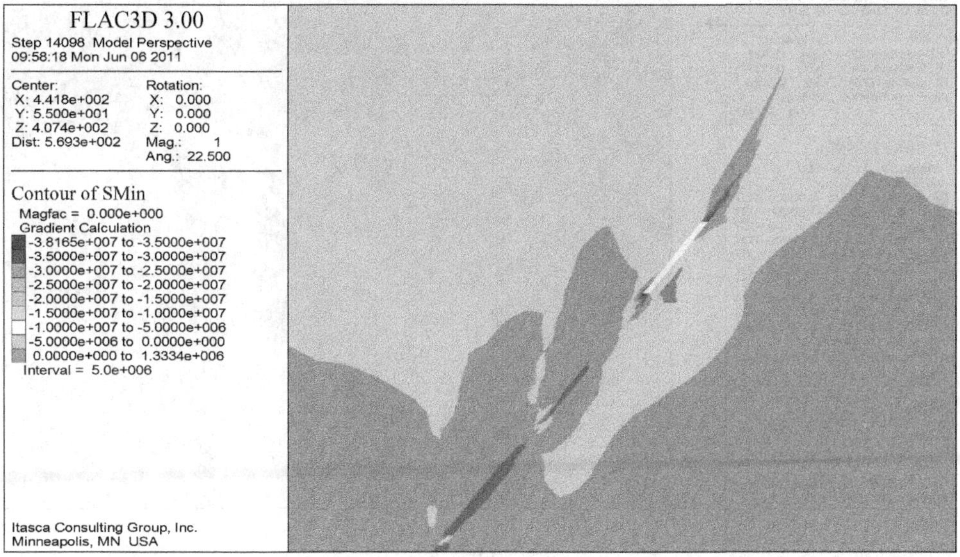
FLAC3D 3.00
Step 14098 Model Perspective
09:58:18 Mon Jun 06 2011
Center:
X: 4.418e+002
Y: 5.500e+001
Z: 4.074e+002
Dist: 5.693e+002
Rotation:
X: 0.000
Y: 0.000
Z: 0.000
Mag.: 1
Ang.: 22.500
Contour of SMin
Magfac = 0.000e+000
Gradient Calculation
-3.8165e+007 to -3.5000e+007
-3.5000e+007 to -3.0000e+007
-3.0000e+007 to -2.5000e+007
-2.5000e+007 to -2.0000e+007
-2.0000e+007 to -1.5000e+007
-1.5000e+007 to -1.0000e+007
-1.0000e+007 to -5.0000e+006
-5.0000e+006 to 0.0000e+000
0.0000e+000 to 1.3334e+006
Interval = 5.0e+006
Itasca Consulting Group, Inc.
Minneapolis, MN USA

(b)

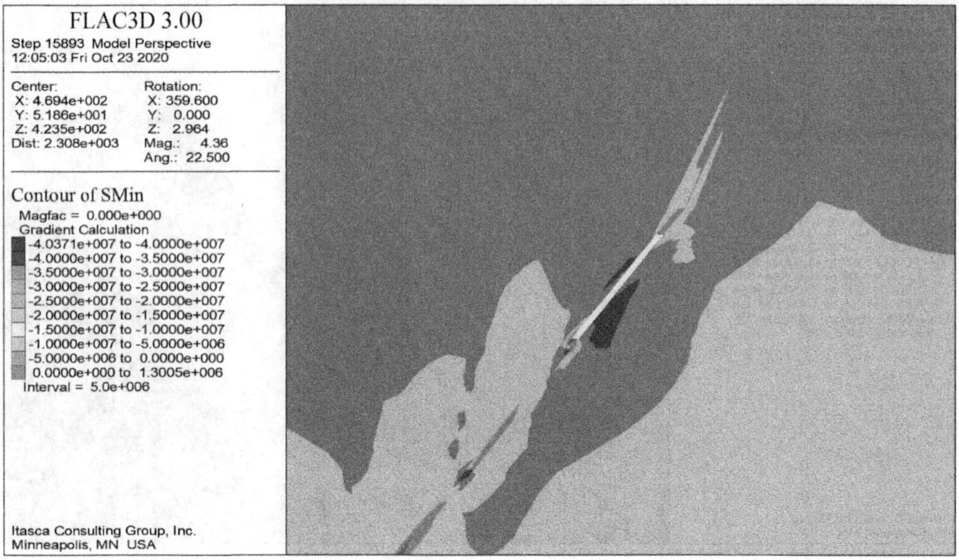

(c)

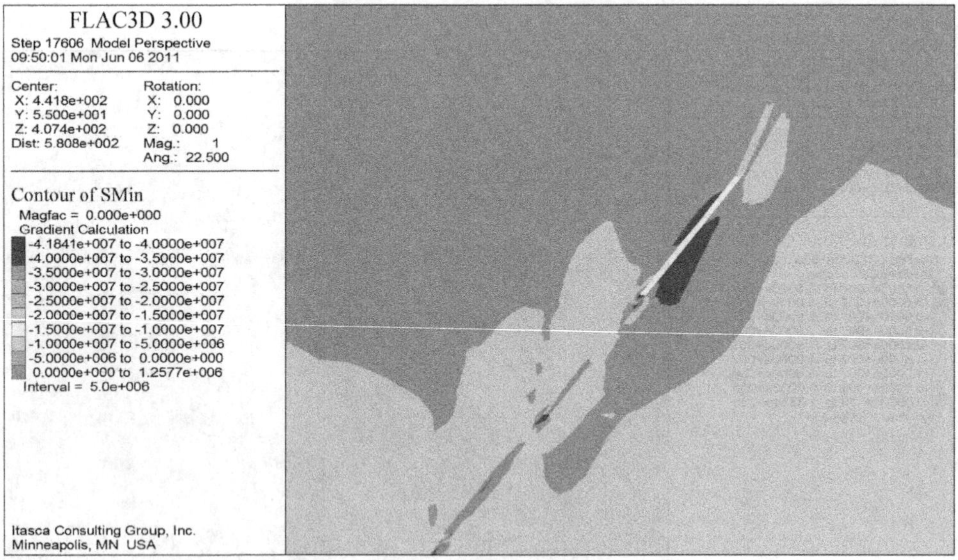

(d)

图 8-17　方案二各分段开采后最大主应力云图

(a) 四分段；(b) 三分段；(c) 二分段；(d) 一分段

8.5.2.2 最小主应力分析

A 方案一计算结果

图 8-18 为方案一由一分段向四分段从上向下开采过程中，采空区围岩最小主应力分布图。从图 8-18 中可以发现，一分段开采后，由于开采的卸荷作用，在采空区顶板出现了一定的拉应力，最大拉应力值为 0.99MPa。在采空区顶板和

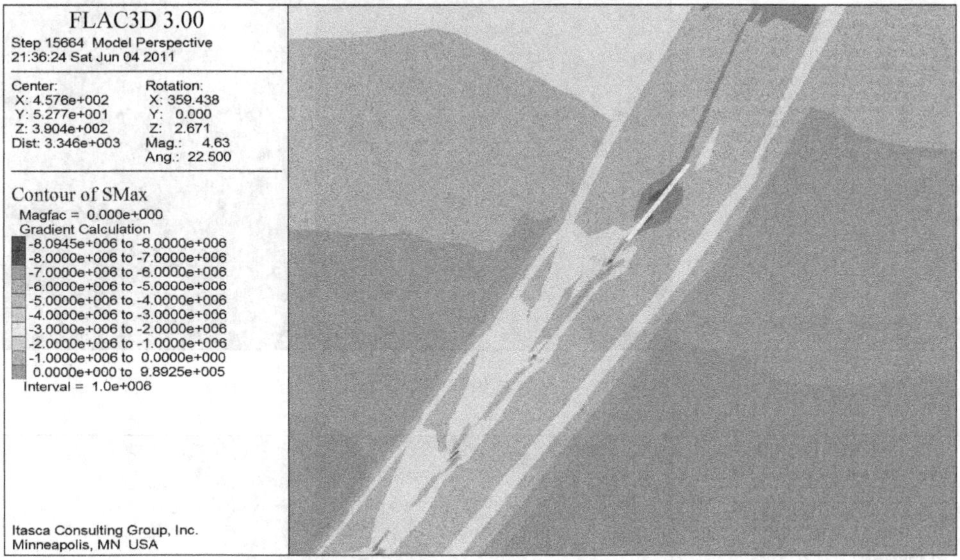

(a)

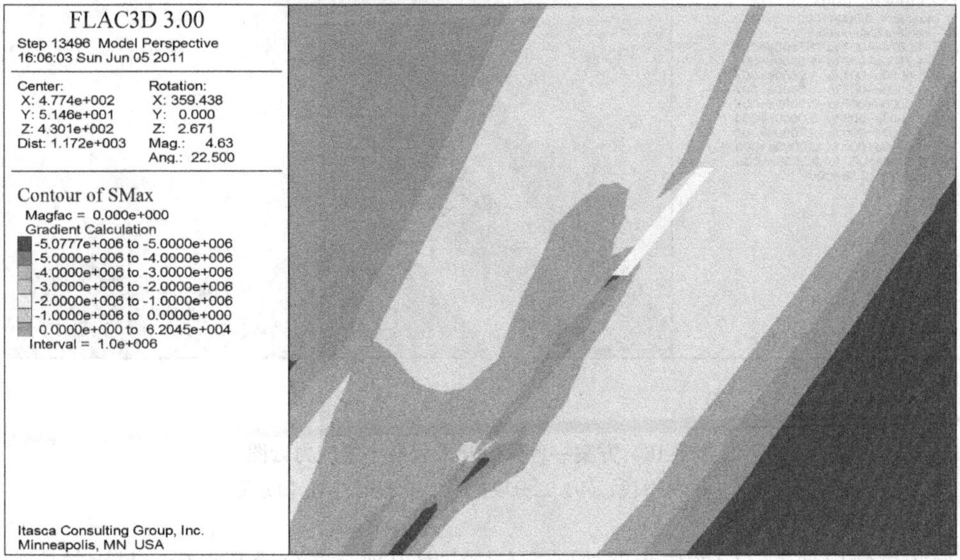

(b)

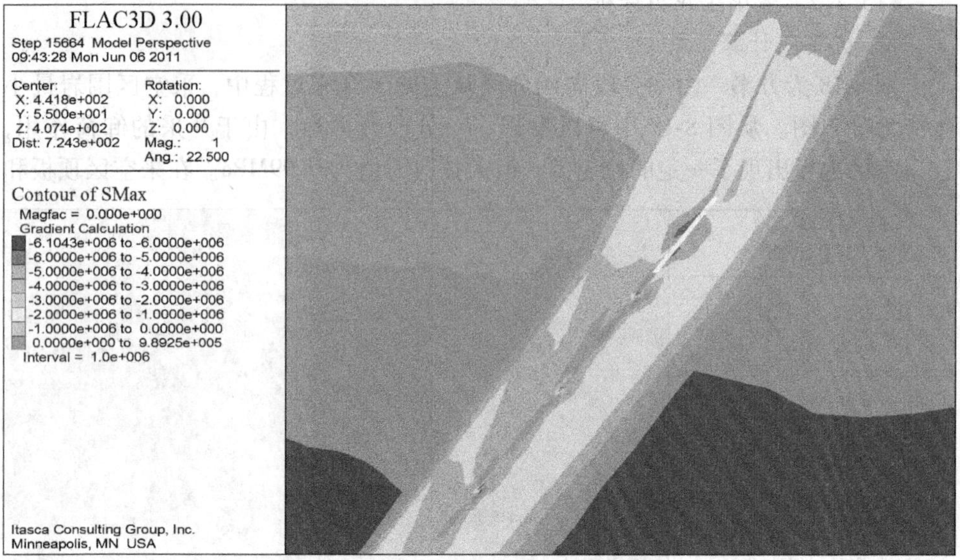

(c)

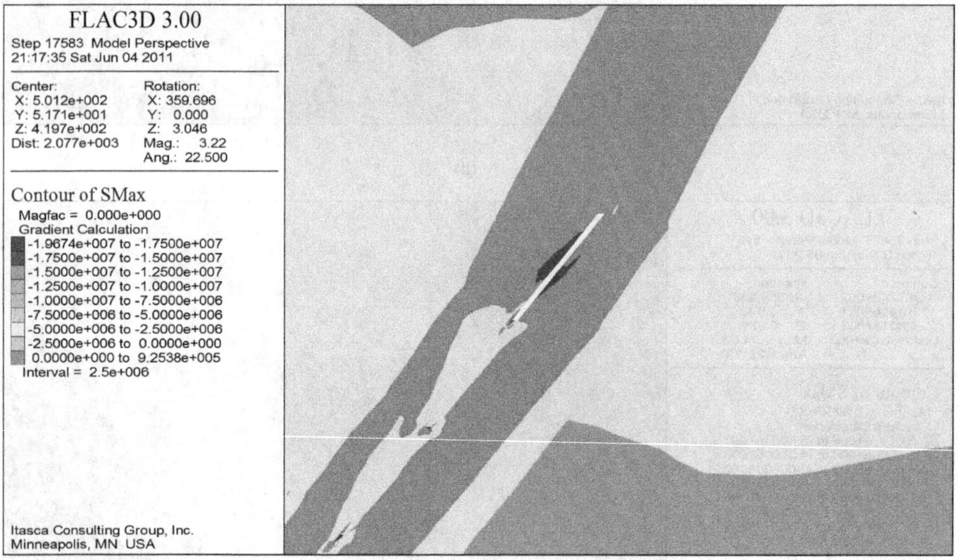

(d)

图 8-18 方案一各分段开采后最小主应力云图

(a) 一分段；(b) 二分段；(c) 三分段；(d) 四分段

底板位置出现了一定的应力释放区，有拉应力出现。二分段开采后，最大拉应力为 0.62MPa。三分段和四分段开采后，顶板最大拉应力增加不是很明显。

B 方案二计算结果

图 8-19 为方案二由一分段向四分段从上向下开采过程中，采空区围岩最小主应力分布图。从图中可以发现，一分段开采后，由于开采的卸荷作用，在采空区顶板出现了一定的拉应力，最大拉应力值为 0.99MPa。在采空区顶板和底板位

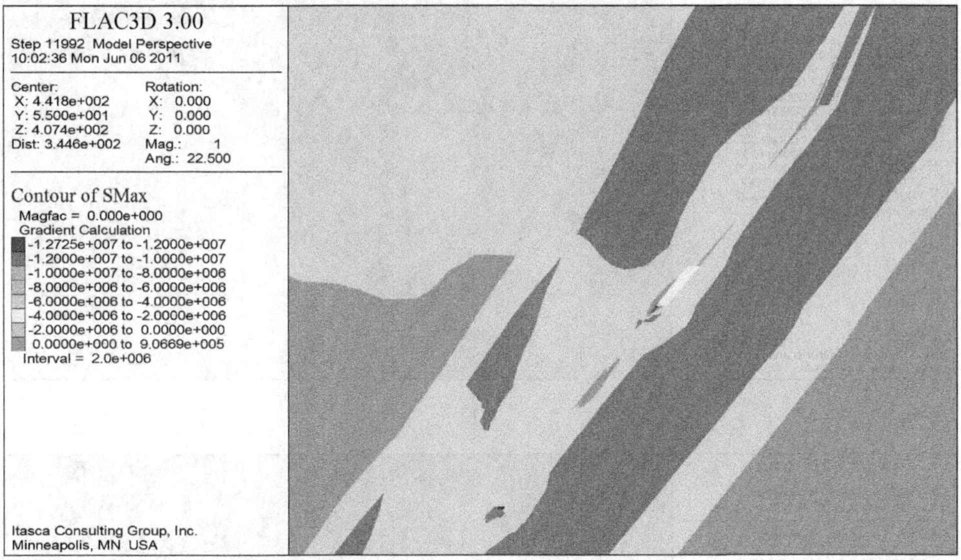

(a)

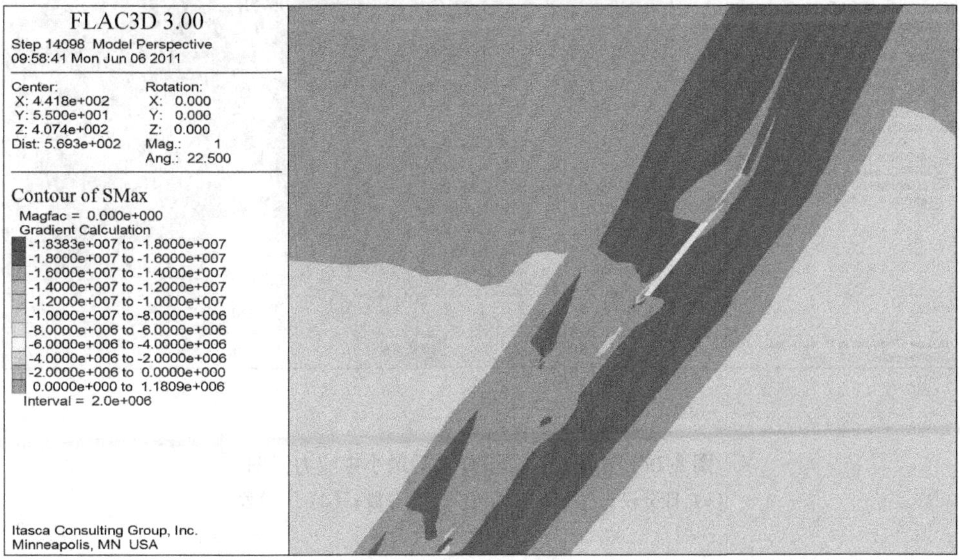

(b)

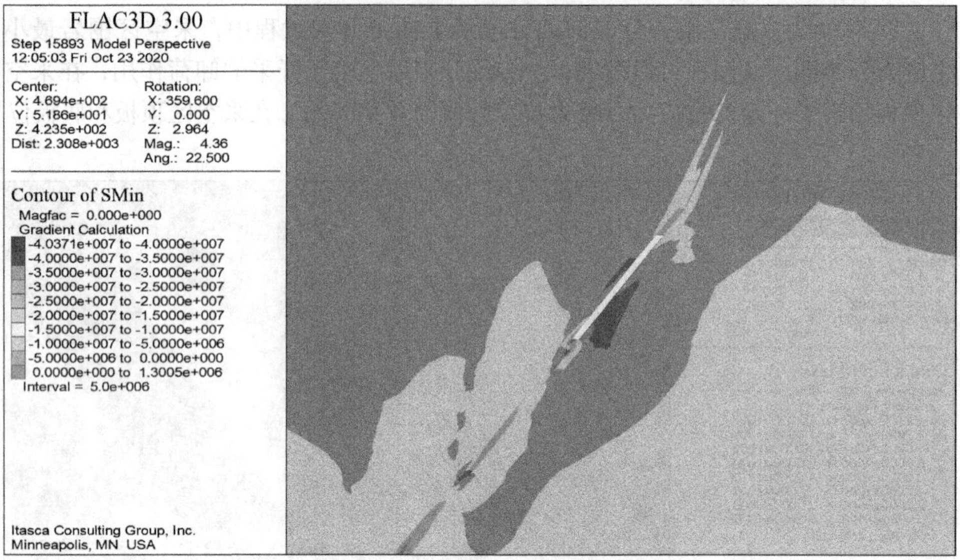

(c)

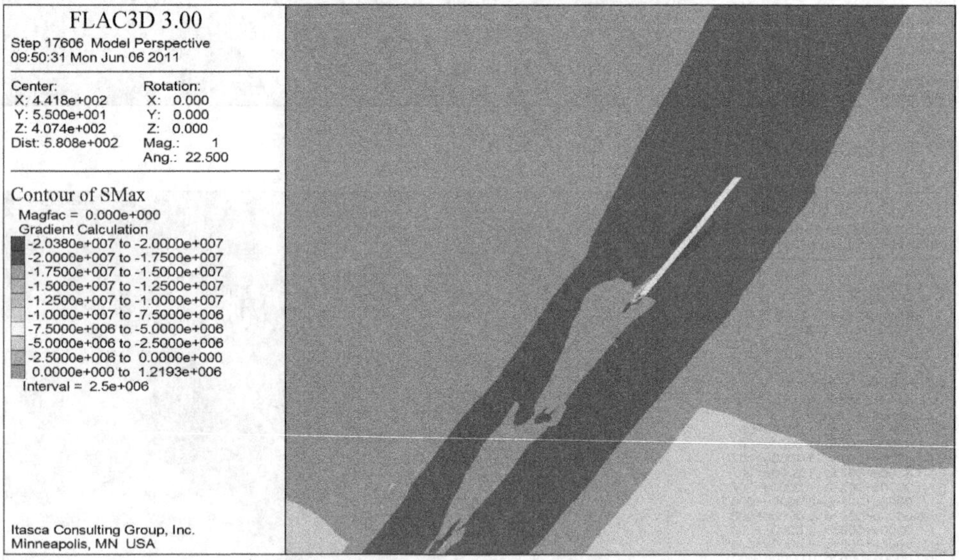

(d)

图 8-19　方案二各分段开采后最小主应力云图

(a) 四分段；(b) 三分段；(c) 二分段；(d) 一分段

置出现了一定的应力释放区，有拉应力出现。二分段开采后，最大拉应力为 0.62MPa。三分段和四分段开采后，顶板最大拉应力增加不是很明显。

8.5.3 位移场分布

8.5.3.1 最大位移分析

A 方案一计算结果分析

图 8-20 所示为最大位移云图，从图中可以看出，一分段回采后，最大位移

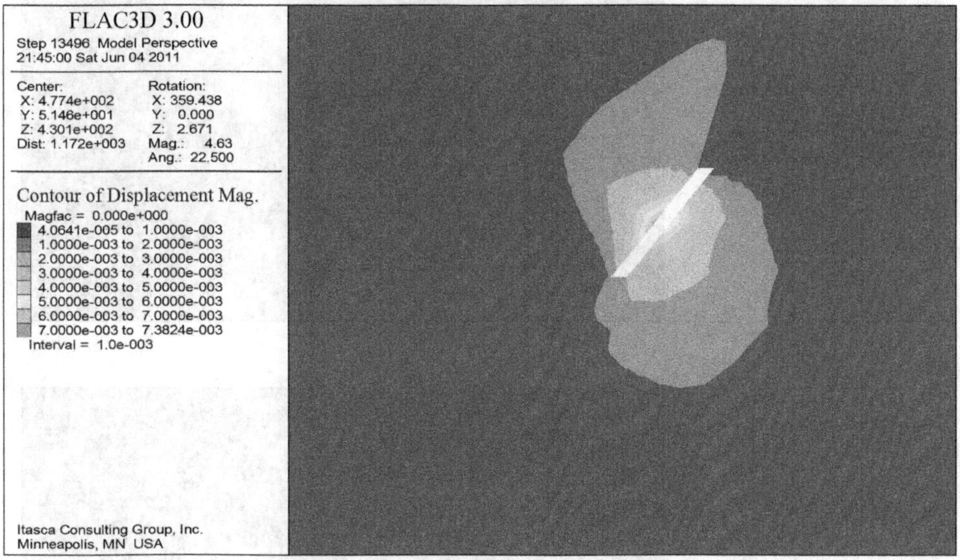

(a)

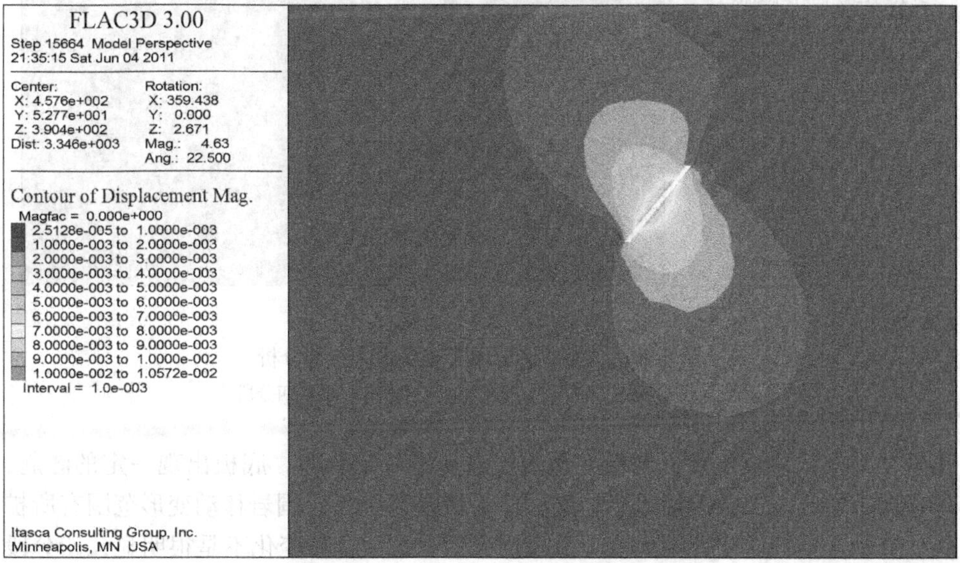

(b)

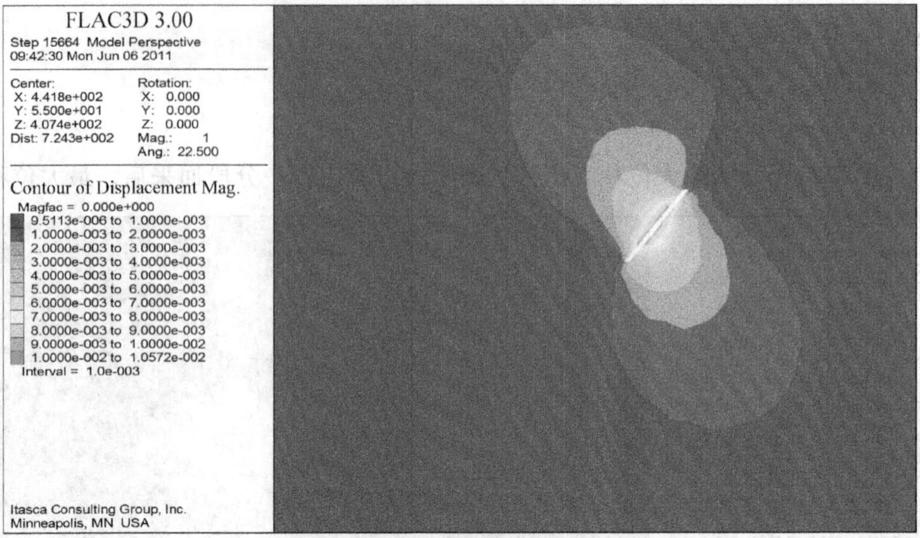

(c)

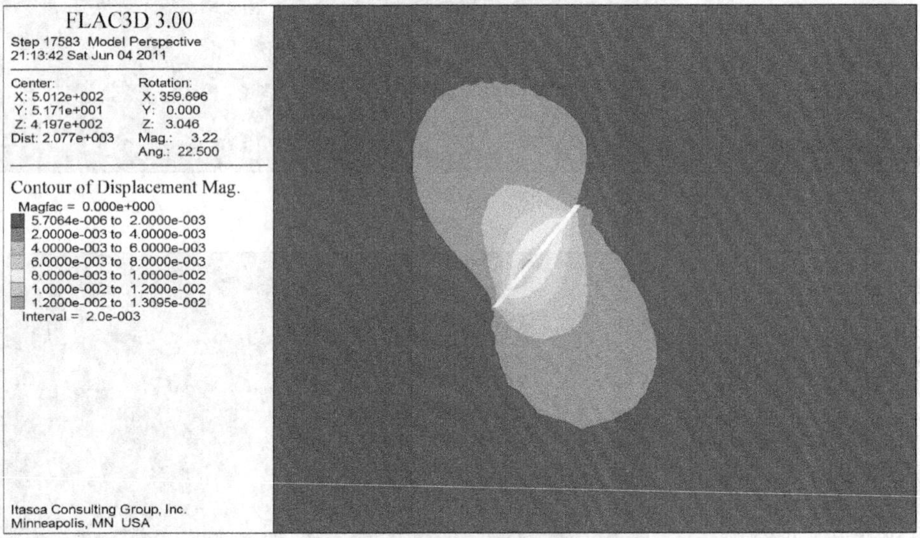

(d)

图 8-20 方案一各分段开采后最大位移分析

(a) 一分段；(b) 二分段；(c) 三分段；(d) 四分段

出现在采空区顶板位置，顶板上覆岩层出现了一定冒落，底板出现一定的隆起，均指向采空区。二分段回采后，最大位移增幅为 43%，围岩移动变形范围有所扩大，移动变形规律变化不大。三分段回采后，最大位移变化不是很明显；四分段回采后，最大位移在三分段回采的基础上增加 23. 86%。

B 方案二计算结果分析

图 8-21 所示为方案二随着矿体从四分段向一分段开采过程中最大位移云图，从图中可以看出，四分段回采后，最大位移出现在采空区底板位置，顶板上覆岩

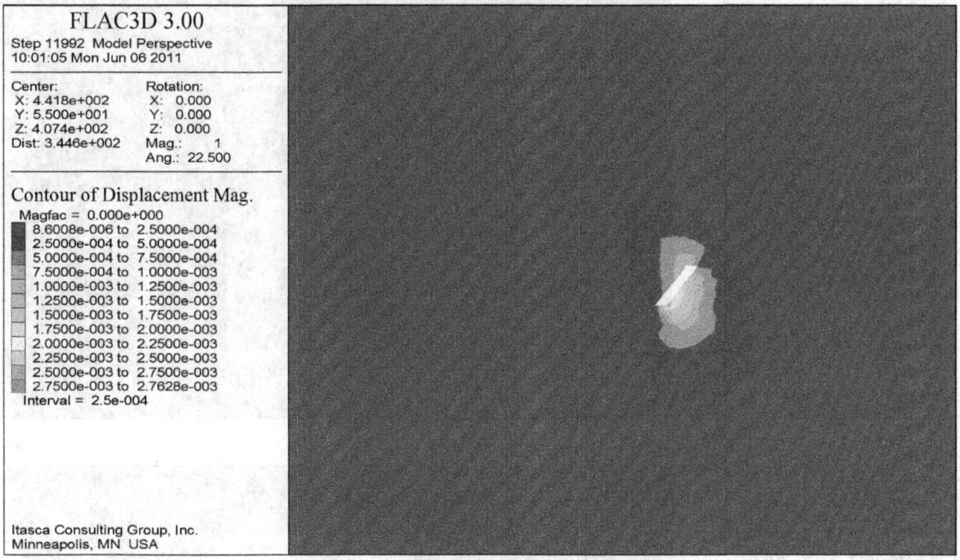

(a)

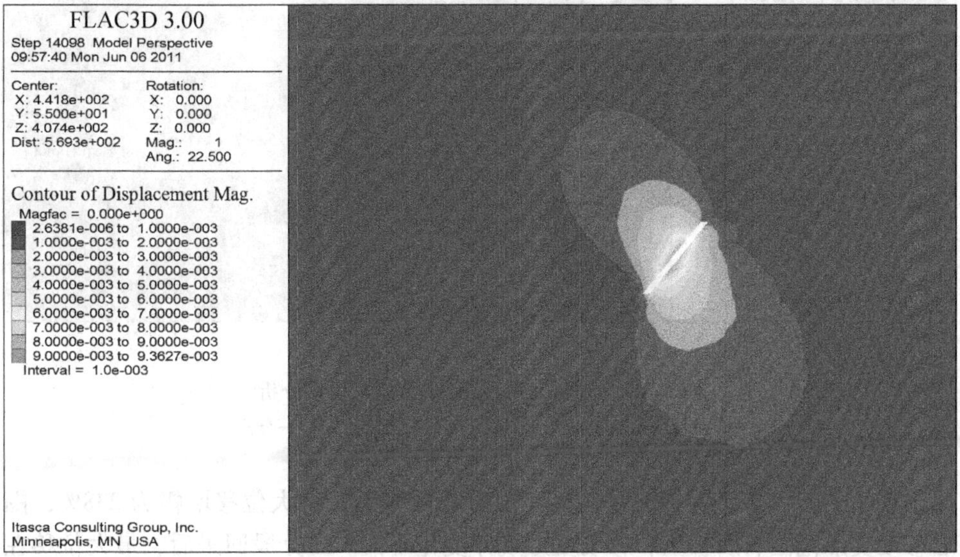

(b)

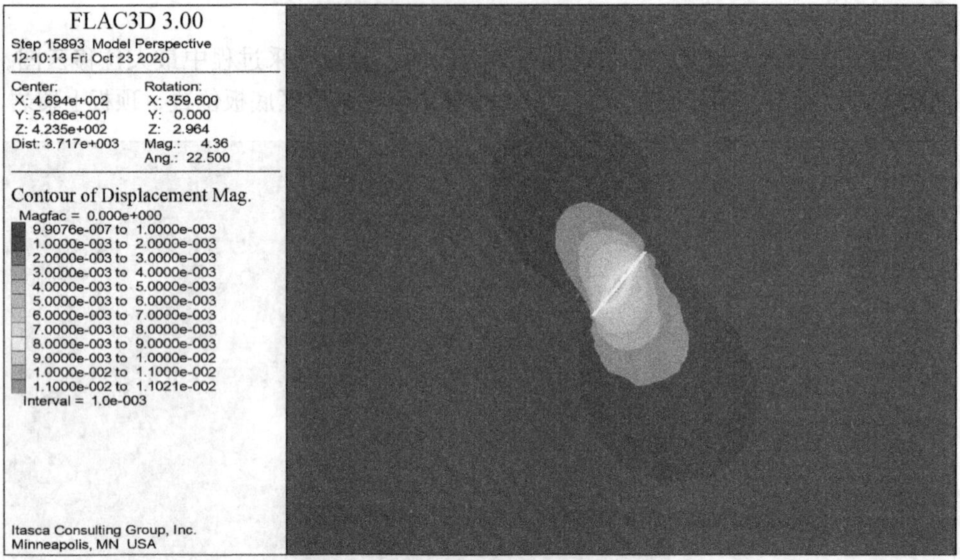

(c)

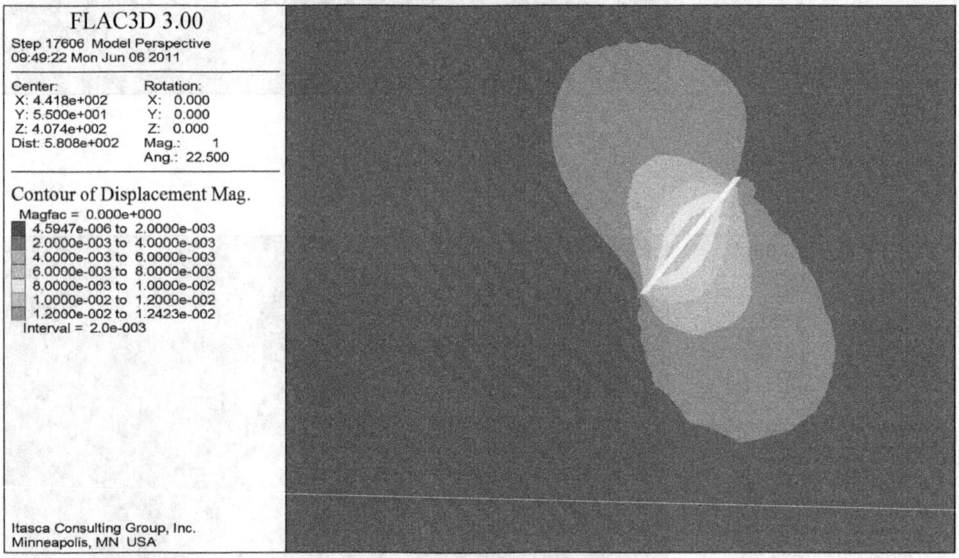

(d)

图 8-21　方案二各分段开采后最大位移分析

(a) 四分段；(b) 三分段；(c) 二分段；(d) 一分段

层出现了一定冒落，均指向采空区。三分段回采后，最大位移增幅为 238%，围岩移动变形范围有所扩大，移动变形规律变化不大。二分段回采后，最大位移在三分段回采的基础上增加 17. 74%；一分段回采后，最大位移在二分段回采的基础上增加 12. 70%。

8.5.3.2　垂直位移分析

A　方案一计算结果分析

图 8-22 所示为方案一各分段回采后垂直位移分布图，从图上可以发现，一分段垂直位移主要分布在采空区顶板和底板，顶板位移向下，底柱位移向上。二

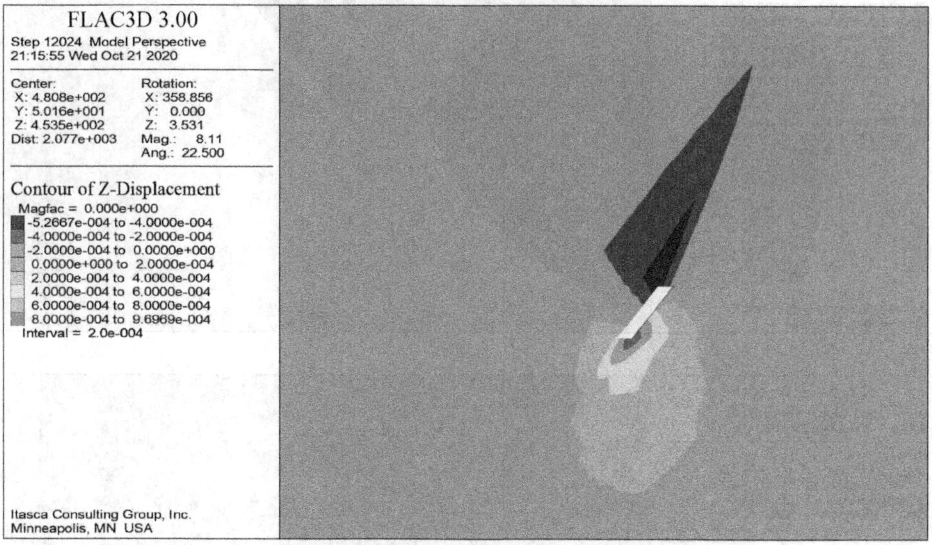

(a)

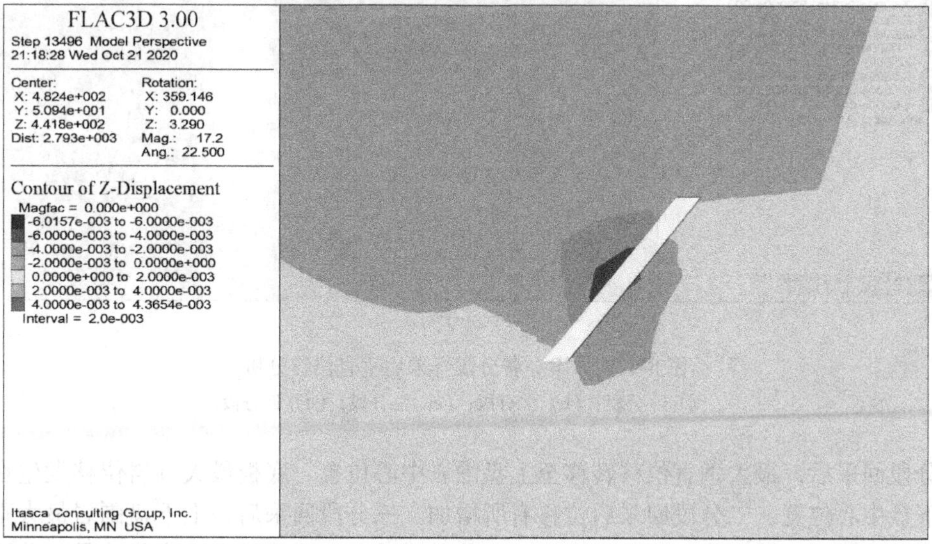

(b)

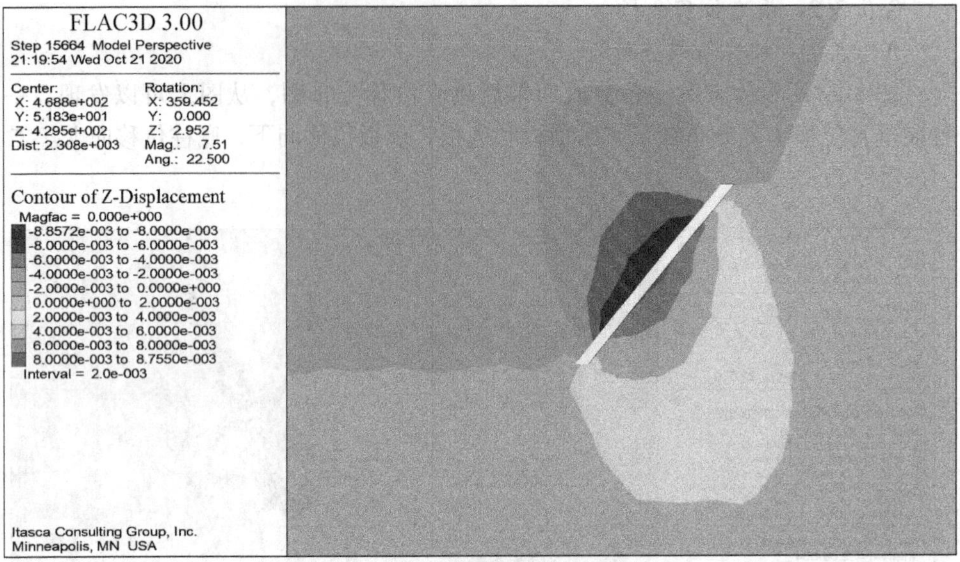

(c)

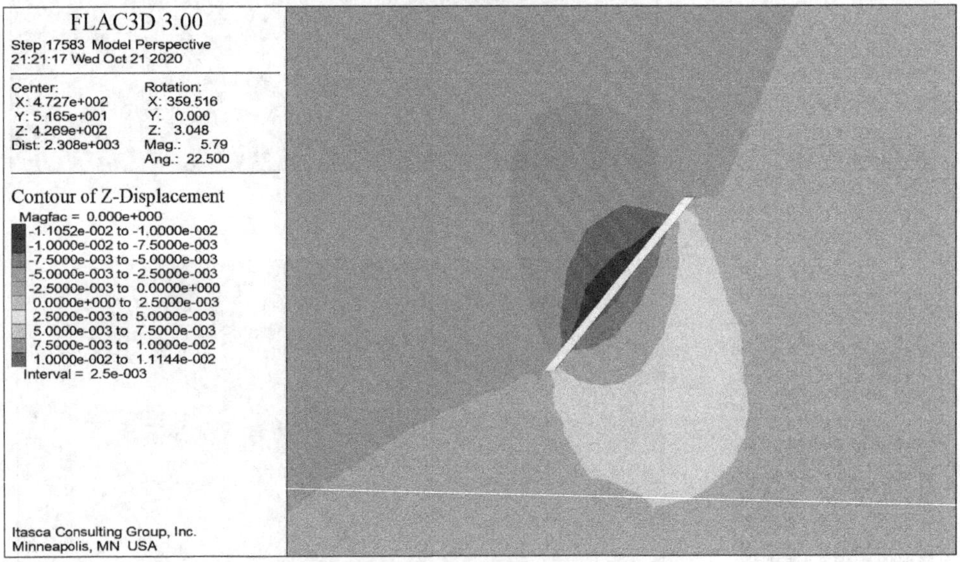

(d)

图 8-22　方案一各分段开采后垂直位移分析

(a) 一分段；(b) 二分段；(c) 三分段；(d) 四分段

分段回采后，最大垂直位移转移至上盘围岩中心位置，底板最大围岩位移发生在下盘中心位置，二分段回采后位移有所增加。三分段回采后，上下盘围岩最大垂直位移值和移动影响范围有所增加。四分段回采后，顶板最大垂直位移是一分段回采后的 11.49 倍。

B 方案二计算结果分析

图 8-23 所示为方案二各分段回采后垂直位移分布图，从图上可以发现，四分段垂直位移主要分布在采空区顶板和底板，顶板位移向下，底柱位移向上。三分段回采后，最大垂直位移转移至上盘围岩中心位置，底板最大围岩位移发生在

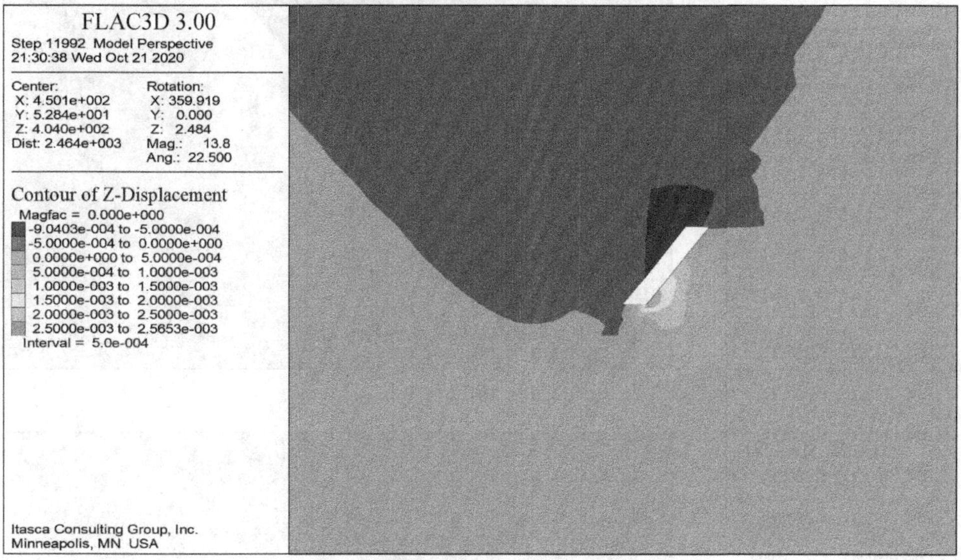

(a)

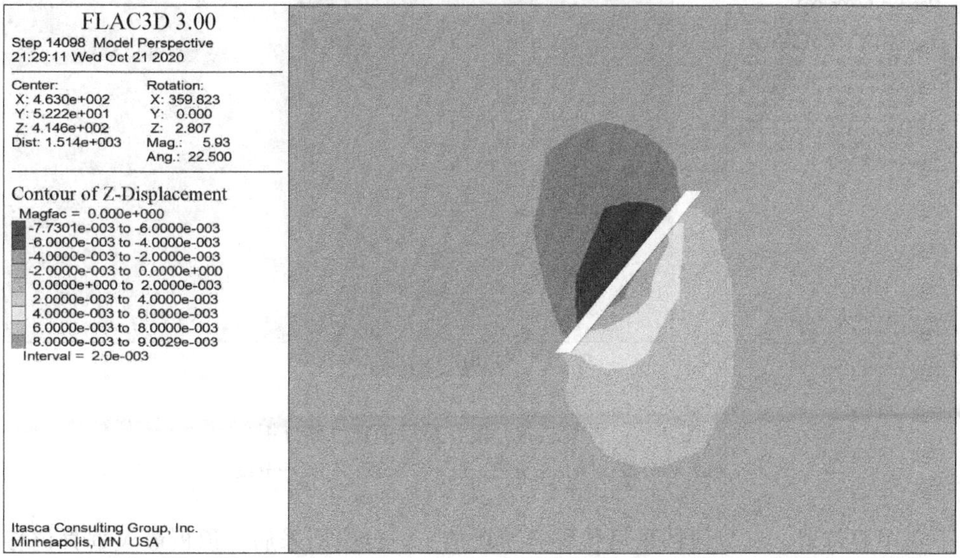

(b)

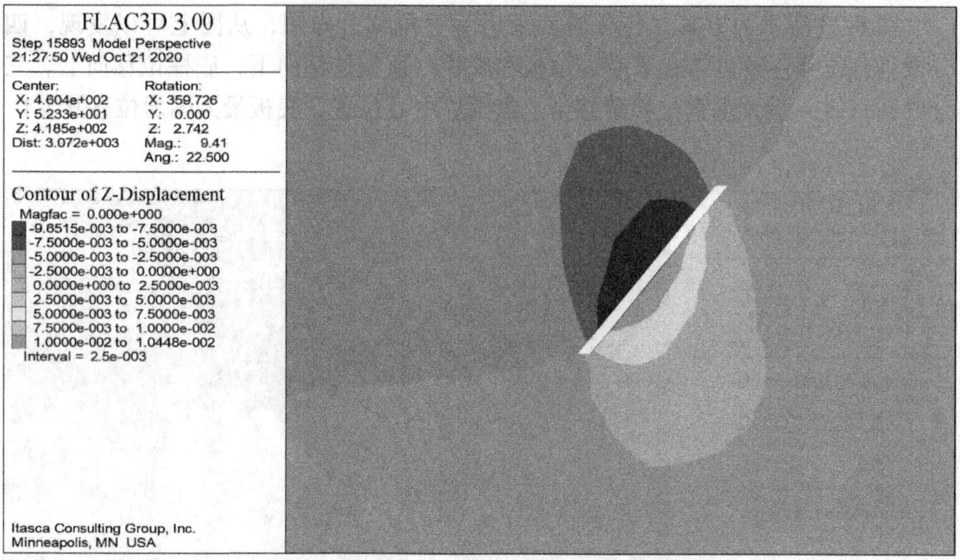

(c)

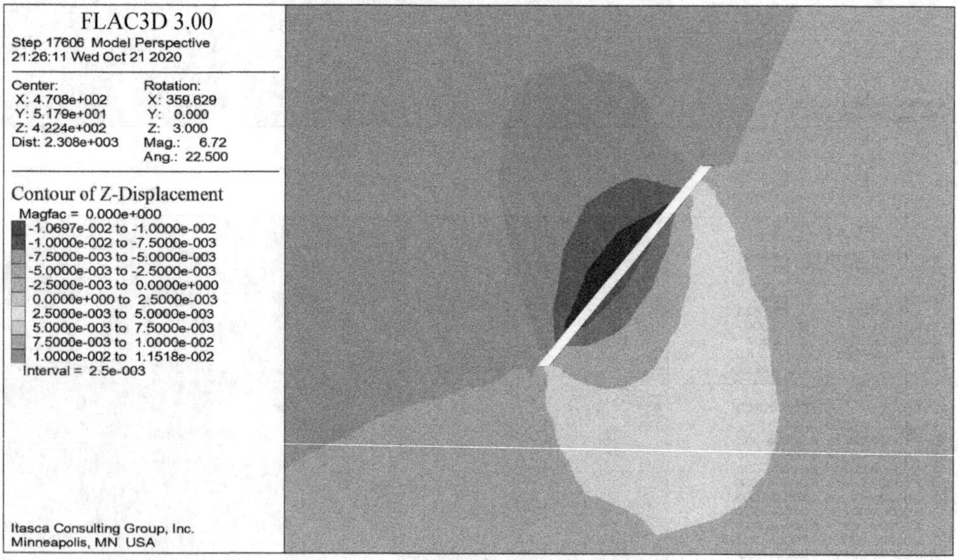

(d)

图 8-23　方案二各分段开采后垂直位移分析

（a）四分段；（b）三分段；（c）二分段；（d）一分段

下盘中心位置，二分段回采后位移有所增加。一分段回采后，顶板最大垂直位移是方案一回采后的 1.03 倍。

8.5.3.3 水平位移分析

A 方案一计算结果分析

图 8-24 所示为方案一各分段回采后水平位移分布图，从图上可以发现，采空区上盘水平位移向右，下盘水平位移向左，一分段水平位移主要分布在采空区

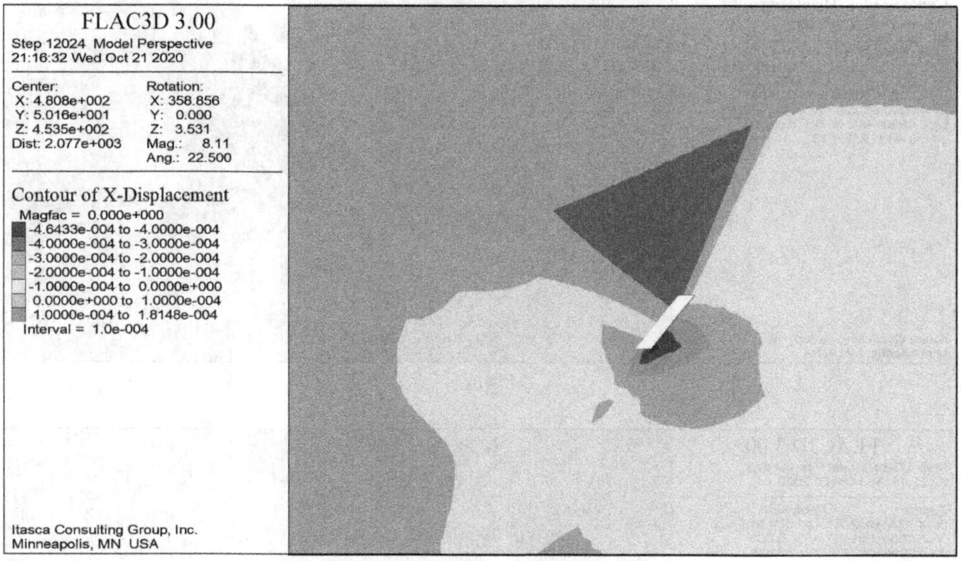

(a)

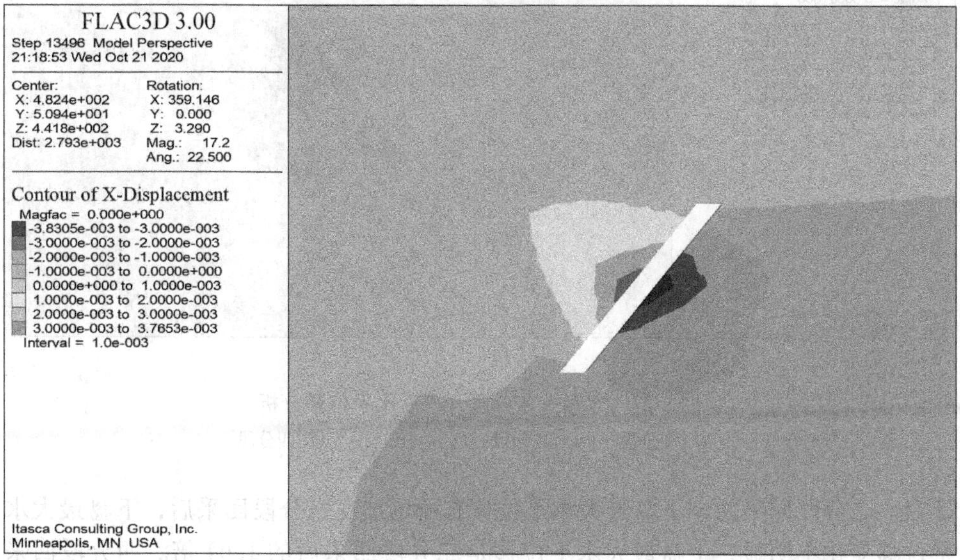

(b)

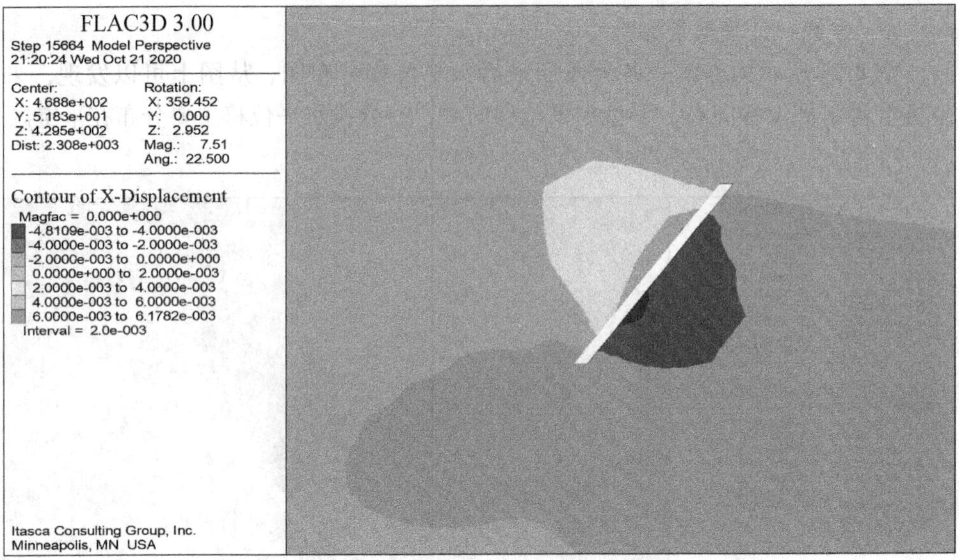

(c)

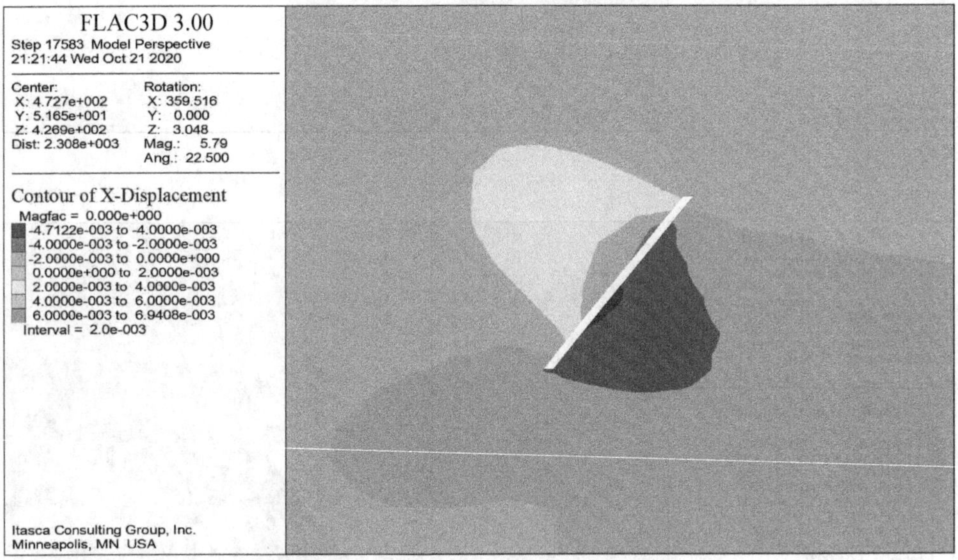

(d)

图 8-24　方案一各分段开采后水平位移分析

(a) 一分段；(b) 二分段；(c) 三分段；(d) 四分段

下盘。二分段回采后，下盘最大水平位移有所增加。三分段回采后，下盘最大水平位移变化不明显，上盘最大水平位移是二分段回采后的 1.64 倍。四分段回采后，上下盘最大水平位移和水平移动范围都有明显的增大。

B 方案二计算结果分析

图 8-25 所示为方案二各分段回采后水平位移分布图，从图上可以发现，四分段回采后，最大水平位移主要出现在采空区顶底板的位置。三分段回采后，采

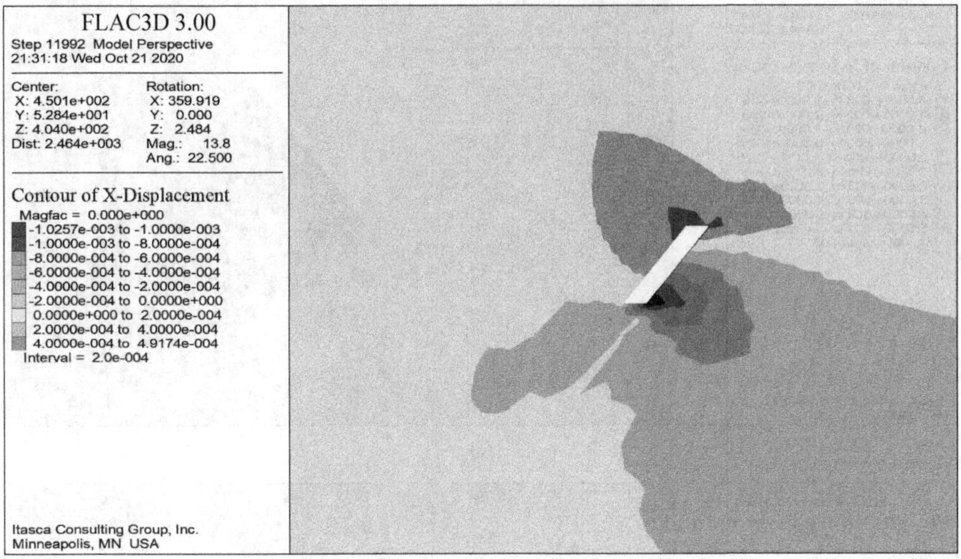

(a)

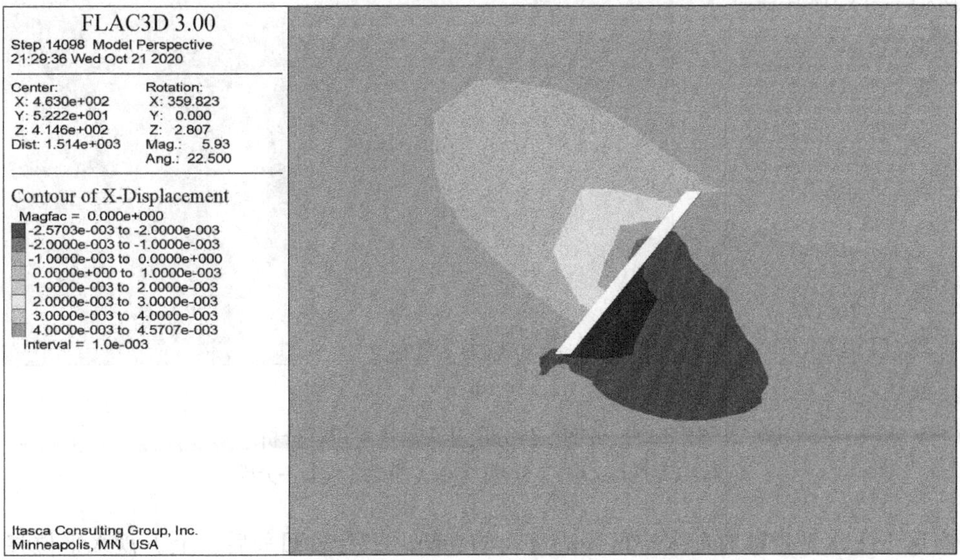

(b)

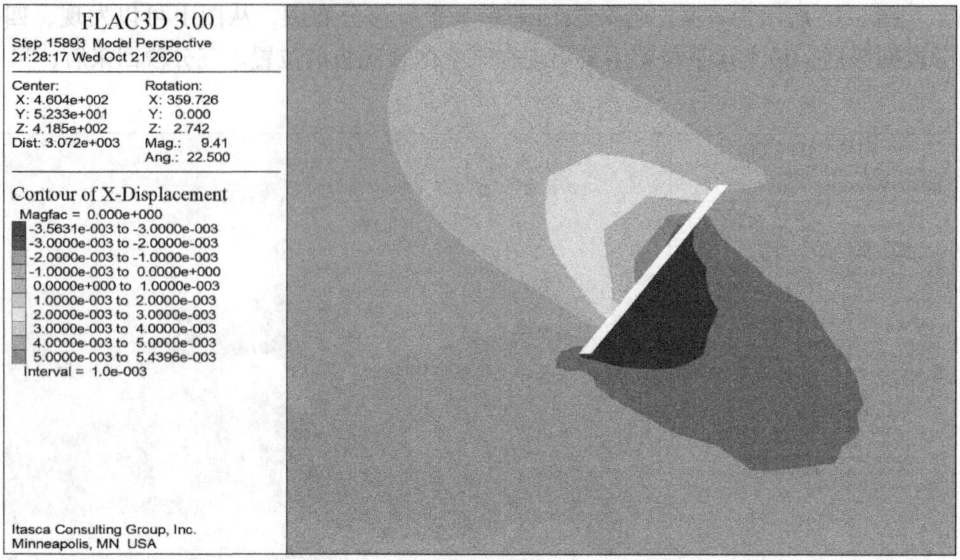

(c)

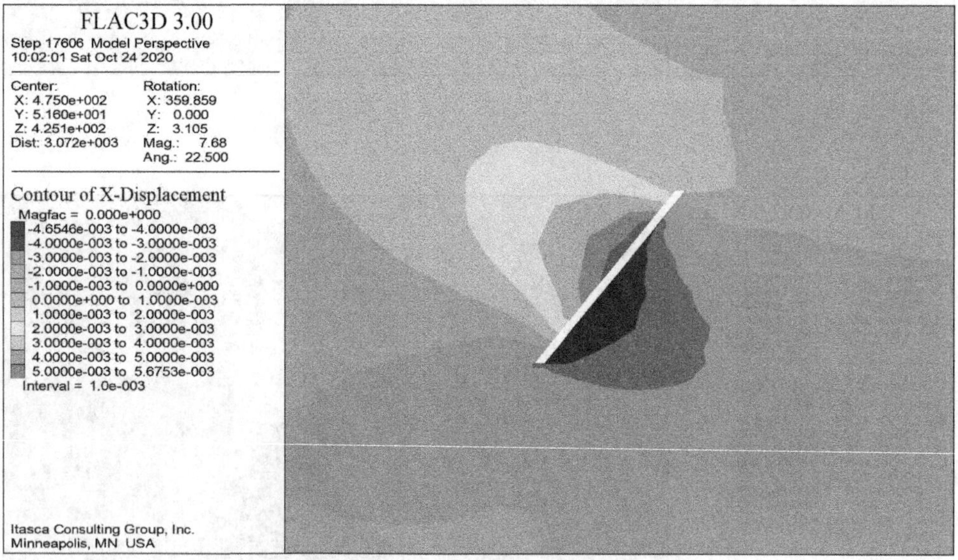

(d)

图 8-25　方案二各分段开采后水平位移分析

(a) 四分段；(b) 三分段；(c) 二分段；(d) 一分段

空区上下水平位移有向采空区中心移动的趋势。二分段回采后，上下盘水平位移和采动影响范围进一步增加。一分段回采后（即回采结束后），最大水平位移增加不明显。

8.5.4 结果分析及结论

根据上述数值分析结果，可得出以下结论：

(1) 从图 8-16 和图 8-17 最大主应力分布来看，采用两种回采方案时，四个分段开采后的最大主应力均出现在采空区底板，在靠近采空区中心的上下盘应力得到释放，出现最大拉应力。方案一从上往下开采，随着各分段向深部开采，采空区底板处应力集中程度越来越大，当四分段回采结束后，采空区底板的最大主应力为 41.21MPa。方案二从下往上回采，四个分段回采结束后，最大主应力为 41.84MPa。

(2) 从图 8-20 和图 8-21 最大位移分布来看，方案一和方案二随着一分段向四分段开采，最大位移发生在采空区中心位置，随着延伸开采，采空区位移越来越大。

(3) 从两种方案对比来看，采场分段自上而下开采，有利于矿石的强采、强出，有利于地压控制，作业也比较安全。方案二采场分段自下而上开采，上一分段废石可以充填至下一分段，可以实现废石不出坑或者少出坑；但是下一分段开采后，在开采上一分段的时候，分段凿岩平巷易发生变形破坏，地压较大，作业不够安全，所以在地压较大的情况下，优先推荐方案一，各分段自上而下回采。

8.6 本章小结

通过对软破倾斜薄矿体采场结构参数优化与回采顺序的研究，可得出以下结论：

(1) 采用三维有限差分法对矿区进行多方案模拟分析，能反映模拟结果的真实情况，所得的结论对实际回采工作具有指导意义。

(2) 由于矿区矿体顶板围岩以层纹灰岩、结晶灰岩、砂岩等不稳固至中等稳固以上围岩为主，在这种情况下，采场跨度对顶板稳定性影响较大。通过不同跨度的模拟分析，认为对倾角大于 55°的矿体，应将采场跨度控制在 50m 以内；而对 30°~55°的矿体开采时，采场跨度尽量控制在 30m，才能保证开采过程中顶板的稳定。

(3) 根据采场最优回采顺序数值模拟结论，各采场分 3~4 段，采场分段回采顺序尽可能采用自上而下，以便实现矿石的强采、强出。

9 软破倾斜薄矿体采动围岩变形规律与顶板控制

扫一扫看
更清楚

9.1 各中段开采后围岩移动规律

根据研究目的，重点以矿区 20 号勘探线为例进行计算分析，采场跨度为 30m 时，开采从 600m 中段深部延伸开采至 300m 中段，分析采空区围岩移动变形规律。计算模型如图 8-1 所示，计算力学参数见表 4-15。

9.1.1 位移场分析

图 9-1 为不同开采阶段采空区围岩的最大位移分布图，图 9-2 为各中段回采结束后垂直位移分布图，图 9-3 为水平位移分布图，由于采空区空间的延伸和扩大，覆岩的变形与移动也具有不同的规律。

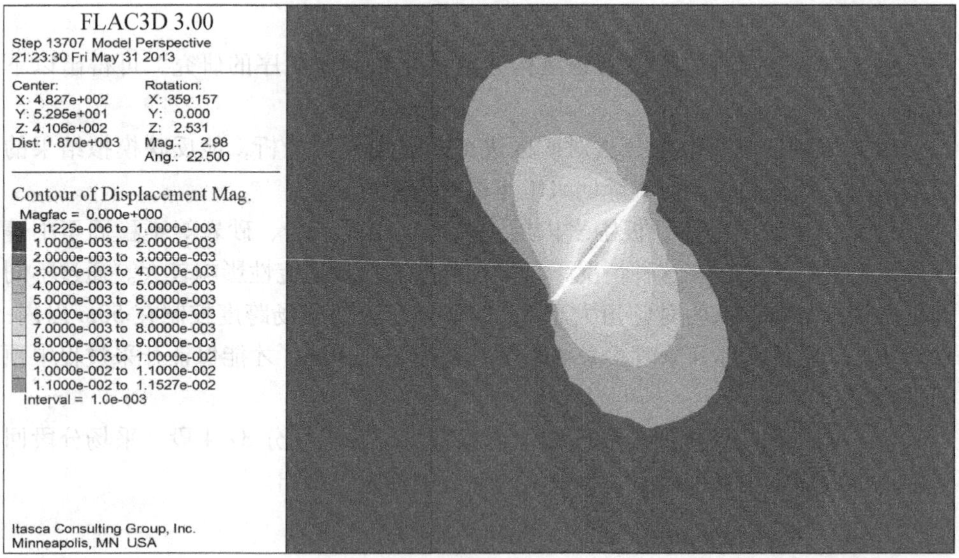

(a)

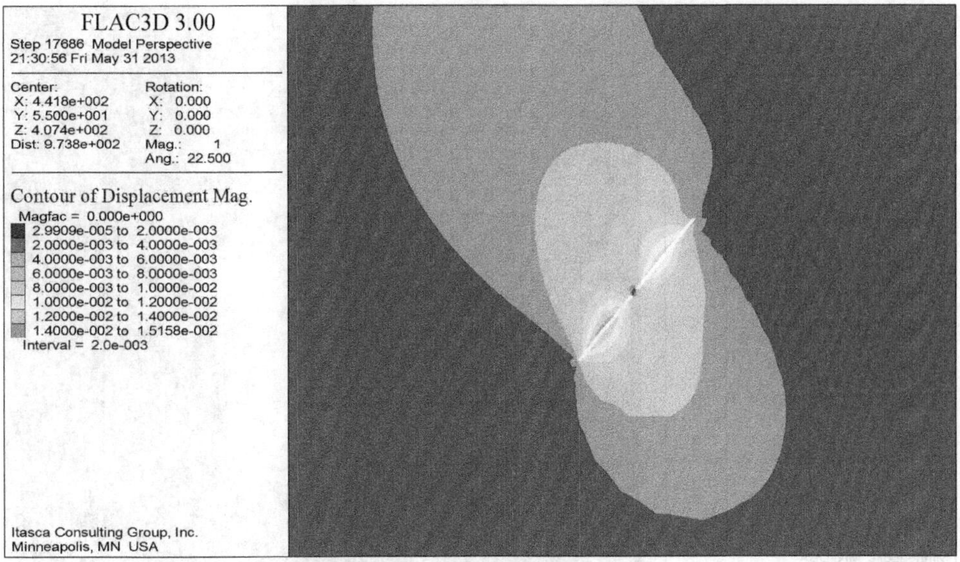
FLAC3D 3.00
Step 17686 Model Perspective
21:30:56 Fri May 31 2013
Center:
X: 4.418e+002
Y: 5.500e+001
Z: 4.074e+002
Dist: 9.738e+002
Rotation:
X: 0.000
Y: 0.000
Z: 0.000
Mag.: 1
Ang.: 22.500
Contour of Displacement Mag.
Magfac = 0.000e+000
2.9909e-005 to 2.0000e-003
2.0000e-003 to 4.0000e-003
4.0000e-003 to 6.0000e-003
6.0000e-003 to 8.0000e-003
8.0000e-003 to 1.0000e-002
1.0000e-002 to 1.2000e-002
1.2000e-002 to 1.4000e-002
1.4000e-002 to 1.5158e-002
Interval = 2.0e-003
Itasca Consulting Group, Inc.
Minneapolis, MN USA

(b)

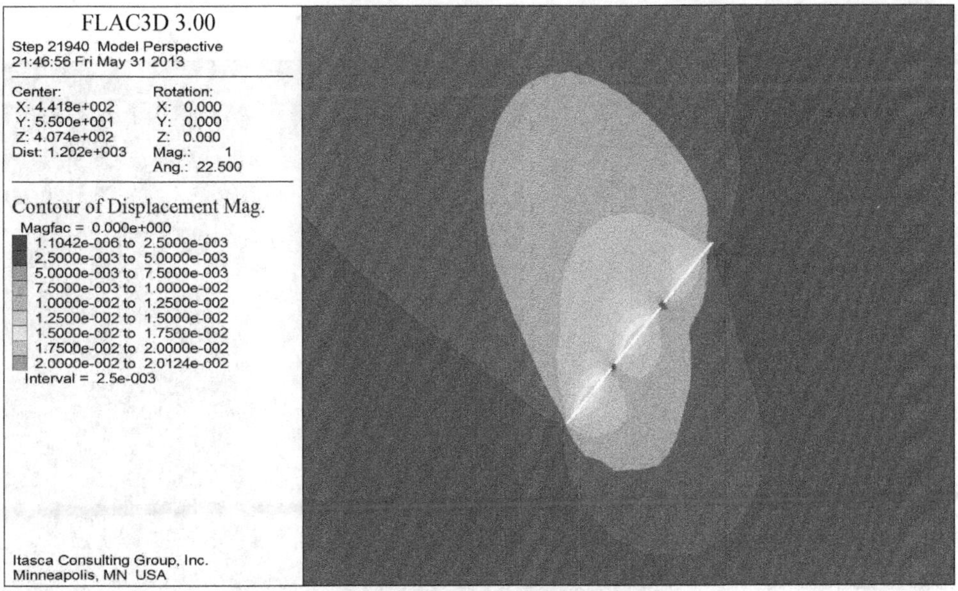
FLAC3D 3.00
Step 21940 Model Perspective
21:46:56 Fri May 31 2013
Center:
X: 4.418e+002
Y: 5.500e+001
Z: 4.074e+002
Dist: 1.202e+003
Rotation:
X: 0.000
Y: 0.000
Z: 0.000
Mag.: 1
Ang.: 22.500
Contour of Displacement Mag.
Magfac = 0.000e+000
1.1042e-006 to 2.5000e-003
2.5000e-003 to 5.0000e-003
5.0000e-003 to 7.5000e-003
7.5000e-003 to 1.0000e-002
1.0000e-002 to 1.2500e-002
1.2500e-002 to 1.5000e-002
1.5000e-002 to 1.7500e-002
1.7500e-002 to 2.0000e-002
2.0000e-002 to 2.0124e-002
Interval = 2.5e-003
Itasca Consulting Group, Inc.
Minneapolis, MN USA

(c)

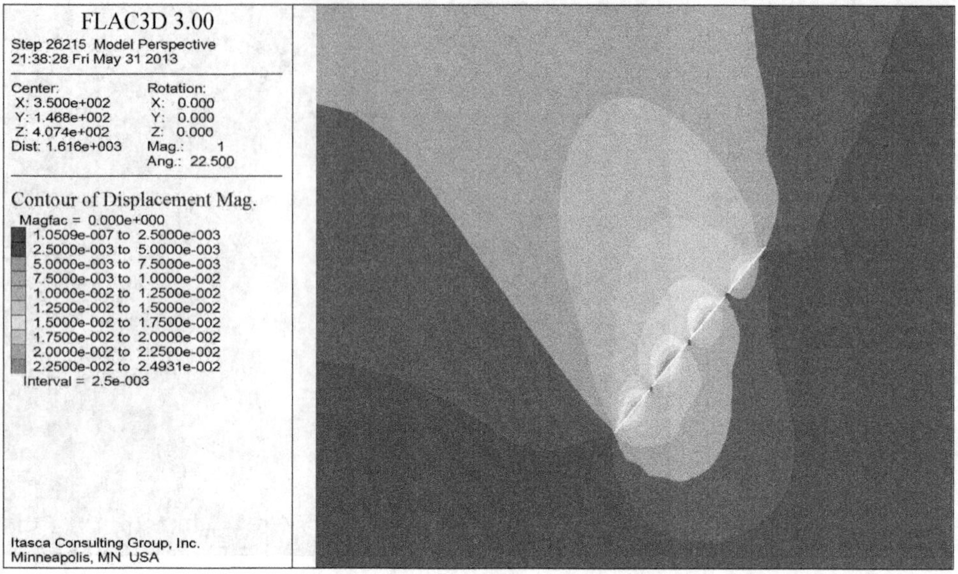
FLAC3D 3.00
Step 26215 Model Perspective
21:38:28 Fri May 31 2013
Center:
X: 3.500e+002
Y: 1.468e+002
Z: 4.074e+002
Dist: 1.616e+003
Rotation:
X: 0.000
Y: 0.000
Z: 0.000
Mag.: 1
Ang.: 22.500
Contour of Displacement Mag.
Magfac = 0.000e+000
1.0509e-007 to 2.5000e-003
2.5000e-003 to 5.0000e-003
5.0000e-003 to 7.5000e-003
7.5000e-003 to 1.0000e-002
1.0000e-002 to 1.2500e-002
1.2500e-002 to 1.5000e-002
1.5000e-002 to 1.7500e-002
1.7500e-002 to 2.0000e-002
2.0000e-002 to 2.2500e-002
2.2500e-002 to 2.4931e-002
Interval = 2.5e-003
Itasca Consulting Group, Inc.
Minneapolis, MN USA

(d)

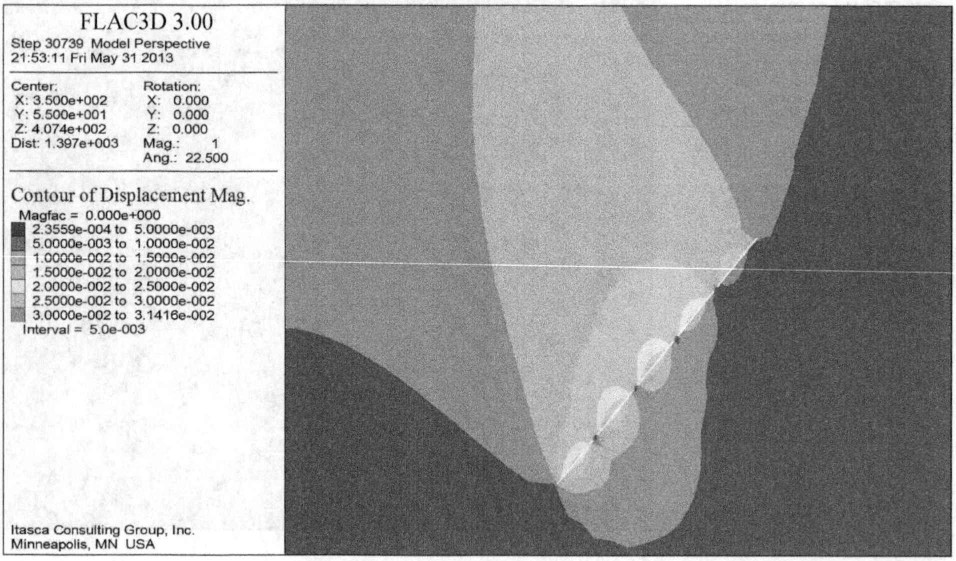
FLAC3D 3.00
Step 30739 Model Perspective
21:53:11 Fri May 31 2013
Center:
X: 3.500e+002
Y: 5.500e+001
Z: 4.074e+002
Dist: 1.397e+003
Rotation:
X: 0.000
Y: 0.000
Z: 0.000
Mag.: 1
Ang.: 22.500
Contour of Displacement Mag.
Magfac = 0.000e+000
2.3559e-004 to 5.0000e-003
5.0000e-003 to 1.0000e-002
1.0000e-002 to 1.5000e-002
1.5000e-002 to 2.0000e-002
2.0000e-002 to 2.5000e-002
2.5000e-002 to 3.0000e-002
3.0000e-002 to 3.1416e-002
Interval = 5.0e-003
Itasca Consulting Group, Inc.
Minneapolis, MN USA

(e)

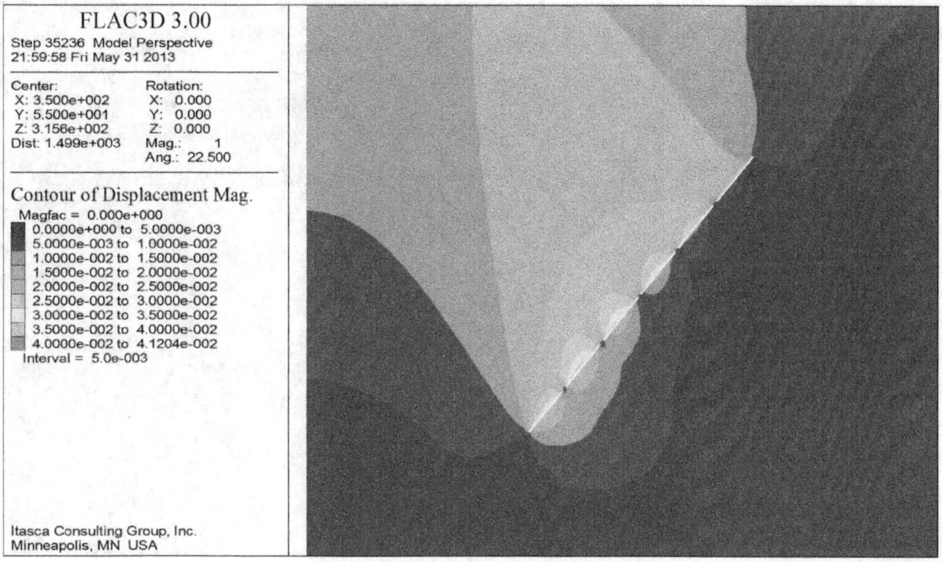

(f)

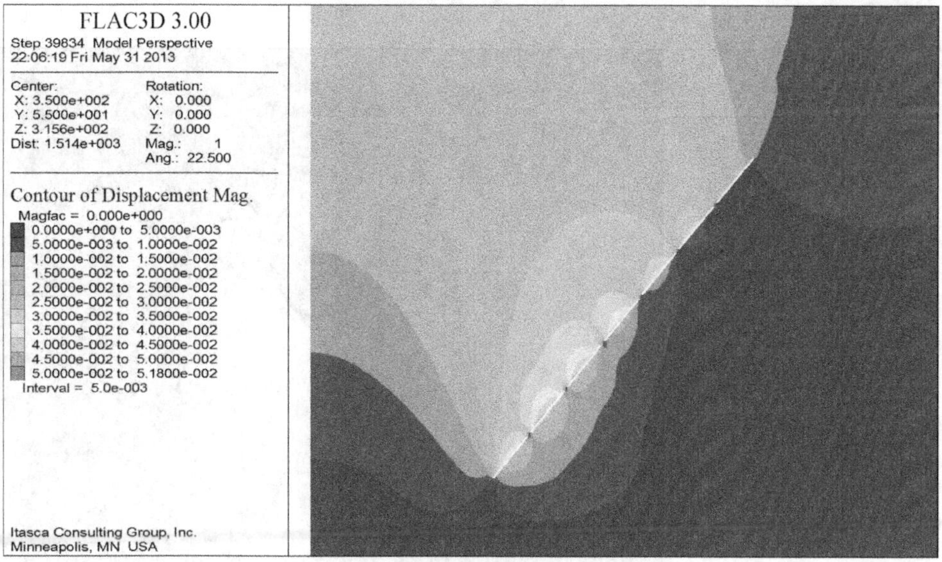

(g)

图 9-1 最大位移分布云图

（a）600m 中段回采；（b）550m 中段回采；（c）500m 中段回采；（d）450m 中段回采；（e）400m 中段回采；（f）350m 中段回采；（g）300m 中段回采

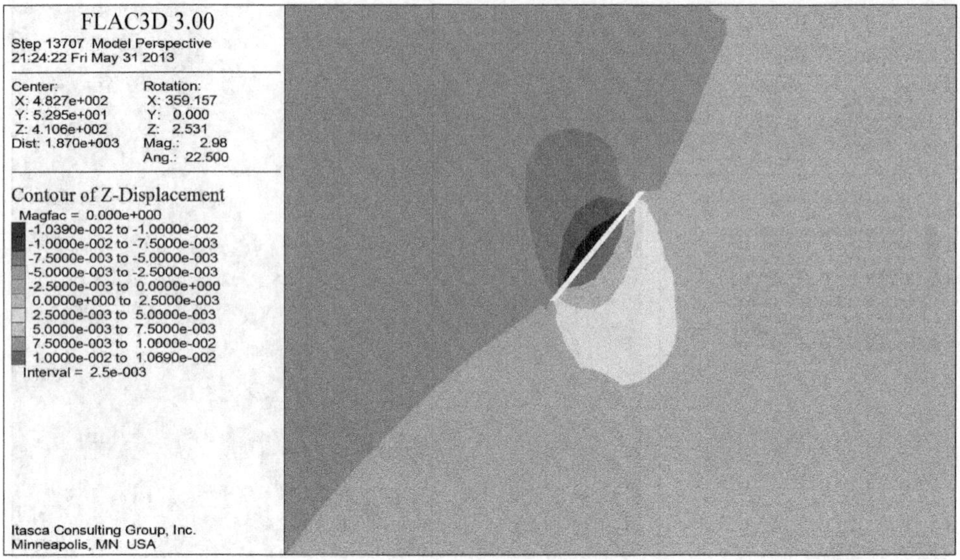
FLAC3D 3.00
Step 13707 Model Perspective
21:24:22 Fri May 31 2013
Center:
X: 4.827e+002
Y: 5.295e+001
Z: 4.106e+002
Dist: 1.870e+003
Rotation:
X: 359.157
Y: 0.000
Z: 2.531
Mag.: 2.98
Ang.: 22.500
Contour of Z-Displacement
Magfac = 0.000e+000
-1.0390e-002 to -1.0000e-002
-1.0000e-002 to -7.5000e-003
-7.5000e-003 to -5.0000e-003
-5.0000e-003 to -2.5000e-003
-2.5000e-003 to 0.0000e+000
0.0000e+000 to 2.5000e-003
2.5000e-003 to 5.0000e-003
5.0000e-003 to 7.5000e-003
7.5000e-003 to 1.0000e-002
1.0000e-002 to 1.0690e-002
Interval = 2.5e-003
Itasca Consulting Group, Inc.
Minneapolis, MN USA

(a)

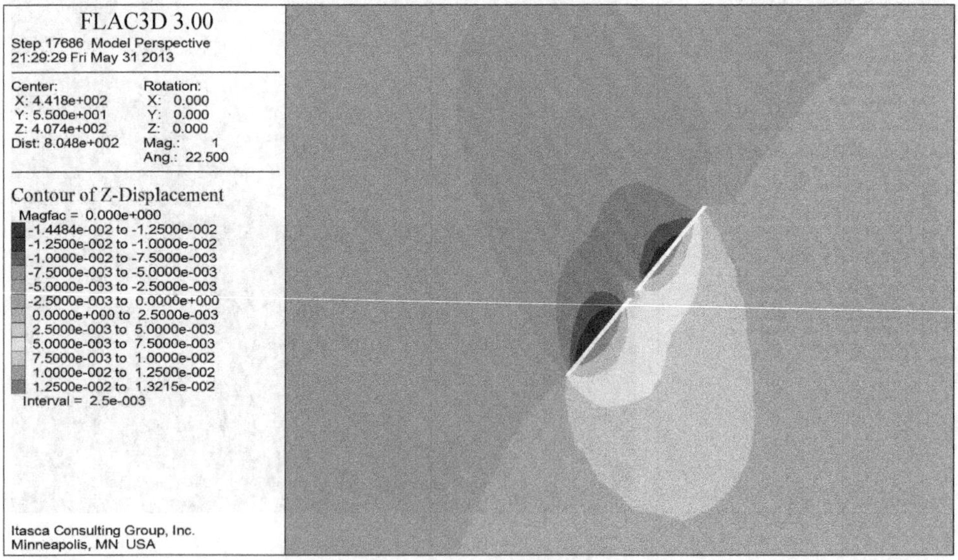
FLAC3D 3.00
Step 17686 Model Perspective
21:29:29 Fri May 31 2013
Center:
X: 4.418e+002
Y: 5.500e+001
Z: 4.074e+002
Dist: 8.048e+002
Rotation:
X: 0.000
Y: 0.000
Z: 0.000
Mag.: 1
Ang.: 22.500
Contour of Z-Displacement
Magfac = 0.000e+000
-1.4484e-002 to -1.2500e-002
-1.2500e-002 to -1.0000e-002
-1.0000e-002 to -7.5000e-003
-7.5000e-003 to -5.0000e-003
-5.0000e-003 to -2.5000e-003
-2.5000e-003 to 0.0000e+000
0.0000e+000 to 2.5000e-003
2.5000e-003 to 5.0000e-003
5.0000e-003 to 7.5000e-003
7.5000e-003 to 1.0000e-002
1.0000e-002 to 1.2500e-002
1.2500e-002 to 1.3215e-002
Interval = 2.5e-003
Itasca Consulting Group, Inc.
Minneapolis, MN USA

(b)

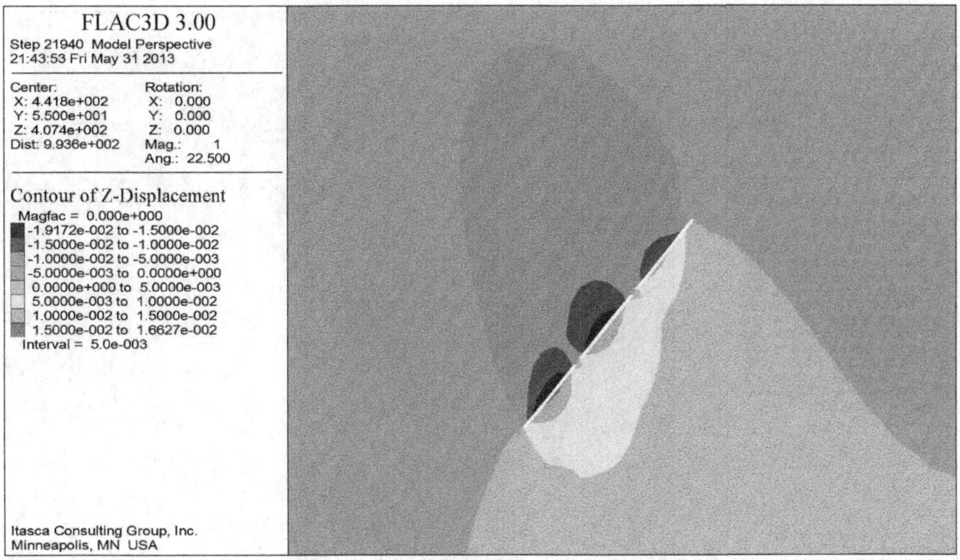
FLAC3D 3.00
Step 21940 Model Perspective
21:43:53 Fri May 31 2013
Center:
X: 4.418e+002
Y: 5.500e+001
Z: 4.074e+002
Dist: 9.936e+002
Rotation:
X: 0.000
Y: 0.000
Z: 0.000
Mag.: 1
Ang.: 22.500
Contour of Z-Displacement
Magfac = 0.000e+000
-1.9172e-002 to -1.5000e-002
-1.5000e-002 to -1.0000e-002
-1.0000e-002 to -5.0000e-003
-5.0000e-003 to 0.0000e+000
0.0000e+000 to 5.0000e-003
5.0000e-003 to 1.0000e-002
1.0000e-002 to 1.5000e-002
1.5000e-002 to 1.6627e-002
Interval = 5.0e-003
Itasca Consulting Group, Inc.
Minneapolis, MN USA

(c)

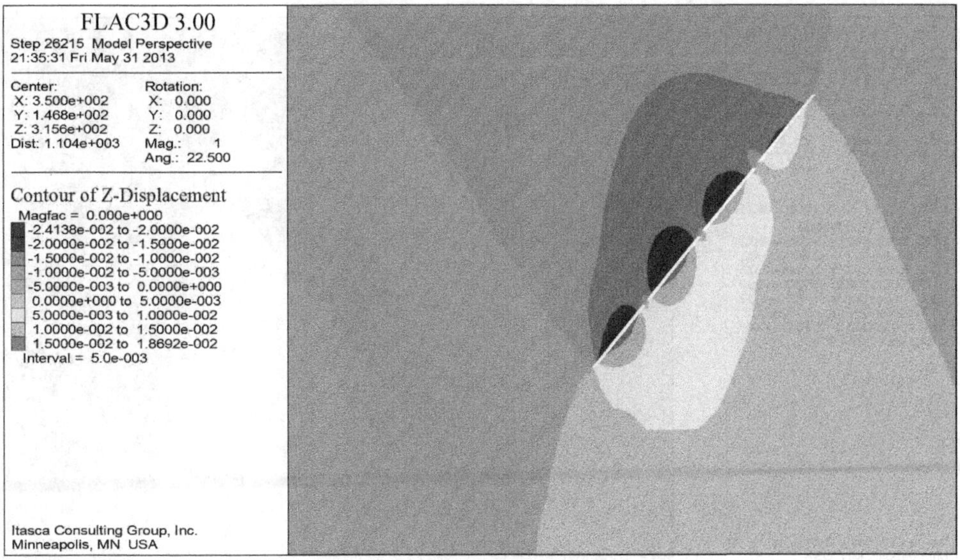
FLAC3D 3.00
Step 26215 Model Perspective
21:35:31 Fri May 31 2013
Center:
X: 3.500e+002
Y: 1.468e+002
Z: 3.156e+002
Dist: 1.104e+003
Rotation:
X: 0.000
Y: 0.000
Z: 0.000
Mag.: 1
Ang.: 22.500
Contour of Z-Displacement
Magfac = 0.000e+000
-2.4138e-002 to -2.0000e-002
-2.0000e-002 to -1.5000e-002
-1.5000e-002 to -1.0000e-002
-1.0000e-002 to -5.0000e-003
-5.0000e-003 to 0.0000e+000
0.0000e+000 to 5.0000e-003
5.0000e-003 to 1.0000e-002
1.0000e-002 to 1.5000e-002
1.5000e-002 to 1.8692e-002
Interval = 5.0e-003
Itasca Consulting Group, Inc.
Minneapolis, MN USA

(d)

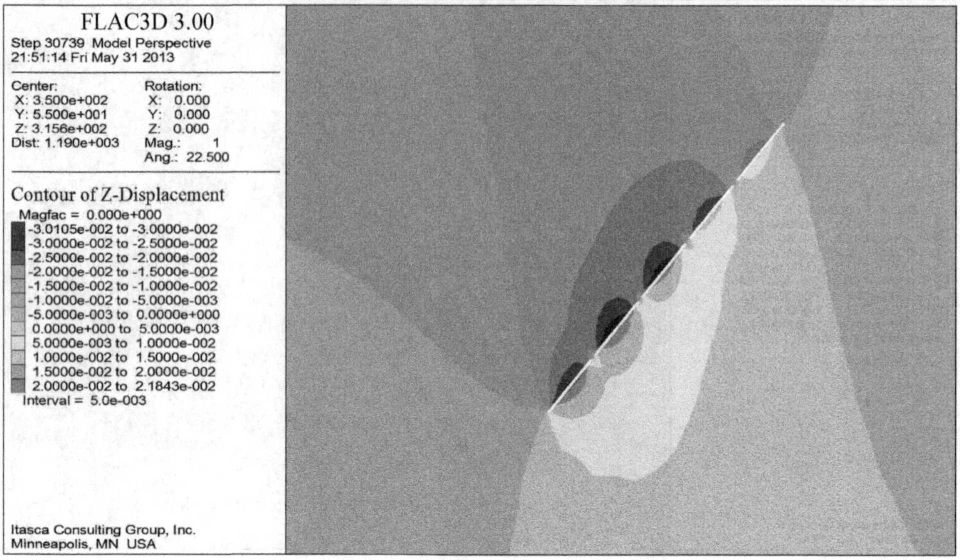
FLAC3D 3.00
Step 30739 Model Perspective
21:51:14 Fri May 31 2013
Center:
X: 3.500e+002
Y: 5.500e+001
Z: 3.156e+002
Dist: 1.190e+003
Rotation:
X: 0.000
Y: 0.000
Z: 0.000
Mag.: 1
Ang.: 22.500
Contour of Z-Displacement
Magfac = 0.000e+000
-3.0105e-002 to -3.0000e-002
-3.0000e-002 to -2.5000e-002
-2.5000e-002 to -2.0000e-002
-2.0000e-002 to -1.5000e-002
-1.5000e-002 to -1.0000e-002
-1.0000e-002 to -5.0000e-003
-5.0000e-003 to 0.0000e+000
0.0000e+000 to 5.0000e-003
5.0000e-003 to 1.0000e-002
1.0000e-002 to 1.5000e-002
1.5000e-002 to 2.0000e-002
2.0000e-002 to 2.1843e-002
Interval = 5.0e-003
Itasca Consulting Group, Inc.
Minneapolis, MN USA

(e)

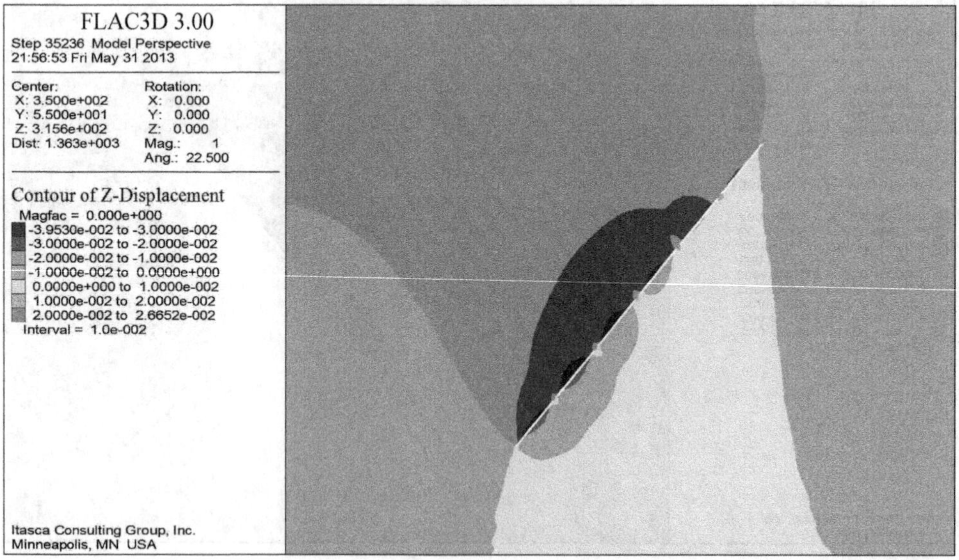
FLAC3D 3.00
Step 35236 Model Perspective
21:56:53 Fri May 31 2013
Center:
X: 3.500e+002
Y: 5.500e+001
Z: 3.156e+002
Dist: 1.363e+003
Rotation:
X: 0.000
Y: 0.000
Z: 0.000
Mag.: 1
Ang.: 22.500
Contour of Z-Displacement
Magfac = 0.000e+000
-3.9530e-002 to -3.0000e-002
-3.0000e-002 to -2.0000e-002
-2.0000e-002 to -1.0000e-002
-1.0000e-002 to 0.0000e+000
0.0000e+000 to 1.0000e-002
1.0000e-002 to 2.0000e-002
2.0000e-002 to 2.6652e-002
Interval = 1.0e-002
Itasca Consulting Group, Inc.
Minneapolis, MN USA

(f)

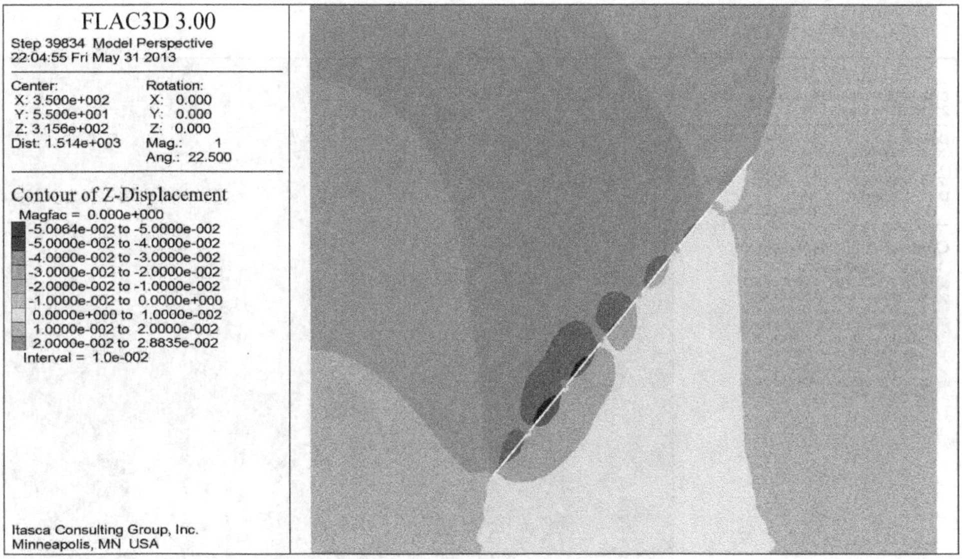

(g)

图 9-2 垂直位移分布云图

（a）600m 中段回采；（b）550m 中段回采；（c）500m 中段回采；（d）450m 中段回采；
（e）400m 中段回采；（f）350m 中段回采；（g）300m 中段回采

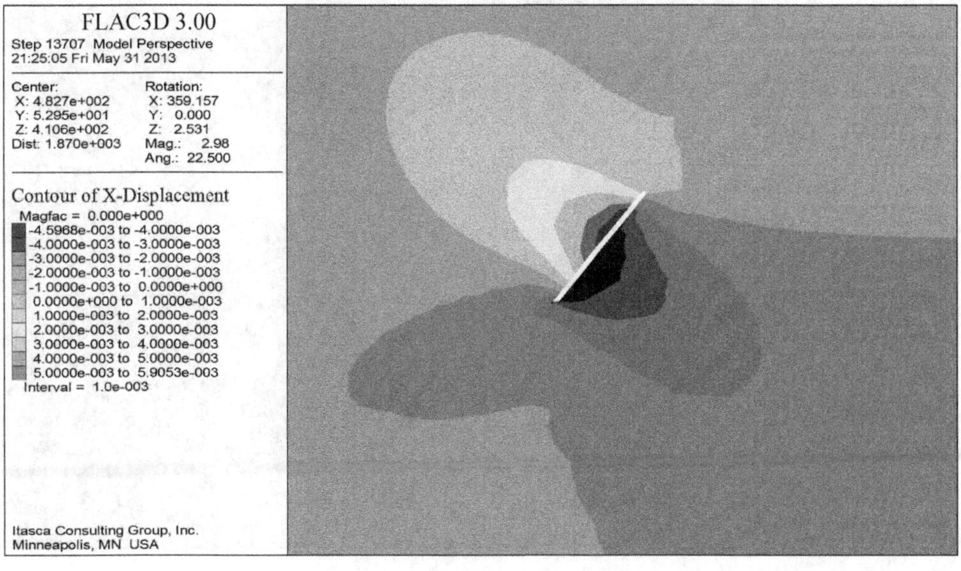

(a)

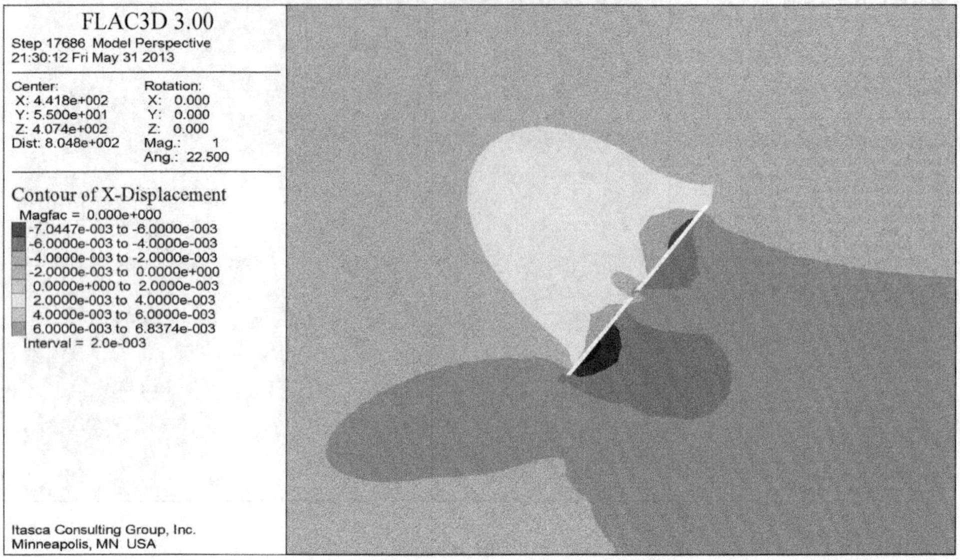
FLAC3D 3.00
Step 17686 Model Perspective
21:30:12 Fri May 31 2013
Center:
X: 4.418e+002
Y: 5.500e+001
Z: 4.074e+002
Dist: 8.048e+002
Rotation:
X: 0.000
Y: 0.000
Z: 0.000
Mag.: 1
Ang.: 22.500
Contour of X-Displacement
Magfac = 0.000e+000
-7.0447e-003 to -6.0000e-003
-6.0000e-003 to -4.0000e-003
-4.0000e-003 to -2.0000e-003
-2.0000e-003 to 0.0000e+000
0.0000e+000 to 2.0000e-003
2.0000e-003 to 4.0000e-003
4.0000e-003 to 6.0000e-003
6.0000e-003 to 6.8374e-003
Interval = 2.0e-003
Itasca Consulting Group, Inc.
Minneapolis, MN USA

(b)

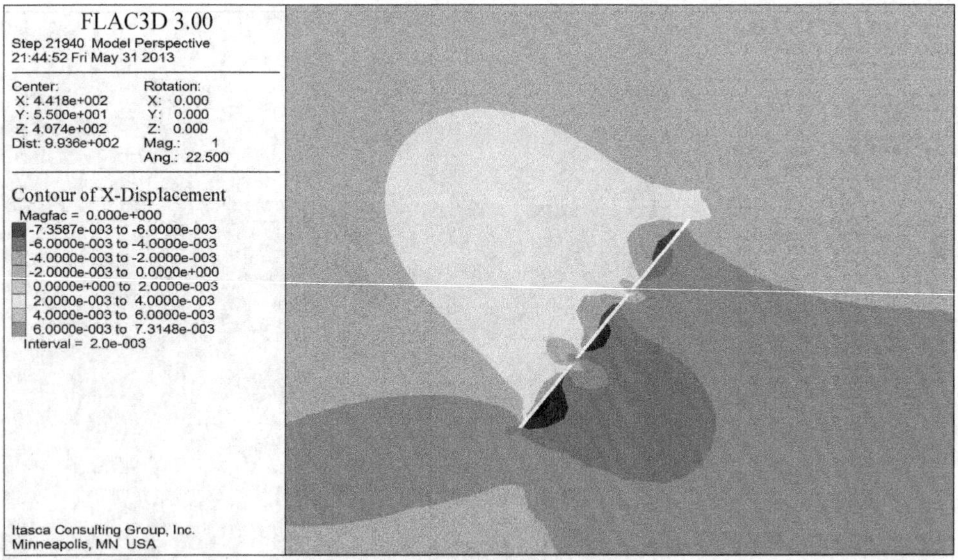
FLAC3D 3.00
Step 21940 Model Perspective
21:44:52 Fri May 31 2013
Center:
X: 4.418e+002
Y: 5.500e+001
Z: 4.074e+002
Dist: 9.936e+002
Rotation:
X: 0.000
Y: 0.000
Z: 0.000
Mag.: 1
Ang.: 22.500
Contour of X-Displacement
Magfac = 0.000e+000
-7.3587e-003 to -6.0000e-003
-6.0000e-003 to -4.0000e-003
-4.0000e-003 to -2.0000e-003
-2.0000e-003 to 0.0000e+000
0.0000e+000 to 2.0000e-003
2.0000e-003 to 4.0000e-003
4.0000e-003 to 6.0000e-003
6.0000e-003 to 7.3148e-003
Interval = 2.0e-003
Itasca Consulting Group, Inc.
Minneapolis, MN USA

(c)

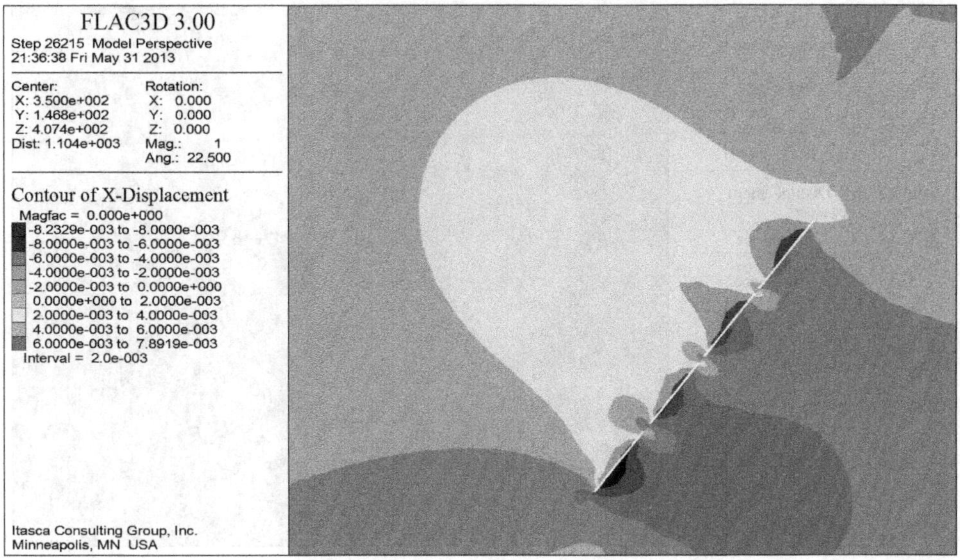
FLAC3D 3.00
Step 26215 Model Perspective
21:36:38 Fri May 31 2013
Center:
X: 3.500e+002
Y: 1.468e+002
Z: 4.074e+002
Dist: 1.104e+003
Rotation:
X: 0.000
Y: 0.000
Z: 0.000
Mag.: 1
Ang.: 22.500
Contour of X-Displacement
Magfac = 0.000e+000
-8.2329e-003 to -8.0000e-003
-8.0000e-003 to -6.0000e-003
-6.0000e-003 to -4.0000e-003
-4.0000e-003 to -2.0000e-003
-2.0000e-003 to 0.0000e+000
0.0000e+000 to 2.0000e-003
2.0000e-003 to 4.0000e-003
4.0000e-003 to 6.0000e-003
6.0000e-003 to 7.8919e-003
Interval = 2.0e-003
Itasca Consulting Group, Inc.
Minneapolis, MN USA

(d)

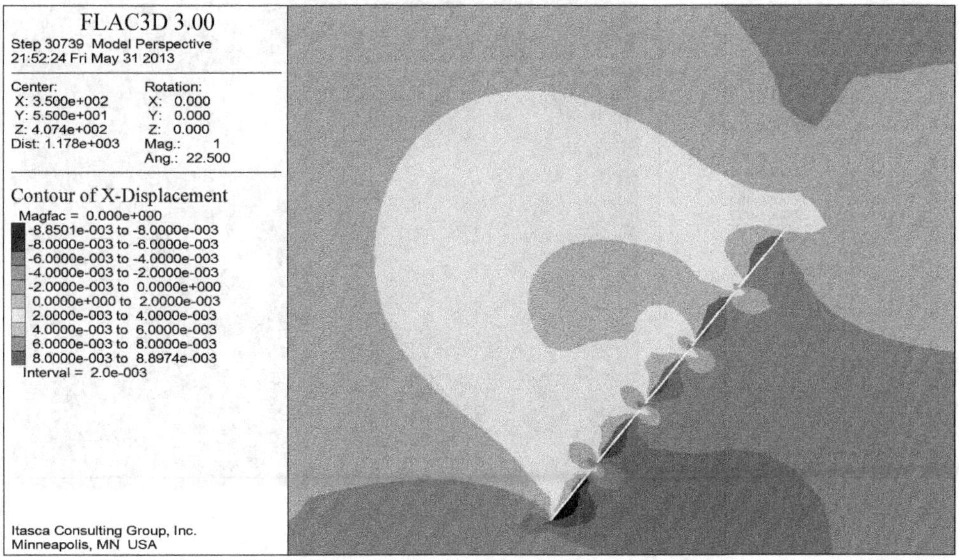
FLAC3D 3.00
Step 30739 Model Perspective
21:52:24 Fri May 31 2013
Center:
X: 3.500e+002
Y: 5.500e+001
Z: 4.074e+002
Dist: 1.178e+003
Rotation:
X: 0.000
Y: 0.000
Z: 0.000
Mag.: 1
Ang.: 22.500
Contour of X-Displacement
Magfac = 0.000e+000
-8.8501e-003 to -8.0000e-003
-8.0000e-003 to -6.0000e-003
-6.0000e-003 to -4.0000e-003
-4.0000e-003 to -2.0000e-003
-2.0000e-003 to 0.0000e+000
0.0000e+000 to 2.0000e-003
2.0000e-003 to 4.0000e-003
4.0000e-003 to 6.0000e-003
6.0000e-003 to 8.0000e-003
8.0000e-003 to 8.8974e-003
Interval = 2.0e-003
Itasca Consulting Group, Inc.
Minneapolis, MN USA

(e)

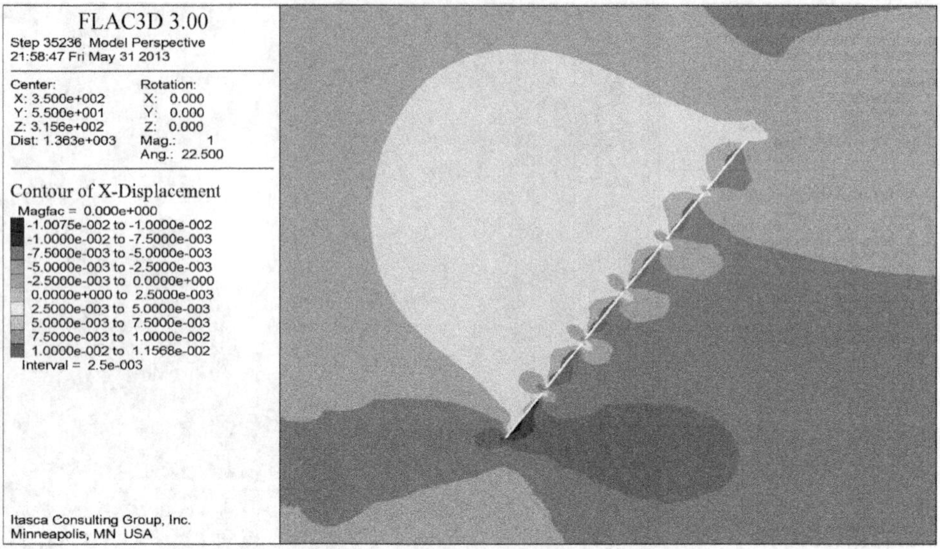

(f)

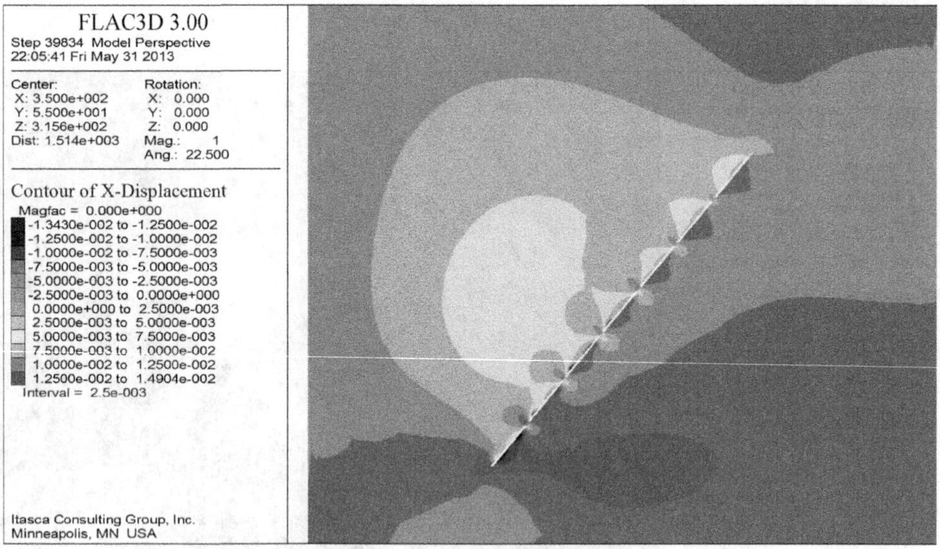

(g)

图 9-3 水平位移云图

(a) 600m 中段回采；(b) 550m 中段回采；(c) 500m 中段回采；(d) 450m 中段回采；
(e) 400m 中段回采；(f) 350m 中段回采；(g) 300m 中段回采

各中段回采结束后，采空区围岩移动规律总结如下：

（1）600m 中段开采结束以后，采空区围岩最大位移值为 1.15cm，最大位移点位于紧邻采空区中心的上下盘围岩中，上盘垂直围移分布似鸡蛋形，呈拱形分布向上逐渐减小。矿体底板和紧邻底板的采空区下盘受应力集中的影响，产生一定范围向上位移，最大位移沿着远离采空区的方向呈递减趋势。采空区围岩的水平移动值小于垂直移动值。采空区周围岩体的移动均指向采空区。

（2）550m 中段矿体开采结束以后，采空区围岩的最大位移值为 1.51cm，位于 550m 中段采空区的中心，上下盘围岩的最大位移均呈拱形分布。在上下两个采场的上下盘围岩中一定范围内产生了大免压拱，大免压拱形状近似“椭圆鸡蛋”形。

（3）500m 中段矿体开采结束以后，采空区围岩的最大位移值为 2.01cm，最大位移点出现在 500m 中段和 550m 中段紧邻采空区中心的上盘围岩中，上下盘围岩的最大位移均呈拱形分布。采空区上下盘的垂直位移不同，靠近顶板的上盘围岩下沉，而靠近底板的下盘围岩垂直位移向上。采空区围岩的水平移动值小于垂直移动值，三个采场上下盘围岩在一定范围内产生了免压拱。

（4）450m 中段矿体开采以后，采空区围岩的最大位移值为 2.49cm，由于采空区中心的下降，最大位移点出现在 500m 中段和 550m 中段紧邻采空区中心的上盘围岩中，上下盘围岩的最大位移呈拱形分布。整个 600m 中段至 450m 中段 140 多米长的采空区中，500m 中段和 550m 中段中间两个采场采空区上盘围岩位移大于整个采空区上盘位移，说明采空区的冒落是从采空区中间位置开始向上、向采空区两侧发展，原因是采空区中间位置所受的拉应力最大。

（5）400m 中段矿体开采以后，采空区围岩的最大位移值为 3.14cm。由于采空区中心的下降，最大位移点出现在 450m 中段和 500m 中段紧邻采空区中心的上盘围岩中，上下盘围岩的最大位移呈拱形分布。采空区上盘围岩在一定范围内有免压拱存在。

（6）350m 中段矿体开采以后，采空区围岩的最大位移值为 4.12cm。由于采空区中心的下降，最大位移点出现在 400m 中段和 450m 中段紧邻采空区中心的上盘围岩中，上下盘围岩的最大位移呈拱形分布。

（7）300m 中段矿体开采以后，采空区围岩的最大位移值为 5.18cm。由于采空区中心的下降，最大位移点出现在 350m 中段和 400m 中段紧邻采空区中心的上盘围岩中，上下盘围岩的最大位移呈拱形分布。

9.1.2 应力场分析

地下矿体的采出，在岩体内部形成空区，破坏了原来的平衡应力场。因此，不平衡的应力必然进行传递和调整，其传递和调整的结果，可能导致围岩应力场的再次处于平衡状态（这正是所期望的状态）；另一种可能，由于采动的影响，使围岩强度降低和松动导致围岩大范围破坏，整体结构失稳。各期矿体回采之后，采空区围岩的最大主应力及最小主应力分布如图 9-4 和图 9-5 所示。

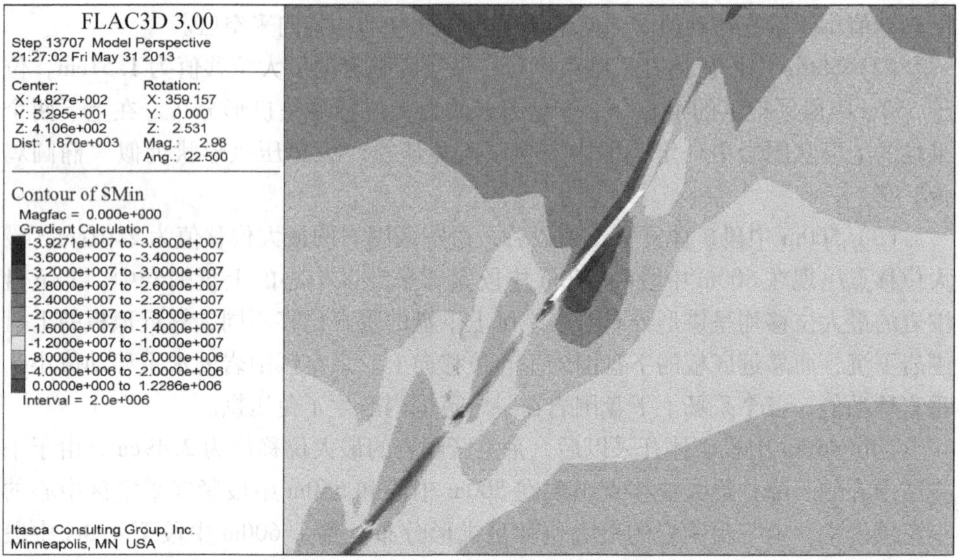

(a)

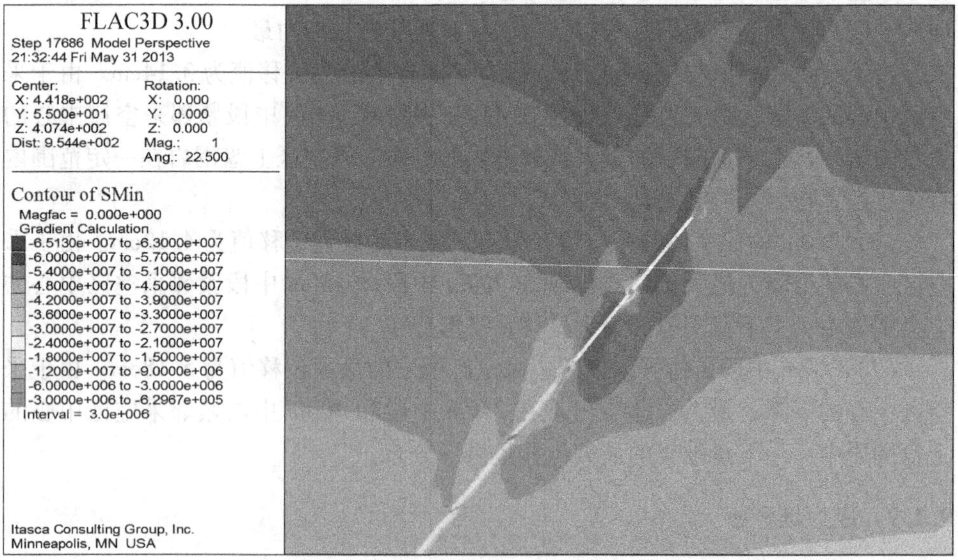

(b)

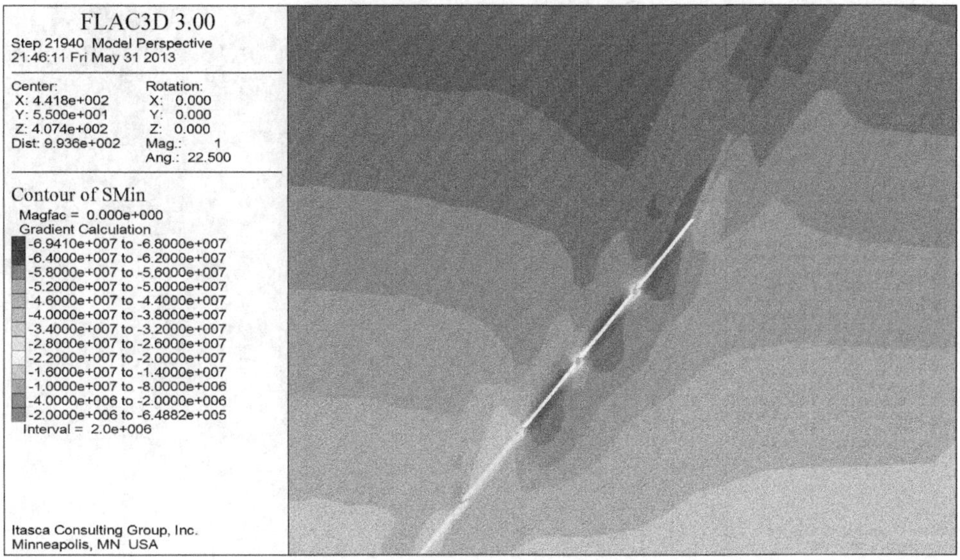
FLAC3D 3.00
Step 21940 Model Perspective
21:46:11 Fri May 31 2013
Center:
X: 4.418e+002
Y: 5.500e+001
Z: 4.074e+002
Dist: 9.936e+002
Rotation:
X: 0.000
Y: 0.000
Z: 0.000
Mag.: 1
Ang.: 22.500
Contour of SMin
Magfac = 0.000e+000
Gradient Calculation
-6.9410e+007 to -6.8000e+007
-6.4000e+007 to -6.2000e+007
-5.8000e+007 to -5.6000e+007
-5.2000e+007 to -5.0000e+007
-4.6000e+007 to -4.4000e+007
-4.0000e+007 to -3.8000e+007
-3.4000e+007 to -3.2000e+007
-2.8000e+007 to -2.6000e+007
-2.2000e+007 to -2.0000e+007
-1.6000e+007 to -1.4000e+007
-1.0000e+007 to -8.0000e+006
-4.0000e+006 to -2.0000e+006
-2.0000e+006 to -6.4882e+005
Interval = 2.0e+006
Itasca Consulting Group, Inc.
Minneapolis, MN USA

(c)

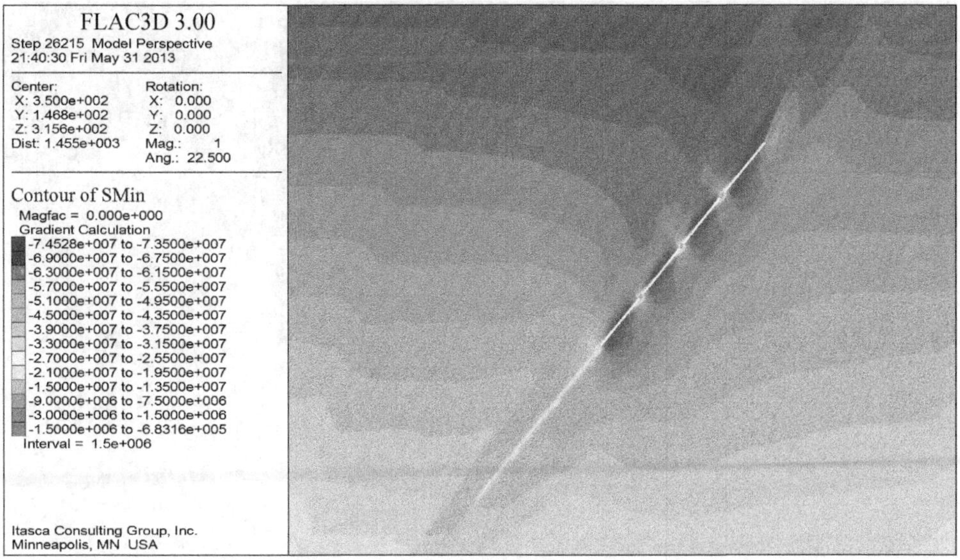
FLAC3D 3.00
Step 26215 Model Perspective
21:40:30 Fri May 31 2013
Center:
X: 3.500e+002
Y: 1.468e+002
Z: 3.156e+002
Dist: 1.455e+003
Rotation:
X: 0.000
Y: 0.000
Z: 0.000
Mag.: 1
Ang.: 22.500
Contour of SMin
Magfac = 0.000e+000
Gradient Calculation
-7.4528e+007 to -7.3500e+007
-6.9000e+007 to -6.7500e+007
-6.3000e+007 to -6.1500e+007
-5.7000e+007 to -5.5500e+007
-5.1000e+007 to -4.9500e+007
-4.5000e+007 to -4.3500e+007
-3.9000e+007 to -3.7500e+007
-3.3000e+007 to -3.1500e+007
-2.7000e+007 to -2.5500e+007
-2.1000e+007 to -1.9500e+007
-1.5000e+007 to -1.3500e+007
-9.0000e+006 to -7.5000e+006
-3.0000e+006 to -1.5000e+006
-1.5000e+006 to -6.8316e+005
Interval = 1.5e+006
Itasca Consulting Group, Inc.
Minneapolis, MN USA

(d)

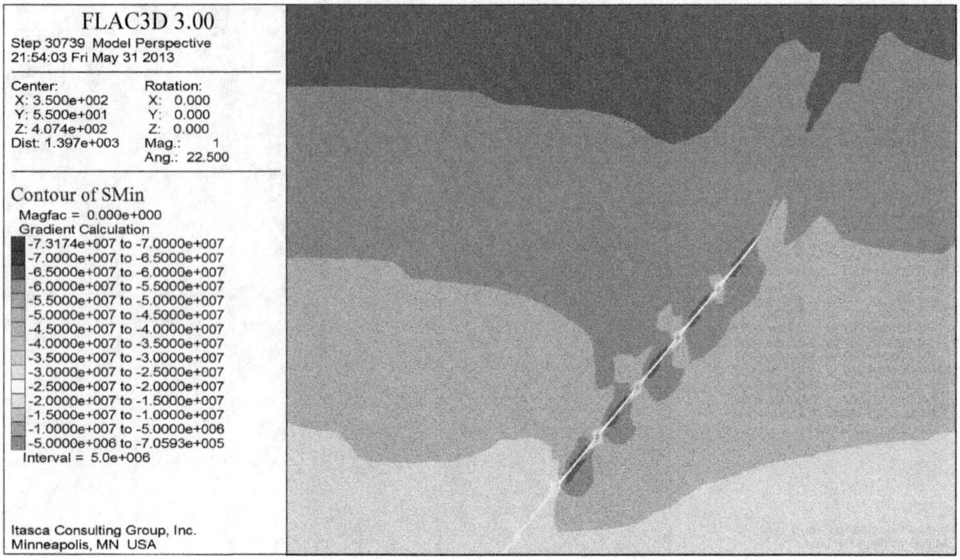
FLAC3D 3.00
Step 30739 Model Perspective
21:54:03 Fri May 31 2013
Center:
X: 3.500e+002
Y: 5.500e+001
Z: 4.074e+002
Dist: 1.397e+003
Rotation:
X: 0.000
Y: 0.000
Z: 0.000
Mag.: 1
Ang.: 22.500
Contour of SMin
Magfac = 0.000e+000
Gradient Calculation
-7.3174e+007 to -7.0000e+007
-7.0000e+007 to -6.5000e+007
-6.5000e+007 to -6.0000e+007
-6.0000e+007 to -5.5000e+007
-5.5000e+007 to -5.0000e+007
-5.0000e+007 to -4.5000e+007
-4.5000e+007 to -4.0000e+007
-4.0000e+007 to -3.5000e+007
-3.5000e+007 to -3.0000e+007
-3.0000e+007 to -2.5000e+007
-2.5000e+007 to -2.0000e+007
-2.0000e+007 to -1.5000e+007
-1.5000e+007 to -1.0000e+007
-1.0000e+007 to -5.0000e+006
-5.0000e+006 to -7.0593e+005
Interval = 5.0e+006
Itasca Consulting Group, Inc.
Minneapolis, MN USA

(e)

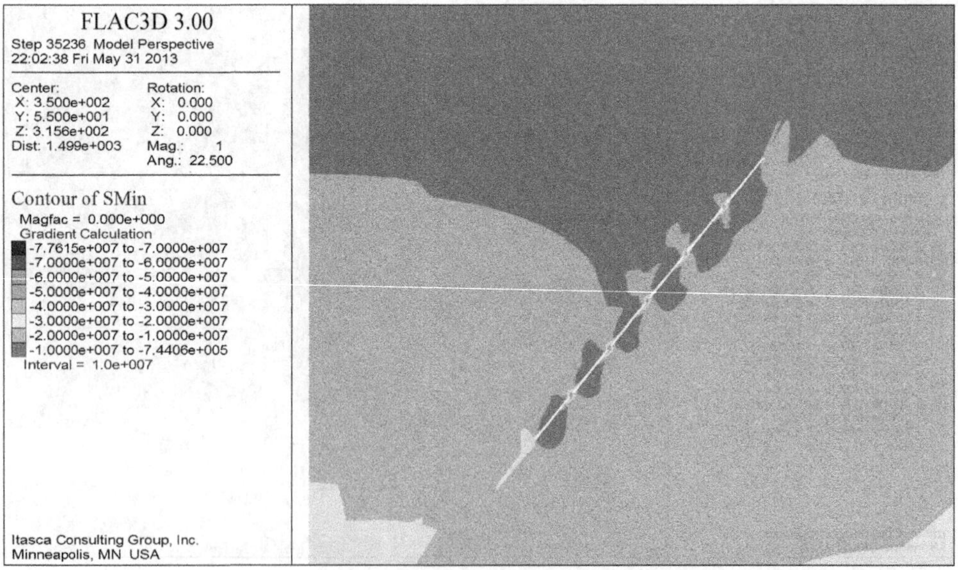
FLAC3D 3.00
Step 35236 Model Perspective
22:02:38 Fri May 31 2013
Center:
X: 3.500e+002
Y: 5.500e+001
Z: 3.156e+002
Dist: 1.499e+003
Rotation:
X: 0.000
Y: 0.000
Z: 0.000
Mag.: 1
Ang.: 22.500
Contour of SMin
Magfac = 0.000e+000
Gradient Calculation
-7.7615e+007 to -7.0000e+007
-7.0000e+007 to -6.0000e+007
-6.0000e+007 to -5.0000e+007
-5.0000e+007 to -4.0000e+007
-4.0000e+007 to -3.0000e+007
-3.0000e+007 to -2.0000e+007
-2.0000e+007 to -1.0000e+007
-1.0000e+007 to -7.4406e+005
Interval = 1.0e+007
Itasca Consulting Group, Inc.
Minneapolis, MN USA

(f)

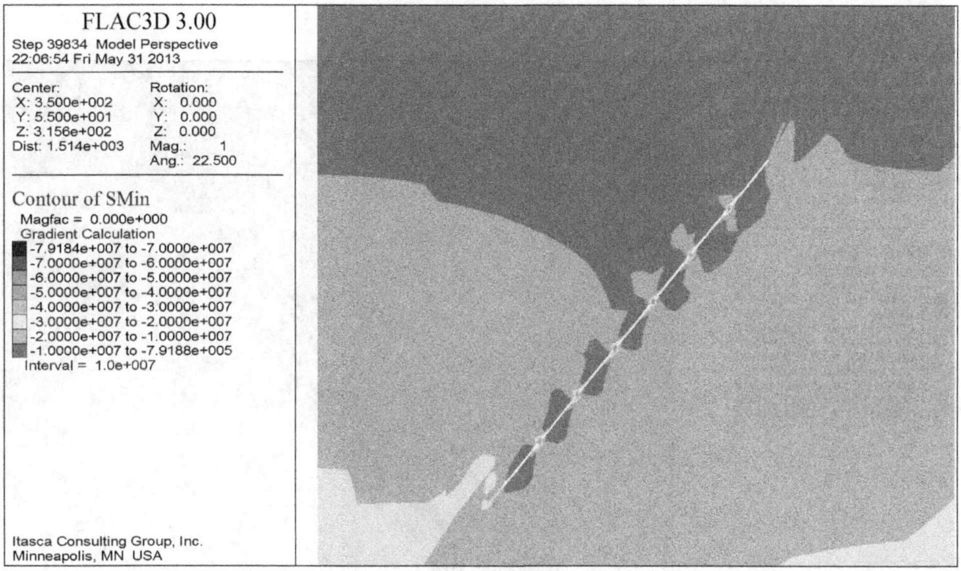

(g)

图 9-4 最大主应力分布云图

(a) 600m 中段回采；(b) 550m 中段回采；(c) 500m 中段回采；(d) 450m 中段回采；
(e) 400m 中段回采；(f) 350m 中段回采；(g) 300m 中段回采

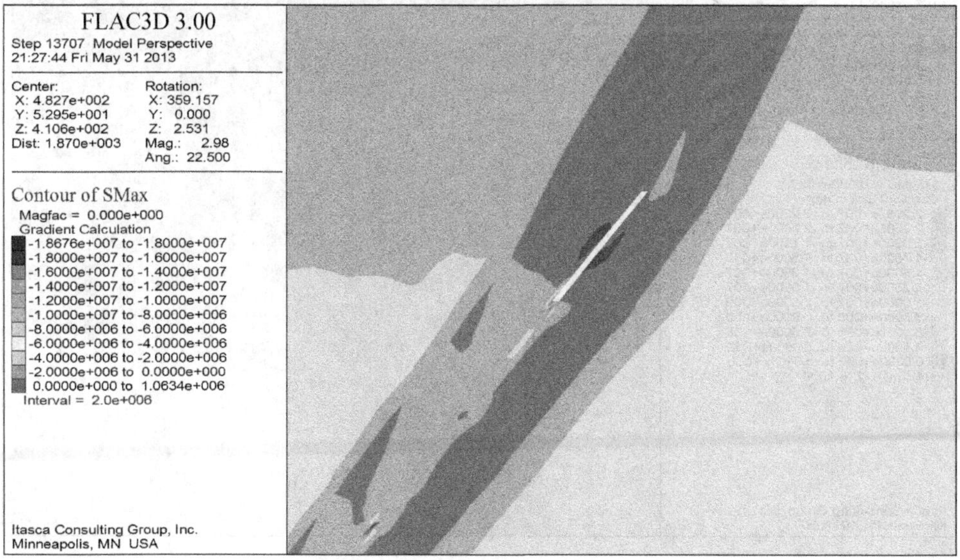

(a)

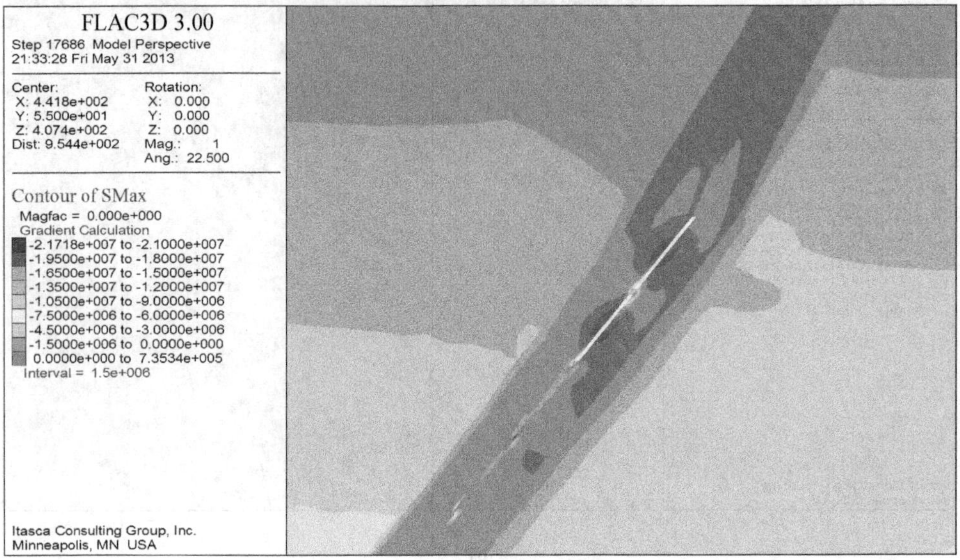
FLAC3D 3.00
Step 17686 Model Perspective
21:33:28 Fri May 31 2013
Center:
X: 4.418e+002
Y: 5.500e+001
Z: 4.074e+002
Dist: 9.544e+002
Rotation:
X: 0.000
Y: 0.000
Z: 0.000
Mag.: 1
Ang.: 22.500
Contour of SMax
Magfac = 0.000e+000
Gradient Calculation
-2.1718e+007 to -2.1000e+007
-1.9500e+007 to -1.8000e+007
-1.6500e+007 to -1.5000e+007
-1.3500e+007 to -1.2000e+007
-1.0500e+007 to -9.0000e+006
-7.5000e+006 to -6.0000e+006
-4.5000e+006 to -3.0000e+006
-1.5000e+006 to 0.0000e+000
0.0000e+000 to 7.3534e+005
Interval = 1.5e+006
Itasca Consulting Group, Inc.
Minneapolis, MN USA

(b)

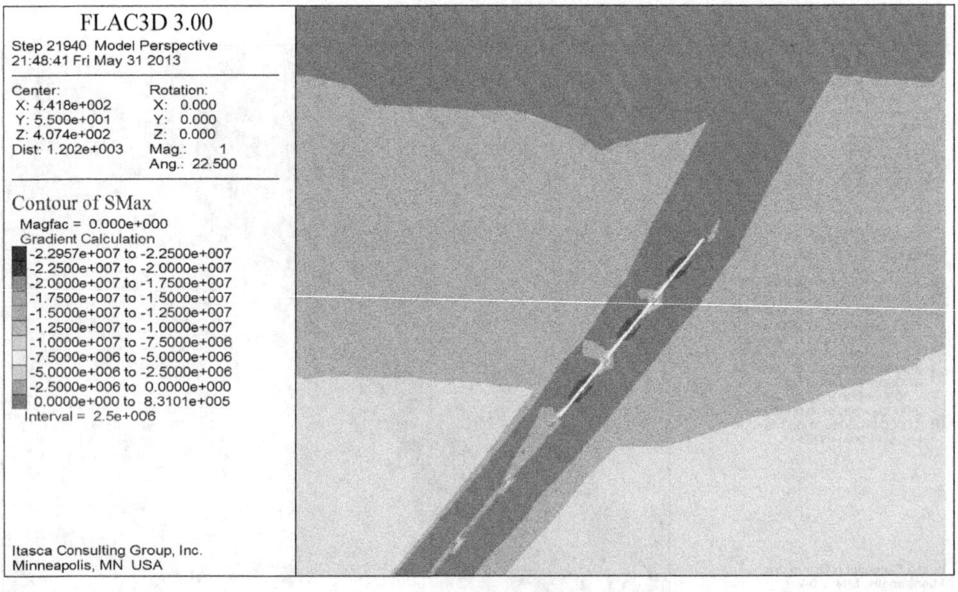
FLAC3D 3.00
Step 21940 Model Perspective
21:48:41 Fri May 31 2013
Center:
X: 4.418e+002
Y: 5.500e+001
Z: 4.074e+002
Dist: 1.202e+003
Rotation:
X: 0.000
Y: 0.000
Z: 0.000
Mag.: 1
Ang.: 22.500
Contour of SMax
Magfac = 0.000e+000
Gradient Calculation
-2.2957e+007 to -2.2500e+007
-2.2500e+007 to -2.0000e+007
-2.0000e+007 to -1.7500e+007
-1.7500e+007 to -1.5000e+007
-1.5000e+007 to -1.2500e+007
-1.2500e+007 to -1.0000e+007
-1.0000e+007 to -7.5000e+006
-7.5000e+006 to -5.0000e+006
-5.0000e+006 to -2.5000e+006
-2.5000e+006 to 0.0000e+000
0.0000e+000 to 8.3101e+005
Interval = 2.5e+006
Itasca Consulting Group, Inc.
Minneapolis, MN USA

(c)

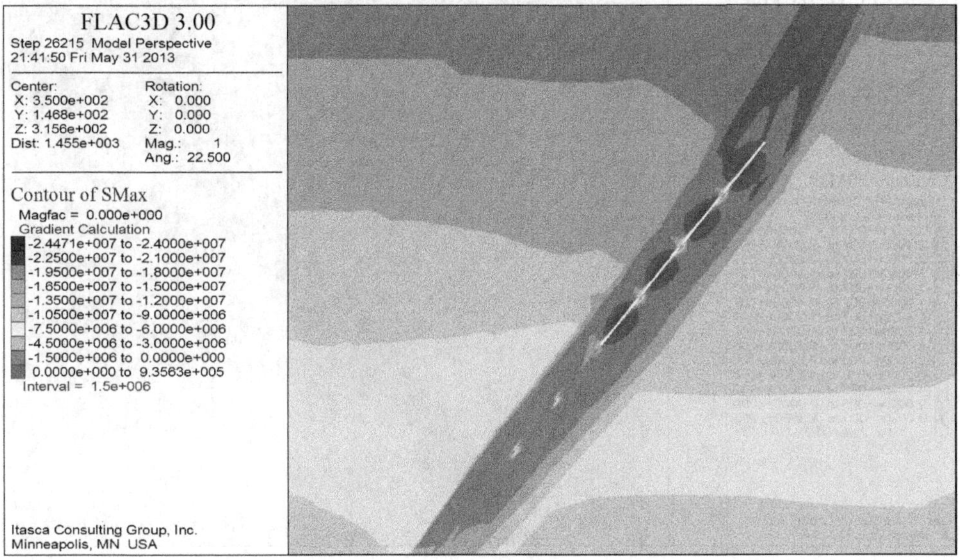
FLAC3D 3.00
Step 26215 Model Perspective
21:41:50 Fri May 31 2013
Center:
X: 3.500e+002
Y: 1.468e+002
Z: 3.156e+002
Dist: 1.455e+003
Rotation:
X: 0.000
Y: 0.000
Z: 0.000
Mag.: 1
Ang.: 22.500
Contour of SMax
Magfac = 0.000e+000
Gradient Calculation
-2.4471e+007 to -2.4000e+007
-2.2500e+007 to -2.1000e+007
-1.9500e+007 to -1.8000e+007
-1.6500e+007 to -1.5000e+007
-1.3500e+007 to -1.2000e+007
-1.0500e+007 to -9.0000e+006
-7.5000e+006 to -6.0000e+006
-4.5000e+006 to -3.0000e+006
-1.5000e+006 to 0.0000e+000
0.0000e+000 to 9.3563e+005
Interval = 1.5e+006
Itasca Consulting Group, Inc.
Minneapolis, MN USA

(d)

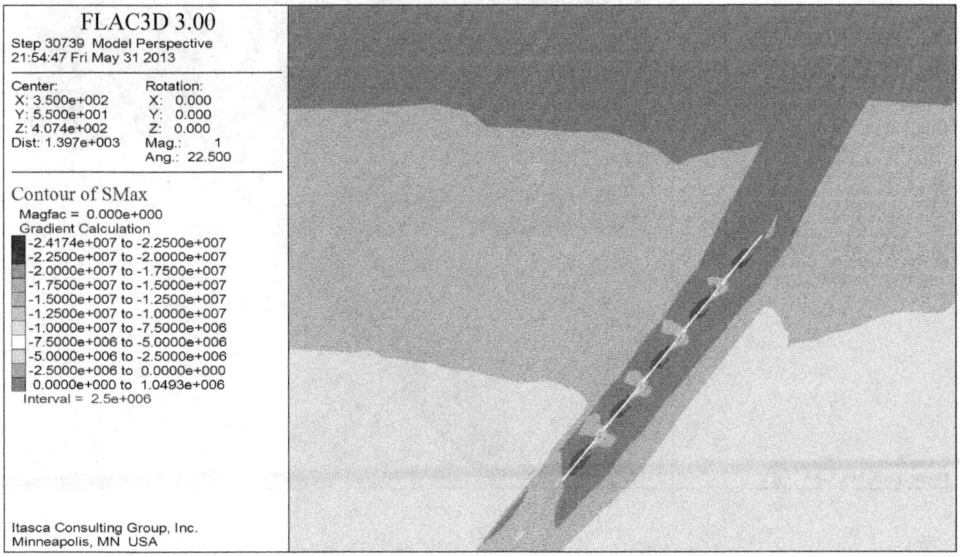
FLAC3D 3.00
Step 30739 Model Perspective
21:54:47 Fri May 31 2013
Center:
X: 3.500e+002
Y: 5.500e+001
Z: 4.074e+002
Dist: 1.397e+003
Rotation:
X: 0.000
Y: 0.000
Z: 0.000
Mag.: 1
Ang.: 22.500
Contour of SMax
Magfac = 0.000e+000
Gradient Calculation
-2.4174e+007 to -2.2500e+007
-2.2500e+007 to -2.0000e+007
-2.0000e+007 to -1.7500e+007
-1.7500e+007 to -1.5000e+007
-1.5000e+007 to -1.2500e+007
-1.2500e+007 to -1.0000e+007
-1.0000e+007 to -7.5000e+006
-7.5000e+006 to -5.0000e+006
-5.0000e+006 to -2.5000e+006
-2.5000e+006 to 0.0000e+000
0.0000e+000 to 1.0493e+006
Interval = 2.5e+006
Itasca Consulting Group, Inc.
Minneapolis, MN USA

(e)

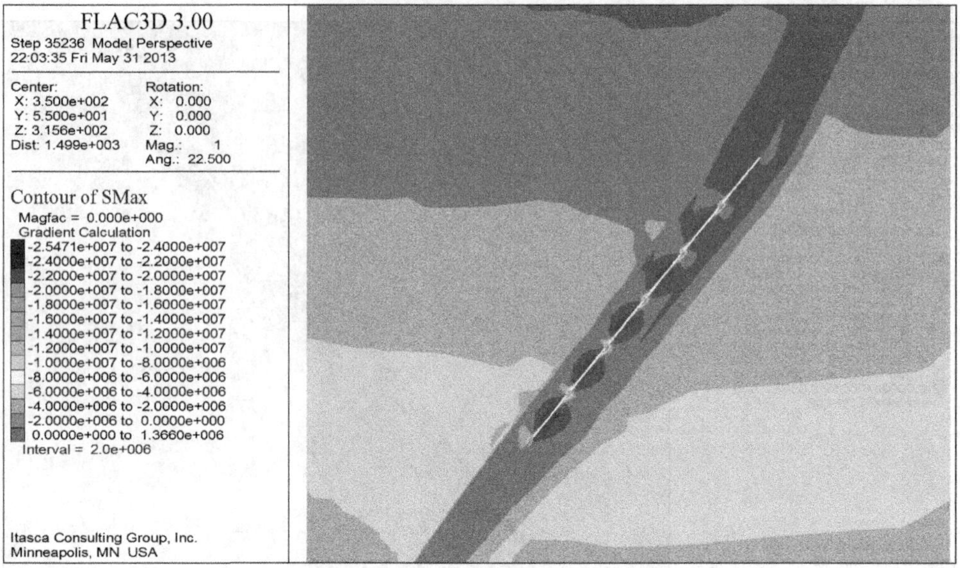

(f)

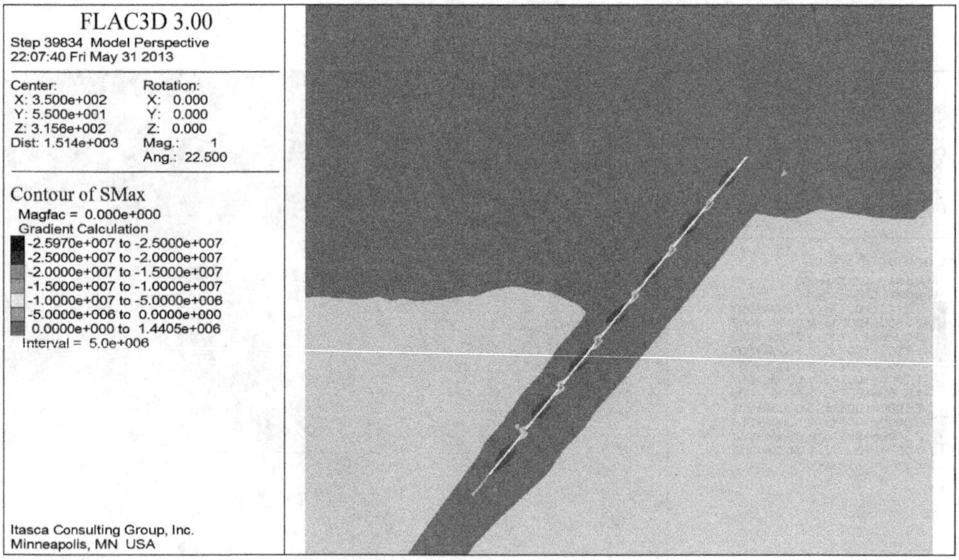

(g)

图 9-5　最小主应力分布云图

（a）600m 中段回采；（b）550m 中段回采；（c）500m 中段回采；（d）450m 中段回采；
（e）400m 中段回采；（f）350m 中段回采；（g）300m 中段回采

随着沿深部向下开采，应力场变化规律总结如下：

（1）初始状态下，最大主应力等值区呈层状分布。应力的分布分层现象明显，从上至下应力依次增大，最大压应力为模型底部，值为27MPa。矿体开挖以后，由于采空区的存在，破坏了原来的平衡状态。在采空区周围应力得到释放，下盘紧邻采空区的边界应力降低。上盘主要为拉应力，上盘围岩的破坏主要受拉应力所致。采空区顶板出现应力集中。

（2）600m中段开采以后，采空区周围应力变化不是很明显，采空区底板出现应力集中，最大主应力为16MPa，采空区周围压应力为6MPa，采空区中间最大拉应力为1.2 MPa。

（3）550m中段矿体开采以后，最大压应力出现在550m中段顶柱（即600m中段底柱部位），最大值为33MPa，采空区上盘出现一定范围的拉应力区，最大拉应力为0.73MPa，上盘围岩的破坏主要由拉应力引起，远离矿体的上盘压应力逐渐升高。最大主应力与最小主应力等值线在采空区周围都降低。

（4）500m中段矿体开采后，最大压应力出现在550m中段顶柱和600m中段顶柱，最大值为34MPa；采空区上盘拉应力区范围增大，最大拉应力为0.83MPa。

（5）450m中段矿体开采以后，采空区上盘拉应力区扩大，最大拉应力为0.94MPa，远离采空区的上盘逐渐由拉应力转变为压应力。采空区下盘应力得到释放，最大压应力降低。采空区顶底柱出现应力集中，最大压应力为40MPa。

（6）400m中段开采以后，在顶底柱发生了应力集中，最大压应力为40MPa，采空区周围最大拉应力为1.04MPa。采空区周围由于开挖卸荷，应力得到释放，应力有所降低。

（7）350m中段开采以后，在顶底柱发生了应力集中，最大压应力为45MPa，采空区周围最大拉应力为1.44MPa。采空区周围由于开挖卸荷，应力得到释放，应力有所降低。

9.1.3 间柱及顶底柱稳定性分析

由图9-6分析可知：随着600m中段开采至300m中段，最大位移出现在300m中段、350m中段、400m中段顶柱部位，最大位移值为3.22cm。从应力分布模拟结果看，开采后最大主应力主要出现在开挖体与间柱、顶底柱接触部位，最大压应力为25MPa。在间柱与顶底柱连接部位，局部出现拉应力，最大拉应力为2.5MPa。

从塑性区分布结果来看，在600m中段向深部300m中段开采的过程中，上部中段的塑性区开始逐渐往深部转移，在仅留顶底柱及间柱的情况下，下部中段顶底柱及间柱塑性破坏范围较大。因此，在实际生产过程中，最好在采场中根据顶板围岩情况，留不规则点柱，或者采用木垛支护。

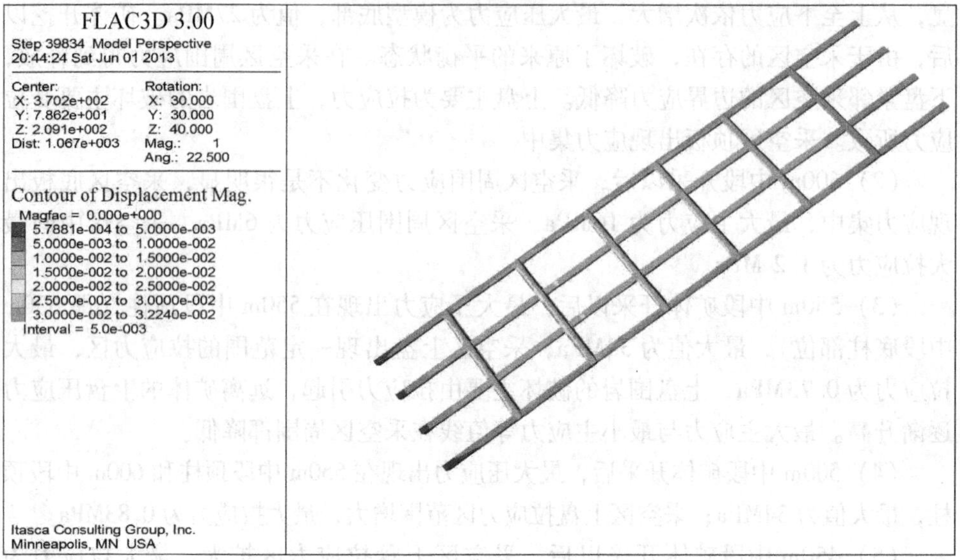
FLAC3D 3.00
Step 39834 Model Perspective
20:44:24 Sat Jun 01 2013
Center:
X: 3.702e+002
Y: 7.862e+001
Z: 2.091e+002
Dist: 1.067e+003
Rotation:
X: 30.000
Y: 30.000
Z: 40.000
Mag.: 1
Ang.: 22.500
Contour of Displacement Mag.
Magfac = 0.000e+000
5.7881e-004 to 5.0000e-003
5.0000e-003 to 1.0000e-002
1.0000e-002 to 1.5000e-002
1.5000e-002 to 2.0000e-002
2.0000e-002 to 2.5000e-002
2.5000e-002 to 3.0000e-002
3.0000e-002 to 3.2240e-002
Interval = 5.0e-003
Itasca Consulting Group, Inc.
Minneapolis, MN USA

(a)

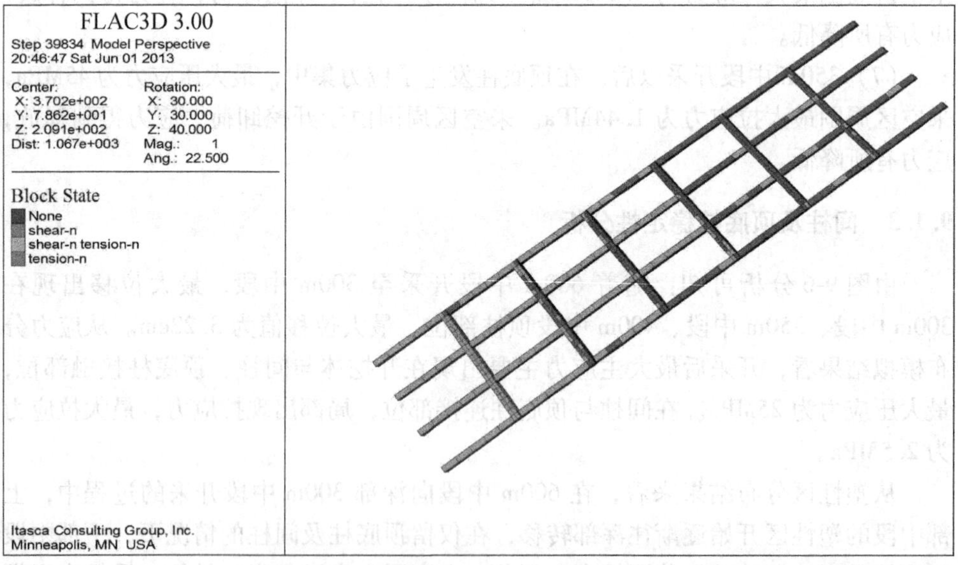
FLAC3D 3.00
Step 39834 Model Perspective
20:46:47 Sat Jun 01 2013
Center:
X: 3.702e+002
Y: 7.862e+001
Z: 2.091e+002
Dist: 1.067e+003
Rotation:
X: 30.000
Y: 30.000
Z: 40.000
Mag.: 1
Ang.: 22.500
Block State
None
shear-n
shear-n tension-n
tension-n
Itasca Consulting Group, Inc.
Minneapolis, MN USA

(b)

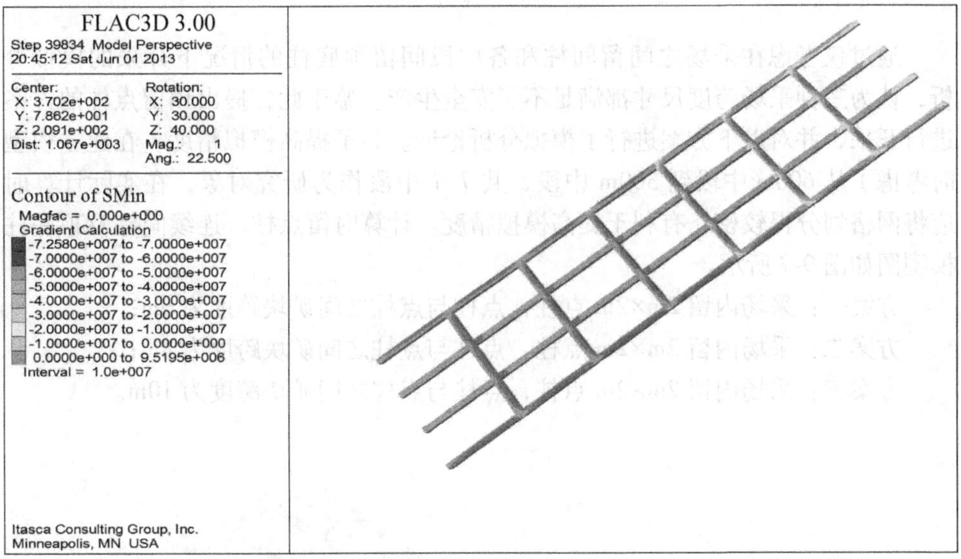

(c)

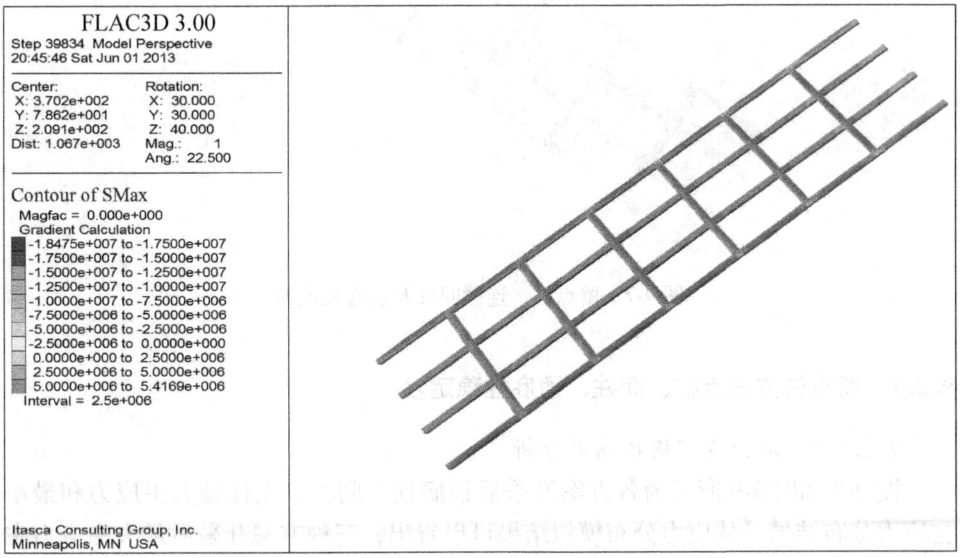

(d)

图 9-6 间柱及顶底柱计算结果云图

（a）最大位移云图；（b）塑性区分布云图；（c）最大主应力云图；（d）最小主应力云图

9.2 留点柱控顶方案采场稳定性

通过仅考虑在采场之间留间柱和各中段间留顶底柱的情况下开采的模拟分析，认为三种采场跨度尺寸都满足不了安全生产。鉴于此，提出预留点柱的方案进行开采，并对以下方案进行了模拟分析论证。为了提高模拟精度，在建立模型时考虑了从600m中段到300m中段，共7个中段作为研究对象，在实际计算时应将网格划分得较密，有利于提高模拟精度。计算时留点柱、连续间柱及顶底柱模型图如图9-7所示。

方案一：采场内留2m×2m点柱，点柱与点柱之间矿块跨度为6m；

方案二：采场内留2m×2m点柱，点柱与点柱之间矿块跨度为8m；

方案三：采场内留2m×2m点柱，点柱与点柱之间矿块跨度为10m。

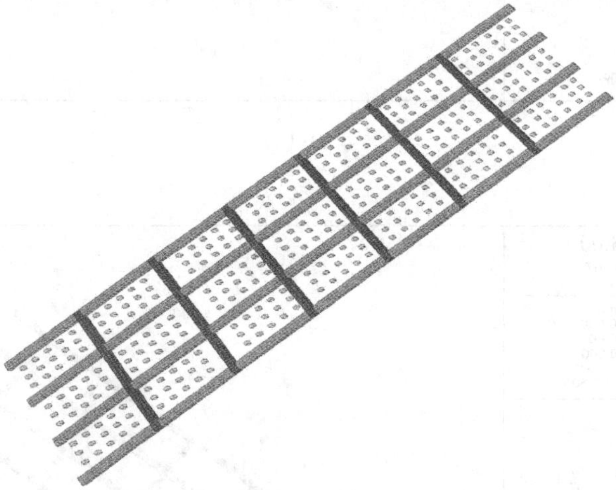

图9-7 留点柱、连续间柱及顶底柱模型

9.2.1 留点柱方案点柱、间柱、顶底柱稳定性

9.2.1.1 *应力分布模拟结果分析*

图9-8和图9-9所示为各方案开采后顶底柱、间柱、点柱最大主应力和最小主应力分布结果，从应力分布模拟结果可以看出，三种方案开采后最大主应力主要出现在顶底柱上，顶板最大压应力为41MPa。从最小主应力分布结果来看，方案一在连续间柱上出现一定的拉应力，最大拉应力为0.694MPa，方案二连续间柱最大拉应力为0.687MPa，方案三最大拉应力为1.449MPa。综合以上应力分析结果，顶底柱承受的最大压应力要大于间柱和点柱，而间柱拉应力分布较大。

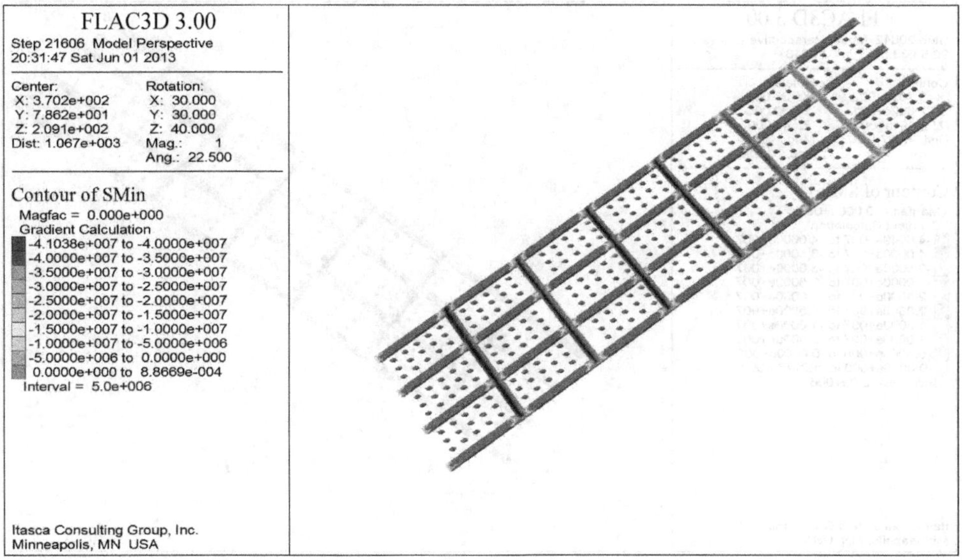
FLAC3D 3.00
Step 21606 Model Perspective
20:31:47 Sat Jun 01 2013
Center:
X: 3.702e+002
Y: 7.862e+001
Z: 2.091e+002
Dist: 1.067e+003
Rotation:
X: 30.000
Y: 30.000
Z: 40.000
Mag.: 1
Ang.: 22.500
Contour of SMin
Magfac = 0.000e+000
Gradient Calculation
-4.1038e+007 to -4.0000e+007
-4.0000e+007 to -3.5000e+007
-3.5000e+007 to -3.0000e+007
-3.0000e+007 to -2.5000e+007
-2.5000e+007 to -2.0000e+007
-2.0000e+007 to -1.5000e+007
-1.5000e+007 to -1.0000e+007
-1.0000e+007 to -5.0000e+006
-5.0000e+006 to 0.0000e+000
0.0000e+000 to 8.8669e-004
Interval = 5.0e+006
Itasca Consulting Group, Inc.
Minneapolis, MN USA

(a)

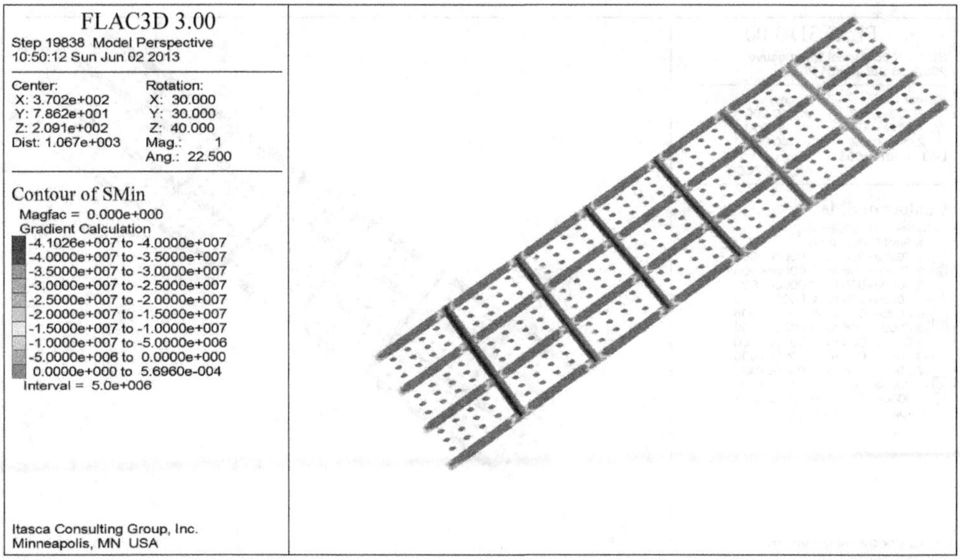
FLAC3D 3.00
Step 19838 Model Perspective
10:50:12 Sun Jun 02 2013
Center:
X: 3.702e+002
Y: 7.862e+001
Z: 2.091e+002
Dist: 1.067e+003
Rotation:
X: 30.000
Y: 30.000
Z: 40.000
Mag.: 1
Ang.: 22.500
Contour of SMin
Magfac = 0.000e+000
Gradient Calculation
-4.1026e+007 to -4.0000e+007
-4.0000e+007 to -3.5000e+007
-3.5000e+007 to -3.0000e+007
-3.0000e+007 to -2.5000e+007
-2.5000e+007 to -2.0000e+007
-2.0000e+007 to -1.5000e+007
-1.5000e+007 to -1.0000e+007
-1.0000e+007 to -5.0000e+006
-5.0000e+006 to 0.0000e+000
0.0000e+000 to 5.6960e-004
Interval = 5.0e+006
Itasca Consulting Group, Inc.
Minneapolis, MN USA

(b)

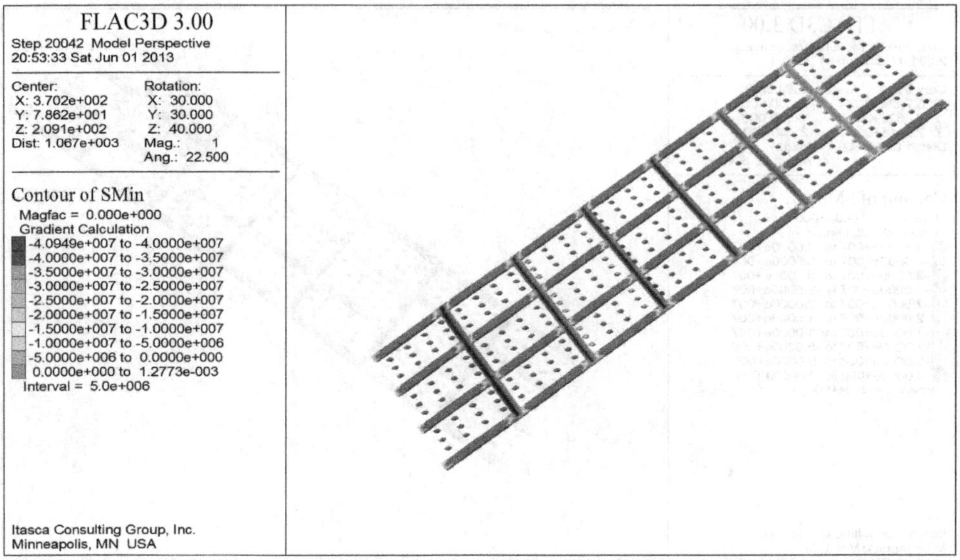

(c)

图 9-8 各方案开采后顶底柱、间柱、点柱最大主应力分布

(a) 方案一；(b) 方案二；(c) 方案三

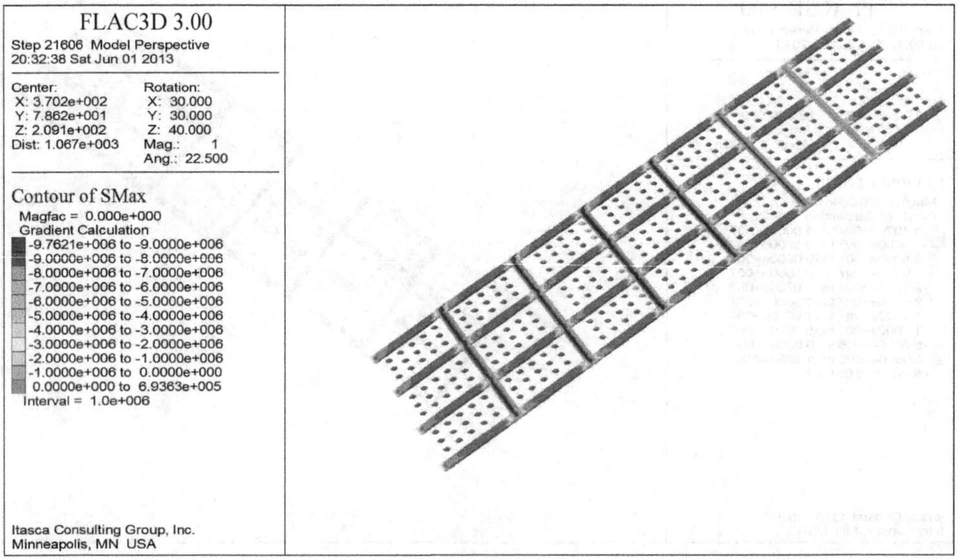

(a)

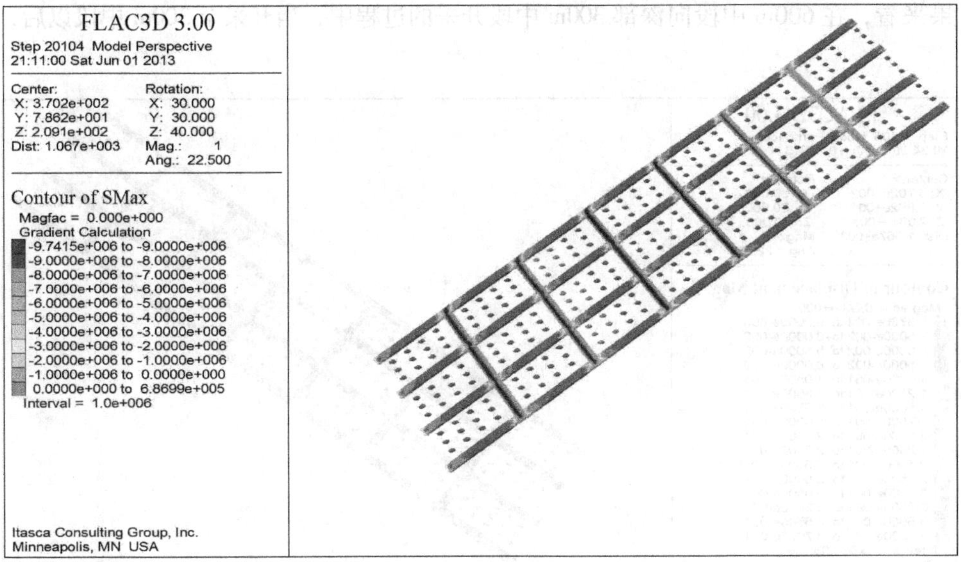

(b)

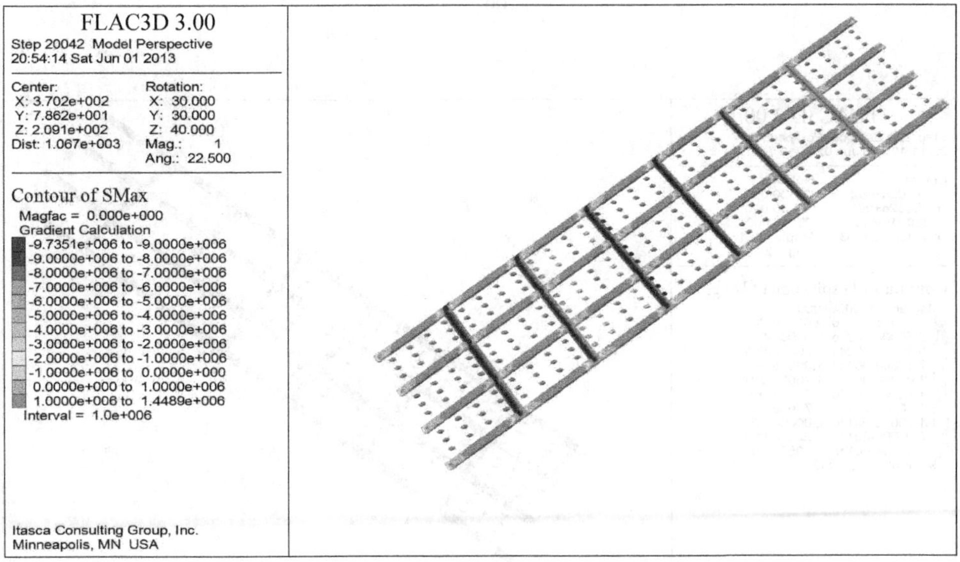

(c)

图 9-9 各方案开采后顶底柱、间柱、点柱最小主应力分布

（a）方案一；（b）方案二；（c）方案三

9.2.1.2 最大位移结果分析

图 9-10 为各方案开采后顶底柱、间柱、点柱最大位移分布云图。从分布结果来看，在 600m 中段向深部 300m 中段开采的过程中，当开采至 300m 中段以后，

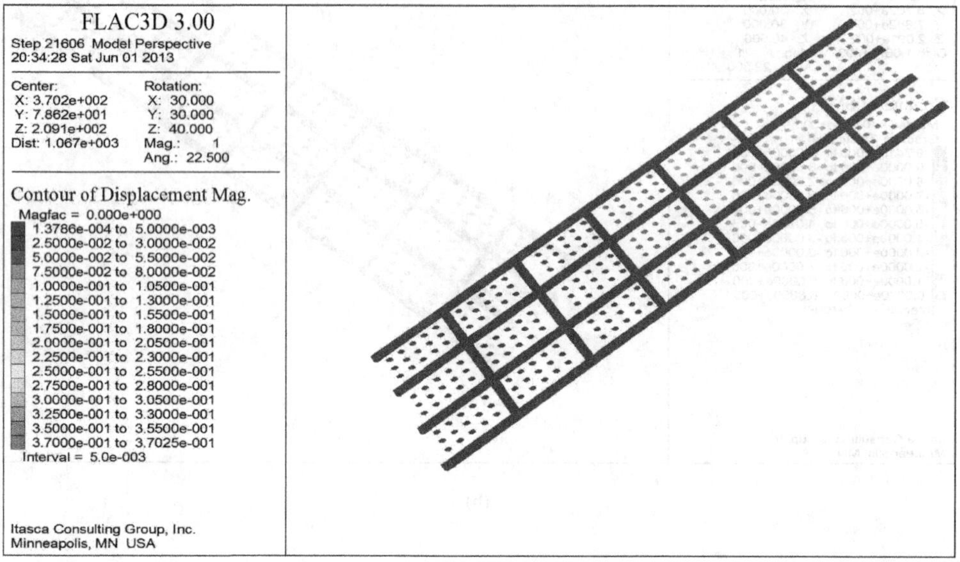

(a)

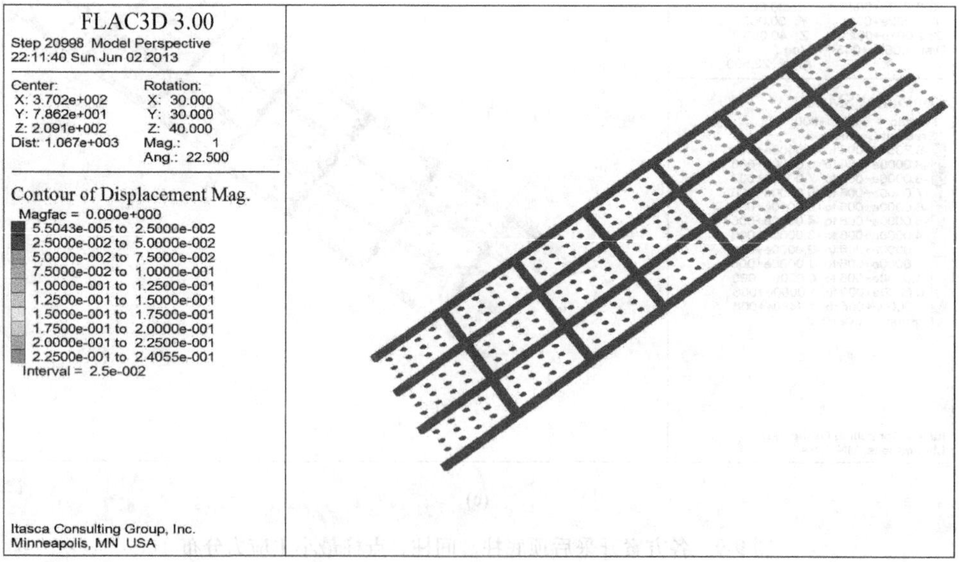

(b)

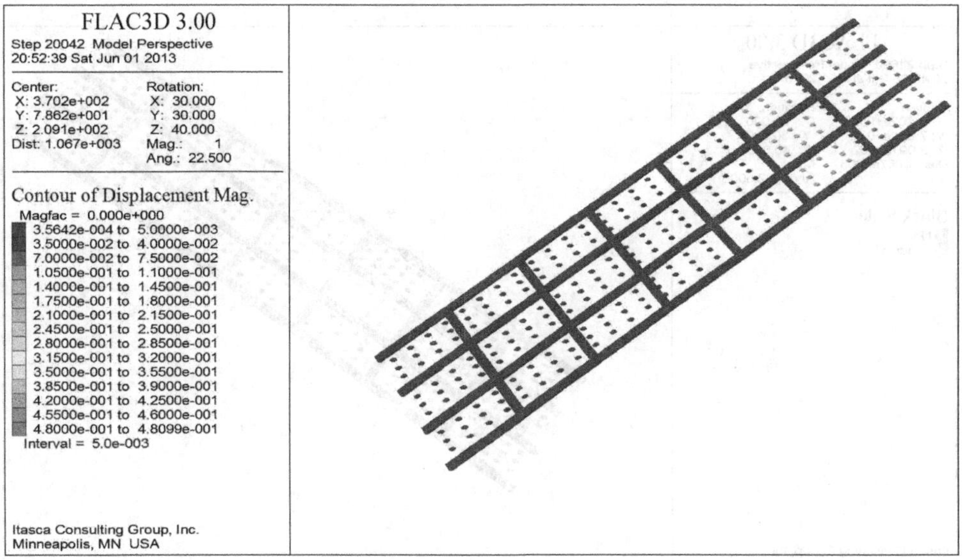

(c)

图 9-10 各方案开采后顶底柱、间柱、点柱最大位移分布

（a）方案一；（b）方案二；（c）方案三

600m 中段采场内点柱位移最大，逐渐往下，采场内点柱位移逐渐减小，说明在向下开采的过程中，上部采空区中点柱破坏较严重。三种开采方案的最大位移分别为 37.03cm、45.98cm 和 48.10cm，均出现在 600m 中段的点柱中。

9.2.1.3 塑性区分布模拟结果分析

对模拟结果分析过程中，塑性区的分布比应力、位移等更能直观地反映出矿岩体开采后对周围围岩稳定性的影响。从留点柱后三种方案模拟结果（见图 9-11）可以看出，方案一矿体开采后塑性区主要出现在 350m 中段、400m 中段、450m 中段、500m 中段及 550m 中段顶柱部位。在 500m 中段偏下位置局部点柱和连续间柱也有少量塑性区出现；方案二将矿块跨度扩大到 8m 后，350m 中段到 550m 中段顶柱塑性区越发明显，且间柱及点柱也有大量塑性区出现；方案三开采后整个顶底柱及间柱都处于塑性状态，此时顶底柱、间柱都不太稳定，所以在采场内的点柱最好控制在 6~8m 之间。从三个方案塑性区分布位置来看，随着开采深度的增加，顶底柱及间柱出现塑性区的区域越大。综合最大主应力分布、最大位移分布及塑性区分布结果，建议在采场内留点柱控制顶板地压活动时，点柱之间的距离最好控制在 6~8m。

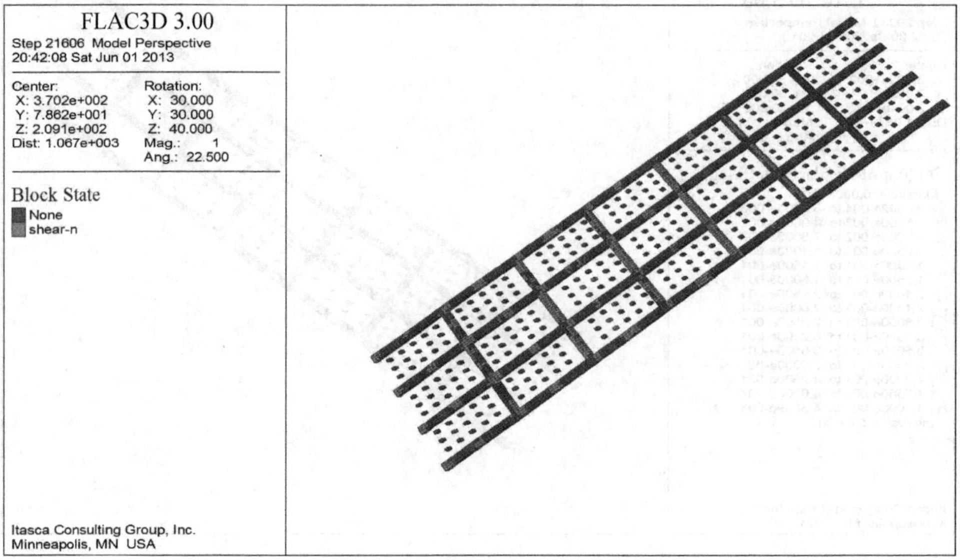
FLAC3D 3.00
Step 21606 Model Perspective
20:42:08 Sat Jun 01 2013
Center:
X: 3.702e+002
Y: 7.862e+001
Z: 2.091e+002
Dist: 1.067e+003
Rotation:
X: 30.000
Y: 30.000
Z: 40.000
Mag.: 1
Ang.: 22.500
Block State
None
shear-n
Itasca Consulting Group, Inc.
Minneapolis, MN USA

(a)

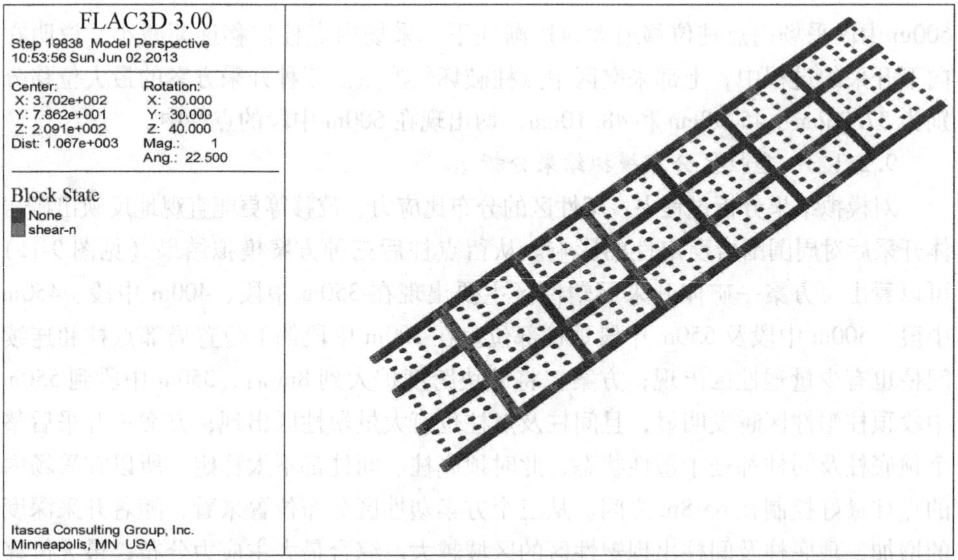
FLAC3D 3.00
Step 19838 Model Perspective
10:53:56 Sun Jun 02 2013
Center:
X: 3.702e+002
Y: 7.862e+001
Z: 2.091e+002
Dist: 1.067e+003
Rotation:
X: 30.000
Y: 30.000
Z: 40.000
Mag.: 1
Ang.: 22.500
Block State
None
shear-n
Itasca Consulting Group, Inc.
Minneapolis, MN USA

(b)

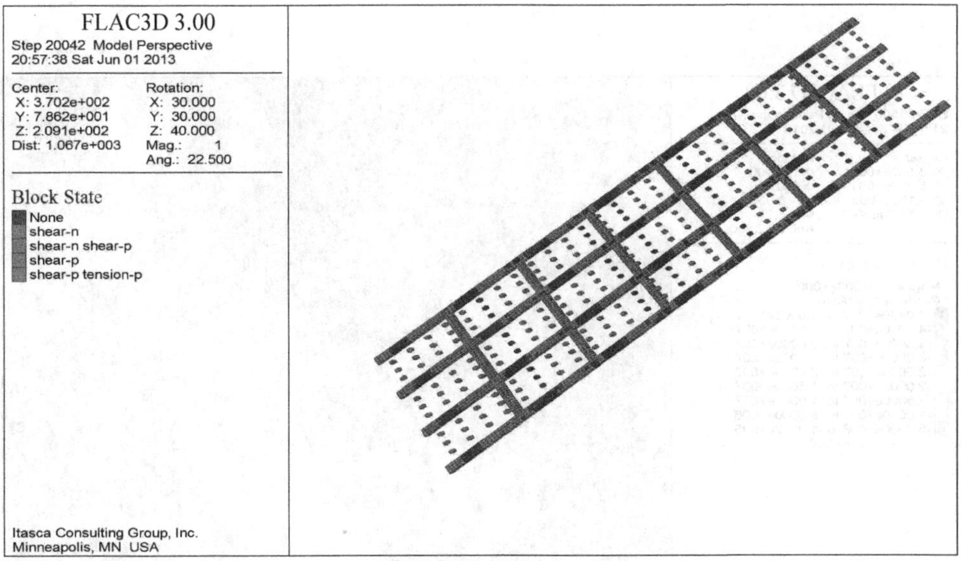

(c)

图 9-11 各方案开采后顶底柱、间柱、点柱塑性区分布

(a) 方案一；(b) 方案二；(c) 方案三

9.2.2 留点柱方案顶板稳定性

9.2.2.1 应力分布模拟结果分析

从应力分布模拟结果（见图 9-12）看，三种方案开采后顶板最大压应力主要出现在顶底柱、间柱与顶板接触部位，顶板最大压应力分别为 35MPa、38MPa、40MPa，应力随跨度增加而增大。从最小主应力计算结果来看，方案三的拉应力超出了折减以后岩石本身的抗拉强度值，此时直接顶板容易出现拉破坏，会造成顶板冒落。从应力分布结果来看，在留点柱的前提下，点柱间矿块跨度为 10m 时，直接顶板处于不稳定状态，所以点柱尺寸为 2m×2m 时矿块跨度以 6~8m 为宜。

9.2.2.2 最大位移分布结果分析

从最大位移分布云图计算结果来看（见图 9-13），点柱尺寸为 2m×2m，矿块跨度为 6m、8m、10m 时顶底柱、间柱、点柱覆岩随着深度的增加，最大位移呈线性增加。

9.2.2.3 塑性区分布模拟结果分析

从留点柱后三种采矿方案模拟结果（见图 9-14）可以看出，方案一和方案二矿体开采后塑性区主要出现在各中段顶底柱，采空区周围也有少量塑性区出现；方案三将矿块跨度扩大到 10m 后，整个顶底柱及间柱都处于塑性状态，此时

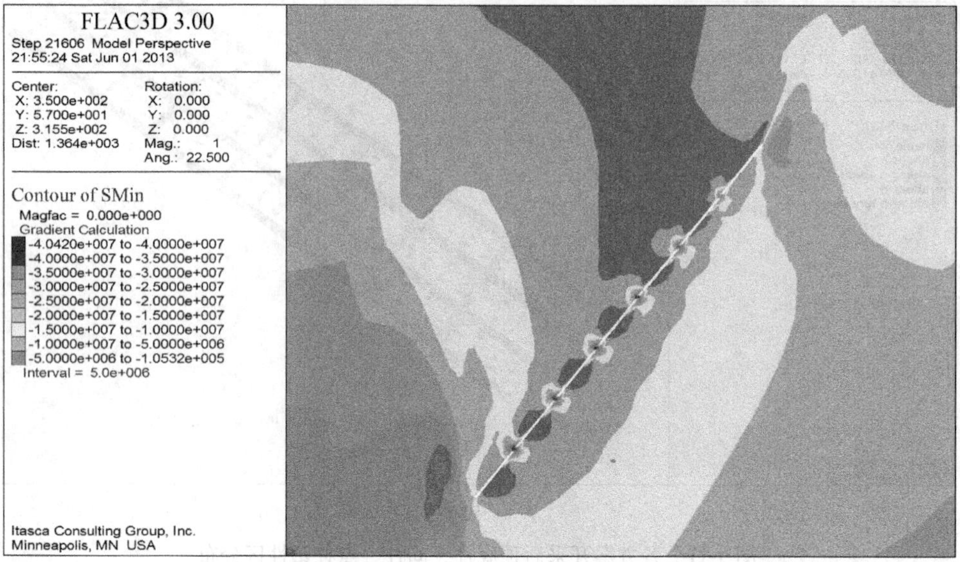
FLAC3D 3.00
Step 21606 Model Perspective
21:55:24 Sat Jun 01 2013
Center:
X: 3.500e+002
Y: 5.700e+001
Z: 3.155e+002
Dist: 1.364e+003
Rotation:
X: 0.000
Y: 0.000
Z: 0.000
Mag.: 1
Ang.: 22.500
Contour of SMin
Magfac = 0.000e+000
Gradient Calculation
-4.0420e+007 to -4.0000e+007
-4.0000e+007 to -3.5000e+007
-3.5000e+007 to -3.0000e+007
-3.0000e+007 to -2.5000e+007
-2.5000e+007 to -2.0000e+007
-2.0000e+007 to -1.5000e+007
-1.5000e+007 to -1.0000e+007
-1.0000e+007 to -5.0000e+006
-5.0000e+006 to -1.0532e+005
Interval = 5.0e+006
Itasca Consulting Group, Inc.
Minneapolis, MN USA

(a)

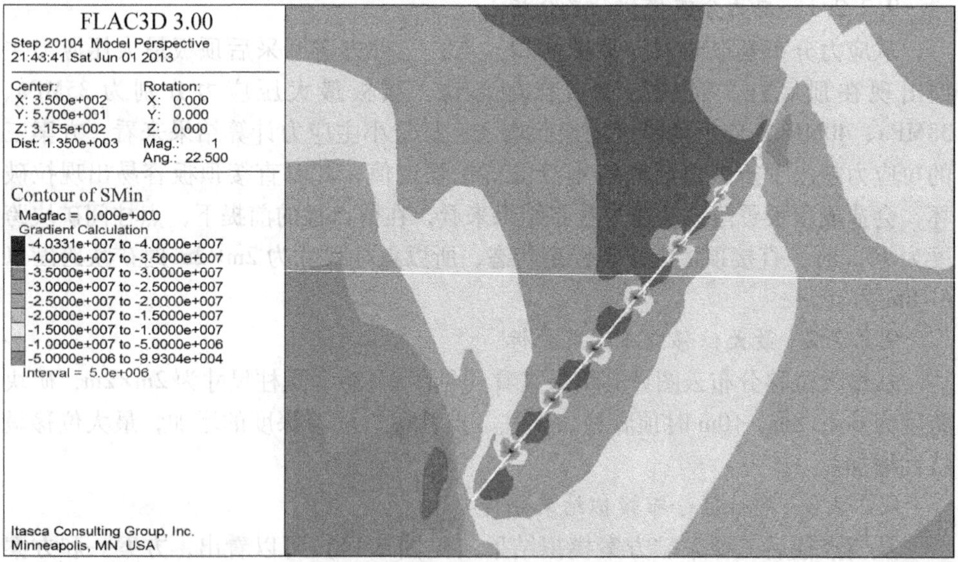
FLAC3D 3.00
Step 20104 Model Perspective
21:43:41 Sat Jun 01 2013
Center:
X: 3.500e+002
Y: 5.700e+001
Z: 3.155e+002
Dist: 1.350e+003
Rotation:
X: 0.000
Y: 0.000
Z: 0.000
Mag.: 1
Ang.: 22.500
Contour of SMin
Magfac = 0.000e+000
Gradient Calculation
-4.0331e+007 to -4.0000e+007
-4.0000e+007 to -3.5000e+007
-3.5000e+007 to -3.0000e+007
-3.0000e+007 to -2.5000e+007
-2.5000e+007 to -2.0000e+007
-2.0000e+007 to -1.5000e+007
-1.5000e+007 to -1.0000e+007
-1.0000e+007 to -5.0000e+006
-5.0000e+006 to -9.9304e+004
Interval = 5.0e+006
Itasca Consulting Group, Inc.
Minneapolis, MN USA

(b)

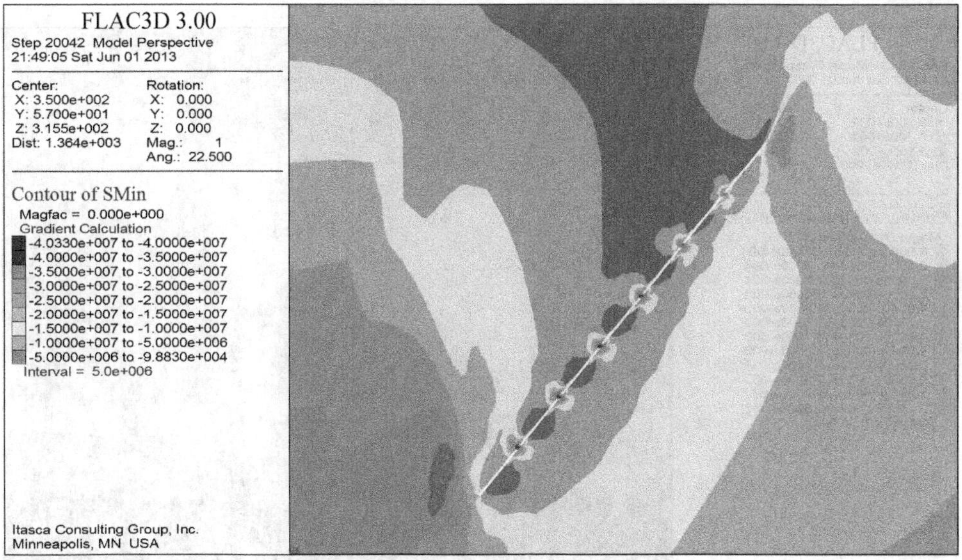

(c)

图 9-12 各方案开采后顶板最大主应力分布

(a) 方案一；(b) 方案二；(c) 方案三

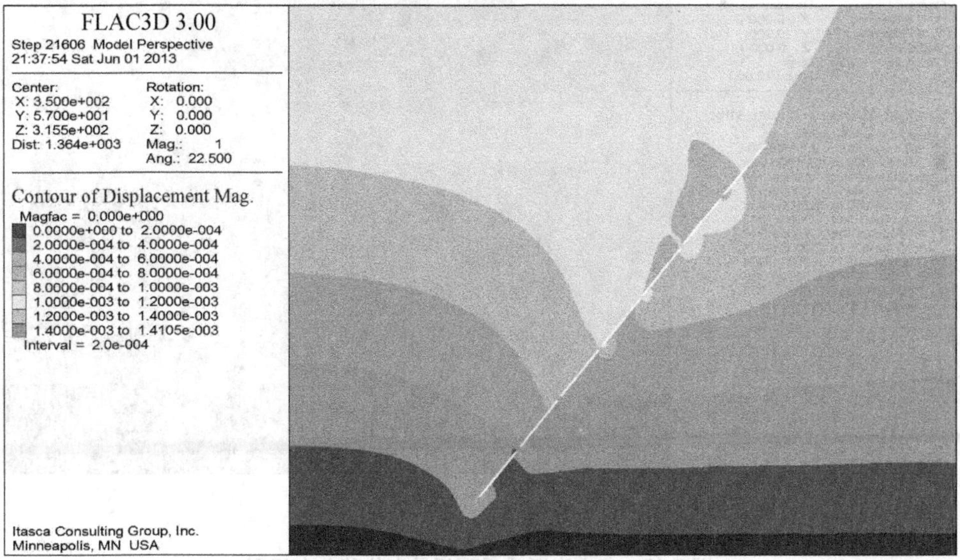

(a)

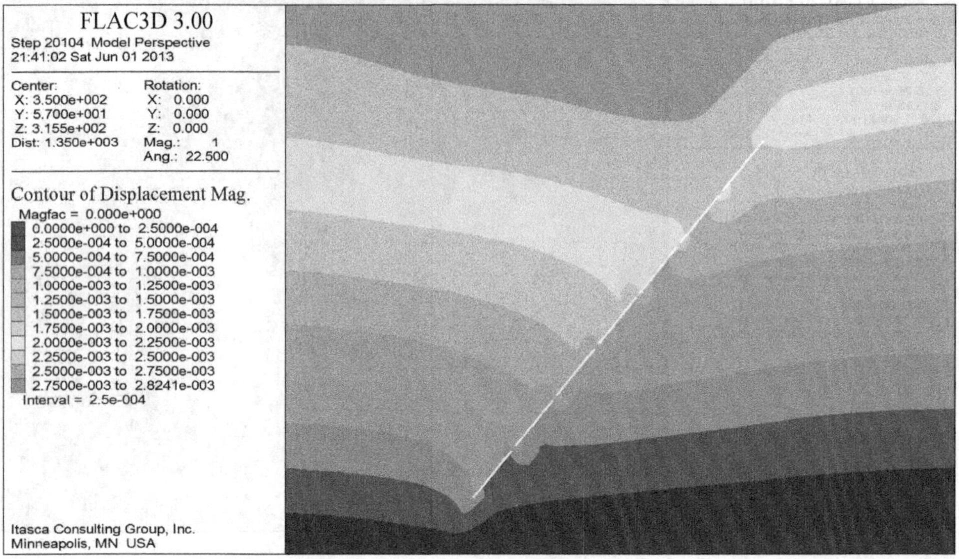

(b)

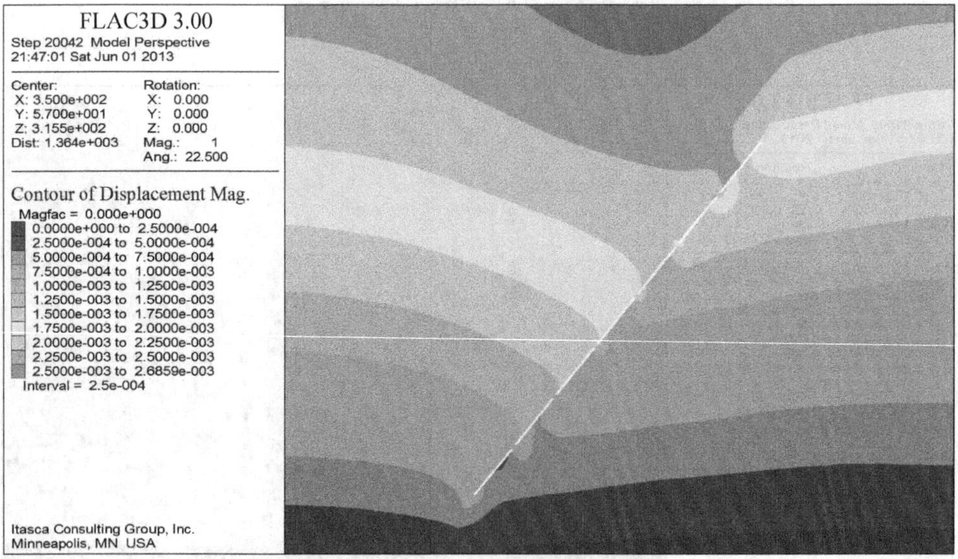

(c)

图 9-13　各方案开采后顶板最大位移分布云图

(a) 方案一；(b) 方案二；(c) 方案三

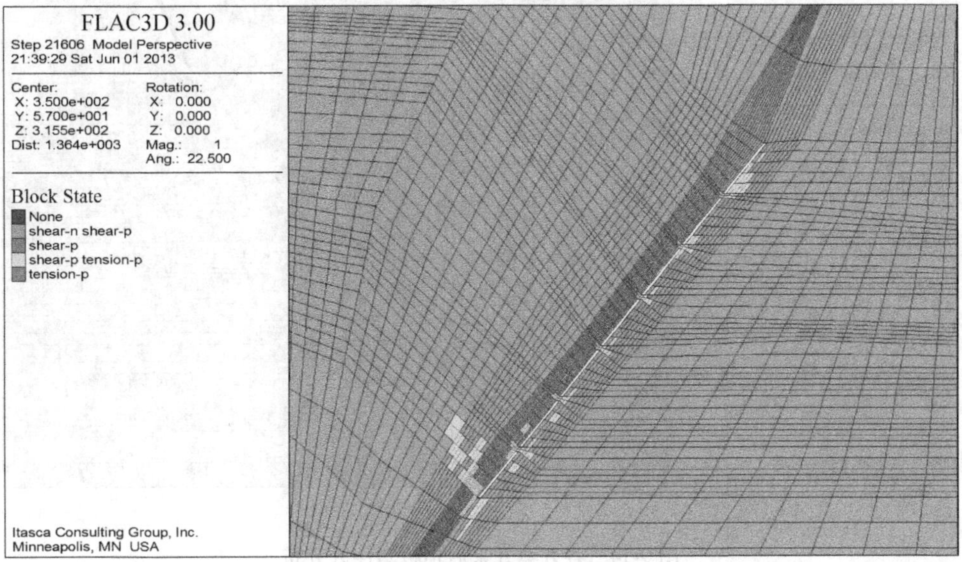
FLAC3D 3.00
Step 21606 Model Perspective
21:39:29 Sat Jun 01 2013
Center:
X: 3.500e+002
Y: 5.700e+001
Z: 3.155e+002
Dist: 1.364e+003
Rotation:
X: 0.000
Y: 0.000
Z: 0.000
Mag.: 1
Ang.: 22.500
Block State
None
shear-n shear-p
shear-p
shear-p tension-p
tension-p
Itasca Consulting Group, Inc.
Minneapolis, MN USA

(a)

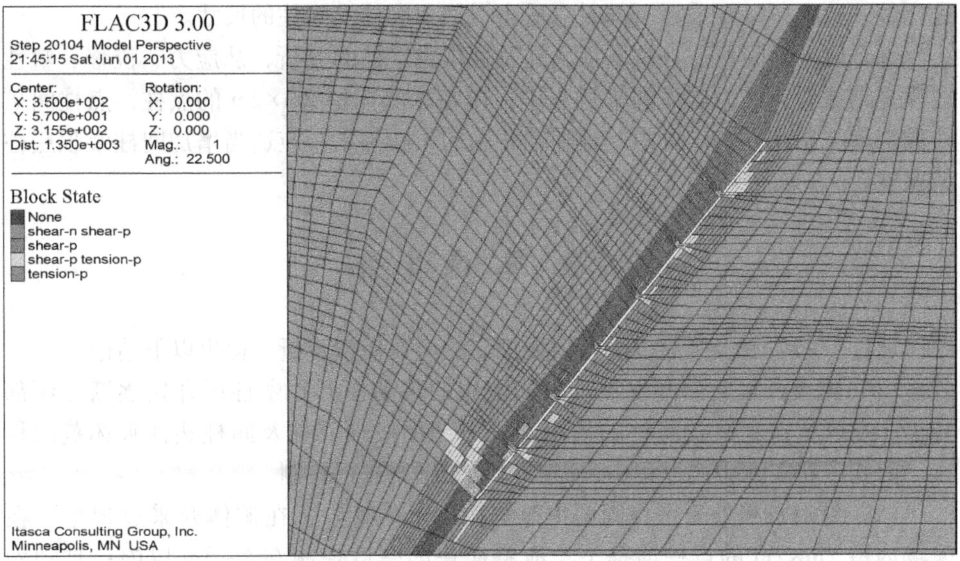
FLAC3D 3.00
Step 20104 Model Perspective
21:45:15 Sat Jun 01 2013
Center:
X: 3.500e+002
Y: 5.700e+001
Z: 3.155e+002
Dist: 1.350e+003
Rotation:
X: 0.000
Y: 0.000
Z: 0.000
Mag.: 1
Ang.: 22.500
Block State
None
shear-n shear-p
shear-p
shear-p tension-p
tension-p
Itasca Consulting Group, Inc.
Minneapolis, MN USA

(b)

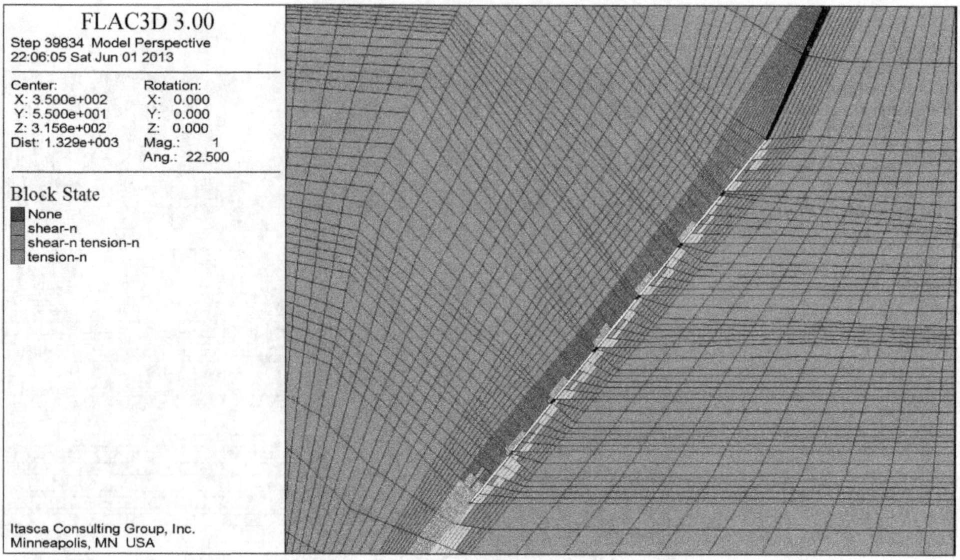

(c)

图 9-14 各方案开采后顶板塑性区分布

(a) 方案一；(b) 方案二；(c) 方案三

顶底柱、间柱都不太稳定。从三个方案塑性区分布位置来看，随着开采深度的增加，顶底柱及间柱出现塑性区的区域增大，这与点柱、间柱及顶底柱稳定性分析也比较一致，所以开采至下部时应适当增加顶底柱及间柱的尺寸。

综合以上对间柱、点柱、顶底柱及顶板稳定性的分析，从应力、位移、塑性区模拟结果看，认为矿体开采过程中，应在采场内留 2m×2m 的点柱，点柱间矿块的跨度控制在 6~8m 以内，且随着开采的不断深入，应适当增加间柱及顶底柱的宽度。

9.3 本章小结

通过对采动围岩变形规律与顶板控制的仿真模拟分析，得出以下结论：

(1) 随着开采向深部发展，采场围岩的移动变形和塑性区开始逐渐往深部转移，在仅留顶底柱及间柱的情况下，下部中段顶底柱及间柱塑性破坏范围较大。因此，在实际生产过程中，需要对采场围岩进行控制。

(2) 针对顶板处于不稳固至中等稳固以上的特点，在矿体开采过程中，在采场内留 2m×2m 的点柱前提下，应将矿块间跨度控制在 6~8m 以内；且随着开采的不断深入，应适当增加间柱及顶底柱的宽度，能保证开采过程顶板的稳定。

(3) 在矿体开采过程中，除采用留点柱控制顶板的方法进行开采以外，在局部也可采用锚杆护顶、立柱护顶及木垛支护等联合支护控制方案。此方案相对于单独留点柱支撑顶板方案而言，可以大大降低损失率，提高矿石的回收率。

10 倾斜薄矿体开采对上部隔水层稳定性的影响

在矿体回采过程中，不同的回采方案及开采深度对上部围岩和隔水层的影响，对于矿区安全高效生产至关重要。采用离散元软件分别对空场和留顶底柱、点柱情况下，两种方案在不同开采深度下上盘围岩的冒落情况及对隔水层的影响进行数值模拟研究。

10.1 离散元模型介绍

自从 1970 年 Cundall 首次提出离散单元 DEM（distinc element method）模型以来，这一方法已在数值模拟理论与工程应用方面取得长足的进展。该方法的一个突出功能是它在反映岩体之间接触面的滑移、分离与倾翻等大位移的同时，又能计算岩体内部的变形与应力分布。因此，任何一种岩体材料的本构模型都可引入到模型中来，例如弹性、黏弹性、弹塑性或断裂等均可考虑。该方法的另一个优点是它利用显式时间差分（动态松弛法）求解动力平衡方程，这一方法用于求解非线性大位移与动力稳定问题具有很好的优势。因此自该方法问世以来，得到了广泛应用和深入研究。

国外较早开始对离散元的研究，石根华与 Goodmen 提出的 DDA（discontinuous deformation analysis）离散元模型，是在求解块体变形与应力时用变态模态组合来代替 Cundall 的有限差分格式。Williams 和 Mustoe 用正交模态来近似岩块的变形特征，只需要几个低阶模态就能描绘岩块的复杂变形。Lorig 等人提出一种离散元与边界元的耦合模型用于模拟裂隙岩体与完整岩体的组合系统。Dowing 等人利用有限元与离散元的耦合系统分析了地下硐室与围岩介质的动力相互作用，其中硐室附近的节理岩体采用刚体离散元模拟，远场完整岩石则用有限元离散。

我国研究与应用离散元法始于 20 世纪 80 年代中期，王泳嘉教授首次在我国应用于节理岩体的数值分析中，研究了放矿的数值模拟与自然崩落机制。魏群研究了椭圆形颗粒的离散单元，进行了模型试验验证。昆明理工大学侯克鹏教授在离散元应用研究中，对振动放矿的发展规律、边坡评价及金属矿山的地下采空区顶板围岩的冒落机制和规律等进行了研究，并于 1998 年用自编的离散元软件对四川攀枝花钢铁公司朱家包铁矿 500m 高大边坡在重力、爆破、地下水及地应力作用下的稳定性进行了评价；2000 年在云南省嵩待公路白泥井段边坡进行了稳定性评价；2001 年在云锡公司老厂锡矿网选边坡；2006 年在云南华联锌铟股份有限公司 2000t/d 选矿厂边坡等工程中进行了实际应用，得到较好的评价效果。

离散元理论是由分析离散单元的块间接触入手，找出其接触的本构关系，建立接触物理力学模型，并根据牛顿第二定律建立力、加速度、速度及其位移之间的关系，对非连续、离散的单元进行模拟仿真。该理论认为块体与块体之间的相互作用是在角和面（边）上有接触，角点允许有较大的位移，在某些情况下岩体可以滑动甚至脱离母体而自由下落。在二维问题中，多边形单元是角与角、角与边及边与边的接触（见图 10-1）。

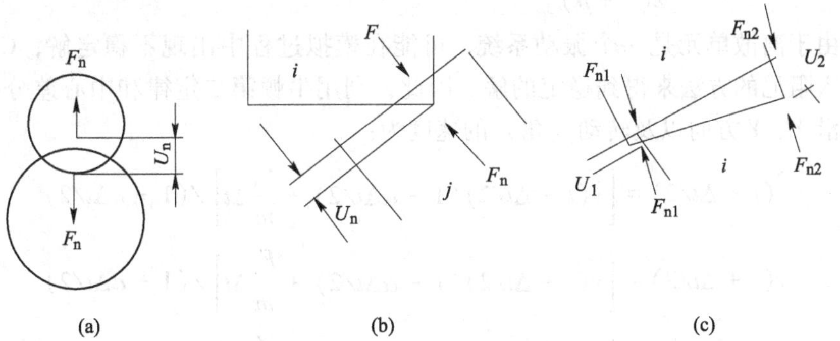

图 10-1 块体单元接触关系图

（a）圆形单元接触；（b）多边形单元的角边接触；（c）多边形单元的两角与边接触

块体的作用力与块体间的叠合值 U 有关，块体间的法向、切向叠合设为 U_n、U_s，则法向力 F_n 和切向力 ΔF_s 分别为：

$$F_n = K_n \times U_n$$

$$\Delta F_s = K_s \times U_s$$

式中 K_n，K_s——法向和切向刚度系数；

U_n，U_s——法向和切向叠合值。

上式为弹性情况，当岩块分离时，作用在岩块上的法向力和切向力随即消失。对于塑性破坏，需要检查切向力 F_s 是否超过剪切强度，如超过表示产生剪切破坏而剪切力取极限值，因此根据库仑定律有下式成立：

$$F_s \leqslant C + F_n \tan\phi$$

式中 C——单元之间的黏聚力；

ϕ——单元之间的内摩擦角。

根据岩块几何形状及其与邻近岩块的关系，依据上述原理，可以计算出作用在某一特定岩块上的一组力，F_{x1}、F_{x2}、F_{y1}、F_{y2}、…计算出合力 F_x、F_y 和力矩 M。

模拟中所用法向刚度系数 K_n 和切向刚度系数 K_s 可由下面的公式近似计算。

如图 10-2 所示的两个接触块体，设其长度和宽度分别为 a 和 b，其弹性模量为 E，泊松比为 μ，则根据弹性力学理论有：

$$2k_n u_n / a = E u_n / b$$

从而可得到法向刚度系数：

$$k_n = \frac{(Ea)}{(2b)}$$

切向刚度系数可由法向刚度系数求得：

$$k_s = \frac{k_n}{[2(1+\mu)]}$$

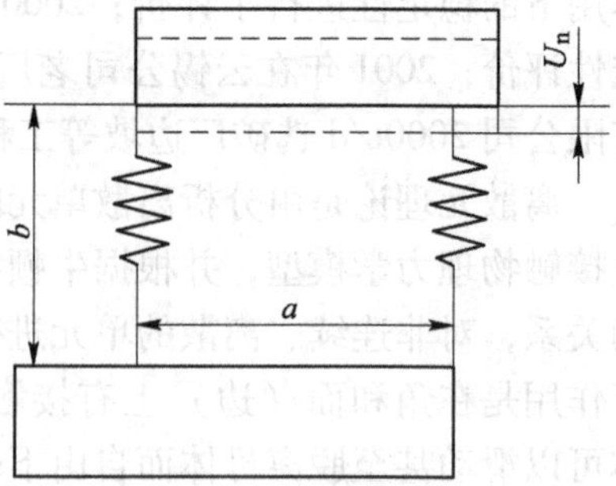

图 10-2 块体计算接触模型

由于离散单元是一个振动系统，可能在模拟过程中出现不稳定解，Cundall 用加入阻尼的方法来得到稳定的解。因此，利用牛顿第二定律和中心差分格式，可得沿 X、Y 方向以及转动（角）的速度为：

$$\dot{x}(t+\Delta t/2) = \left[x(t-\Delta t/2)(1-\alpha\Delta t/2) + \frac{F_x}{m}\Delta t\right] / (1 - a\Delta t/2)$$

$$\dot{y}(t+\Delta t/2) = \left[y(t-\Delta t/2)(1-\alpha\Delta t/2) + \frac{F_y}{m}\Delta t\right] / (1 - a\Delta t/2)$$

$$\dot{\theta}(t+\Delta t/2) = \left[\theta(t-\Delta t/2)(1-\alpha\Delta t/2) + \frac{M}{I}\Delta t\right] / (1 - a\Delta t/2)$$

式中 m——岩块质量；

M——转矩；

I——转动惯量；

t——时步；

a——阻尼。

运算时，在每一时步（Δt）进行迭代，根据前一次迭代所得到的块体位置，求出接触力，作为下一时步迭代的出发点，用以求出块体的新位置，如此反复迭代，直到最后达到平衡状态为止。

在本次计算过程采用的矿岩体数据已经过大量的试算和经验折减，计算模拟中采用的计算参数见表 10-1。

表 10-1 离散元分析采用的力学参数

岩性	密度/g · cm^{-3}	k_n	k_s	c	φ	jk_n	jk_s	j_c	j_φ
一般千枚岩	2.75	4.65×10^{10}	4.65×10^{10}	0.524	30.43	4.65×10^{11}	4.65×10^{11}	0.367	21.3
砂岩	2.71	6.22×10^{10}	6.22×10^{10}	0.67	49.19	6.22×10^{11}	6.22×10^{11}	0.469	34.38
层纹灰岩	2.75	4.65×10^{10}	4.65×10^{10}	0.524	30.43	4.65×10^{11}	4.65×10^{11}	0.367	21.3
矿体	4.15	2.62×10^{11}	2.62×10^{11}	0.75	33.93	2.62×10^{12}	2.62×10^{12}	0.525	23.75

10.2 计算模型

扫一扫看
更清楚

考虑矿区典型20号勘探线剖面矿岩体的实际关系及所要解决的问题，建立需要的计算模型，计算模型如图10-3和图10-4所示。模型采用与矿岩体倾向、倾角一致的结构单元。单元大小为：远离坡面的间接底板砂岩、间接顶板一般千枚岩采用5m×5m的结构单元，矿体、直接顶底板层纹灰岩、顶板砂岩采用2m×2m的结构单元，勘探线剖面计算模型单元划分为34768个。

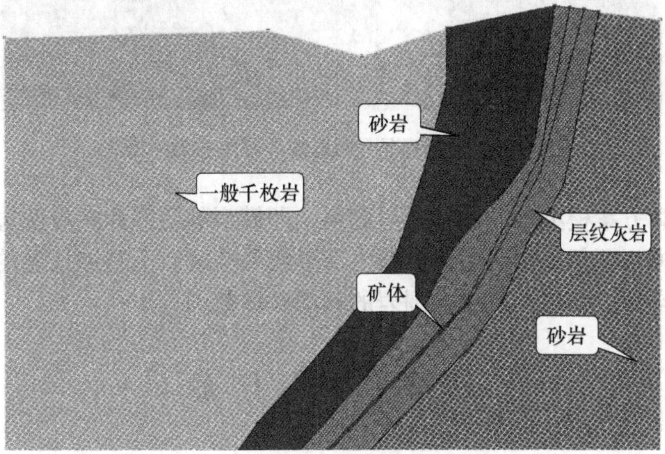

图10-3 空场条件下模型单元划分示意图

图10-4 预留顶底柱、点柱条件下模型单元划分示意图

计算主要分两种情况：（1）完全空场条件下不同开挖深度上盘围岩的破坏范围；（2）在各中段之间预留6m顶底柱，采场内预留3m×3m点柱，点柱之间跨度6m，分析不同开挖深度对上盘围岩的影响。计算分析时，在剖面自上而下设置10个跟踪点（见图10-5）。

图 10-5 空场情况下跟踪块体模型位置示意图

两种计算方案模型采用位移边界约束，即模型的底部和左右两边，采用位移固定约束，模型顶部不加约束，模型内部形成采空区后不施加任何约束，研究矿体回采后采空区的稳定性及上盘围岩的移动破坏范围。

10.3 计算方案

计算采用与三维有限差分法一致的开挖步骤：考虑分步开挖，即第一步为初始模型，不考虑开挖；第二步开采至 600m 水平；第三步开采至 500m 水平；第四步开采至 400m 水平；第五步开采至 300m 水平。模拟不同开挖深度上盘围岩的变形冒落形式及范围。

10.4 模拟结果

10.4.1 空场情况下对上部隔水层稳定性的分析

计算模拟过程中，选用合适的模拟步长。经过大量的计算机模拟，空场情况下五个步骤累计迭代 3000 多万次，历时一个多月，五个回采步骤模拟结果分析如下：

第一步，不进行任何开挖活动，把外部荷载及边界约束施加到研究的区域中，形成初始应力场。位移从模型的顶部向下依次减小，顶端位移最大。这主要是由于块体单元在自重应力及上部施加外部荷载作用下的压实作用所造成的。该步模拟在矿岩体中形成初始应力场，块体单元的位移主要是弹性形变，模拟结果及各跟踪块体位移如图 10-6~图 10-8 所示。

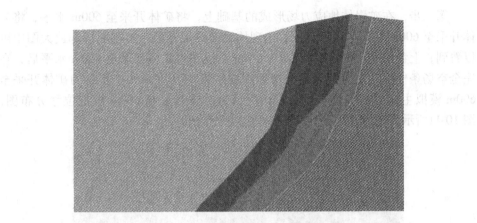

图 10-6 原始状态模拟主应力分布

图 10-7 原始状态模拟位移分布

图 10-8 原始状态模拟速度分布

第二步，在矿岩体地应力场形成的基础上，将矿体开采至600m水平，将矿体开采至600m后，矿体上盘围岩出现垮塌及离层现象，从剖面局部放大图中可以看到，上盘围岩最大垮塌高度约为12m；说明将矿体开采至600m水平后，在完全空场条件下，上盘围岩最大垮塌高度约为12m。图10-9所示为矿体开采至600m模拟主应力分布图，图10-10所示为矿体开采至600m模拟位移分布图，图10-11所示为矿体开采至600m模拟速度分布图。

图10-9　矿体开采至600m模拟主应力分布

图10-10　矿体开采至600m模拟位移分布

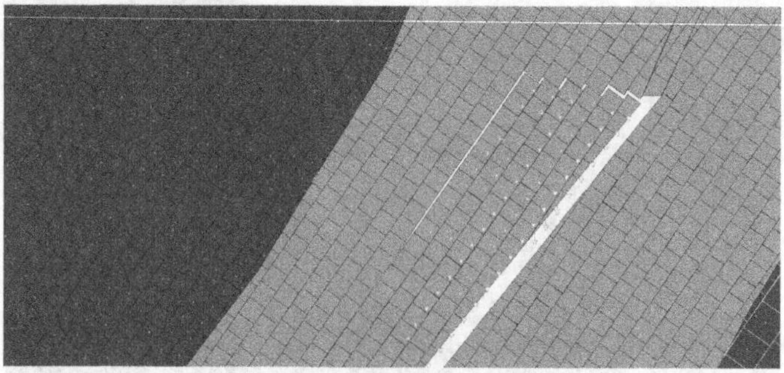

图10-11　矿体开采至600m模拟速度分布

第三步，在第二步的基础上将矿体开采至500m水平，图10-12所示为矿体开采至500m模拟主应力分布图，图10-13所示为矿体开采至500m模拟位移分布图，图10-14所示为矿体开采至500m模拟速度分布图。可以看出，将矿体开采至500m后，矿体上盘围岩出现垮塌及离层的范围明显增加，从剖面局部放大图中可以看到上盘围岩最大垮塌高度约为44m；说明将矿体开采至500m水平后，在完全空场的条件下，上盘围岩最大垮塌高度约为44m，与隔水层大约还有20m距离。

图10-12 矿体开采至500m模拟主应力分布

图10-13 矿体开采至500m模拟位移分布

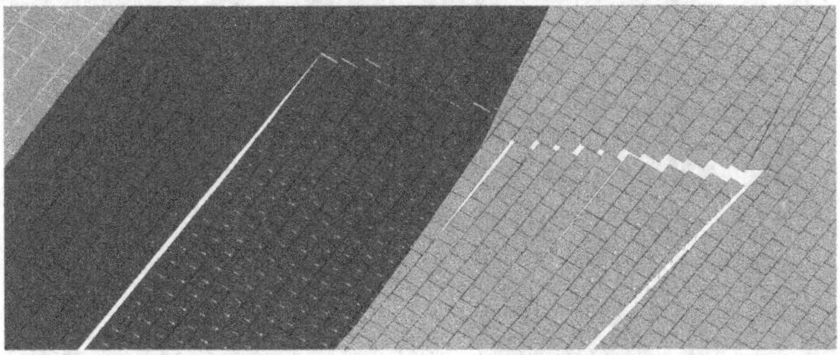

图10-14 矿体开采至500m模拟速度分布

第四步，矿体开采至400m水平，矿体上盘围岩出现垮塌及离层的范围与开采至500m相比，没有明显变化，上盘围岩最大垮塌高度也没有变化；说明将矿体开采至400m水平后，在完全空场的条件下，上盘围岩最大垮塌高度仍为44m左右，与隔水层大约还有20m距离。图10-15所示为矿体开采至400m模拟主应力分布图，图 10-16 所示为矿体开采至 400m 模拟位移分布图，图 10-17 所示为矿体开采至 400m 模拟结果速度分布图。

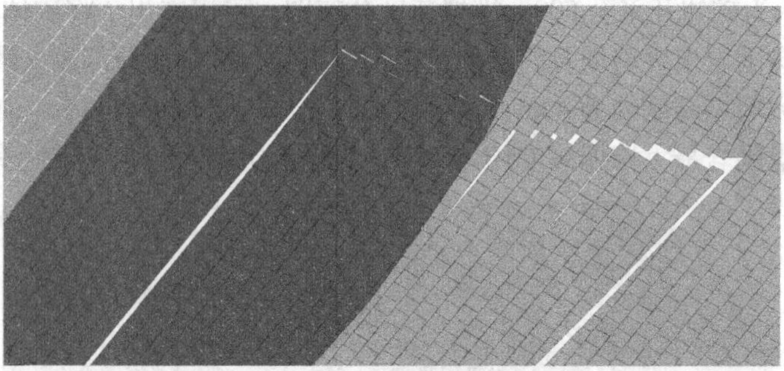

图 10-15 矿体开采至 400m 模拟主应力分布

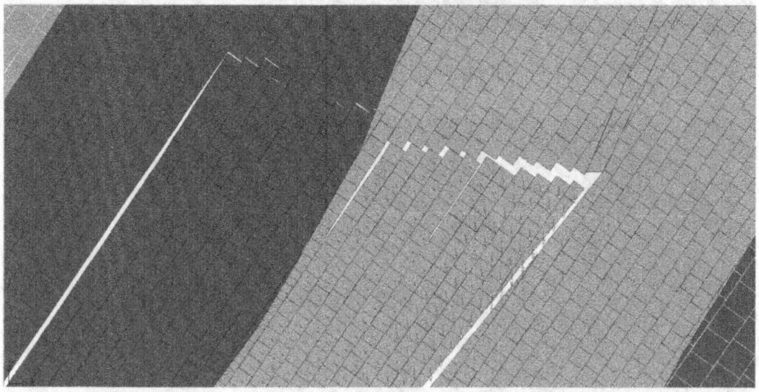

图 10-16 矿体开采至 400m 模拟位移分布

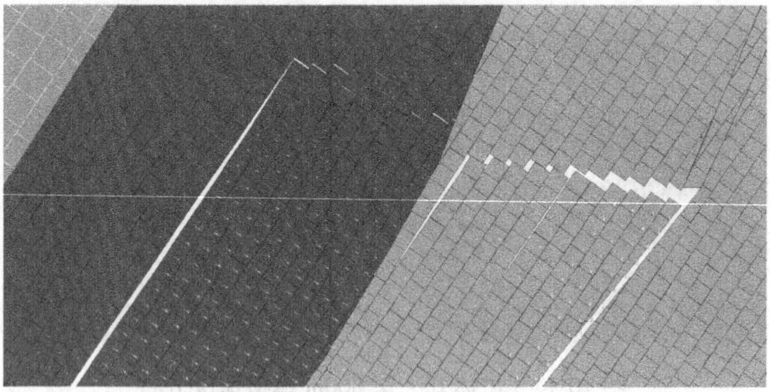

图 10-17 矿体开采至 400m 模拟速度分布

第五步，矿体开采至 300m 水平，矿体上盘围岩出现垮塌及离层的范围比开采至 500m、400m 水平有了明显增加，上盘围岩最大垮塌高度约为 74m；说明将矿体开采至 300m 水平后，在完全空场的条件下，上盘围岩最大垮塌高度约为

74m，此时垮塌范围超出隔水层大约10m。图10-18所示为矿体开采至300m模拟主应力分布图，图10-19所示为矿体开采至300m模拟位移分布图，图10-20所示为矿体开采至300m模拟速度分布图。

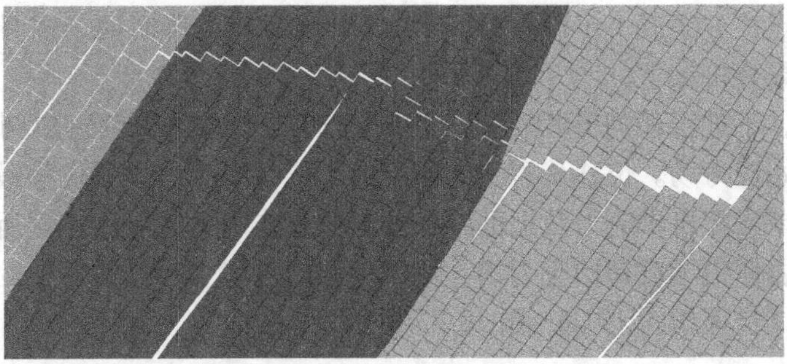

图10-18 矿体开采至300m模拟主应力分布

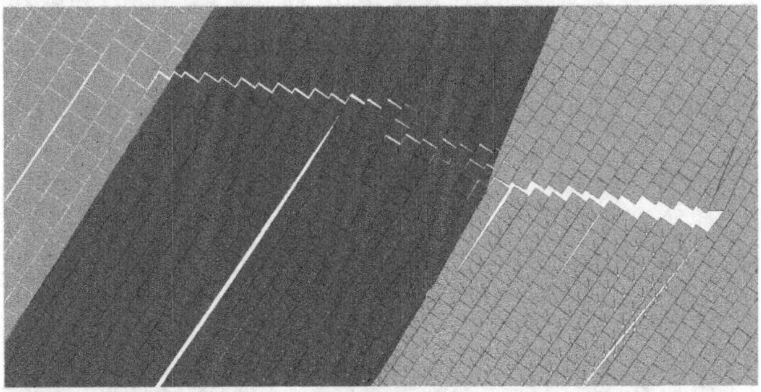

图10-19 矿体开采至300m模拟位移分布

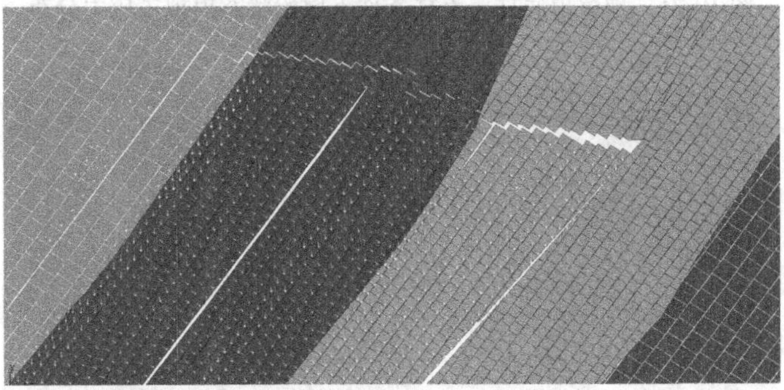

图10-20 矿体开采至300m模拟速度分布

10.4.2 预留顶底柱、点柱情况下模拟结果

模型内部形成采空区后不施加任何约束，允许围岩依照自身的力学机制发生

一定的位移或破坏，所选参数与三维有限元模拟所用参数一致。其中法向刚度系数和切向刚度系数采用岩体的弹性模量和泊松比，用单元的几何尺寸进行换算得出。模拟过程中，选用合适的模拟步长，通过大量的计算机模拟，20 号剖面预留顶底柱、点柱方案五个步骤累计迭代 4200 多万次，历时两个多月，五个回采步骤模拟结果分析如下：

第一步，不进行任何开挖活动，把外部荷载及边界约束施加到研究的区域中，形成初始应力场。位移从模型的顶部向下依次减小，顶端位移最大。这主要是由于块体单元在自重应力及上部施加外部荷载作用下的压实作用所造成的。该步模拟在矿岩体中形成初始应力场，块体单元的位移主要是弹性形变，模拟结果及各跟踪块体位移如图 10-21～图 10-23 所示。

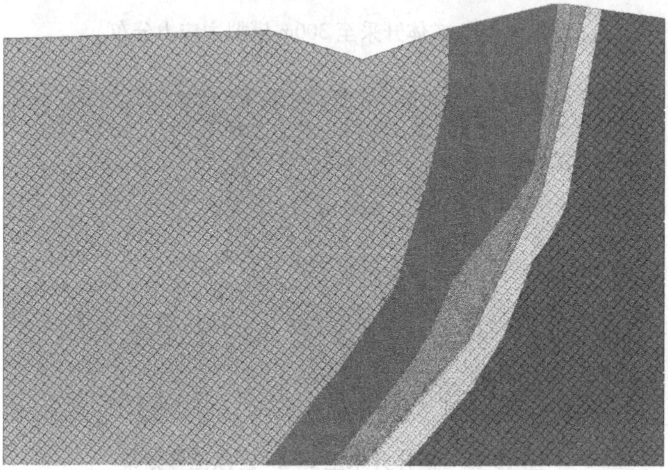

图 10-21　预留顶底柱、点柱条件下原始状态模拟主应力分布

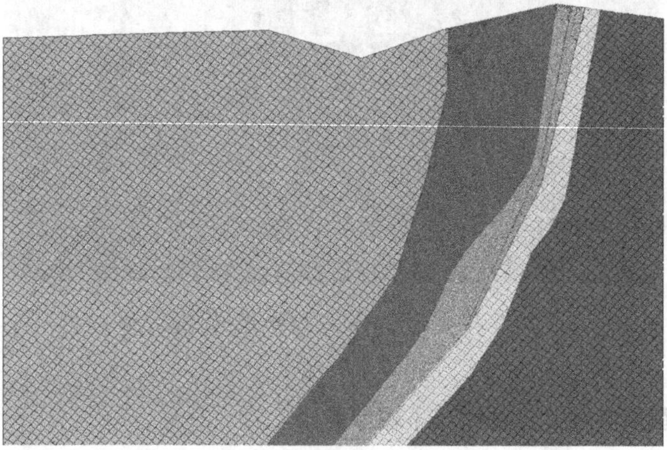

图 10-22　预留顶底柱、点柱条件下原始状态模拟位移分布

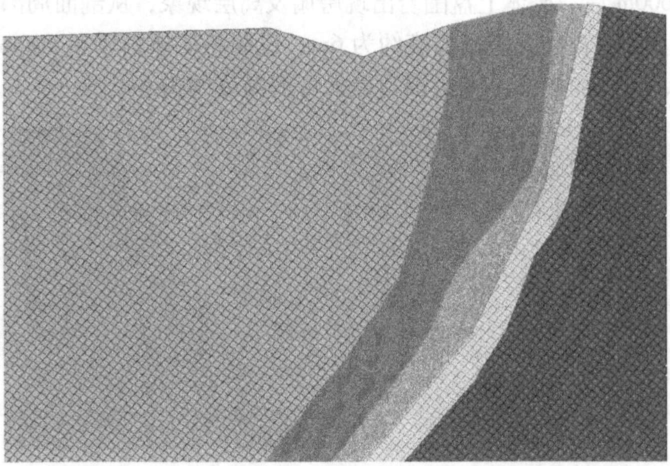

图 10-23 预留顶底柱、点柱条件下原始状态模拟速度分布

第二步，在矿岩体压实（或形成应力场）的基础上将矿体开采至 600m 水平，中段间顶底柱宽 6m。计算模拟结果如图 10-24～图 10-26 所示。可以看出，将

图 10-24 预留顶底柱、点柱前提下矿体开采至 600m 模拟主应力分布

图 10-25 预留顶底柱、点柱前提下矿体开采至 600m 模拟位移分布

矿体开采至600m后，矿体上盘围岩出现垮塌及离层现象，从剖面局部放大图10-27中可以看到上盘围岩最大垮塌高度约为6m；说明将矿体开采至600m水平后，在预留顶底柱、点柱前提下，上盘围岩最大垮塌高度约为6m。

图10-26 预留顶底柱、点柱前提下矿体开采至600m模拟速度分布

图10-27 开采至600m矿体上盘离层、开裂情况局部放大

第三步，矿体开采至500m水平，从模拟结果图（图10-28~图10-31）可以看出，将矿体开采至500m后，矿体上盘围岩出现垮塌及离层的范围有所增加。

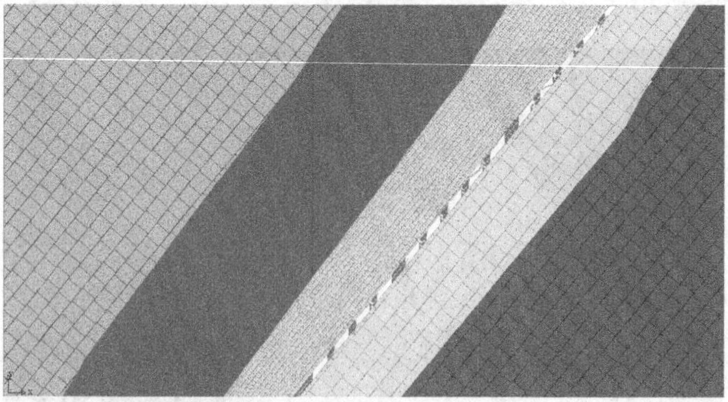

图10-28 预留顶底柱、点柱前提下矿体开采至500m模拟主应力分布

从剖面局部放大图 10-31 中可以看到，上盘围岩最大垮塌高度约为 12m；说明将矿体开采至 500m 水平后，在预留顶底柱、点柱的前提下，上盘围岩最大垮塌高度约为 12m，与空场条件下的 44m 有较大区别，说明预留顶底柱、点柱对抑制顶板冒落有明显的作用。

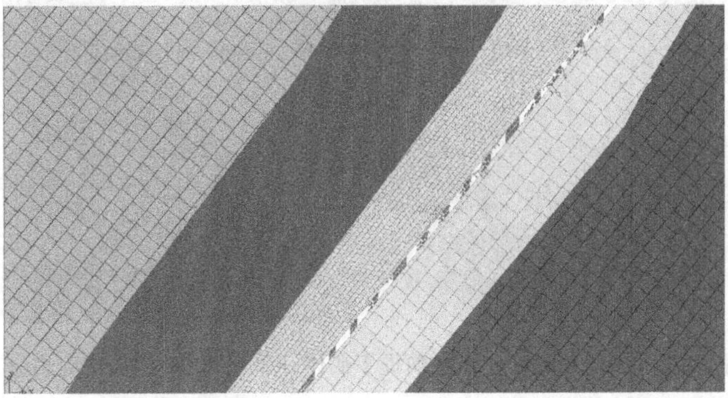

图 10-29 预留顶底柱、点柱前提下矿体开采至 500m 模拟位移分布

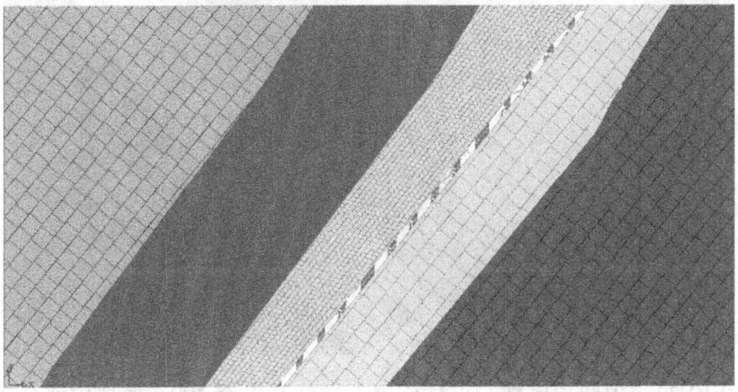

图 10-30 预留顶底柱、点柱前提下矿体开采至 500m 模拟速度分布

图 10-31 开采至 500m 矿体上盘离层、开裂情况局部放大图

第四步，矿体开采至400m 水平，从模拟结果图（图 10-32～图 10-36）可以看出，矿体上盘围岩出现垮塌及离层的范围与开采至500m 相比没有明显变化。

图 10-32 预留顶底柱、点柱前提下矿体开采至400m 模拟主应力分布

图 10-33 预留顶底柱、点柱前提下矿体开采至400m 模拟位移分布

图 10-34 预留顶底柱、点柱前提下矿体开采至400m 模拟速度分布

从剖面局部放大图10-36中可以看出，上盘围岩最大垮塌高度也没有变化，说明将矿体开采至400m水平后，在预留顶底柱、点柱的前提下，上盘围岩最大垮塌高度仍为12m左右，与隔水层大约有50m距离。因此，在预留顶底柱、点柱的情况下，矿体开采至400m不会对隔水层造成破坏。

图10-35 矿体开采至400m时顶底柱、点柱破坏情况分布

图10-36 开采至400m矿体上盘离层、开裂情况局部放大图

第五步，矿体开采至300m水平，从模拟结果图（图10-37~图10-40）可以看出，将矿体开采至300m后，矿体上盘围岩出现垮塌及离层的范围有所增加。从剖面局部放大图10-40中可以看到，上盘围岩出现离层的位置与开采至400m水平相比大约增加了3层（6m），最大垮塌高度约为18m；说明将矿体开采至300m水平后，在预留顶底柱、点柱的前提下，上盘围岩出现离层的范围最大为18m，与空场条件下的74m相比，出现离层的范围仅为空场状态下的四分之一，且隔水层与矿体的距离约为60m，说明预留顶底柱、点柱情况下，矿体开采后不会对隔水层造成破坏。

图 10-37 预留顶底柱、点柱前提下矿体开采至 300m 模拟主应力分布

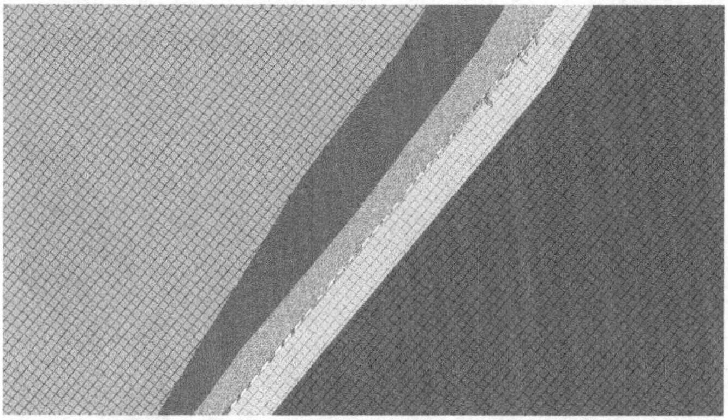

图 10-38 预留顶底柱、点柱前提下矿体开采至 300m 模拟位移分布

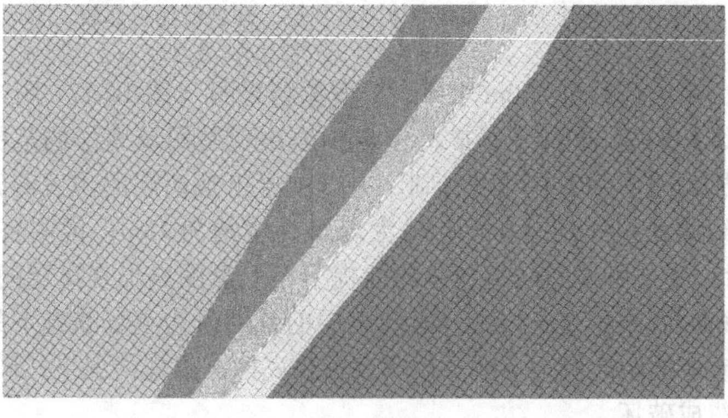

图 10-39 预留顶底柱、点柱前提下矿体开采至 300m 模拟速度分布

图 10-40 开采至 300m 矿体上盘离层、开裂情况局部放大

10.5 本章小结

通过倾斜薄矿体开采对上部隔水层稳定性的影响研究，主要可以得出以下结论：

（1）采用离散元法对不同开采深度进行数值模拟，可以对采空区顶板、顶底柱、点柱等的力学行为进行科学评价，该方法形象直观，对研究问题得出的结论，符合岩石力学的基本规律，在方法上是可行的。

（2）模拟过程中，允许围岩依照自身的力学机制发生一定的位移或破坏的情况下，20 号勘探线剖面在空场条件下，矿体开采至 600m、500m、400m、300m 时上盘围岩最大垮落范围约为 12m、44m、44m、74m，而隔水层与矿体的距离约为 60m。从分析结果可以看出，在完全空场条件下，矿体开采至 300m 时可能会影响到隔水层的稳定。

（3）模拟过程中，允许围岩依照自身的力学机制发生一定的位移或破坏的情况下，20 号勘探线剖面在预留 6m 顶底柱、3m 点柱情况下，矿体开采至 600m、500m、400m、300m 时上盘围岩最大垮落范围约为 6m、12m、12m、18m，而隔水层与矿体的距离约为 60m。从分析结果可以看出，预留 6m 顶底柱、3m 点柱情况下，矿体开采至不同深度均不会影响到隔水层，说明预留顶底柱、点柱对抑制顶板冒落有明显的作用，所以在开采过程中预留顶底柱、点柱是十分必要的。

参考文献

[1] 解世俊. 金属矿床地下开采［M］. 北京：冶金工业出版社，2008.

[2] 采矿设计手册编委会. 采矿设计手册［M］. 北京：冶金工业出版社，1992.

[3] 于润沧. 采矿工程师手册［M］. 北京：冶金工业出版社，2009.

[4] 古德生. 地下金属矿采矿科学技术的发展趋势［J］. 黄金，2004，25（1）：18~22.

[5] 蔡美峰. 岩石力学与工程［M］. 北京：科学技术出版社，2002.

[6] 侯克鹏. 矿山地压控制理论与实践［M］. 昆明：云南科技出版社，2004.

[7] 采矿设计手册编委会. 采矿设计手册［M］. 北京：冶金工业出版社，2005.

[8] 蔡美峰. 金属矿山采矿设计优化与地压控制理论与实践［M］. 北京：科学出版社，2001.

[9] 郑永学. 矿山岩体力学［M］. 北京：冶金工业出版社，1988.

[10] 李俊平，连民杰. 矿山岩石力学［M］. 北京：冶金工业出版社，2011.

[11] 周崇仁. 矿柱回采与空区处理［M］. 北京：冶金工业出版社，1990.

[12] 杨鹏. 高等硬岩采矿学［M］. 北京：冶金工业出版社，2010.

[13] 祁水连，侯春华. 我国钨资源利用情况分析［J］. 中国国土资源经济，2011（10）：24~27，55.

[14] 王训青，朱天平. 充填采矿法在获各琦铜矿的应用［J］. 有色金属（矿山部分），2012（1）：7~9，16.

[15] 王科洪. 浅孔留矿法在黑箐铜矿的改进及实践［D］. 绵阳：西南科技大学，2015.

[16] 刘辉，宋卫东，付建新，等. 基于相似材料模拟实验的留矿法开采围岩稳定性分析［J］. 矿业研究与开发，2012（6）：75~78，88.

[17] 李群，李占金，任贺旭，等. 静态留矿法在不稳固薄矿脉开采中的应用研究［J］. 矿业研究与开发，2015（4）：1~3.

[18] 范利军，杨秀元. 分爆分采留矿法在某铀矿中的应用［J］. 有色冶金设计与研究，2013（2）：4~6.

[19] 杨清林，孙德宁，于政海，等. 复杂难采硫化铅锌矿体高效采矿方法研究［J］. 有色金属（矿山部分），2016（1）：6~8.

[20] 魏建海，黄兴益，戈超，等. 基于 PFC2D 的无底柱分段崩落法放矿数值模拟［J］. 现代矿业，2015（12）：27~28.

[21] 马东，赵广东，宫国慧，等. 钢混人工假顶无底柱分段崩落法的试验研究［J］. 辽宁科技大学学报，2015（3）：221~223.

[22] 陶干强，任凤玉，刘振东，等. 随机介质放矿理论的改进研究［J］. 采矿与安全工程学报，2010（2）：239~243.

[23] 麻雪严，连民杰，胡杏保，等. 大红山铁矿露天采场压矿范围的相似模拟［J］. 金属矿山，2016（1）：29~33.

[24] 温彦良，张国建，张治强. 无底柱分段崩落法放矿规律的数值试验研究［J］. 矿业研究与开发，2014（5）：3~6.

[25] 李斌，许梦国，王明旭，等. 无底柱分段崩落法中深孔爆破数值模拟研究［J］. 矿业研究与开发，2014（2）：111~114，128.

[26] 张永达，梁新民，明建，等. 基于多方法联合的无底柱采场端壁倾角优选 [J]. 有色金属（矿山部分），2015（4）：4~8.

[27] 肖益盖，王星，杨家冕. 深部复杂难采矿体崩落法开采地压数值模拟分析 [J]. 矿业研究与开发，2016（2）：4~7.

[28] 周东良，何少博，董经纶，等. 无底柱分段崩落采矿法回采方式对进路应力影响的模拟分析 [J]. 黄金，2016（2）：30~34.

[29] 明世祥，梅智学. 无底柱分段崩落采矿法在武钢地下铁矿中的应用实践 [J]. 黄金，2005（6）：29~32.

[30] 任贺旭，李占金，李群，等. 点柱分层充填法的点柱间距优化与稳定性分析 [J]. 矿业研究与开发，2015（11）：60~63.

[31] 雷银，李云安，胡丽珍，等. 上向分层充填法开采薄矿体的围岩稳定性影响因素分析 [J]. 采矿技术，2015（2）：25~28.

[32] 杨家冕，汪绍元，王星. 上向分层充填法点柱尺寸对地表变形影响分析 [J]. 金属矿山，2015（10）：46~50.

[33] 胡丽珍，李云安，雷银，等. 上向分层充填法采矿的数值模拟研究 [J]. 金属矿山，2014（1）：5~8.

[34] 黄明清，吴爱祥，王贻明，等. 基于 FLAC2D 的空场嗣后充填法采场结构参数优化 [J]. 铜业工程，2014（1）：23~27.

[35] 宋嘉栋，甯瑜琳，詹进，等. 袋装尾砂充填及围空区采矿柱技术研究 [J]. 矿业研究与开发，2014（5）：1~2，35.

[36] 张振华. 谦比希铜矿高分段空场嗣后充填法的应用 [J]. 中国矿山工程，2015（4）：18~20.

[37] 于常先，许子刚，王平，等. 阶段空场与上向分层联合采矿法应用实践 [J]. 黄金科学技术，2015（4）：35~38.

[38] 明建，胡乃联，孙金海，等. 全尾砂压缩固结充填实验研究 [J]. 实验技术与管理，2016（9）：53~56，65.

[39] 刘昶，许梦国，王平，等. 基于经济合理的采场结构参数优化 [J]. 矿业研究与开发，2016（5）：14~17.

[40] 陈小强，刘艳章，邹晓甜，等. GCRN 评价模型在泥河铁矿采场结构参数优化中的应用 [J]. 化工矿物与加工，2016（5）：31~36.

[41] 聂艺. 反射波法评价锚固质量的 BP 神经网络研究 [D]. 武汉：武汉理工大学，2010.

[42] 陈建宏，刘浪，周智勇，等. 基于主成分分析与神经网络的采矿方法优选 [J]. 中南大学学报（自然科学版），2010（5）：1967~1972.

[43] 田敏，谢贤平，侯江，等. 神经网络在矿业工程中的若干应用进展 [J]. 采矿技术，2008，8（4）：47~52.

[44] 来兴平，蔡美峰，张冰川. 神经网络计算在采场结构参数分析中的应用 [J]. 煤炭学报，2001（3）：245~248.

[45] 麻凤海，杨帆. 采矿地表沉陷的神经网络预测 [J]. 中国地质灾害与防治报，2001（3）：87~90.

[46] 武玉霞. 基于 BP 神经网络的金属矿开采地表移动角预测研究 [D]. 长沙：中南大学，2008.

[47] 周科平，王星星，高峰. 基于强度折减与 ANN-GA 模型的采场结构参数优化 [J]. 中南大学学报（自然科学版），2013（7）：2848~2854.

[48] 尚振华. 大直径深孔采矿隔离中段采场结构参数优化研究 [D]. 长沙：长沙矿山研究院，2012.

[49] 尚振华，徐必根，唐绍辉. 大体积充填体间矿体开采的采场结构参数优化 [J]. 矿业研究与开发，2012（2）：8~11，57.

[50] 苏先锋，陈顺满. 某铜铁矿二期工程采场结构参数优化研究 [J]. 采矿技术，2016（2）：18~21，63.

[51] 尤祎，刘福春. 近距离磷矿层水下开采采场稳定性分析 [J]. 现代矿业，2016（10）：140~143，165.

[52] 汪伟，罗周全，秦亚光，等. 无底柱深孔后退式崩矿法采场结构参数优化 [J]. 东北大学学报（自然科学版），2016（4）：578~582.

[53] 刘志娜，梅林芳，宋卫东. 基于 PFC 数值模拟的无底柱采场结构参数优化研究 [J]. 矿业研究与开发，2008（1）：3~5.

[54] 陶明. 宁都硫铁矿缓倾斜矿体采场结构参数及回采顺序优化研究 [D]. 赣州：江西理工大学，2015.

[55] 程健. 川口钨矿杨林坳矿区倾斜中厚矿体开采技术研究 [D]. 长沙：中南大学，2014.

[56] Amir Azadeh，Osanloo M，Ataei M，et al. A new approach to mining method selection based on modifying the Nicholas technique [J]. Applied Soft Computing，2010，10（4）：1040~1061.

[57] Mahmut Yavuz，Burcin Lacin Altay. Reclamation project selection using fuzzy decision-making methods [J]. Environmental Earth Sciences，2015，73（10）.

[58] 阳雨平，邓星星，冯岩. 基于未确知测度与层次分析法的采矿方法优选 [J]. 中南大学学报（自然科学版），2014（11）：3936~3942.

[59] 王新民，秦健春，张钦礼，等. 基于 AHP-TOPSIS 评判模型的姑山驻留矿采矿方法优选 [J]. 中南大学学报（自然科学版），2013（3）：1131~1137.

[60] 陈畅，谭卓英，陈首学，等. 浅孔房柱嗣后充填采矿法 AHP-Fuzzy 参数优化 [J]. 金属矿山，2014（7）：32~36.

[61] 曹永强，张伟娜，马静，等. 模糊层次分析法对水库补偿措施重要度研究 [J]. 水电能源科学，2011（5）：29，103~105.

[62] 张睿，刘涛. 缓倾斜厚矿体采矿方法优选及实践 [J]. 有色金属（矿山部分），2016（6）：8~11，15.

[63] 陆银龙，王连国，杨峰，等. 软弱岩石峰后应变软化力学特性研究 [J]. 岩石力学与工程学报，2010（3）：640~648.

[64] 康伟权. 某露天矿含隐伏空区作业平台的安全厚度研究 [D]. 赣州：江西理工大学，2014.

[65] 程力. 露天矿开挖边坡稳定性分析及排土场安全距离的研究 [D]. 长沙：中南大学，2012.

[66] 周华林. 空场嗣后充填采矿法充填体合理强度分布规律研究 [D]. 武汉：武汉理工大学，2012.
[67] 李斌. 高围压条件下岩石破坏特征及强度准则研究 [D]. 武汉：武汉科技大学，2015.
[68] 张耀平，曹平，袁海平. 岩体力学参数取值方法及在龙桥铁矿中的应用 [J]. 中国矿业，2011 (1)：100~103.
[69] 杨泽，侯克鹏，李克钢，等. 云锡大屯锡矿岩体力学参数的确定 [J]. 岩土力学，2010 (6)：1923~1928.
[70] 李俊杰. 双利 2 号露天矿边坡稳定性分析 [D]. 包头：内蒙古科技大学，2014.
[71] 王志远，朱瑞军. 深井大规模充填采矿法选择 [J]. 中国矿山工程，2015 (2)：65~67.
[72] 吕海波. 岩石三维内部裂隙扩展过程的数值模拟研究 [D]. 青岛：山东科技大学，2010.
[73] 刘白璞，刘江超，邓飞，等. 缓倾斜矿体采场结构参数优化数值模拟 [J]. 有色金属科学与工程，2016 (4)：103~108.
[74] William A. Hustrulid. Underground mining methods [M]. Society for Mining, Metallurgy and Exploration, 2001.
[75] 张海波，宋卫东. 评述国内外充填采矿技术发展现状 [J]. 中国矿业，2009，18 (12)：59~62.
[76] 胡华，孙恒虎. 矿山充填工艺技术的发展及似膏体充填新技术 [J]. 中国矿业，2001，10 (6)：47~50.
[77] 蔡晨，吉兆宁. 机械化充填采矿法在我国铅锌矿山的应用 [J]. 有色金属，2001，53 (3)：68~69.
[78] 赵国彦. 机械化盘区上向分层充填采矿法试验研究 [J]. 金属矿山，1996，276 (6)：1~4.
[79] Nolan D, Jansen N. Developments in cut and fill mining at ISA Mine [J]. SymPosia Series-Australasian Institute of Mining and Metallurgy, 1985 (42)：97~102.
[80] 章求才，贺桂成. 急倾斜矿体充填法回采的 FLAC3D 模拟 [J]. 华南大学学报（自然科学版），2008，22 (4)：46~50.
[81] 王彦军，白忠强. 红花沟金矿干式充填采矿工艺技术改进 [J]. 有色矿冶，2003，19 (4)：8~11.
[82] 何建华. 干式充填采矿法的改进在金矿脉开采中的应用 [J]. 中国新技术新产品，2012，33 (5)：156~157.
[83] 张永忠，池晓辉. 干式充填采矿法在上宫金矿的应用试验 [J]. 矿冶，2006，14 (4)：4~6.
[84] 欧阳化兵. 干式充填采矿法放矿溜井的改进方法 [J]. 有色矿冶，2002，18 (1)：8~11.
[85] 侯建华，梁凯河. 干式充填采矿法采场铺垫材料的选择 [J]. 黄金，2009，30 (7)：33~37.
[86] 张桂暄. 干式充填采矿工艺若干技术问题探讨 [J]. 黄金科学技术，2004，12 (1)：8~12.
[87] 钱方明，张玉清. 干式充填控制脉钨矿床采空区地压的研究 [J]. 南方冶金学院学报，1989，10 (1)：90~92.

[88] 王志方. 矿岩欠稳的急倾斜薄矿脉采矿方法与工艺的改进 [J]. 有色矿山，1995 (5)：1~7.
[89] 范永奎，亓宜发. 薄矿脉深孔落矿空场采矿法在略耳崖金矿的应用 [J]. 黄金，2003, 24 (4)：25~28.
[90] 陈永生，付长怀. 分段凿岩阶段矿房法在急倾斜薄矿脉中的应用 [J]. 沈阳黄金学院学报，1996，15 (2)：191~195.
[91] 邱建萍. 国内采矿方法概述 [J]. 矿业快报，2008，470 (6)：10~12.
[92] 周科平，黄志伟. 急倾斜薄矿脉的高效开采 [J]. 矿业研究与开发，1996，16 (S1)：35~37.
[93] 张春雷，李发本. 中深孔挤压爆破阶段空场法在毕家沟矿的应用 [J]. 中国铝业，1997, 21 (1)：19~22.
[94] 黄仁东，刘敦文，等. 不稳固岩层条件下中深孔回采薄矿体技术的试验研究 [J]. 岳阳师范学院学报 (自然科学版)，2000，13 (3)：75~77.
[95] 卢跃刚，陈彬. 分段凿岩阶段矿房法在首云铁矿薄矿脉开采中的应用 [J]. 金属矿山，2009，11 (增刊)：178~180.
[96] 曹雪野，郭松林，何小平，等. 倾斜黑钨薄矿脉分段空场采矿新方法 [J]. 现代矿业，2011，509 (9)：55~56.
[97] 王素银. 改进采矿方法，降低贫损，提高资源利用率 [J]. 矿产保护与利用，2006, 5 (10)：51~54.
[98] 褚洪涛，肖凤元，王坚. 分段空场采矿法的使用现状及发展趋势 [J]. 世界采矿快报，1997，13 (7)：11~15.
[99] 杨建国. 急倾斜矿体的采矿方法选择 [J]. 中国锰业，2005，23 (1)：46~47.
[100] 涂建平，游安弼，邓飞. 留矿采矿法在黑钨矿床中的应用 [J]. 中国钨业，1999, 14 (5)：104~106.
[101] Robenton B E, Vehkala J T, Kerr S S. Alimak narrow vein mining at the Dome Mine [J]. CIMBULLETIN, 1990：63~66.
[102] 严成涛. 中深孔高分段空场法开采急倾斜薄矿体 [J]. 金属矿山，2009，11 (增刊)：196~198.
[103] 贺贵平. 有关人工底柱应用问题的探讨 [J]. 黄金，2000，21 (8)：25~27.
[104] 金英豪. 浅孔留矿采矿法回采工艺技术探讨 [J]. 有色矿冶，2003，19 (4)：1~4.
[105] 郭建伟，孙国飞，朱扬明. 浅述留矿采矿法在我国的应用 [J]. 黄金，2000，23 (11)：19~23.
[106] 郑敏. 横撑支柱留矿采矿法在某金矿的应用 [J]. 南方金属，2011，181 (4)：55~57.
[107] 王继东. 浅谈超前槽采矿浅孔留矿法及其应用 [J]. 河北冶金，2012，195 (3)：32~34.
[108] 王群. 浅孔留矿法采矿设计若干原则的探讨 [J]. 黄金科学技术，2004，12 (1)：29~33.
[109] 祝泽辉，明世祥. 无底柱分段崩落法开采薄矿体的实验研究 [J]. 有色金属，2014, 66 (1)：24~27.

[110] 王庆军，邢万芳，王利，等. 前河金矿小分段崩落采矿法试验研究 [J]. 有色金属，2009，61（2）：1~3.
[111] Miehel Bellet, Olivier Jaouen, Isabelle Poitrault. An ALE-FEM approach to the the rmomeehanies of solidifieation Proeesses with application to the Predietion of pipe Shrinkage [J]. International Journal of Numerieal Methods for Heatand Fluid Flow, 2005, 15 (2): 120~142.
[112] 胡际平. 国外急倾斜薄矿体开采方法的新发展 [J]. 有色金属，1985（6）：41~48.
[113] Dominy S C, Phelps R F G et al. Narrow Vein Mining Techniques in the UnitedKingdom [C]. Underground Operators Conference. 1998: 227~237.
[114] Rupprecht S M. Long holw drilling in narrow vein mining [J]. Mine Planning and Equipment Selction, 2004: 297~302.
[115] Tony Brewis. Narrow vein mining 1-steep veins [J]. Mining Magazine, 1995: 116~130.
[116] Towey C A J. Narrow Vein Mining at Charters Towers, Queensland, by Longhole Open Stoping [C]. Narrow Vein Mining Conference. 2008: 9~12.
[117] Simon C, Dominy G, Simon Camm, Roland F, Phelps G. Narrow vein mining—A challenge to the operator [J]. Mine Planning and Equipment Slection 1997: 125~132.
[118] 赵永红. 急倾斜极薄矿脉采矿方法优选研究 [J]. 矿产保护与利用，2006，1（2）：14~16.
[119] 常俊山，孟学勇. 薄矿体高效回采方法的探讨与应用 [J]. 有色矿山，2002，31（5）：9~13.
[120] 郑成英，马萃林. 急倾斜薄矿体开采实践 [J]. 中国矿业工程，2005，34（6）：25~26.
[121] 赖伟. 复杂急倾斜薄矿体采矿方法试验研究 [D]. 长沙：长沙矿山研究院，2012.
[122] 刘贞表，李家泉. 倾斜、薄矿体开采方法的探讨 [J]. 现代矿业，2012，518（6）：58~59.
[123] 廉海. 极薄矿体的采矿方法探究 [J]. 科技向导，2014（26）：32.
[124] 汪洋，赵强，张海明，等. 基于留矿全面采矿法的倾斜薄矿体开采技术 [J]. 现代矿业，2014，545（9）：36~37.
[125] 邓良. 凤凰山银矿急倾斜破碎不稳固薄矿体开采技术研究 [D]. 长沙：中南大学，2011.
[126] 王江. 急倾斜薄矿体开采方法与安全技术研究 [D]. 长沙：中南大学，2013.
[127] 任凤玉，韩智勇，赵恩平，等. 诱导冒落技术及其在北洺河铁矿的应用 [J]. 矿业研究与开发，2007，27（1）：17~19.
[128] 徐芝纶. 弹性力学简明教程 [M]. 北京：高等教育出版社，2002.
[129] 丁航行. 二道沟金矿岩爆机理及防治方法研究 [D]. 沈阳：东北大学，2012.
[130] 宋爱平，王隆太，李吉中，等. 板面弹性压板力对提升板料失稳临界应力的作用及其应用 [J]. 中国工程科学，2009，11（2）：53~59.
[131] Thierno Amadou Mouctar Sow，任凤玉，等，弓长岭井下矿采准巷道破坏形式及其支护技术研究 [J]. 采矿技术，2012，12（5）：37~39.
[132] 周宗红，任凤玉，袁国强，等. 诱导冒落技术在空区处理中的应用 [J]. 金属矿山，2005（12）：73~74.

[133] 任美霖，任凤玉，陈晓云，等. 弓长岭井下矿空场-崩落组合法采场安全防护技术［J］. 金属矿山，2011，415（1）：8~11.
[134] 陈庆凯，任凤玉，李清望，等. 采空区顶板冒落防治技术措施的研究［J］. 金属矿山，2002，316（10）：7~13.
[135] 李清望，任凤玉，侯建光，等. 西石门铁矿南区采空区的冒落规律分析［J］. 中国矿业，2007，10（3）：42~44.
[136] 郑怀昌，宋存义，胡龙，等. 采空区顶板大面积冒落诱发冲击气浪模拟［J］. 北京科技大学学报，2010，32（3）：277~381.
[137] 吴爱祥，王贻明，胡国斌. 采空区顶板大面积冒落的空气冲击波［J］. 中国矿业大学学报，2007（4）：473~477.
[138] 郑怀昌，赵小稚，李明，等. 采空区顶板大面积冒落危害及其控制［J］. 化工矿物与加工，2004，10（12）：28~31.
[139] 郑怀昌，李明，张军，等. 采空区顶板大面积冒落危害预测［J］. 化工矿物与加工，2005，3（11）：9~11.
[140] 邢平伟. 采空区顶板垮落空气冲击灾害的理论及控制技术研究［D］. 太原：太原理工大学，2013.
[141] 季惠龙，侯克鹏，张成良，等. 大型采空区顶板冒落危害预测［J］. 采矿技术，2010，10（2）：50~52.
[142] 吴金涛. 大中铁矿Ⅱ#矿体采空区处理方案研究［J］. 现代矿业，2012，519（7）：21~24.
[143] 曹建立，任凤玉. 诱导冒落法处理时采空区散体垫层的安全厚度［J］. 金属矿山，2013，441（3）：45~48.
[144] 郑志辉，王秉正，周立端，等. 矿石垫层消波分析实验［J］. 中国矿业，2004，13（5）：47~50.
[145] 许晋平，张华. 我国矿产资源经济学研究的述评［J］. 中国矿业，2007（12）：37~39.
[146] 陆玉根. 大佛岩缓倾斜薄矿脉原生铝土矿地下开采综合技术研究［D］. 长沙：中南大学，2012.
[147] 吴延平. 中国铝业贵州分公司铝土矿资源发展战略研究［D］. 西安：西北大学，2005.
[148] 赵勇，缑昆贞，徐明，等. 黄土层下覆矿体采矿方法的探索与实践［J］. 现代矿业，2012（10）：62~64，66.
[149] 穆新和. 我国铝土矿资源合理开发利用的探讨［J］. 矿产与地质，2002（5）：313~315.
[150] 李占炎，秦忠虎，曹善川. 倾斜薄矿脉底板破碎矿体开采方法研究［J］. 中国矿业，2011（7）：78~80.
[151] 施飞. 重庆铝土矿 575 主平窿岩溶地质灾害研究［D］. 长沙：中南大学，2010.
[152] 郑海力. 软岩铝土矿岩体质量可视化分级及工程应用研究［D］. 长沙：中南大学，2010.
[153] 罗文金，刘百顺，孙亚伟，等. 河南省新安县郁山铝土矿床水文地质特征［J］. 地质与勘探，2012（3）：533~537.
[154] 柳永刚，赵立春. 浅谈矿山企业矿石损失与贫化指标的确定［J］. 矿产保护与利用，

2004 (6): 9~11.
[155] 赵立春. 浅谈矿山企业“三率”指标方案的确定 [J]. 矿产保护与利用, 2001 (6): 5~7.
[156] 杨海波. 政府在建设环境友好型社会中的作用研究 [D]. 青岛: 青岛大学, 2009.
[157] 张安朝, 徐靖, 李建政. 铝土矿资源选矿技术分析 [J]. 河南冶金, 2009 (4): 20~21, 42.
[158] 吕垒. 缓薄矿体盘区组合机械化开采方法优化研究 [D]. 武汉: 武汉科技大学, 2010.
[159] 钟春晖. 极薄矿脉采矿方法研究 [D]. 昆明: 昆明理工大学, 2004.
[160] 石求志. 钨矿床薄矿脉群开采空区及其处理研究 [J]. 中国钨业, 2010 (3): 1~5.
[161] 孙兆明, 齐清, 董志军, 等. 长壁式崩落法的优化及生产实践 [J]. 中国矿山工程, 2009, 38 (3): 6~8.
[162] 董峻岭, 庞曰宏, 任吉明. 全面采矿法研究与应用 [J]. 矿业快报, 2006, 25 (7): 67~68.
[163] 李俊智. 某矿改进房柱采矿法应用的体会 [J]. 新疆有色金属, 2009, 32 (1): 38~39.
[164] 蒋亚东. 房柱采矿法应用的体会 [J]. 新疆有色金属, 2007, 30 (3): 18~19.
[165] 赖伟, 肖木恩, 李文朋. 削壁充填法在开采极薄矿脉中的应用 [J]. 采矿技术, 2011 (3): 9~11.
[166] 黄胜生. 国内外缓倾斜中厚矿体采矿方法现状 [J]. 矿业研究与开发, 2001, 21 (4): 21~24.
[167] 尹升华, 吴爱祥. 缓倾斜中厚矿体采矿方法现状及发展趋势 [J]. 金属矿山, 2007 (12): 10~13.
[168] 简万国. 极乐矿段难采矿体采矿综合技术研究 [D]. 长沙: 中南大学, 2004.
[169] 陈何, 程国江. 垂直分条充填采矿法采场参数的数值分析 [J]. 矿冶, 2001 (3): 1~5, 10.
[170] 黄承标, 李保平, 赖家业, 等. 桂西北主要退耕还林模式土壤水文-物理性质研究 [J]. 水土保持通报, 2009 (3): 108~112, 169.
[171] 任卫东. 顶板不稳固缓倾斜铝土矿低贫损安全高效开采技术研究 [D]. 长沙: 中南大学, 2012.
[172] 李军敏, 丁俊, 尹福光, 等. 渝南申基坪铝土矿矿区钪的分布规律及地球化学特征研究 [J]. 沉积学报, 2012 (5): 909~918.
[173] 张根深, 刘赞, 王洋, 等. 水压支柱护顶壁式充填采矿法试验研究 [J]. 采矿技术, 2006 (12): 7~10.
[174] 阳雨平, 吴爱祥, 余健. 水压支柱护顶残余富矿资源回收新工艺 [J]. 中国矿业, 2002 (2): 36~39.
[175] 吴爱祥, 韩斌, 阳雨平, 等. 水压支柱支护特性及其在深井开采中的应用 [J]. 中南工业大学学报, 2002 (12): 564~566.
[176] 任为东, 杨彪. 水压支柱护顶全面房柱采矿法在豫西铝土矿中的应用 [J]. 采矿技术, 2009 (3): 8~9.
[177] 周旭. 水压支柱护顶大进路上向水平分层充填采矿工艺技术研究 [D]. 长沙: 中南大

学，2009.
[178] 余健，黄仁东，戴兴国. 自制水压支柱在缓薄矿脉深井开采中的试验与应用 [J]. 金属矿山，2001 (4)：15~18.
[179] 齐清. 长壁采矿法的安全问题及其预防措施 [J]. 矿业快报，2000，5 (9)：2~3.
[180] 邱慎前，陈金峰. 倾向长壁式崩落采矿法的回采实践 [J]. 矿业快报，2003 (5)：16，29.
[181] Brady B H C, Brown E T. Pillar Supported Mining Methods. Rock Mechanics for Underground Mining 13. 3rd Edition London: Kluwer Acadermic Publishers, 2004.
[182] Wu Aixiang, Zhang Weifeng. Evaluation and optimization of some numerical optimization methods of mining method [J]. Xiangtan Kuangye Xueyuan Xuebao/Journal of Xiangtan Mining Institute, 2000, 15 (3): 7~11.
[183] Bitarafan M K, Ataei M. Mining method selection by multiple criteria decision making 42tools [J]. Journal of the South African Institute of Mining and Metallurgy, 2004, 104 (9): 493~498.
[184] 郑晓明，邹汾生，李富平. 用层次分析法进行采矿方法模糊评价及优选 [J]. 中国钨业，2004，19 (3)：20~23.
[185] Lunbia Yang, Yingyi Gao. Principle and application of fuzzy mathmaticas [M]. Guangzhou: Guangzhou South China University of Technology Publishing House, 2005.
[186] Zhang Jun-Ying. Fuzzy comprehensive evaluation method of the foundation stability of new-buildings above worked-out areas [J]. Beijing Keji Daxue Xuebao/Journal of University of Science and Technology Beijing, 2009, 31 (11): 1368~1372.
[187] 黄建文，李建林，周宜红. 基于 AHP 的模糊评判法在边坡稳定性评价中的应用 [J]. 岩石力学与工程学报，2007 (S1)：2627~2632.
[188] 王新民，赵彬，张钦礼. 基于层次分析和模糊数学的采矿方法选择 [J]. 中南大学学报（自然科学版），2008 (5)：875~880.
[189] 李围. 隧道及地下工程 ANSYS 实例分析 [M]. 北京：中国水利水电出版社，2008.
[190] 赵海涛. 基于 ANSYS 的拱坝可视化建模和有限元仿真分析 [D]. 南京：河海大学，2004.
[191] 周创兵，陈益峰，姜清辉. 岩体表征单元体与岩体力学参数 [J]. 岩土工程学报，2007 (8)：1135~1142.
[192] 白国良. 岩体宏观力学参数估计方法研究 [J]. 矿山测量，2009 (6)：21~23.
[193] 王建春. 大红山铁矿 I 号铜矿带分段空场法采场结构参数优化研究 [D]. 昆明：昆明理工大学，2010.
[194] 周叔良，王端. 急倾斜薄矿脉开采工艺的改进 [J]. 世界采矿快报，1993 (8)：6~7，13.
[195] Hooke J N, Gale J F W, Gomez L A, et al. Aperture-size scaling variations in a low-strain opening-mode fracture set, Cozzette Sandstone, Colorado [J]. Journal of Structural Geology, 2009, 31 (7): 707~718.
[196] Carapezza M L, Tarchini L, Graniere D, et al. Gas blowout from shallow boreholes near Fium-

icino International Airport (Rome): Gas origin and hazard assessment [J]. Chemical Geology, 2015 (407): 54~65.

[197] Polette F, Petronio L, Farina B, et al. Seismic interferometry experiment in a shallow cased borehole using a seismic vibrator source [J]. Geophysical Prospecting, 2011, 59 (3): 464~476.

[198] Lellouch A, Reshef M. Shallow diffraction imaging in an SH-wave crosshole configuration [J]. Geophysics, 2016, 82 (1): 9~18.

[199] Antonio García-Jerez, Francisco Luzón, Navarro M, et al. Determination of elastic properties of shallow sedimentary deposits applying a spatial autocorrelation method [J]. Geomorphology, 2008, 93 (2): 1~28.

[200] Xin L, Wang Z, Wang G, et al. Technological aspects for underground coal gasification in steeply inclined thin coal seams at Zhongliangshan coal mine in China [J]. Fuel, 2017 (191): 486~494.

[201] Tu Hongsheng, Tu Shihao, Yuan Yong, et al. Present situation of fully mechanized mining technology for steeply inclined coal seams in China [J]. Arabian Journal of Geosciences, 2015, 8 (7): 4485~4494.

[202] Piedallu C, Jean Claude Gégout, Bruand A, et al. Mapping soil water holding capacity over large areas to predict potential production of forest stands [J]. Geoderma, 2011, 160 (34): 30~36.

[203] 刘振廷. 低品位急倾斜薄矿体采矿方法分析 [J]. 有色金属文摘, 2015, 30 (4): 60~61.

[204] Haeberli W, Huggel C, Kaab A, et al. The Kolka-Karmadon rock/ice slide of 20 September 2002: an extraordinary event of historical dimensions in North Ossetia, Russian Caucasus [J]. Journal of Glaciology, 2004, 50 (171): 533~546.

[205] 胡德祥. 茶山矿急倾斜不稳固薄矿体采矿方法研究 [J]. 采矿技术, 2015, 15 (5): 3~5.

[206] 邓星星. 瑶岗仙钨矿倾斜极薄矿体采矿方法及工艺研究 [D]. 长沙: 中南大学, 2014.

[207] 农洪河. 佛子冲铅锌矿复杂矿床安全高效开采技术研究 [D]. 南宁: 广西大学, 2013.

[208] Seredin V V, Dai S, Sun Y, et al. Coal deposits as promising sources of rare metals for alternative power and energy-efficient technologies [J]. Applied Geochemistry, 2013, 31 (2): 1~11.

[209] Pauwels S H, Tercier M L, Arenas M, et al. Chemical characteristics of ground waters at two massive sulphide deposits in an area of previous mining contamination, South Iberian Pyrite Belt, Spain [J]. Journal of Geochemical Exploration, 2002, 75 (3): 17~41.

[210] 曹帅, 宋卫东, 朱先洪, 等. 高海拔地区急倾斜薄矿体采矿方法优选 [J]. 金属矿山, 2013, 440 (2): 14~17.

[211] 任凤玉, 任美霖, 郑海峰, 等. 弓长岭铁矿薄矿体开采技术研究 [J]. 金属矿山, 2009, 402 (12): 44~45.

[212] 廖九波. 中厚急倾斜破碎磷矿体安全高效开采技术研究 [D]. 长沙. 中南大学, 2013.

[213] Wang Shaofeng, Li Xibing, Wang Shanyong, et al. Three-dimensional orebody modelling and

intellectualized long wall mining for strati form bauxite deposits [J]. Transactions of Nonferrous Metals Society of China, 2016, 26 (10): 2724~2730.

[214] Zhao Shuguo, Song Weidong, Wen Bin, et al. Study on the Stability of Mining Thin Flat-Grade Iron Ore Body with Hydraulic Support Long wall Method [J]. Applied Mechanics and Materials, 2012, 180 (17): 112~125.

[215] 李兴尚，吴法春，许家林. 上向水平分层充填采矿法的优化研究 [J]. 金属矿山，2006 (4): 1~3, 6.

[216] 周佳琦，李景波，尹旭岩. 上向水平分层干式充填采矿法在大柳行金矿的应用 [J]. 采矿技术，2017, 17 (4): 6~8.

[217] 帘瑜琳，扈守全，梁超，等. 上盘破碎矿体盘区上向分层充填采矿法回采超前高度优化研究 [J]. 矿业研究与开发，2014, 34 (4): 4~7.

[218] 路明福，宋嘉栋，扈守全，等. 盘区交错式上向水平分层充填采矿法在玲南金矿的应用实践 [J]. 矿业研究与开发，2016, 36 (4): 1~3.

[219] 姜关照，吴爱祥，刘超，等. 缓倾斜薄矿体机械化上向水平高分层分区充填采矿法 [J]. 金属矿山，2017 (4): 8~11.

[220] Vemana B V. Performance Appraisal of Dragline Mining in India [J]. Applied Physics Letters, 2012, 107 (4): 745~758.

[221] 徐恒，王贻明，艾纯明，等. 顶板破碎富水矿山的机械化上向水平分层充填采矿法 [J]. 金属矿山，2015 (3): 32~35.

[222] 蔡景峰. 上向水平分层尾砂充填采矿法及其改进——浅析四平银矿采矿法 [J]. 有色金属 (矿山部分), 2010, 62 (6): 1~5.

[223] 余宗兰. 上向水平分层充填法采场顶板控制 [J]. 矿业研究与开发，1997 (4): 34~36.

[224] Zhou H, Hou C, Sun X. Solid waste paste filling for none-village-relocation coal mining [J]. Journal of China University of Mining & Technology, 2004 (10): 36~48.

[225] 赵剑楠. 分段中深孔空场嗣后充填采矿法的应用 [J]. 现代矿业，2014, 43 (7): 47~49.

[226] 李志强，刘志华. 分段中深孔空场嗣后充填采矿法的应用研究 [J]. 资源信息与工程，2016, 31 (3): 78~80.

[227] 蔡泽山. 中深孔分段空场法在赛什塘铜矿的应用 [J]. 现代矿业，2011, 503 (3): 69~71.

[228] 杨坤，张纯锋. 中深孔分段嗣后充填采矿法在丰山铜矿的应用 [J]. 中国矿山工程，2016, 45 (1): 7~14.

[229] 李慧，李小兵，张锦锋，等. 地下遥控铲运机环境识别系统的研究 [J]. 金属矿山，2009 (4): 114~117.

[230] Lu E, Li W, Yang X, et al. Composite sliding mode control of a permanent magnet direct-driven system for a mining scraper conveyor [J]. IEEE Access, 2017 (99): 1~10.

[231] Pamukcu C. Remote control signalization and communication system at Eynez fully mechanized underground Colliery Turkey [J]. Journal of Mining Science, 2007, 43 (4): 436~440.

[232] 秦四龙，刘天林，鲁爱辉，等. 大型遥控铲运机在田兴铁矿应用前景展望 [J]. 有色金

属（矿山部分），2015，67（6）：62~64，82.
[233] 战凯，顾洪枢，周俊武，等. 地下遥控铲运机遥控技术和精确定位技术研究［J］. 有色金属，2009，61（1）：107~112.
[234] 石勇，韩永军，魏勇，等. 遥控铲运机在板庙子金英金矿的应用［J］. 现代矿业，2014，30（3）：109~111.
[235] Zhang Haiyang, Xu Wenjie, Yu Yuzhen. Numerical analysis of soil-rock mixture's meso-mechanics based on biaxial test [J]. Journal of Central South University, 2016, 23 (3): 685~700.
[236] 万小军. 岩体稳定性微震监测系统的构建与工程应用［D］. 沈阳：东北大学，2011.
[237] 南世卿. 露天转地下开采境界顶柱稳定性分析及采矿技术研究［D］. 沈阳：东北大学，2008.
[238] Nikitin O, Sabanov S. Immediate roof stability analysis for new room-and-pillar mining technology in Estonia mine [J]. Journal of Nuclear Cardiology, 2005, 13 (4): 593~594.
[239] Majdi A, Hassani F P, Nasiri M Y. Prediction of the height of destressed zone above the mined panel roof in longwall coal mining [J]. International Journal of Coal Geology, 2012, 98 (1): 62~72.
[240] Shaban M, Li C C. A numerical study of stress changes in barrier pillars and a border area in a longwall coal mine [J]. International Journal of Coal Geology, 2013, 106 (6): 39~47.
[241] 李晓斌. 岩石强度弱化损伤机理的数值模拟及其工程应用［D］. 沈阳：东北大学，2006.
[242] 李文臣，王忠红，郭利杰，等. 尾砂胶结充填体试样早期强度与孔结构关联规律研究［J］. 中国矿业，2018，27（10）：143~147.
[243] Jiang H, Mamadou F, Liang C. Yield stress of cemented paste backfill in sub-zero environments: Experimental results [J]. Minerals Engineering, 2016 (92): 141~150.
[244] Aldhafeel Z, Fall M, Pokhorel M, et al. Temperature dependence of the reactivity of cemented paste backfill [J]. Applied Geochemistry, 2016, 72 (9): 10~19.
[245] Chen Q, Zhang Q, Fourie A, et al. Utilization of phosphogypsum and phosphate tailings for cemented paste backfill [J]. Journal of Environmental Management, 2017, 201 (1): 19~27.
[246] Jiang H, Mamadou F. Yield stress and strength of saline cemented tailings in sub-zero environments: Portland cement paste backfill [J]. International Journal of Mineral Processing, 2017, 160 (5): 68~75.
[247] 卢宏建，梁鹏，南世卿，等. 采场充填料浆流动轨迹探究与充填体特性分析［J］. 金属矿山，2016，（10）：31~34.
[248] 卢央泽，李丽君，姜仁义. 关于提高充填接顶率的若干问题探讨［J］. 有色金属（矿山部分），2009，61（3）：6~8.
[249] Witteman M L, Simms P. Unsaturated flow in hydrating porous media with application to cemented mine backfill [J]. Canadian Geotechnical Journal, 2017, 54 (6): 113~125.
[250] Deng D Q, Lao D Z, Song K I, et al. A practice of ultra-fine tailings disposal as filling material in a gold mine [J]. Journal of Environmental Management, 2017 (196): 100~109.

[251] Koohestion B, Bruno B, Belem T, et al. Influence of polymer powder on properties of cemented paste backfill [J]. International Journal of Mineral Processing, 2017 (167): 268~279.
[252] 周科平，谷中元. 新型胶凝结构下全尾砂充填体配比决策模型 [J]. 有色金属工程, 2018, 8 (5): 113~118.
[253] 张健，肖强. 尾砂胶结充填在某金属矿采空区处理中的应用 [J]. 世界有色金属, 2018 (14): 72~74.
[254] 衣福强，周乐，胡世利，等. 傲牛铁矿三采区全尾砂胶结充填试验研究 [J]. 有色金属（矿山部分）, 2018, 70 (5): 40~42.
[255] 古德生，周科平. 现代金属矿业的发展主题 [J]. 金属矿山, 2012, 433 (7): 1~8.
[256] 李丕基，刘秀华. 我国矿产资源开发思路浅析 [J]. 现代农业, 2008 (1): 97~99.
[257] 王启明，徐必根，唐绍辉，等. 我国金属非金属矿山采空区现状与治理对策分析 [J]. 矿业研究与开发, 2009 (4): 63~68.
[258] 游勋. 金鑫金矿残矿资源回收方案优选及其安全性评价 [D]. 赣州: 江西理工大学, 2012.
[259] 尹升华，吴爱祥，李希雯. 矿柱稳定性影响因素敏感性正交极差分析 [J]. 煤炭学报, 2012 (37): 49~52.
[260] 马海涛，谢芳. 大规模采空区渐进式矿柱坍塌的简化模拟 [J]. 中国安全生产科学技术, 2013, 9 (8): 17~21.
[261] 郭建军，窦源东，杨玉泉. 矿柱裂隙扩展机理分析研究 [J]. 采矿技术, 2009, 9 (1): 73~75.
[262] 郭建军，窦源东，杨玉泉. 矿柱失稳自组织临界特性研究 [J]. 采矿技术, 2008, 8 (4): 68~69.
[263] 高明仕，窦林名，张农，等. 煤（矿）柱失稳冲击破坏的突变模型及其应用 [J]. 中国矿业大学学报, 2005, 34 (4): 433~437.
[264] 王连国，缪协兴. 煤柱失稳的突变学特性研究 [J]. 中国矿业大学学报, 2007, 36 (1): 7~11.
[265] 王连国，缪协兴. 基于尖点突变模型的矿柱失稳机理研究 [J]. 采矿与安全工程学报, 2006, 23 (2): 137~140.
[266] 唐绍辉，黄英年，潘懿. 灾害性群空区深部开采采场结构参数优化研究 [J]. 中国矿业, 2009, 18 (11): 66~68.
[267] 邓建，李夕兵，古德生. 用改进的有限元 Monte-Carlo 法分析金属矿山点柱的可靠性 [J]. 岩土力学与工程学报, 2002, 21 (4): 459~465.
[268] 王晓军，冯萧，杨涛波. 深部回采人工矿柱合理宽度计算及关键影响因素分析 [J]. 采矿与安全工程学报, 2012, 29 (1): 54~59.
[269] 杨波涛，王晓军，熊雪强，等. 房柱法深部开采人工矿柱合理宽度设计 [J]. 有色金属科学与工程, 2011, 2 (2): 83~85.
[270] 王新民，鄢德波，柯愈贤. 人工砼柱置换残留矿柱采场结构参数优化 [J]. 广西大学学报, 2012, 37 (5): 985~989.
[271] 刘洪强，张钦礼，潘常甲. 空场法矿柱破坏规律及稳定性分析 [J]. 采矿与安全工程学

报，2011，28（1）：138~143.

[272] 曲文峰，谢良，马乾天，等. 不同布置形式下的矿柱受拉破坏研究［J］. 采矿技术. 2011，11（2）：24~25.

[273] 彭康，李夕兵，彭述权，等. 海下点柱式开采的有限元动态模拟研究［J］. 金属矿山，2009（10）：59~62.

[274] 侯朝富，堪卫红. 点柱式充填采矿法在缓倾斜中厚矿体中的应用研究［J］. 化工矿物与加工，2012（6）：31~33.

[275] 彭俊龙，余贤斌. 二道河铁矿矿柱稳定性分析［J］. 矿冶工程，2012（32）：511~512.

[276] 周科平，杜相会. 基于 3DMINE-MIDAS-FLAC3D 耦合的残矿回采稳定性研究［J］. 中国安全科学学报，2011，21（5）：17~22.

[277] Che Z，Yang H. Application of open-pit and underground mining technology for residual coal of end slopes［J］. Mining Science and Technology（China），2010，20（2）：266~270.

[278] 郭建军，路尚东，宋扬，等. 保安矿柱回采地压监测数据分析［J］. 黄金，2003，24（9）：20~27.

[279] 王纪鹏，欧阳治华，刘夏临，等. 灵乡铁矿残留点柱回收与采空区稳定性分析［J］. 金属矿山，2013，439（1）：15~19.

[280] 孙祥鑫，马明辉，王禄海，等. 采场点柱回收数值模拟研究与应用［J］. 采矿技术，12（6）：1~3.

[281] 胡建华，阮德修，周科平，等. 基于空区结构效应的残矿开采作业环境安全辨识与协同利用［J］. 中南大学学报，2013，44（3）：1122~1129.

[282] 赵奎，廖亮，廖朝亲. 采空区残留矿柱回采研究［J］. 江西理工大学学报，2010，31（1）：1~4.

[283] 刘洪兴，赵奎，廖朝亲. 荡坪钨矿宝山矿区水平矿柱地压监测与回采技术研究［J］. 中国钨业，2009，24（8）：6~8.

[284] 沈慧明，许振华，朱利平，等. 残矿回采顺序优化与复杂采空区稳定性的有限元模拟研究［J］. 中国矿业，2011，20（1）：78~81.

[285] 谷建新，俞长智，邓金灿，等. 高峰矿区残矿回米方案的研究［J］. 矿业研究与开发，2002，22（5）：17~19.

[286] 过江，古德生，罗周全，等. 基于 CMS 的区域智能化矿柱回采研究［J］. 矿冶工程，2008，28（1）：1~4.

[287] 朱国辉，胡平安. 基于模糊综合评判法的矿柱回采方案优选［J］. 湖南有色金属，2009，25（1）：1~3.

[288] 王贻明，吴爱祥，张传信，等. 复杂条件下矿柱回采的相似材料模型试验［J］. 金属矿山，2006，366（12）：10~14.

[289] 罗先伟，余阳先，陈何. 特大事故隐患区矿柱群回采技术研究［J］. 中国矿业，2007，16（9）：83~85.

[290] 宋华. 建筑物下保安矿柱回采地压分布规律和控制研究［D］. 武汉：武汉理工大学，2013.

[291] 李海波，蒋会军，赵坚，等. 动荷载作用下岩体工程安全的几个问题［J］. 岩石力学与

工程学报，2003，22（11）：1887~1891.
[292] 张永亮. 东升庙矿柱回采顺序研究［J］. 矿业研究与开发，2011，31（2）：4~7.
[293] 赵宝友，马振岳，丁秀丽. 不同地震栋输入方向下的大型地下岩体恂至群地震反应分例［J］. 岩石力学与工程学报，2010，29（增1）：3395~3401.
[294] 胡慧明. 房柱法地压处理及人工矿柱结构参数研究［D］. 赣州：江西理工大学，2011.
[295] 周晓超，侯克鹏. 基于改进梁模型的地下空区顶板安全厚度分析［J］. 矿石，2014，23（1）：21~25.
[296] 吴昌雄，吕力行. 矿柱—顶板力学结构分析［J］. 中国非金属矿工业导刊，2013（107）：55~57.
[297] 高峰，钱鸣高. 老顶给定变形下直接顶受力变形分析［J］. 岩石力学与工程学报，2000，19（2）：145~148.
[298] 李俊平，冯长根，郭新压，等. 矿柱参数计算研究［J］. 北京理工大学学报，2002，22（5）：662~664.
[299] 张敏思，朱万成，侯召松，等. 空区顶板安全厚度和临界跨度确定的数值模拟［J］. 采矿与安全工程学报，2012，29（4）：543~548.
[300] 刁心武. 房柱式采矿地压动态控制及人工智能应用研究［D］. 沈阳：东北大学，2001.
[301] Xu S, Liu J, Xu S, et al. Experimental studies on pillar failure characteristics based on acoustic emission location technique［J］. Transactions of Nonferrous Metals Society of China, 2012, 22（11）：2792~2798.
[302] 李学锋，谢长江. 凡口铅锌矿深部高应力区岩爆防治研究［J］. 矿业研究与开发，2005，25（1）：76~79.
[303] 沈明荣，陈建峰. 岩体力学［M］. 上海：同济大学出版社，2006.
[304] 王玉烽. 民用机场建设项目社会评价理论与方法研究［D］. 天津：中国民航大学，2008.
[305] 冯乃琦，杨扬，余珍友. 应用层次分析法评价采空区稳定性——以安阳县某采矿场为例［J］. 岩土工程界，2008（12）：78~80.
[306] 谢振华，倪成敏. 层次分析法和模糊数学的电解铝生产安全评价［J］. 安全科学技术，2008，29（1）：9~11.
[307] 杨扬，冯乃琦，余珍友，等. 基于层次分析法和模糊数学的采空区稳定性综合评价［J］. 有色金属（矿山部分），2008，60（5）：38.
[308] 谢盛青. 基于层次分析法采空区稳定性影响因素权重分析［J］. 中国钼业，2009，33（4）：34~37.
[309] 张舒，史秀志，古德生，等. 基于ISM和AHP以及模糊评判的矿山安全管理能力分析与评价［J］. 中南大学学报（自然科学版），2011，42（8）：2046~2416.
[310] 郁钟铭，张田. 层次分析法实现矿区环境治理系统的项目优先权设置［J］. 矿业研究与开发，2006，26（4）：102~104.
[311] 胡国宏. 基于灰色关联层次分析的点柱稳定性研究［D］. 长沙：中南大学，2009：1~77.
[312] 黄敏，黄明清，李守爱. 基于AHP的点柱稳定性影响因素综合评价［J］. 有色金属（矿

山部分)，2013.65 (5)：92~100.
[313] 黄英华，徐必根，吴亚斌. 基于 Mathews 稳定图法的采场顶板持续冒落临界阈值研究 [J]. 中国矿业，2012，21 (2)：122~126.
[314] 王振强，刘志惠，闻磊. Mathews 稳定图法在某铅锌矿围岩稳定性分析中的应用 [J]. 矿冶工程，2012 (32)：498~500.
[315] 李爱兵. 缓倾斜层状矿体崩落步距的 Mathews 稳定图方法研究 [J]. 中国矿业，2007，16 (2)：67~69.
[316] 冯兴隆，王李管，毕林，等. 基于 Mathews 稳定图的矿体可崩性研究 [J]. 岩土力学，2008，30 (4)：600~604.
[317] 王军民，郭树林. 缓倾斜矿体采场顶板维护的试验研究 [J]. 黄金，2004，25 (10)：25~28.
[318] 唐鹏善. 缓倾斜矿体空场法回采矿柱、矿房的确定 [J]. 现代矿业，2009 (4)：56~57，82.
[319] 杨建. 锡矿山残矿资源安全回收专项论证及开采技术方案研究 [D]. 长沙：中南大学，2012.
[320] 郭永乐. 金属矿复杂采空区稳定性分级及其智能预测研究 [D]. 长沙：中南大学，2012.
[321] 郭汉集. 矿柱强度的若干影响因素 [J]. 岩石力学与工程学报，1993，12 (1)：38~45.
[322] 赵国彦. 金属矿隐覆采空区探测及其稳定性预测理论研究 [D]. 长沙：中南大学，2010.
[323] 张雯，郭进平，张卫斌，等. 大型残留矿柱回采时采空区处理方案研究 [J]. 金属矿山，2012，427 (1)：10~12.
[324] 柴修伟，张电吉. 磷矿岩矿柱置换安全稳定性研究 [J]. 金属矿山，2011 (7)：8~11.
[325] Krauland N, Soder P E. Determining pillar strength from pillar failure observation [J]. Eng. Min. J, 1987, 188 (8)：34~40.
[326] 陈琼，曹明秋，肖迪民. 人工矿柱在难采残矿回采中的应用实践 [J]. 采矿技术，2008，8 (6)：13~14.
[327] 周敏. 地下开采地表移动变形规律研究及影响因素分析 [D]. 重庆：重庆大学，2011.
[328] 葛文杰. 复杂条件下铝土矿开采及岩层采动规律研究 [D]. 长沙：中南大学，2011.
[329] 张平. 黄土沟壑区采动地表沉陷破坏规律研究 [D]. 西安：西安科技大学，2010.
[330] 彭文斌. FLAC3D 使用教程 [M]. 北京：机械工业出版社，2010.
[331] 孙书伟，林杭，任连伟. FLAC3D 在岩土工程中的应用 [M]. 北京：中国水利水电出版社，2011.
[332] 陈育民，徐鼎平. FLAC 及 FLAC3D 基础与工程实例 [M]. 北京：中国水利水电出版社，2009.
[333] 王贻明，姚高辉，夏红春，等. 缓倾斜破碎薄矿体采矿方法选择与采场参数优化 [J]. 现代矿业，2010 (5)：15~17，34.
[334] 施建俊，孟海利. 采场结构参数与回采顺序的数值模拟优化研究 [J]. 有色金属，2005，57 (2)：9~11，33.

[335] 陈为. 缓倾斜薄矿体采场结构参数优化研究 [D]. 南宁：广西大学，2009.
[336] 秦豫辉，田朝晖. 我国地下矿山开采技术综述及展望 [J]. 采矿技术，2008，8 (2)：1~2，34.
[337] Wang Yiming, Wu Aixiang, Chen Xuesong. New mining technique with big panels and stopes in deep mine [J]. Transactions of Nonferrous Metals Society of China, 2008 (18)：183~189.
[338] Vujec Slavko. Status and prospective development of mining in Croatia [J]. Rudarsko Geolosko Naftni Zbornik, 2003, 15：115~123.
[339] Wernstrom J. Mechanized Mining of Narrow Ore-bodies. Paper presented at Mechanized Drilling and Loading in Narrow Vein mines, WME seminar at Salt Lake city, Utah, USA October 28~30, 1990.
[340] Brady B H G, Brown E. T. Rock Mechanics for Underground Mining: Second Edition. London: Chapama & Hall, 1993：106~108.
[341] 刘同有. 国际采矿技术发展的趋势 [J]. 中国矿山工程，2005，34 (1)：35~40.
[342] 古德生，李夕兵，等. 现代金属矿床开采科学技术 [M]. 北京：冶金工业出版社，2006.
[343] 谢勤金. 地下矿山开采技术及其发展趋势 [J]. 科技信息（学术版），2008 (18)：619~622.
[344] 王素银，张旭宇. 缓倾斜薄矿体采矿方法探讨 [J]. 甘肃冶金，2007，29 (1)：33~35.
[345] 王来军，薛田喜，陈涛，等. 缓倾斜薄矿体采矿方法的研究 [J]. 黄金科学技术，2003，11 (3)：44~47.
[346] 成汉军. 缓倾斜薄矿体采矿方法的实践 [J]. 吉林地质，2008，27 (4)：74~77.
[347] 孙勇. 缓倾斜似层状矿体开采贫化控制 [J]. 采矿技术，2007，7 (3)：20~21.
[348] 陈琼，欧洪宁. 全面房柱法在锡矿山薄矿体开采中的实践 [J]. 采矿技术，2008，8 (5)：7~8.
[349] 滕建军，何顺斌，李威，等. 曹家埠金矿缓倾斜薄矿体回采实践 [J]. 黄金，2008，29 (2)：26~28.
[350] 韦章能. 安庆铜矿缓倾斜薄矿体采矿工艺研究 [J]. 有色金属，2006，58 (3)：10~11.
[351] 郭金峰，王汉生. 南非 Tweefontein 铬矿缓倾斜薄矿体开采技术实践与评述 [J]. 金属矿山，2010 (2)：18~21.
[352] 胡中华，余键. 深井缓倾斜难采薄矿脉开采新工艺 [J]. 冶金矿山设计与建设，2002，34 (1)：7~9.
[353] 杨官涛，李夕兵，程刚. 地下采场结构参数数值模拟研究 [J]. 矿冶工程，2006，26 (5)：13~15.
[354] 郭忠林，余兆禄，梁忠荣. 化念铁矿采场结构参数试验研究 [J]. 铜业工程，2003 (1)：36~39，56.
[355] 王宁. 缓倾斜极薄矿脉采场结构参数和回采顺序优化研究 [J]. 金属矿山，1999 (2)：2~15，50.
[356] 李学锋，谢长江. 深部高应力区采场结构参数优化研究 [J]. 矿冶工程，2004，

24 (6): 1~17.
[357] 顾晓春. 高山复杂矿体采场结构参数优化研究 [J]. 采矿技术, 2009, 9 (1): 1~3, 23.
[358] 叶加冕, 蒋京名, 王李管, 等. 采场结构参数优化的数值模拟研究 [J]. 中国矿业, 2010, 19 (3): 61~65.
[359] 吴贤振, 饶运章. FLAC3D 软件在优化深部高硫高品位矿体采场结构参数中的应用 [J]. 有色金属, 2004, 56 (6): 13~15.
[360] 卢超波. 广西南丹亢马矿倾斜厚矿体采场结构参数优化研究 [D]. 南宁: 广西大学, 2010.
[361] Hoek E, Kaiser P K Bawden W F. Support of underground excavations in hard rock. Rotterdam: A. A. Balkema, 1997.
[362] 高文翔. 缓倾斜中厚氧化矿采矿回采顺序与结构参数优化研究 [D]. 昆明: 昆明理工大学, 2002.
[363] 何国清, 杨伦, 凌赓娣, 等. 矿山开采沉陷学 [M]. 北京: 中国矿业大学出版社, 1994.
[364] 郑彬, 郭文兵, 桑培, 等. 我国开采沉陷动态过程的研究现状与展望 [J]. 现代矿业, 2009, 3 (3): 11~14.
[365] Malinowska A, Hejmanowski R. Building damage risk assessment on mining terrains in Poland with GIS application [J]. International Journal of Rock Mechanics & Mining Sciences, 2010 (47): 238~245.
[366] 廉海, 魏秀泉, 甘德清. 地下开采引起地表沉陷的数值模拟 [J]. 矿业快报, 2006, 1 (1): 29~32.
[367] 琚朝旭, 奚小虎, 徐遵玉, 等. 开采沉陷的预计方法及发展 [J]. 科技信息, 2010 (10): 384~385.
[368] 穆伟刚, 孙世国, 冯少杰. 地下开采诱发地表沉降预测方法的研究 [J]. 金属矿山, 2010 (10): 10~12, 23.
[369] 唐又弛, 曹再学, 朱建军. 有限元法在开采沉陷中的应用 [J]. 辽宁工程技术大学学报, 2003, 22 (2): 196~198.
[370] 任松, 姜德义, 杨春和. 复杂开采沉陷分层传递预测模型 [J]. 重庆大学学报 (自然科学版), 2009, 32 (7): 823~828.
[371] 张春会, 赵全胜. 基于 ARCGIS 的矿山开采沉陷灾害预警系统 [J]. 岩土力学, 2009, 30 (7): 2197~2202.
[372] 袁灯平, 马金荣, 董正筑. 利用 ANSYS 进行开采沉陷模拟分析 [J]. 济南大学学报, 2001, 15 (4): 336~338.
[373] 李云鹏, 王芝银. 开采沉陷三维损伤有限元分析 [J]. 岩土力学, 2003, 24 (2): 183~187.
[374] 徐必根, 王春来, 唐绍辉. 大尺度采空区岩体工程地质调查与评价研究 [J]. 矿业研究与开发, 2008, 28 (1): 57~59, 86.
[375] 刘佑荣, 吴立, 贾洪彪. 岩体力学实验指导书 [M]. 武汉: 中国地质大学出版社, 2008.

[376] 朱志彬，刘成平. 厚大矿体回采顺序和采场结构参数优化 [J]. 中国矿山工程，2008，37 (4)：20~24.

[377] 曹祥伟. 凹地苴矿床采场结构参数优化及采空区处理的研究 [D]. 昆明：昆明理工大学，2005.

[378] Ren G, Smith J V, Tang J W, et al. Underground excavation shape optimization using an evolutionary procedure [J]. Computers and Geotechnics, 2005 (32): 122~132.

[379] Itasca Consulting Group, Inc. Fast Language Analysis of Continua in 3dimensions, version 3.0, user's manual [M]. Itasca Consulting Group, Inc 2005.

[380] 胡斌，张倬元，黄润秋，等. FLAC3D 前处理程序的开发及仿真效果检验 [J]. 岩石力学与工程学报，2002，21 (9)：1387~1391.

[381] 陈敏华，陈增新，张长生. FLAC 在基坑开挖分析中的应用 [J]. 岩土工程学报，2006，28 (增)：1437~1440.

[382] 王文星. 岩体力学 [M]. 长沙：中南大学出版社，2004.

[383] 谢文兵，陈晓祥，郑百生. 采矿工程问题数值模拟研究与分析 [M]. 徐州：中国矿业大学出版社，2005.

[384] 王先军，陈明祥，常晓林. Drucker-Prager 系列屈服准则在稳定分析中的应用研究 [J]. 岩土力学，2009，30 (12)：3733~3738.

[385] 刘培慧. 基于应力边界法厚大矿体采场结构参数数值模拟优化研究 [D]. 长沙：中南大学，2009.

[386] 桂惠中. 地下洞室围岩稳定及锚固分析 [D]. 武汉：武汉大学，2005.

[387] 陈玉江. 碎裂岩体中地下结构工程失稳及控制研究 [D]. 长沙：中南大学，2008.

[388] 林杭，曹平，李江腾. 边坡临界失稳状态的判定标准 [J]. 煤炭学报，2008，33 (6)：643~647.

[389] 陈先国. 隧道结构失稳及判据研究 [D]. 成都：西南交通大学，2002.

[390] 尚精华，万国春. Mathew 法在矿房结构参数设计中的应用 [J]. 采矿技术，2009，9 (2)：5~7.

[391] 徐坤明，程永民，姜丽颖，等. 用 Mathew 法确定侯庄矿区矿房的结构参数 [J]. 冶金矿山设计与建设，2001，33 (2)：1~3.

[392] 张传信. 地下采空区改建尾矿库的几个关键问题 [J]. 金属矿山，2002 (7)：7~8.

[393] 周勃，吴爱祥. 地下矿山无（低）废采矿技术发展与应用 [J]. 矿业快报，2002 (5)：1~3.

[394] 郑怀昌. 无废开采与井下尾矿库建设 [J]. 金属矿山，2005 (z1)：141~143.

[395] 孟兆兰，彭济明. 高应力区矿块的回采顺序 [J]. 矿山压力与顶板管理，2001 (4)：60~62.

[396] 王文杰. 中厚倾斜矿体卸压开采理论及其应用 [J]. 金属矿山，2009 (2)：23~26.

[397] 蒋金泉，孙春江，尹增德. 深井高应力难采煤层上行卸压开采的研究与实践 [J]. 煤炭学报，2004，29 (1)：1~6.

[398] 王文杰，任凤玉，周宗红，等. 姑山铁矿后和睦山矿区卸压开采方案研究 [J]. 中国矿业，2006，15 (9)：52~54，58.

[399] 王喜兵，王海君. 高应力区卸压开采方法研究［J］. 矿业工程，2003，1（4）：18~22.

[400] 石康敏. 深井金属矿山卸压开采研究［D］. 南宁：广西大学，2010.

[401] 贺跃光. 工程开挖引起的地表移动与变形模型及监测技术研究［D］. 长沙：中南大学，2003.

[402] 于远祥，谷拴成，朱彬. 开采沉陷的地表移动规律初探［J］. 西安科技大学学报，2007，27（1）：11~14.

[403] 郭文兵，邓喀中，邹友峰. 概率积分法预计参数选取的神经网络模型［J］. 中国矿业大学学报，2004，33（3）：322~326.

[404] 顾叶，宋振柏，张胜伟. 基于概率积分法的开采沉陷预计研究［J］. 山东理工大学学报（自然科学版），2011，25（1）：33~36.

[405] 谷金锋，高振森. 概率积分法在矿区开采沉陷预测中的应用［J］. 矿山测量，2011（2）：47~48.

[406] 赖永标. 土木工程有限元分析典型范例［M］. 北京：电子工业出版社，2007.

[407] Jianhua Hu, Xijun Yan, Keping Zhou. Study on the Deformation and Safety in the Process of Shallow Buried Tunnel Construction[C]//2009 International Conference on Engineering Computation. 2009：123~126.

[408] Jianhua Hu. Calculation of the Limiting Deformation in Stopping-and-Filling by the Finite Element Method and its Influence Upon the Volumn［J］. Journal of Wuhan University of Technology-Mater. 2001（2）：47~50.

[409] 中华人民共和国煤炭工业部. 建筑物、水体、铁路及主要井巷煤柱留设与压煤开采规程［M］. 北京：煤炭工业出版社，2004.

[410] 陈兰兰，肖海平. 金属矿山采空区稳定性研究现状分析［J］. 中国钨业，2017，32（3）：17~21.

[411] 靖洪文，孟庆彬，朱俊福，等. 深部巷道围岩松动圈稳定控制理论与技术进展［J］. 采矿与安全工程学报，2020，37（3）：429~442.